51单片机C程序应用实例详解

孙焕铭　赵会成　王　金　编著

北京航空航天大学出版社

内 容 简 介

本书以C51编程为主线，系统地介绍了51单片机的硬件结构、内部资源及其常用外围器件的驱动方法，结合实例由浅入深地进行讲解，使读者在系统地学习C51编程的同时，又能学习常用器件的应用，大大提高了学习效率。书中实例丰富、层次清晰，内容分为三部分：单片机基础知识；单片机内部资源及其常用外围器件的驱动方法；综合应用部分。随书光盘包含所有章节的程序代码、各章节的教学视频等。代码注释详细、视频内容对应各章节，方便读者学习、掌握。

本书内容翔实、结构严谨，是初学者学习C51编程的优选书籍，对具有一定经验的单片机开发人员也有借鉴意义。

图书在版编目(CIP)数据

51单片机C程序应用实例详解 / 孙焕铭等编著. -- 北京：北京航空航天大学出版社，2011.3

ISBN 978-7-5124-0289-8

Ⅰ. ①5… Ⅱ. ①孙… Ⅲ. ①单片微型计算机—C语言—程序设计 Ⅳ. ①TP368.1②TP312

中国版本图书馆CIP数据核字(2010)第247043号

51单片机C程序应用实例详解

孙焕铭 赵会成 王 金 编著

责任编辑 卫晓娜 张 楠

*

北京航空航天大学出版社出版发行

北京市海淀区学院路37号(邮编100191) http://www.buaapress.com.cn

发行部电话：(010)82317024 传真：(010)82328026

读者信箱：emsbook@gmail.com 邮购电话：(010)82316936

涿州市新华印刷有限公司印装 各地书店经销

*

开本：787 mm×1 092 mm 1/16 印张：24.25 字数：621千字

2011年3月第1版 2011年3月第1次印刷 印数：5 000册

ISBN 978-7-5124-0289-8 定价：49.00元(含光盘1张)

前 言

1981 年 Intel 公司推出 MCS－51 系列单片机的最初成员 8051，其具有一系列其他 8 位单片机难以比拟的优点，成为事实上的单片机工业标准。由于 8051 单片机具有简单易学、使用广泛等特点，在我国学习 8051 的人数之多、应用之广，更是其他种类的单片机不可比拟的，目前各大专、本科院校普遍将 51 单片机作为单片机入门基础课程。由于 Intel 公司将 MCS－51 的核心技术授权给了很多其他公司，很多半导体芯片公司也相继推出了基于标准 8051 单片机或与其兼容的单片机，使 8051 系列单片机更加丰富。

早期单片机程序设计普遍使用汇编语言，汇编语言具有直接、代码简短、执行效率高的优点，但可读性不强，不便于维护和移植，在编写大型程序时效率低、开发周期长。因此，C 语言逐步代替了汇编语言，与汇编语言相比，它兼顾了多种高级语言的特点，具有库函数丰富、运算速度快、可移植性好、占用资源少和可靠性高等优点。现在 C 语言在单片机开发中的应用越来越广泛，有逐步取代传统汇编语言的趋势。本书使用 Keil Software 公司出品的 51 系列兼容单片机 C 语言软件开发系统，此系统目前在国内应用较普遍。

本书是一本学习 C51 编程的入门书籍，遵循由易到难、循序渐进的原则，从单片机基础知识、单一元器件应用、综合程序应用 3 个方面介绍单片机 C 语言编程，主要面向单片机初学者，书中所介绍的一些设计方法、经验和实用的实例，对于从事单片机应用开发的工程技术人员也具有借鉴意义。本书主要分为三部分：

第一部分为单片机基础知识，包括 8051 内部硬件结构、Keil C51 语言基础编程。

第二部分为单片机内部资源及其常用外围器件的驱动使用，使读者学习到单一器件的驱动方法。

第三部分为综合应用部分，通过介绍综合使用各种不同器件达到具有一定应用价值的程序，使读者能够逐步学会系统地构思和编写程序的方法。

本书第 1、2、11、12、13、14、16、17、18、22、23、25、26 章由赵会成编写；第 7、8、9、10、15、19、20、21、24、27 章由孙焕铭编写；第 3、4、5、6 章由王金编写；实验板原理图、PCB 及相关视频由王金负责制作并录制。

由于本书所涉及知识面较广，编者水平有限，如有错漏，敬请读者批评指正。

本书所涉及原理图、PCB 及相关代码可到 www. wang1jin. com 网站查询，并由该网站提供技术支持。

编 者

2011 年 1 月

目录

第 1 章 单片机基础知识

尽管单片机的型号千差万别，但都具有部分相同的特征。了解它们的原理及分析方法对学习和使用其他系列的单片机有极大的帮助，充分掌握它能使自己设计的单片机系统处于最优的工作方式。本章对 MCS-51 单片机的外部引脚及内部硬件结构作了简要介绍，并对单片机的工作方式与工作时序以及普通 8051 单片机内含的中断串口等资源作了详细介绍。通过本章的学习，可以使读者对 MCS-51 单片机的硬件结构以及工作原理有较为深刻的了解。

1.1 单片机概述

随着大规模集成电路的出现及其发展，将计算机的 CPU、RAM、ROM、定时器/计数器和多种 I/O 接口集成在一片芯片上，形成了芯片级的计算机，因此单片机早期的含义称为单片微型计算机，简称为单片机。

本书所使用的单片机是由美国 Intel 公司生产的 51 系列单片机，这一系列单片机品种多样，如 8031、8051、8751、8032、8052、8752 等，其中 8051 是最早最典型的产品，该系列其他单片机都是在 8051 的基础上进行功能的增、减、改变而来的，所以人们习惯于用 8051 来称呼 MCS-51 系列单片机。Intel 公司将 MCS-51 的核心技术授权给了很多其他公司，所以有很多公司设计以 8051 为核心的单片机，当然，功能或多或少有些改变，以满足不同的需求，其中 89C51 就是这几年在我国非常流行的单片机，它是由美国 Atmel 公司开发生产的。

1.2 单片机特点

其主要特点如下：

1. 片内存储容量较小

受集成度的限制，ROM 一般小于 8 KB，RAM 一般小于 256 B，但可以在外部扩展。通常 ROM、RAM 可分别扩展至 64 KB。

2. 可靠性高

因为芯片是按工业测控环境要求设计的，故抗干扰的能力优于 PC。系统软件（如：程序指令，常数，表格）固化在 ROM 中，不易受病毒破坏。许多信号的通道均在一个芯片内，故运作时系统稳定可靠。

3. 便于扩展

片内具有计算机正常运行所必需的部件，片外有很多供扩展用的（总线、并行和串行的输入/输出）引脚，很容易组成一定规模的计算机应用系统。

4. 控制功能强

具有丰富的控制指令：如条件分支转移指令、I/O 口的逻辑操作指令、位处理指令。

5. 实用性好

体积小，功耗低，价格便宜，易于产品化。

1.3 单片机的构成结构

1.3.1 单片机外部引脚及其功能

MCS－51 是标准的 40 引脚双列直插式集成电路芯片，引脚分布如图 1.1 所示。MCS－51 单片机的 40 条引脚按功能来分，可分为三部分。

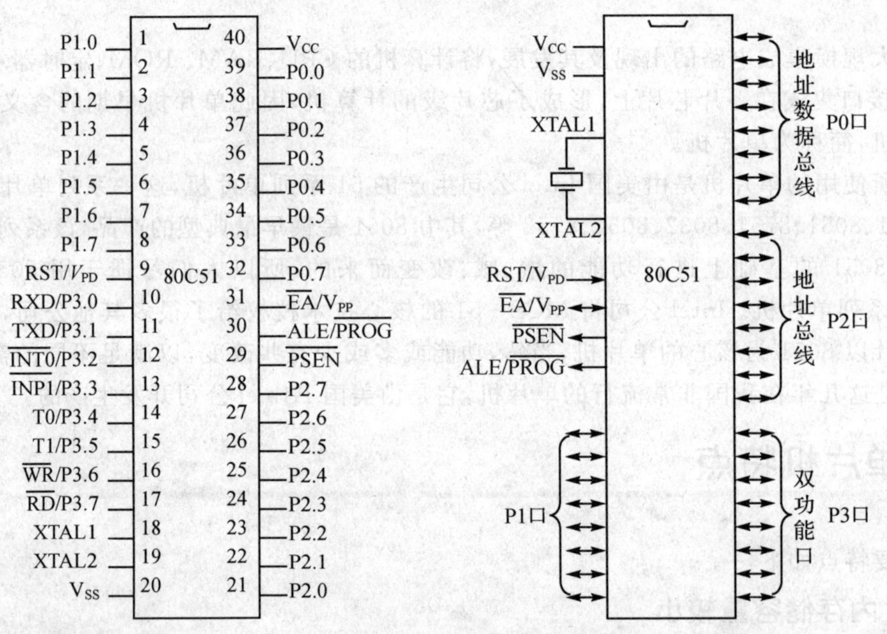

图 1.1　MSC－51 单片机引脚图

1. 主电源及时钟引脚

主电源及时钟引脚包括主电源引脚 V_{CC}、V_{SS}、时钟引脚 XTAL1、XTAL2。

V_{CC}（40 脚）：正常运行、对 EPROM 编程和验证时接＋5V 电源。

V_{SS}（20 脚）：接地。

XTAL1（19 脚）：在单片机内部，它是一个反向放大器的输入端，该放大器构成了片内振荡器，可提供单片机的时钟控制信号。如果采用外部振荡器，则该时钟引脚也可接外部晶体振

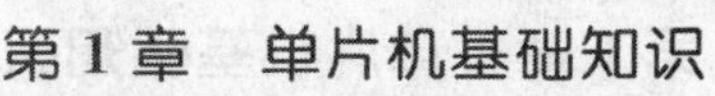

荡器的一个引脚。

XTAL2(18 脚)：在单片机内部，接至上述振荡器的反向输出端。当采用外部振荡器时，对 HMOS 该引脚接收振荡器的信号，即把该信号直接接到内部时钟发生器的输入端；对 CHMOS 工艺的，此引脚应悬浮。

2. 控制或与其他电源复用引脚

控制或与其他电源复用引脚包括 RESET(即 RST/V_{PD})、ALE/$\overline{PROG}$、$\overline{PSEN}$、$\overline{EA}$/V_{PP}，这类引脚提供控制信号，有些有复用的功能。

RST/V_{PD}(9 脚)：当振荡器运行时，在此引脚加上两个机器周期的高电平将使单片机复位(REST)。复位后应使此引脚电平保持在不高于 0.5 V 的低电平，以保证单片机正常工作。

掉电期间，此引脚可接上备用电源(V_{PD})，以保持内部 RAM 中的数据不丢失。当 V_{CC}下降到低于规定值，而 V_{PD}在其规定的电压范围(5 ± 0.5 V)内时，V_{PD}就向内部 RAM 提供备用电源。

ALE/$\overline{PROG}$(30 脚)：当单片机访问外部存储器时，ALE(地址锁存允许)输出脉冲的下降沿用于锁存 16 位地址的低 8 位。即使不访问外部存储器，ALE 端仍有周期性正脉冲输出，其频率为振荡器频率的 1/6。但是，每当访问外部数据存储器时，在两个机器周期中 ALE 只出现一次，即丢失一个 ALE 脉冲。ALE 端可以驱动 8 个 LS TTL 负载。对于片内具有 EPROM 型的单片机(如 8751)，在 EPROM 编程期间，此引脚用于输入编程脉冲 PROG。

$\overline{PSEN}$(29 脚)：此输出为单片机访问外部程序存储器的读选通信号。在从外部程序存储器取指令(或取常数)期间，每个机器周期均 PSEN 两次有效。但在此期间，每当访问外部数据存储器时，这两次有效的$\overline{PSEN}$信号将不会出现。PSEN 同样可以驱动 8 个 LS TTL 负载。

$\overline{EA}$/V_{PP}(31 脚)：当$\overline{EA}$端保持高电平时，单片机访问内部程序存储器(对 8051、8751 来说)，但在 PC(程序计数器)值超过 0FFFH 时，将自动转向执行外部程序存储器内的程序。当$\overline{EA}$端保持低电平时，则只访问外部程序存储器，而不管它是否有内部程序存储器。但对 8031 来说，因为其无内部程序存储器，所以该脚必须接地，只能选择外部程序存储器。对于内有 EPROM 型的单片机 8751，在 EPROM 编程期间，此引脚用于施加＋21 V 的编程电源 V_{PP}。

3. 输入/输出引脚

输入/输出(I/O)引脚包括 P0 口、P1 口、P2 口和 P3 口。

P0(P0.0～P0.7)是一个 8 位三态双向 I/O 口，在不访问外部存储器时，作通用 I/O 口使用，用于传送 CPU 的输入/输出数据，当访问外部存储器时，此口为地址总线低 8 位及数据总线分时复用口，可带 8 个 LS TTL 负载。

P1(P1.0～P1.7)是一个 8 位准双向 I/O 口(作为输入时，口锁存器置 1)，带有内部上拉电阻，可带 4 个 LS TTL 负载。

P2(P2.0～P2.7)是一个 8 位准双向 I/O 口，与地址总线高 8 位复用，可驱动 4 个 LS TTL 负载。

P3(P3.0～P3.7)是一个 8 位准双向 I/O 口，带有内部上拉电阻，可驱动 4 个 LS TTL 负载。P3 口为双功能口，它的第一功能作为通用 I/O 口，第二功能作控制口，如表 1.1 所列。

表 1.1 P3口专用功能对照表

口 线	助记符	专用功能描述
P3.0	RXD	串行数据输入线
P3.1	TXD	串行数据输出线
P3.2	INT0	外部中断0输入引脚
P3.3	INT1	外部中断1输入引脚
P3.4	T0	定时器/计数器0的外部输入引脚
P3.5	T1	定时器/计数器1的外部输入引脚
P3.6	WR	外部数据存储器写选通信号引脚
P3.7	RD	外部数据存储器读选通信号引脚

1.3.2 单片机内部结构

8051是MCS-51系列单片机的典型产品，本章以这一代表性的机型为例进行系统讲解。图1.2是MCS-51系列单片机的内部结构示意图。

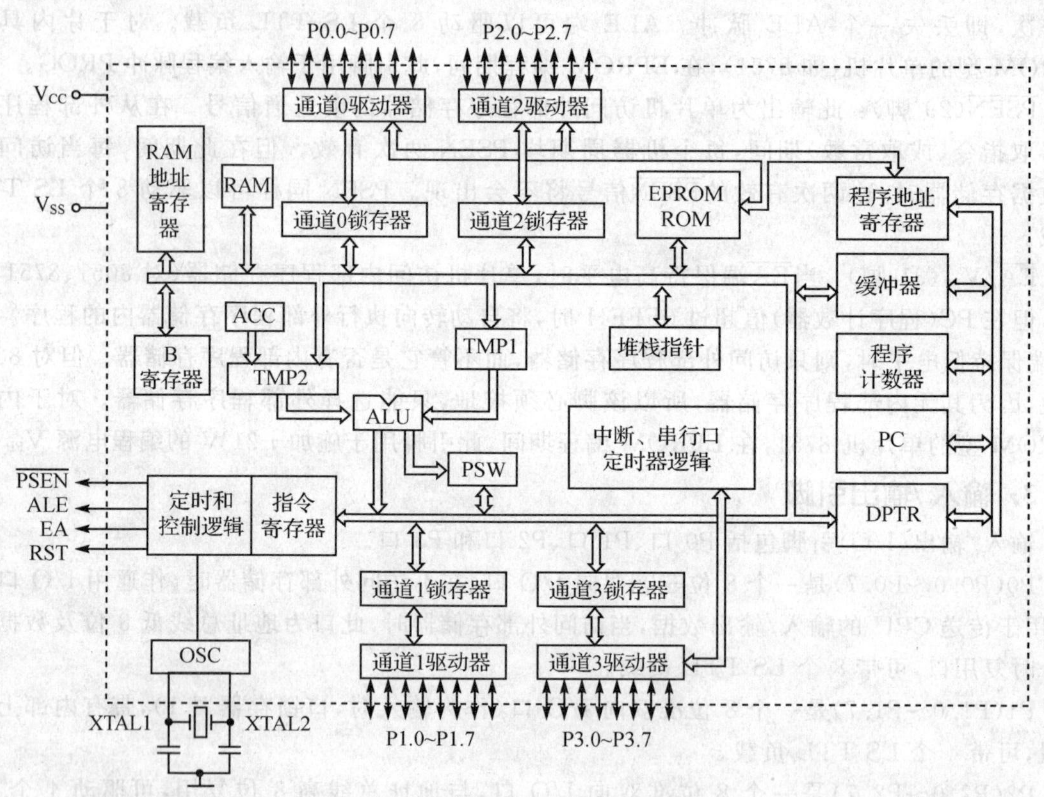

图1.2 MCS-51单片机内部结构图

8051单片机包含中央处理器、程序存储器(ROM)、数据存储器(RAM)、定时器/计数器、并行接口、串行接口和中断系统等几大单元及数据总线、地址总线和控制总线等三大总线，现在分别加以说明：

- 中央处理器：中央处理器(CPU)是整个单片机的核心部件，是 8 位数据宽度的处理器，能处理 8 位二进制数据或代码，CPU 负责控制、指挥和调度整个单元系统协调的工作，完成运算和控制输入输出功能等操作。
- 数据存储器(RAM)：8051 内部有 128 个 8 位用户数据存储单元和 128 个专用寄存器单元，它们是统一编址的，专用寄存器只能用于存放控制指令数据，用户只能访问，而不能用于存放用户数据，所以用户能使用的 RAM 只有 128 个，可存放读写的数据、运算的中间结果或用户定义的字型表。
- 程序存储器(ROM)：8051 共有 4 096 个 8 位掩膜 ROM，用于存放用户程序、原始数据或表格。
- 定时器/计数器(ROM)：8051 有两个 16 位的可编程定时器/计数器，以实现定时或计数产生中断用于控制程序转向。
- 并行输入输出(I/O)口：8051 共有 4 组 8 位 I/O 口(P0、P1、P2 或 P3)，用于对外部数据的传输。
- 全双工串行口：8051 内置一个全双工串行通信口，用于与其他设备间的串行数据传送，该串行口既可以用作异步通信收发器，也可以当同步移位器使用。
- 中断系统：8051 具备较完善的中断功能，有两个外中断、两个定时器/计数器中断和一个串行中断，可满足不同的控制要求，并具有两级的优先级别选择。
- 时钟电路：8051 内置最高频率达 12 MHz 的时钟电路，用于产生整个单片机运行的脉冲时序，但 8051 单片机需外置振荡电容。

1.3.3 MCS-51 单片机的工作时序

单片机时序是指 CPU 在执行指令时所需控制信号的时间顺序。因此，微型计算机中的 CPU 实质上就是一个复杂的同步时序电路，这个时序电路是在时钟脉冲推动下工作的。在执行指令时，CPU 首先要到程序存储器中取出需要执行指令的指令码，然后对指令码译码，并由时序部件产生一系列控制信号去完成指令的执行，这些控制信号在时间上的相互关系就是 CPU 时序。

CPU 发出的时序信号有两类：一类用于片内各功能部件的控制，这类信号很多，但用户知道它是没有意义的，故通常不作专门介绍；另一类用于片外存储器或 I/O 端口的控制，需要通过器件的控制引脚送到片外，这部分时序对分析硬件电路原理至关重要，也是每个计算机工作者普遍关心的问题。

由于 CPU、存储器、定时器/计数器、中断系统和 I/O 端口电路等都集成在同一块芯片上，因此单片机的时序通常要比微处理器的简单一些。

1. 机器周期和指令周期

为了对 CPU 时序进行分析，首先要定义一种能够度量各时序信号出现时间的尺度。这个尺度常称为时钟周期、机器周期和指令周期。

(1) 时钟周期

时钟周期 T 又称为状态周期，是由单片机片内振荡电路 OSC 产生的振荡周期经二分频后产生的，是时序中最小的时间单位。

例如：若某单片机时钟频率为 1 MHz，则它的时钟周期 T 应为 1μs。因此，时钟周期的时间尺度不是绝对的，而是一个随时钟脉冲频率而变化的参量。但时钟脉冲毕竟是计算机的基本工作脉冲，它控制着计算机的工作节奏，使计算机的每一步工作都统一到它的步调上来。一个时钟周期有两个振荡周期，第一个振荡周期称为节拍1，第二个振荡周期称为节拍2。

(2) 机器周期

机器周期定义为实现某特定功能所需的时间，或完成某一规定操作所需的时间。通常由若干时钟周期构成。因此微型计算机的机器周期通常按其功能来命名，且不同机器周期包含的时钟周期也不同。

MCS－51 的机器周期时间是固定不变的，均由 6 个时钟周期（即 12 个振荡周期）组成，分为 6 个状态（Sl～S6），每个状态又分为 P1 和 P2 两拍，因此，一个机器周期中的 12 个振荡周期可以表示为 S1P1，S1P2，S2P1，S2P2，S3P1，…，S6P2。

(3) 指令周期

指令周期是时序中的最大时间单位，定义为执行一条指令所需的时间。由于机器执行不同指令所需的时间也不同，因此不同指令所包含的机器周期数也不相同。通常，包含一个机器周期的指令称为单周期指令，包含两个机器周期的指令称为双周期指令等。

指令的运算速度和指令所包含的机器周期数有关，机器周期数越少的指令执行速度越快。MCS－51 单片机通常可以分为单周期指令、双周期指令和 4 周期指令 3 种。4 周期指令只有乘法和除法指令，其余均为单周期和双周期指令。

2. MCS－51 单片机指令的取指/执行时序

单片机执行任何一条指令时都可以分为取指令阶段和执行指令阶段。取指令阶段简称为取指阶段，单片机在这个阶段里可以把程序计数器（PC）中的地址送到程序存储器，并从中取出需要执行指令的操作码和操作数。指令执行阶段可以对指令操作码进行译码，以产生一系列控制信号，从而完成指令的执行。如图 1.3 所示给出 MCS－51 单片机指令的取指/执行时序。

由图 1.3 可见，ALE 引脚上出现的信号是周期性的，每个机器周期内出现两次高电平，出现时刻为 SlP2 和 S4P2，持续时间为一个状态 S。ALE 信号每出现一次，CPU 就进行一次取指操作，但由于不同指令的字节数和机器周期数不同，因此取指令操作也随指令不同而有小的差异。按照指令字节数和机器周期数，8051 的 111 条指令可分为 6 类，分别对应于 6 种基本时序。这 6 类指令是：单字节单周期指令、单字节双周期指令、单字节 4 周期指令、双字节单周期指令、双字节双周期指令和 3 字节双周期指令。

3. 访问片外 ROM/RAM 的指令时序

8051 专门有两类可以访问片外存储器的指令：一类是读片外 ROM 指令，另一类是访问片外 RAM 指令。这两类指令执行时所产生的时序，除涉及 ALE 引脚外，还和 $\overline{\text{PSEN}}$、P0（PORT0）、P2（PORT2）和 $\overline{\text{RD}}$ 等信号有关。下面讲解读片外 ROM 指令时序。

8051 执行如下指令 MOVC A，@A＋DPTR ；A←（A＋DPTR）时：首先把累加器 A 中的地址偏移量和 DPTR 中的地址相加，并把 16 位“和地址”作为片外 ROM 地址，再从中读出地址单元中的数据，送到累加器 A。所以 A 在指令执行前是地址偏移量，指令执行完后为片外 RAM 中的读出数据。指令执行的时序如图 1.4 所示。

(1) ALE 信号在 SlP1 有效时，$\overline{\text{PSEN}}$ 继续保持高电平或从低电平变为高电平无效状态。

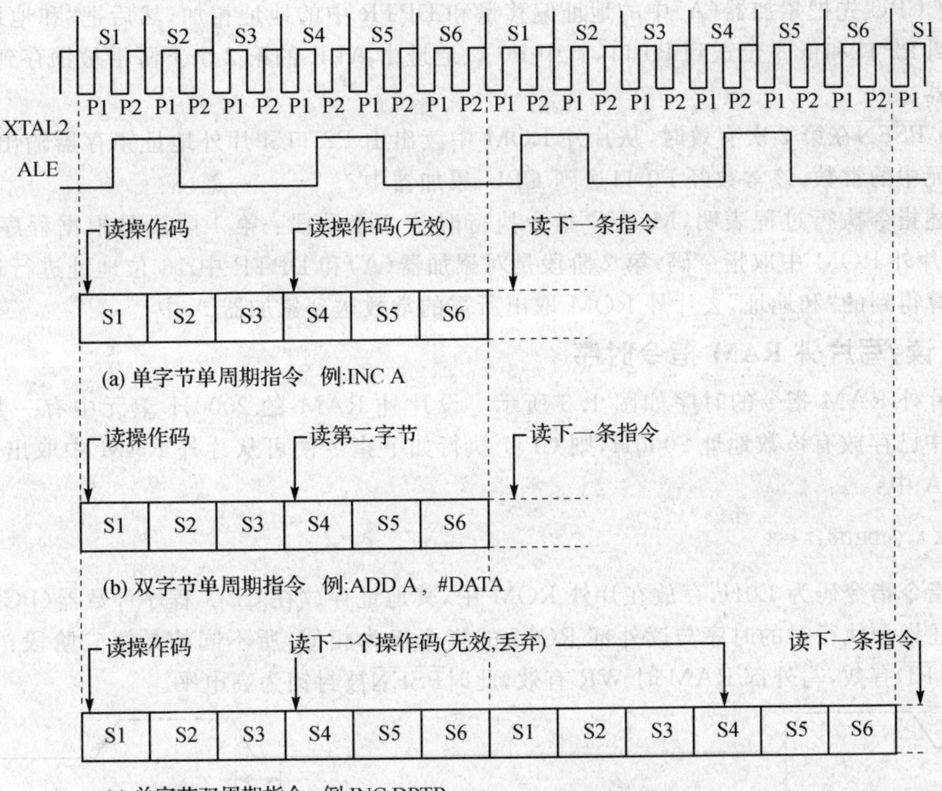

图 1.3 MCS-51 单片机指令的取指/执行时序

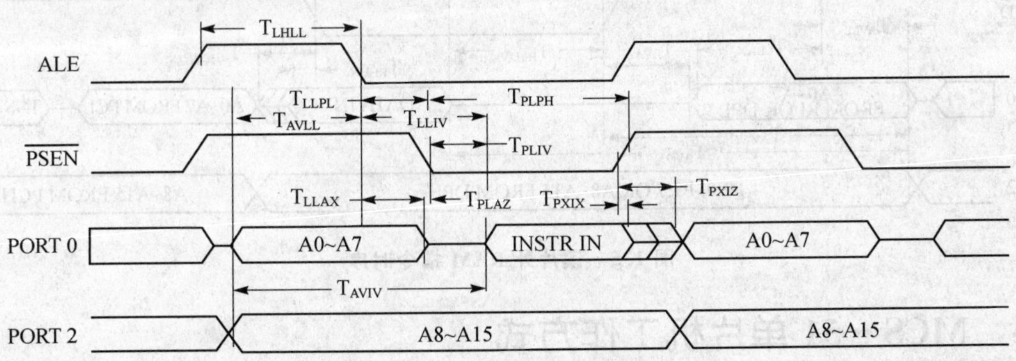

图 1.4 读片外 ROM 指令时序

(2) 8051 首先把 PC 中高 8 位地址送到 P2 口引脚线上,把 PC 中低 8 位地址送到 P0 口引脚线上,P0 口地址 A7～A0 在 ALE 下降沿被锁存到片外地址锁存器,P2 口地址 A15～A8 能一直保存一段时间,故它不必外接锁存器。

(3) $\overline{\text{PSEN}}$有效时,选中片外 ROM 工作,并根据 P2 口和地址锁存器输出地址读出 MOVC 指令的指令码,经 P0 口送到 CPU 的指令寄存器 IR。

(4) 8051 对指令寄存器 IR 中的 MOVC 指令码译码,产生执行该指令所需的一系列控制信号。

(5) CPU 先把累加器(A)中的地址偏移量和 DPTR 中的地址相加,然后把“和地址”的高 8 位送到 P2 口和低 8 位送到 P0 口,其中 P0 口地址由 ALE 的第 2 个下降沿被锁存到片外地址锁存器。

(6) $\overline{PSEN}$在第 2 次有效时,从片外 ROM 中读出由 P2 口和片外地址锁存器输出地址所对应单元中的常数,该常数经 P0 口送到 CPU 累加器中。

上述指令执行过程表明,MOVC 指令执行时分 2 个阶段:第 1 阶段是根据程序计数器(PC)到片外 ROM 中取指令码;第 2 阶段是对累加器(A)和 DPTR 中 16 位地址进行运算,并根据运算得到的“和地址”去片外 ROM 取出所需的常数送到累加器 A 中。

4. 读/写片外 RAM 指令时序

读片外 RAM 指令的时序如图 1.5 所示。设片外 RAM 的 2000H 单元中有一数 X,且 DPTR 中已存放有该数地址 2000H,则 CPU 执行如下指令便可从片外 RAM 中取出 X 送到累加器 A 中:

```
MOVX A,@DPTR ;A←X
```

该指令指令码为 E0H,存放在片外 ROM 中,其地址存放在 CPU 程序计数器(PC)中。

上述指令执行时的时序与读外部 ROM 的指令极为相似,所不同的是第二阶段:读外部 RAM 时$\overline{RD}$有效,写外部 RAM 时 WR 有效,此时$\overline{PSEN}$被封锁为高电平。

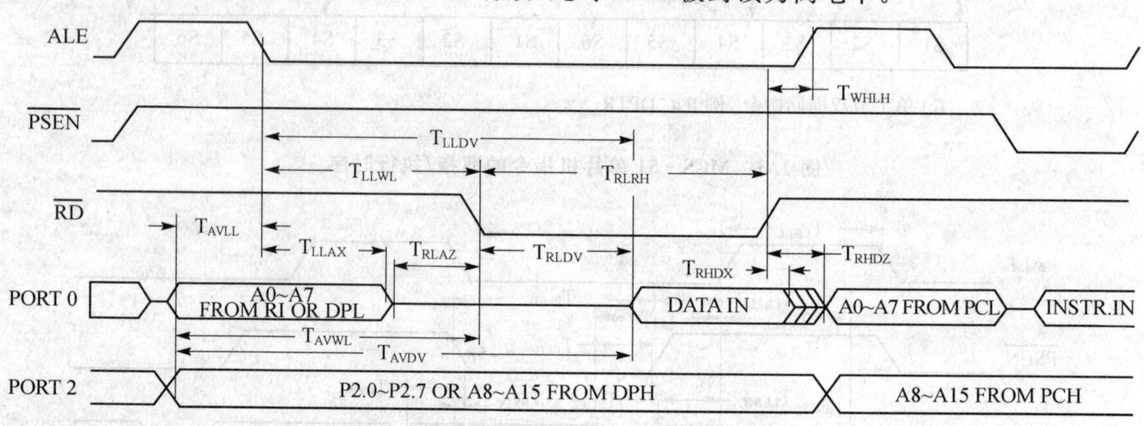

图 1.5　读片外 RAM 指令时序

1.4　MCS－51 单片机工作方式

通常 MCS－51 单片机的工作方式有:复位方式、程序执行方式、节电方式和 EPROM 的编程校验方式等 4 种。

1.4.1　复位方式

在设计单片机应用系统时,必须了解单片机的复位状态,因为单片机应用系统在使用时会经常进入复位工作状态。应用系统的复位状态与单片机的复位状态密切相关。

单片机在开机时或者在时钟电路工作后,在 RESET(RST)引脚上出现 24 个时钟周期以上的高电平时,单片机将进入复位状态。单片机复位以后,其程序计数器和特殊功能寄存器的复位状态如表1.2所列。

表1.2 程序计数器和特殊功能寄存器复位状态

寄存器	内 容	寄存器	内 容
PC	0000H	TCON	00H
ACC	00H	TH0	00H
B	00H	TL0	00H
PSW	00H	TH1	00H
SP	07H	TL1	00H
DPTR	0000H	TH2(8052)	00H
P0～P3	0FFH	TL2(8052)	00H
IP(8052)	×××00000B	RLDH(8052)	00H
IP(8051)	××000000B	RLDL(8052)	00H
IE(8051)	0××00000B	PCON(HCMOS)	0×××××××B
IE(8052)	0×000000B	PCON(CHMOS)	0×××0000B
TMOD	00H	SCON	00H
SBUF	不定		

单片机通常有上电复位电路和外部复位电路。上电复位电路如图1.6(a)所示，上电瞬间RST/V_{PD}端的电位与V_{CC}相同，随着充电电流的减少，RST/V_{PD}的电位逐渐下降。按图1.6中所示的电路参数(其中8.2 kΩ为斯密特触发器输入端的一个下拉电阻)，时间常数为$10\times 10^{-6}\times 8.2\times 10^{3}=82$ ms，只要V_{CC}的上升时间不超过1 ms，振荡器建立时间不超过10 ms，该时间常数足以保证完成复位操作。上电复位所需的最短时间是振荡器建立时间加上24个时钟周期，在这段时间内RST/V_{PD}端的电平应维持高于斯密特触发器的下阈值。

外部复位电路有两种方案：第一种方案如图1.6(b)所示，由外部提供一个复位脉冲，此复位脉冲应保持宽于24个时钟周期。复位脉冲过后，由内部下拉电阻保证RST/V_{PD}端为低电平。第二种方案是上电复位与手动复位相结合的方案，过程与图1.6(a)相似。手动复位时，按下复位按钮，电容C通过电阻R1迅速放电，使RST/V_{PD}迅速变为高电平，松开后，电容

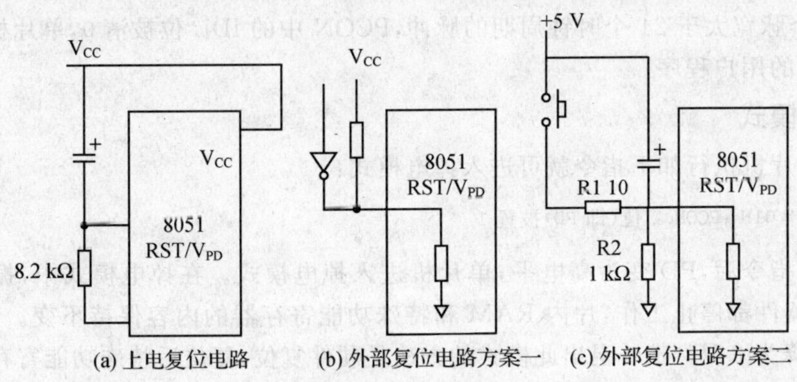

图1.6 复位电路

通过 R2 和内部下拉电阻充电，逐渐使 RST/V_{PD}恢复低电平。

1.4.2 程序执行方式

程序执行方式可以分为单步执行和连续执行两种。

单步执行方式是指单片机在控制面板上单步执行键的控制下一条一条地执行用户程序中的指令，即按一次单步键就执行一条用户指令的方式，常用于用户程序调试。

单步执行方式是利用单片机外部中断功能实现的。单步执行键相当于外部中断源，当它被按下时相应电路就产生一个负脉冲（即中断请求信号）送到单片机的$\overline{INT0}$（或$\overline{INT1}$）引脚，MCS-51 单片机在$\overline{INT0}$上的负脉冲作用下便能自动执行预先安排在中断服务程序中的如下两条指令：

```
LOOP1：JNB P3.2,LOOP1            ;若INT0 = 0,则不往下执行
LOOP2：JB P3.2,LOOP2             ;若INT0 = 1,则不往下执行
```

RETI ;退出循环，并返回用户程序中执行一条用户指令。该条指令执行完后，单片机又自动回到上述中断服务程序执行，并等待用户再次按下单步执行键。连续执行方式是所有单片机都需要的一种工作方式，执行程序可以存储于片内或片外的 ROM 中。

由于单片机复位后程序计数器 PC 为 0000H，所以机器在上电或按钮复位后总是到 0000H 取程序执行，这样在程序设计过程中可以预先在 0000H 处设计一条转移指令，可跳转到 0000H～FFFFH 中的任一地址的程序中执行。

1.4.3 省电工作方式

省电工作方式是一种能减少单片机功耗的工作方式，常可分为空闲模式和掉电模式。

1. 空闲模式

单片机需要执行一定的指令，才能进入此模式，如 80C31 执行如下指令进入此模式：

```
MOV PCON, ＃01H ;PCON.0 位(即 IDL)被置 1
```

进入空闲模式后 CPU 进入休眠状态，不工作。而其他片内外设（如中断、定时器/计数器等）则可继续工作，片内 RAM 和所有的特殊功能寄存器 SFR 内容维持不变，所以功耗很小。空闲模式可以通过由中断源发出中断请求或硬件复位来退出。当通过硬件复位退出时，须在 RST 脚送一个脉宽大于 24 个时钟周期的脉冲，PCON 中的 IDL 位被清 0，单片机继续执行进入空闲方式前的用户程序。

2. 掉电模式

80C31 单片机执行如下指令就可进入掉电模式：

```
MOV PCON, ＃01H ;PCON.1 位(即 PD)被置 1
```

在执行此指令后，PD 变为高电平，单片机进入掉电模式。在掉电模式中，振荡器停止振荡，片内所有器件都停止工作，片内 RAM 和特殊功能寄存器的内容保持不变。在掉电期间，V_{CC}电源可以降为 2 V。唯一退出此模式的方法是硬件复位，复位后特殊功能寄存器将被重新定义，但 RAM 中的内容保持不变。因此若要想执行掉电且又希望在掉电模式结束后能继续执行原来的程序，必须在掉电前预先把特殊功能寄存器的内容保存到 RAM 中，在掉电方式退

出后为 SFR 恢复掉电前的内容。

1.5 单片机内部资源

基本的 MCS－51 单片机内部有两个 16 位可编程的定时器/计数器 T0 和 T1。它们各自具有 4 种工作状态，其控制字和状态均在相应的特殊功能寄存器中，可以通过软件对控制寄存器编程设置，使其工作在不同的定时状态或计数状态。

现在，许多厂家生产的 8051 兼容单片机上，还加入了定时器/计数器 2，使单片机的应用更为灵活，适应性更强。

1.5.1 定时器/计数器基本结构

MCS－51 单片机内有两个 16 位可编程的定时器/计数器，它们的结构如图 1.7 所示，定时器 T0 由特殊功能寄存器 TL0(低 8 位)和 TH0(高 8 位)构成，定时器 T1 由特殊功能寄存器 TL1(低 8 位)和 TH1(高 8 位)构成。特殊功能寄存器 TMOD 控制定时寄存器的工作方式，TCON 则用于控制定时器 T0 和 T1 的启动和停止计数，同时管理定时器 T0 和 T1 的溢出标志等。程序开始时需对 TL0、TH0、TL1、TH1 和 TMOD 进行初始化编程，以定义它们的工作方式和控制 T0 和 T1 的计数。

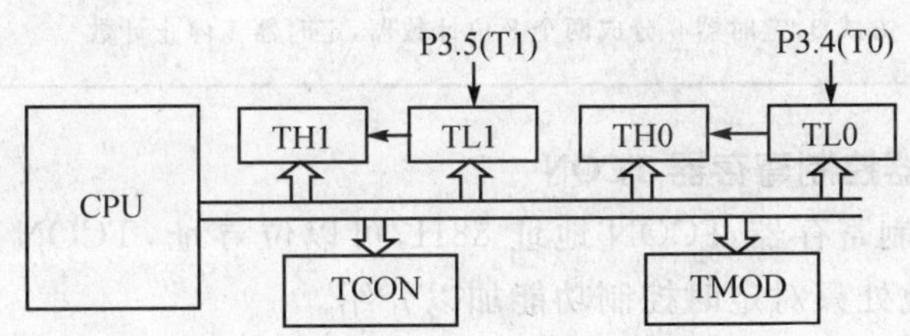

图 1.7 定时器/计数器基本组成

1. 定时器/计数器控制寄存器

8051 内部特殊功能寄存器用于定时器/计数器相关的控制寄存器，如表 1.3 所列。

表 1.3 定时器/计数器相关控制寄存器

名 称	地 址	功 能
TCON	88H	定时器/计数器控制寄存器
TMOD	89H	定时器/计数器工作模式选择寄存器
TH0	8CH	定时器/计数器 0 高 8 位计时存储器
TL0	8AH	定时器/计数器 0 低 8 位计时寄存器
TH1	8DH	定时器/计数器 1 高 8 位计时存储器
TL1	8BH	定时器/计数器 1 低 8 位计时寄存器

(1) 定时器/计数器工作模式选择寄存器 TMOD

定时器/计数器工作模式选择寄存器地址 89H，不可位寻址。TMOD 寄存器中高 4 位定义 T1，低 4 位定义 T0。其中 M1，M0 用来确定所选工作方式，如表 1.4 所列。

TMOD

位序	B7	B6	B5	B4	B3	B2	B1	B0
位符号	GATE	C/$\overline{T}$	M1	M0	GATE	C/$\overline{T}$	M1	M0
	定时器/计数器 T1				定时器/计数器 T0			

表 1.4　TMOD 控制位功能

符　号	功能说明
GATE	门控位。 GATE=0,用运行控制位 TR0(TR1)启动定时器。 GATE=1,用外中断请求信号输入端($\overline{INT1}$或$\overline{INT0}$)和 TR0(TR1)共同启动定时器
C/T	定时方式或计数方式选择位。 C/$\overline{T}$=0,定时工作方式。 C/$\overline{T}$=1,计数工作方式
M1M0	工作方式选择位。 M1 M0=00 方式 0,13 位计数器。 M1 M0=01 方式 1,16 位计数器。 M1 M0=10 方式 2,具有自动再装入的 8 位计数器。 M1 M0=11 方式 3,定时器 0 分成两个 8 位计数器,定时器 1 停止计数

(2) 定时器/计数器控制寄存器 TCON

定时器/计数器控制寄存器 TCON 地址 88H,可以位寻址,TCON 主要用于控制定时器的操作及中断控制。此处只对定时控制功能加以介绍。

表 1.5 给出了 TCON 有关控制位功能。

TCON

位地址	8F	8E	8D	8C	8B	8A	89	88
位符号	TF1	TR1	TF0	TR0	IE1	IT1	IE0	IT0

表 1.5　TCON 有关控制位功能

符　号	功能说明
TF1	定时器/计数器 1 溢出标志位。定时器/计数器 1 溢出(计满)时,该位置 1。在中断方式时,此位作中断标志位,在转向中断服务程序时由硬件自动清 0。在查询方式时,也可以由程序查询和清"0"
TR1	定时器/计数器 1 运行控制位。 TR1=0,停止定时器/计数器 1 工作。 TR1=1,启动定时器/计数器 1 工作。 该位由软件置位和复位
TF0	定时器/计数器 0 溢出标志位。定时器/计数器 0 溢出(计满)时,该位置 1。在中断方式时,此位作中断标志位,在转向中断服务程序时由硬件自动清 0。在查询方式时,也可以由程序查询和清"0"

续表 1.5

符号	功能说明
TR0	定时器/计数器0运行控制位。 TR0=0,停止定时器/计数器0工作。 TR0=1,启动定时器/计数器0工作。 该位由软件置位和复位

系统复位时,TMOD和TCON寄存器的每一位都清零。

2. 定时器/计数器的工作模式

用户可通过编程对专用寄存器TMOD中的M1,M0位进行设置,选择4种操作方式。下面分别对这4种工作方式加以介绍。

(1) 工作方式0

定时器/计数器0工作方式0的电路逻辑结构如图1.8所示(定时器/计数器1与其完全一致),工作方式0是13位计数器工作方式,其计数器由TH的全部8位和TL的低5位构成,TL的高3位没有使用。当C/$\overline{T}$=0时,多路开关接通振荡脉冲的12分频输出,13位计数器以次进行计数,这就是定时工作方式。当C/$\overline{T}$=1时,多路开关接通计数引脚(T0),外部计数脉冲由引脚(P3.4)T0输入。当计数脉冲发生负跳变时,计数器加1,这就是常说的计数工作方式。

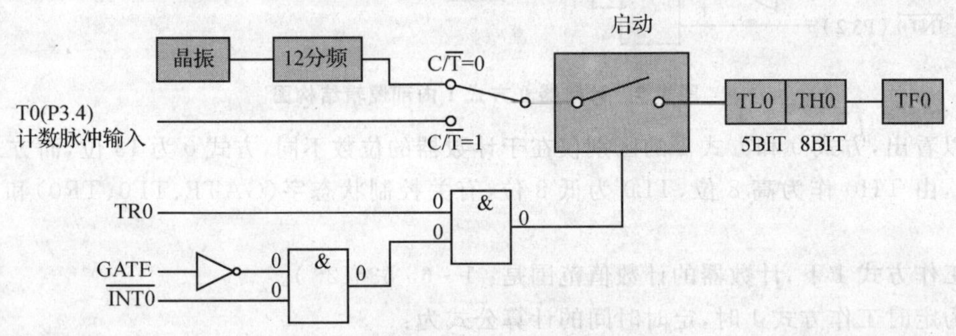

图1.8 计数器0方式0内部逻辑结构图

不论是哪种工作方式,当TL的低5位溢出时,都会向TH进位,而全部13位计数器溢出时,则会向计数器溢出标志位TF0进位。

门控位GATE的状态决定定时器运行控制是取决于TR0这一个条件还是TR0和INT0引脚两个条件。当GATE=1时,由于GATE信号封锁了与门,使引脚$\overline{INT0}$信号无效。这时如果TR0=1,则接通模拟开关,使计数器进行加法计数,即定时器/计数器工作。而TR0=0,则断开模拟开关,停止计数,定时器/计数器不能工作。

当GATE=0时,与门的输出端由TR0和$\overline{INT0}$电平的状态确定,此时如果TR0=1、$\overline{INT0}$=1,则与门输出为1,允许定时器/计数器计数,在这种情况下,运行控制由TR0和$\overline{INT0}$两个条件共同控制,TR0是确定定时器/计数器的运行控制位,由软件置位或清"0"。

如上所述,TF0是定时器/计数器的溢出状态标志,溢出时由硬件置位,TF0溢出中断被CPU响应时,转入中断时硬件清"0",TF0也可由程序查询和清"0"。

在工作方式0下，计数器的计数值范围是：1～8 192(2^{13})。

当为定时工作方式0时，定时时间的计算公式为：

$$(2^{13}-\text{计数初值})\times\text{晶振周期}\times 12$$

或
$$(2^{13}-\text{计数初值})\times\text{机器周期}$$

其时间单位与晶振周期或机器周期相同。

如果单片机的晶振选为6.000 MHz，则最小定时时间为：

$$[2^{13}-(2^{13}-1)]\times 1/6\times 10^{-6}\times 12=2\times 10^{-6}\ \text{s}=2\ \mu\text{s}$$

最长时间为：

$$(2^{13}-0)\times 1/6\times 10^{-6}\times 12=16\ 384\times 10^{-6}\ \text{s}=16\ 384\ \mu\text{s}$$

(2) 工作方式1

当M1M0＝01时，定时器/计数器处于工作方式1，此时，定时器/计数器的等效电路如图1.9所示，仍以定时器0为例，定时器1与之完全相同。

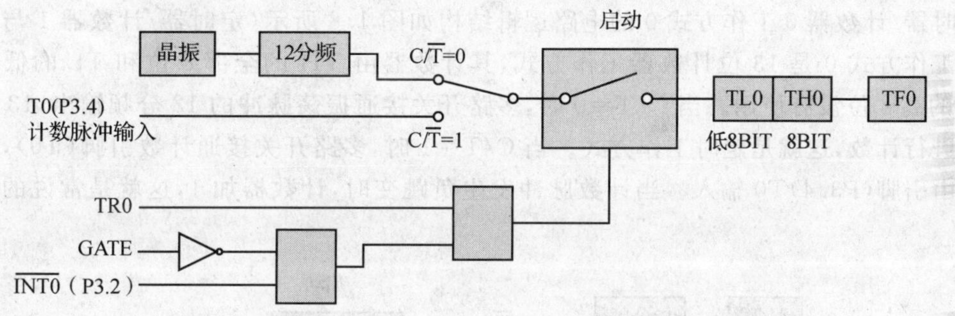

图1.9 计数器0方式1内部逻辑结构图

可以看出，方式0和方式1的区别仅在于计数器的位数不同，方式0为13位，而方式1则为16位，由TH0作为高8位，TL0为低8位，有关控制状态字(GATE、TF0、TR0)和方式0相同。

在工作方式1下，计数器的计数值范围是：1～65 536(2^{16})。

当为定时工作方式1时，定时时间的计算公式为：

$$(2^{16}-\text{计数初值})\times\text{晶振周期}\times 12$$

或
$$(2^{16}-\text{计数初值})\times\text{机器周期}$$

其时间单位与晶振周期或机器周期相同。

如果单片机的晶振选为6.000 MIIz，则最小定时时间为：

$$[2^{16}-(2^{16}-1)]\times 1/6\times 10^{-6}\times 12=2\times 10^{-6}\ \text{s}=2\ \mu\text{s}$$

$$(2^{16}-0)\times 1/6\times 10^{-6}\times 12=131\ 072\times 10^{-6}\ \text{s}=131\ 072\ \mu\text{s}$$

(3) 工作方式2

当M1M0＝10时，定时器/计数器处于工作方式2。此时定时器的等效电路如图1.10所示。还是以定时器/计数器0为例，定时器/计数器1与之完全一致。

工作方式0和工作方式1的最大特点就是计数溢出后，计数器为全0，因而循环定时或循环计数应用时就存在反复设置初值的问题。这给程序设计带来许多不便，同时也会影响计时精度。工作方式2就针对这个问题而设置，它具有自动重装载功能，即自动加载计数初值，所

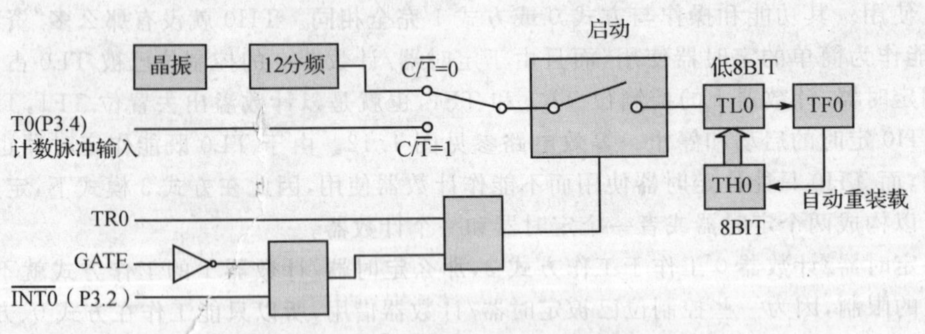

图 1.10 计数器 0 方式 2 内部逻辑结构图

以也有的文献称为自动重加载工作方式。在这种工作方式中，16 位计数器分为两部分，即以 TL0 为计数器，以 TH0 作为预置寄存器，初始化时把计数初值分别加载至 TL0 和 TH0 中，当计数溢出时，不再像方式 0 和方式 1 那样需要“人工干预”，由软件重新赋值，而是由预置寄存器 TH 以硬件方法自动给计数器 TL0 重新加载。

程序初始化时，给 TL0 和 TH0 同时赋以初值，当 TL0 计数溢出时，置位 TF0 的同时把预置寄存器 TH0 中的初值加载给 TL0，TL0 重新计数。如此反复，这样省去了程序不断需给计数器赋值的麻烦，而且计数准确度也提高了。但这种方式也有其不利的一面，就是这样一来的计数结构只有 8 位，计数值有限，最大只能到 255，所以这种工作方式很适合于那些重复计数的应用场合。例如可以通过这样的计数方式产生中断，从而产生一个固定频率的脉冲。也可以当做串行数据通信的波特率发送器使用。

(4) 工作方式 3

当 M1M0＝11 时，定时器/计数器处于工作方式 3，此时，定时器/计数器的等效电路如图 1.11 所示，仍以定时器 0 为例，值得注意的是，在工作方式 3 模式下，定时器/计数器 1 的工作方式与之不同，下面分别讨论。

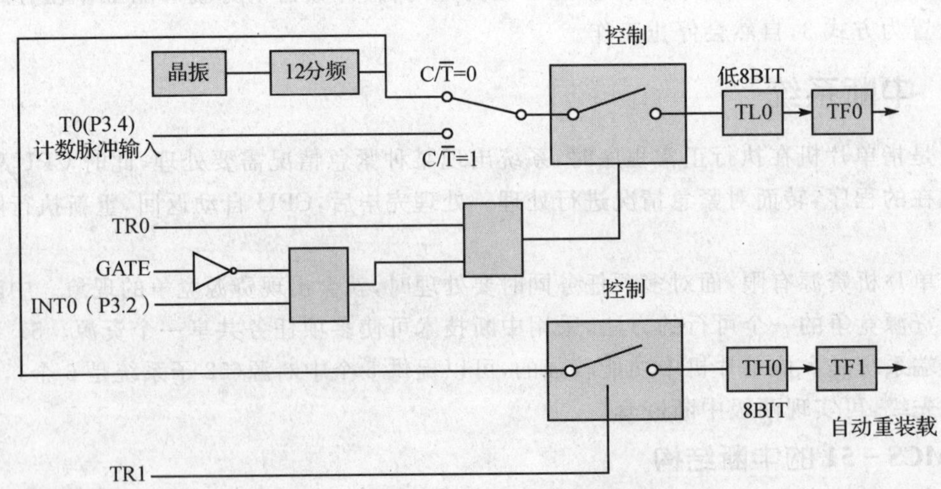

图 1.11 计数器 0 方式 3 内部逻辑结构图

在工作方式 3 模式下，定时器/计数器 0 被拆成两个独立的 8 位计数器 TL0 和 TH0。其中 TL0 既可以作计数器使用，也可以作为定时器使用，定时器/计数器 0 的各控制位和引脚信

号全归它使用。其功能和操作与方式 0 或方式 1 完全相同。TH0 就没有那么多"资源"可利用了,只能作为简单的定时器使用,而且由于定时器/计数器 0 的控制位已被 TL0 占用,因此只能借用定时器/计数器 1 的控制位 TR1 和 TF1,也就是以计数溢出去置位 TF1,TR1 则负责控制 TH0 定时的启动和停止。等效电路参见图 1.12。由于 TL0 既能作定时器也能作计数器使用,而 TH0 只能作定时器使用而不能作计数器使用,因此在方式 3 模式下,定时器/计数器 0 可以构成两个定时器或者一个定时器和一个计数器。

如果定时器/计数器 0 工作于工作方式 3,那么定时器/计数器 1 的工作方式就不可避免受到一定的限制,因为一些控制位已被定时器/计数器借用,所以只能工作在方式 0、方式 1 或方式 2 下,等效电路参见图 1.12。

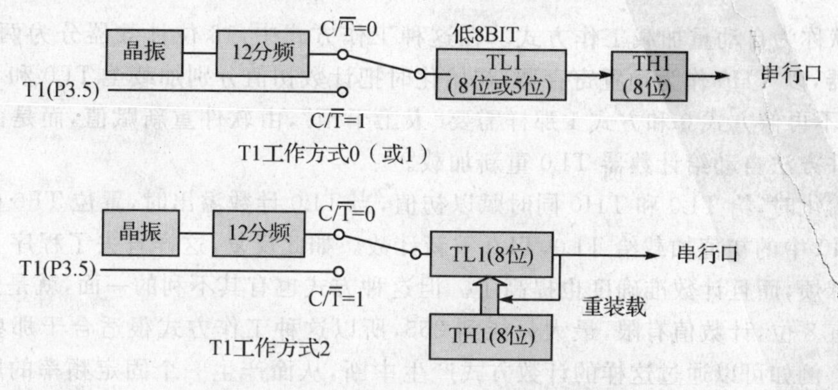

图 1.12　计数器 0 模式 3 时的等效电路

在这种情况下,定时器/计数器 1 通常作为串行口的波特率发生器使用,以确定串行通信的速率,因为已没有 TF1 被定时器/计数器 0 借用了,只能把计数溢出直接送给串行口。当做波特率发生器使用时,只需设置好工作方式,即可自动运行。如要停止它的工作,需送入一个把它设置为方式 3 的方式控制字即可,这是因为定时器/计数器本身就不能工作在方式 3,如硬把它设置为方式 3,自然会停止工作。

1.5.2　中断系统

中断是指单片机在执行正常程序时,系统出现某种紧急情况需要处理,此时 CPU 需要暂时中止现在的程序,转而对紧急情况进行处理。处理完毕后,CPU 自动返回,重新执行刚才程序。

由于单片机资源有限,面对多项任务同时要处理时,就会出现资源竞争的现象。中断技术就是解决资源竞争的一个可行的方法,采用中断技术可使多项任务共享一个资源。51 系列单片机的终端系统是 8 位单片机中功能较强的,可以提供 5 个中断源(52 子系统是 6 个),具有 2 个中断优先级,可实现两级中断嵌套。

1. MCS－51 的中断结构

如图 1.13 所示,MCS－51 在 MCS－48 结构的基础上增强了 I/O 的种类、功能和数量的同时,也增强了中断能力。MCS－51 提供了 5 个中断源,2 个中断优先级控制,可实现 2 个中断服务嵌套。当 CPU 支持中断屏蔽指令后,可将一部分或所有的中断关断,只有打开相应的中断控制位后,方可接收相应的中断请求。程序设置中断的允许或屏蔽,也可设置中断的优先级。

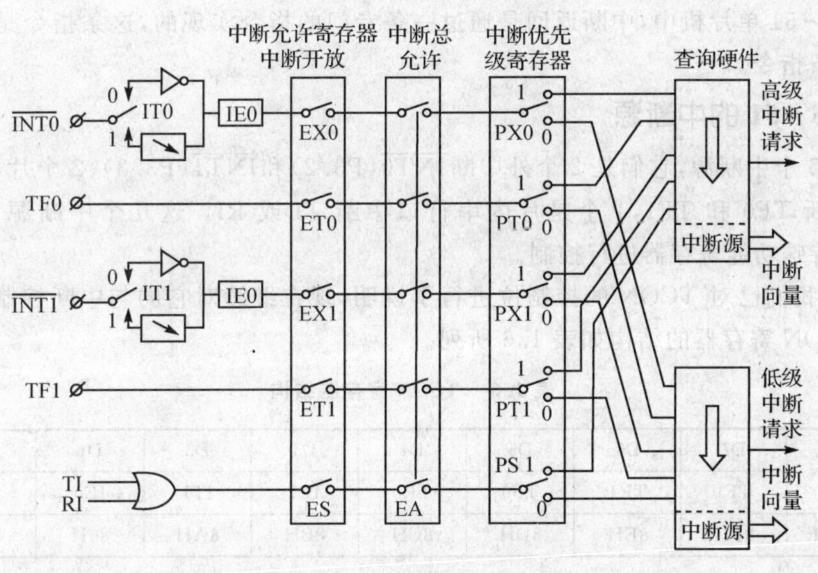

图 1.13 51 单片机中断结构

2. 中断处理流程

CPU 响应中断请求后，就立即转入执行中断服务程序。不同的中断源、不同的中断要求可能有不同的中断处理方法，但它们的处理流程一般都如下所述。

(1) 现场保护和现场恢复

中断是在执行其他任务的过程中转去执行临时的任务，为了在执行完中断服务程序后，回头执行原先的程序时知道程序原来在何处打断，各有关寄存器的内容如何，就必须在转入执行中断服务程序前，将这些内容和状态进行备份——即保护现场。就像文章开头举的例子，在看书时，电话铃响需转去接电话时，必须在书本上做个记号，以便在接完电话后回来看书时，知道从哪些内容继续往下看。计算机的中断处理方法也如此，中断开始前需将个有关寄存器的内容压入堆栈进行保存，以便在恢复原来程序时使用。

中断服务程序完成后，继续执行原先的程序，就需把保存的现场内容从堆栈中弹出，恢复寄存器和存储单元的原有内容，这就是现场恢复。

如果在执行中断服务时不是按上述方法进行现场保护和恢复现场，就会使程序运行紊乱，程序跑飞，自然使单片机不能正常工作。

(2) 中断打开和中断关闭

在中断处理进行过程中，可能又有新的中断请求到来，这里规定，现场保护和现场恢复的操作是不允许打扰的，否则保护和恢复的过程就可能使数据出错，为此在进行现场保护和现场恢复的过程中，必须关闭总中断，屏蔽其他所有的中断，待这个操作完成后再打开总中断，以便实现中断嵌套。

(3) 中断服务程序

既然有中断产生就必然有具体的任务需执行，中断服务程序就是执行中断处理的具体内容，一般以子程序的形式出现，所有的中断都要转去执行中断服务程序，进行中断服务。

(4) 中断返回

执行完中断服务程序后，必然要返回，中断返回就是从中断服务程序转回到原工作程序上来。在 MCS－51 单片机中，中断返回是通过一条专门的指令实现的，这条指令是中断服务程序的最后一条指令。

3. MCS－51 的中断源

8051 有 5 个中断源，它们是 2 个外中断 $\overline{\text{INT0}}$(P3.2)和 $\overline{\text{INT1}}$(P3.3)、2 个片内定时器/计数器溢出中断 TF0 和 TF1，1 个是片内串行口中断 TI 或 RI。这几个中断源由 TCON 和 SCON 两个特殊功能寄存器进行控制。

在前面，我们已对 TCON 的控制位进行了说明，现在继续对它的与中断控制有关的位进行讨论。TCON 寄存器的结构如表 1.6 所列。

表 1.6 TCON 寄存器结构

TCON	D7	D6	D5	D4	D3	D2	D1	D0
	TF1	TR1	TF0	TR0	IE1	IT1	IE0	IT0
位地址	8FH	8EH	8DH	8CH	8BH	8AH	89H	88H

- IE1：外部边沿触发中断 1 请求标志，其功能和操作类似于 TF0。
- IT1：外部中断 1 类型控制位，通过软件设置或清除，用于控制外中断的触发信号类型。IT1＝1，边沿触发；IT＝0，电平触发。
- IE0：外部边沿触发中断 0 请求标志，其功能和操作类似于 IE1。
- IT0：外部中断 0 类型控制位，通过软件设置或清除，用于控制外中断的触发信号类型。其功能和操作类似于 IE1。

SCON 是串行口控制寄存器，字节地址为 98H，SCON 的低两位是串行口的发送和接收中断标志，其格式如表 1.7 所列。

表 1.7 SCON 寄存器结构

SCON	D7	D6	D5	D4	D3	D2	D1	D0
	—	—	—	—	—	—	TI	RI
位地址							99H	98H

- TI：MCS－51 串行口的发送中断标志，串行口以方式 0 发送时，每当发送完 8 位数据，由硬件置位。如果以方式 1、方式 2 或方式 3 发送时，在发送停止位的开始时 TI 被置 1，TI＝1 表示串行发送器正向 CPU 发出中断请求，向串行口的数据缓冲器 SBUF 写入一个数据后就立即启动发送器继续发送。但是 CPU 响应中断请求后，转向执行中断服务程序时，并不清零 TI，TI 必须由用户的中断服务程序清“0”，即中断服务程序必须有“CLR TI”或“ANL SCON，＃0FDH”等指令来清零 TI。
- RI：串行口接收中断标志，若串行口接收器允许接收，并以方式 0 工作，每当接收到 8 位数据时，RI 被置 1，若以方式 1、2、3 工作，则当接收到半个停止位时，TI 被置 1，当串行口以方式 2 或方式 3 工作，且当 SM2＝1 时，仅当接收到的第 9 位数据 RB8 为 1 后，同时还要在接收到半个停止位时，RI 被置 1。RI 为 1 表示串行口接收器正向 CPU 申请中断。同样 RI 标志由用户的软件清“0”。

4. 中断的控制

对于中断控制，在上一节中已经对 TCON 和 SCON 进行了分析，其实它们两个寄存器也是中断的控制寄存器，负责对中断的部分功能进行控制。下面讨论另外两个控制寄存器 IE 和 IP。

MCS－51 对中断的开放和屏蔽是由中断允许寄存器 IE 控制实现的，IE 的结构格式如表 1.8所列。

表 1.8 IE 寄存器结构

IE	D7	D6	D5	D4	D3	D2	D1	D0
	EA	—	—	ES	ET1	EX1	ET0	EX0
位地址	AFH			ACH	ABH	AAH	A9H	A8H

下面对 IE 寄存器的各控制位进行介绍：

- EA：中断总控制位，EA＝1，CPU 开放中断；EA＝0，CPU 禁止所有中断。
- ES：串行口中断控制位，ES＝1 允许串行口中断；ES＝0，屏蔽串行口中断。
- ET1：定时器/计数器 T1 中断控制位。ET1＝1，允许 T1 中断；ET1＝0，禁止 T1 中断。
- EX1：外中断 1 中断控制位，EX1＝1，允许外中断 1 中断；EX1＝0，禁止外中断 1 中断。
- ET0：定时器/计数器 T0 中断控制位。ET1＝1，允许 T0 中断；ET1＝0，禁止 T0 中断。
- EX0：外中断 0 中断控制位，EX1＝1，允许外中断 0 中断；EX1＝0，禁止外中断 0 中断。

MCS－51 有两个中断优先级，即高优先级和低优先级，每个中断源都可设置为高或低中断优先级。如果有一低优先级的中断正在执行，那么高优先级的中断出现中断请求时，CPU 会响应这个高优先级的中断，也即高优先级的中断可以打断低优先级的中断。而若 CPU 正在处理一个高优先级的中断，此时，就算是有低优先级的中断发出中断请求，CPU 也不会理会这个中断，而是继续执行正在执行的中断服务程序，一直到程序结束，执行最后一条返回指令，返回主程序然后再执行一条指令后才会响应新的中断请求。

为了实现上述功能，MCS－51 的中断系统有两个不可寻址的优先级状态触发器，一个指出 CPU 是否在执行高优先级中断服务程序，另一个指出 CPU 是否正在执行低优先级的中断服务程序，这两个中断触发器的置 1 状态分别屏蔽所有中断申请和同一级别的其他中断申请，此外，MCS－51 还有一个申请优先级寄存器，IP 的格式如表 1.9 所列，字节地址是 B8H。

表 1.9 IP 中断控制寄存器结构

IP	D7	D6	D5	D4	D3	D2	D1	D0
	—	—	—	PS	PT1	Px1	PT0	PX0
位地址				BCH	BBH	BAH	B9H	B8H

- PS：串行口中断优先级控制位。PS＝1，串行口中断声明为高优先级中断；PS＝0，串行口定义为低优先级中断。
- PT1：定时器 1 优先级控制位。PT1＝1，声明定时器 1 为高优先级中断；PT1＝0 定义

定时器1为低优先级中断。

- PX1：外中断1优先级控制位。PX1=1，声明外中断1为高优先级中断；PX1=0定义外中断1为低优先级中断。
- PT0：定时器0优先级控制位。PT1=1，声明定时器0为高优先级中断；PT1=0定义定时器0为低优先级中断。
- PX0：外中断0优先级控制位。PX1=1，声明外中断0为高优先级中断；PX1=0定义外中断0为低优先级中断。

5. 中断的响应

MCS-51的CPU在每一个机器周期顺序检查每一个中断源，在机器周期的S6按优先级处理所有被激活的中断请求，此时，如果CPU没有正在处理更高或相同优先级的中断，或者现在的机器周期不是所执行指令的最后一个机器周期，或者CPU不是正在执行RETI指令或访问IE和IP的指令(因为按MCS-51中断系统的特性规定，在执行完这些指令之后，还要继续执行一条指令，才会响应中断)，则CPU在下一个机器周期响应激活了的最高优先级中断请求。

表1.10 各中断源的服务程序入口地址

中断源	入口地址
外中断0	0003H
定时器/计数器0	000BH
外中断1	0013H
定时器/计数器1	001BH
串行口中断	0023H

中断响应的主要内容就是由硬件自动生成一条长调用LCALL addr16指令，这里的addr16就是程序存储器中相应的中断入口地址，这些中断源的服务程序入口地址如表1.10所列。

生成LCALL指令后，CPU紧跟着便执行之。首先将PC(程序计数器)的内容压入堆栈保护断点，然后把中断入口地址赋予PC，CPU便按新的PC地址(即中断服务程序入口地址)执行程序。

值得一提的是，各中断区只有8个单元，一般情况下(除非中断程序非常简单)，都不可能安装下一个完整的中断服务程序。因此，通常在这些入口地址区放置一条无条件转移指令，使程序按转移的实际地址去执行真正的中断服务程序。

1.5.3 MCS-51单片机内部存储结构

MCS-51的存储器可分为如下4类：片内程序存储器、片外程序存储器、片内数据存储器和片外数据存储器。

但在逻辑上，即从用户角度上，8051单片机有3个存储空间：程序存储器、数据存储器和特殊功能寄存器。下面分别介绍：

1. 程序存储器

一个微处理器能够聪明地执行某种任务，除了它强大的硬件外，还需要它运行的软件，其实微处理器并不聪明，它们只是完全按照人们预先编写的程序执行的。设计人员编写的程序通常存放在微处理器的程序存储器中，俗称只读程序存储器(ROM)。程序相当于给微处理器处理问题的一系列命令。其实程序和数据一样，都是由机器码组成的代码串。只是程序代码存放于程序存储器中。

MCS-51有64 KB的程序存储器寻址空间，用于存放用户程序、数据和表格等信息。对于内部无ROM的8031单片机，它的程序存储器必须外接，空间地址为64 KB，此时单片机的

$\overline{EA}$端必须接地，强制 CPU 从外部程序存储器读取程序。对于内部有 ROM 的 8051 等单片机，正常运行时，则需接高电平，使 CPU 先从内部程序存储器读取程序，当 PC 值超过内部 ROM 的容量时，才会转向从外部程序存储器读取程序。

8051 片内有 4 KB 的程序存储单元，其地址为 0000H～0FFFH，单片机启动复位后，程序计数器的内容为 0000H，所以系统将从 0000H 单元开始执行程序。但程序存储器中有些特殊的单元，这在使用中应加以注意：

其中一组特殊单元是 0000H～0002H，系统复位后，PC 为 0000H，单片机从 0000H 单元开始执行程序，如果程序不是从 0000H 单元开始，则应在这 3 个单元中存放一条无条件转移指令，让 CPU 直接去执行用户指定的程序。

另一组特殊单元是 0003H～002AH，这 40 个单元各有用途，它们被均匀地分为 5 段，它们的定义如下：

- 0003H～000AH　外部中断 0 中断地址区。
- 000BH～0012H　定时器/计数器 0 中断地址区。
- 0013H～001AH　外部中断 1 中断地址区。
- 001BH～0022H　定时器/计数器 1 中断地址区。
- 0023H～002AH　串行中断地址区。

可见以上的 40 个单元是专门用于存放中断处理程序的地址单元，中断响应后，按中断的类型，自动转到各自的中断区去执行程序。因此以上地址单元不能用于存放程序的其他内容，只能存放中断服务程序。但是通常情况下，每段只有 8 个地址单元是不能存下完整的中断服务程序的，因而一般也在中断响应的地址区安放一条无条件转移指令，指向程序存储器的其他真正存放中断服务程序的空间去执行，这样中断响应后，CPU 读到这条转移指令，便转向其他地方去继续执行中断服务程序。

2. 数据存储器

数据存储器也称为随机存取数据存储器。MCS－51 单片机的数据存储器在物理上和逻辑上都分为两个地址空间，一个是内部数据存储区和一个外部数据存储区。MCS－51 内部 RAM 有 128 或 256 B 的用户数据存储(不同的型号有分别)，它们是用于存放执行的中间结果和过程数据。MCS－51 的数据存储器均可读写，部分单元还可以位寻址。

8051 内部 RAM 共有 256 个单元，这 256 个单元共分为两部分。其一是地址从 00H～7FH 单元(共 128 个字节)为用户数据 RAM。从 80H～FFH 地址单元(也是 128 个字节)为特殊寄存器(SFR)单元。从图 1.14 中可清楚地看出它们的结构分布。

在 00H～1FH 共 32 个单元中被均匀地分为 4 块，每块包含 8 个 8 位寄存器，均以 R0～R7 来命名，常称这些寄存器为通用寄存器。这 4 块中的寄存器都称为 R0～R7，那么在程序中怎么区分和使用它们呢？聪明的 Intel 工程师们又安排了一个寄存器－程序状态字寄存器(PSW)来管理它们，CPU 只要定义 PSW 的第 3 位和第 4 位(RS0 和 RS1)，即可选中这 4 组通用寄存器。对应的编码关系如表 1.11 所列。

地址	区域	说明
FFH～80H	特殊功能寄存器区(SFR)	可字节寻址亦可位寻址
7FH～30H	数据缓冲区 堆栈区 工作单元	只能字节寻址
2FH～20H	位寻址区 00H~7FH	全部可位寻址 共16个字节 128位
1FH～00H	3区 2区 1区 0区	4组通用寄存器R0~R7也可作RAM使用,R0、R1亦可位寻址

图 1.14 数据存储器分布图

表 1.11 程序状态字与工作寄存器对应关系

PSW.4(RS1)	PSW.3(RS0)	工作寄存器区
0	0	0 区 00H～07H
0	1	1 区 08H～1FH
1	0	2 区 10H～17H
1	1	3 区 18H～1FH

内部 RAM 的 20H～2FH 单元为位寻址区,既可作为一般单元用字节寻址,也可对它们的位进行寻址。位寻址区共有 16 个字节,128 个位,位地址为 00H～7FH。位地址分配如表 1.12 所列,CPU 能直接寻址这些位,执行例如置"1"、清"0"、求"反"、转移,传送和逻辑等操作。常说 MCS－51 具有布尔处理功能,布尔处理的存储空间指的就是这些位寻址区。

表 1.12 RAM 位寻址区地址表

单元地址	MSB			位地址				LSB
2FH	7FH	7EH	7DH	7CH	7BH	7AH	79H	78H
2EH	77H	76H	75H	74H	73H	72H	71H	70H
2DH	6FH	6EH	6DH	6CH	6BH	6AH	69H	68H
2CH	67H	66H	65H	64H	63H	62H	61H	60H
2BH	5FH	5EH	5DH	5CH	5BH	5AH	59H	58H
2AH	57H	56H	55H	54H	53H	52H	51H	50H
29H	4FH	4EH	4DH	4CH	4BH	4AH	49H	48H
28H	47H	46H	45H	44H	43H	42H	41H	40H
27H	3FH	3EH	3DH	3CH	3BH	3AH	39H	38H
26H	37H	36H	35H	34H	33H	32H	31H	30H
25H	2FH	2EH	2DH	2CH	2BH	2AH	29H	28H
24H	27H	26H	25H	24H	23H	22H	21H	20H
23H	1FH	1EH	1DH	1CH	1BH	1AH	19H	18H
22H	17H	16H	15H	14H	13H	12H	11H	10H
21H	0FH	0EH	0DH	0CH	0BH	0AH	09H	08H
20H	07H	06H	05H	04H	03H	02H	01H	00H

3. 特殊功能寄存器

特殊功能寄存器(SFR)也称为专用寄存器,特殊功能寄存器反映了 MCS－51 单片机的运

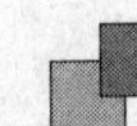

行状态。很多功能也通过特殊功能寄存器来定义和控制程序的执行。

MCS-51 有 21 个特殊功能寄存器,它们被离散地分布在内部 RAM 的 80H～FFH 地址中,这些寄存器的功能已作了专门的规定,用户不能修改其结构。表 1.13 是特殊功能寄存器分布一览表,下面对主要的寄存器作一些简单的介绍。

表 1.13 特殊功能寄存器

标识符号	地址	寄存器名称	标识符号	地址	寄存器名称
ACC	0E0H	累加器	PCON	87H	电源控制及波特率选择寄存器
B	0F0H	B 寄存器	SCON	98H	串行口控制寄存器
PSW	0D0H	程序状态字	SBUF	99H	串行数据缓冲寄存器
SP	81H	堆栈指针	TCON	88H	定时控制寄存器
DPTR	82H、83H	数据指针(含 DPL 和 DPH)	TMOD	89H	定时器方式选择寄存器
IE	0A8H	中断允许控制寄存器	TL0	8AH	定时器 0 低 8 位
IP	0B8H	中断优先控制寄存器	TH0	8CH	定时器 0 高 8 位
P0	80H	I/O 口 0 寄存器	TL1	8BH	定时器 1 低 8 位
P1	90H	I/O 口 1 寄存器	TH1	8DH	定时器 1 高 8 位
P2	0A0H	I/O 口 2 寄存器			
P3	0B0H	I/O 口 3 寄存器			

(1) 程序计数器 PC(Program Counter)

程序计数器在物理上是独立的,它不属于特殊内部数据存储器块。PC 是一个 16 位的计数器,用于存放一条要执行的指令地址,寻址范围为 64 KB,PC 有自动加 1 功能,即完成一条指令的执行后,其内容自动加 1。PC 本身并没有地址,因而不可寻址,用户无法对它进行读写,但是可以通过转移、调用、返回等指令改变其内容,以控制程序按要求去执行。

(2) 累加器 ACC(Accumulator)

累加器 A 是一个最常用的专用寄存器,大部分单操作指令的一个操作数取自累加器,很多双操作数指令中的一个操作数也取自累加器。加、减、乘、除法运算的指令,运算结果都存放于累加器 A 或累加器对 AB 中。大部分的数据操作都会通过累加器 A 进行,它相当于一个交通要道,在比较复杂的运算中,累加器成了制约软件效率的"瓶颈",它的功能较多,地位也十分重要。以至于后来发展的单片机,有的集成了多累加器结构,或者使用寄存器阵列来代替累加器,即赋予更多寄存器以累加器的功能,目的是解决累加器的"交通堵塞"问题,提高单片机的软件效率。

(3) 寄存器 B

在乘除法指令中,乘法指令中的两个操作数分别取自累加器 A 和寄存器 B,其结果存放于寄存器对 AB 中。除法指令中,被除数取自累加器 A,除数取自寄存器 B,结果商存放于累加器 A,余数存放于寄存器 B 中。

(4) 程序状态字(Program Status Word)

程序状态字是一个 8 位寄存器,用于存放程序运行的状态信息,这个寄存器的一些位可由软件设置,有些位则由硬件运行时自动设置。寄存器的各位定义如表 1.14 所列。其中

PSW.1是保留位,未使用。表1.14是它的功能说明,并对各个位的定义介绍如下。

表1.14 程序状态字

位序	PSW.7	PSW.6	PSW.5	PSW.4	PSW.3	PSW.2	PSW.1	PSW.0
位标志	CY	AC	F0	RS1	RS0	OV	—	P

PSW.7(CY) 进位标志位,此位有两个功能:一是存放执行某些算数运算时,存放进位标志,可被硬件或软件置位或清零。二是在位操作中作累加位使用。

PSW.6(AC) 辅助进位标志位,当进行加、减运算时当有低4位向高4位进位或借位时,AC置位,否则被清零。AC辅助进位位也常用于十进制调整。

PSW.5(F0) 用户标志位,供用户设置的标志位。

PSW.4、PSW.3(RS1 和 RS0) 寄存器组选择位。可参见本章的表1.11的定义。

PSW.2(OV) 溢出标志。带符号加减运算中,超出了累加器A所能表示的符号数有效范围(−128～+127)时,即产生溢出,OV=1,表明运算结果错误;如果OV=0,表明运算结果正确。

执行加法指令ADD时,当位6向位7进位,而位7不向C进位时,OV=1。或者位6不向位7进位,而位7向C进位时,同样OV=1。

除法指令,乘积超过255时,OV=1,表明乘积在AB寄存器对中;若OV=0,则说明乘积没有超过255,乘积只在累加器A中。

除法指令,OV=1,表示除数为0,运算不被执行;否则OV=0。

PSW.0(P) 奇偶校验位。声明累加器A的奇偶性,每个指令周期都由硬件来置位或清零,若值为1的位数为奇数,则P置位,否则清零。

(5) 数据指针(DPTR)

数据指针为16位寄存器,编程时,既可以按16位寄存器来使用,也可以按两个8位寄存器来使用,即高位字节寄存器DPH和低位字节DPL。

DPTR主要是用来保存16位地址,当对64 KB外部数据存储器寻址时,可作为间址寄存器使用,此时,使用如下两条指令:

```
MOVX    A, @DPTR
MOVX    @DPTR, A
```

在访问程序存储器时,DPTR可用来作基址寄存器,采用基址+变址寻址方式访问程序存储器,这条指令常用于读取程序存储器内的表格数据。

```
MOVC    A, @A + @DPTR
```

(6) 堆栈指针SP(Stack Pointer)

堆栈是一种数据结构,它是一个8位寄存器,结构见图1.15,它指示堆栈顶部在内部RAM中的位置。系统复位后,SP的初始值为07H,使得堆栈实际上是从08H开始的。但从RAM的结构分布中可知,08H～1FH隶属1～3工作寄存器区,若编程时需要用到这些数据单元,则必须对堆栈指针SP进行初始化,原则上设在任何一个区域均可,但一般设在30H～1FH之间较为适宜。

将数据写入堆栈称为入栈(PUSH),从堆栈中取出数据称为出栈(POP),堆栈的最主要特征是“后进先出”规则，也即最先入栈的数据放在堆栈的最底部，而最后入栈的数据放在栈的顶部，因此，最后入栈的数据出栈时则是最先的。这和往一个箱子里存放书本一样，要将最先放入箱底部的书取出，必须先取走最上层的书籍。这个道理非常相似。

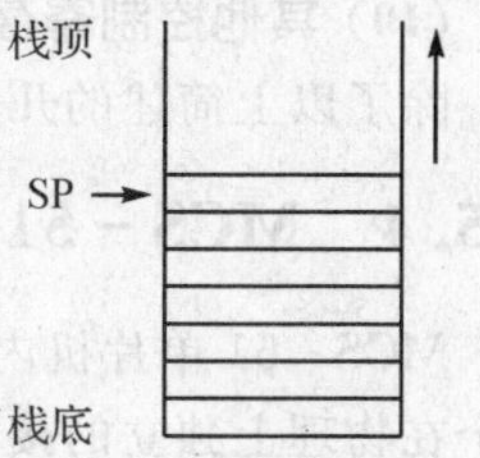

图 1.15 堆栈结构图

那么堆栈有何用途呢？堆栈的设立是为了中断操作和子程序的调用而用于保存数据的，即常说的断点保护和现场保护。微处理器不论是转入子程序还是中断服务程序执行，执行完后，都要回到主程序中来，在转入子程序和中断服务程序前，必须先将现场的数据保存起来，否则返回时，CPU 并不知道原来的程序执行到哪一步，原来的中间结果如何？所以在转入执行其他子程序前，先将需要保存的数据压入堆栈中保存。以备返回时，再复原当时的数据，供主程序继续执行。

转入中断服务程序或子程序时，需要保存的数据可能有若干个，都需要一一保留。如果微处理器进行多重子程序或中断服务程序嵌套，那么需保存的数据就更多，这要求堆栈有相当的容量，否则会造成堆栈溢出，丢失应备份的数据。轻者使运算和执行结果错误，重则使整个程序紊乱。

MCS-51 的堆栈是在 RAM 中开辟的，即堆栈要占据一定的 RAM 存储单元。同时 MCS-51 的堆栈可以由用户设置，SP 的初始值不同，堆栈的位置则不一定，不同的设计人员，使用的堆栈区则不同，不同的应用要求，堆栈要求的容量也有所不同。堆栈的操作只有两种，即进栈和出栈，但不管是向堆栈写入数据还是从堆栈中读出数据，都是对栈顶单元进行的，SP 就是即时指示出栈顶的位置（即地址）。在子程序调用和中断服务程序响应的开始和结束期间，CPU 都是根据 SP 指示的地址与相应的 RAM 存储单元交换数据。

堆栈的操作有两种方法：其一是自动方式，即在中断服务程序响应或子程序调用时，返回地址自动进栈。当需要返回执行主程序时，返回的地址自动交给 PC，以保证程序从断点处继续执行，这种方式是不需要编程人员干预的。第二种方式是人工指令方式，使用专有的堆栈操作指令进行进出栈操作，也只有两条指令：进栈为 PUSH 指令，在中断服务程序或子程序调用时作为现场保护。出栈操作 POP 指令，用于子程序完成时，为主程序恢复现场。

(7) I/O 口专用寄存器(P0、P1、P2、P3)

I/O 口寄存器 P0、P1、P2 和 P3 分别是 MCS-51 单片机的 4 组 I/O 口锁存器。MCS-51 单片机并没有专门的 I/O 口操作指令，而是把 I/O 口也当做一般的寄存器来使用，数据传送都统一使用 MOV 指令来进行，这样的好处在于 4 组 I/O 口还可以当做寄存器直接寻址方式参与其他操作。

(8) 定时器/计数器(TL0、TH0、TL1 和 TH1)

前面已经讲过，MCS-51 单片机中有两个 16 位的定时器/计数器 T0 和 T1，它们由 4 个 8 位寄存器组成的，两个 16 位定时器/计数器却是完全独立的。可以单独对这 4 个寄存器进行寻址，但不能把 T0 和 T1 当做 16 位寄存来使用。这里不再详细讲述。

(9) 串行数据缓冲器(SBUF)

串行数据缓冲器 SBUF 用来存放需发送和接收的数据，它由两个独立的寄存器组成，一个是发送缓冲器，另一个是接收缓冲器，要发送和接收的操作其实都是对串行数据缓冲器进行的。下一节详细讲述串行通信口。

(10) 其他控制寄存器(TMOD)

除了以上简述的几个专用寄存器外,还有IP、IE、TCON、SCON和PCON等几个寄存器。

1.5.4 MCS-51的串行通信口

MCS-51单片机内部有一个全双工的串行通信口,即串行接收和发送缓冲器(SBUF),这两个在物理上独立的接收发送器,既可以接收数据也可以发送数据。但接收缓冲器只能读出不能写入,而发送缓冲器则只能写入不能读出,它们的地址为99H。这个通信口既可以用于网络通信,亦可实现串行异步通信,还可以构成同步移位寄存器使用。如果在串行口的输入输出引脚上加上电平转换器,就可方便地构成标准的RS-232接口。下面分别介绍。

1. 基本概念

(1) 数据通信的传输方式

常用于数据通信的传输方式有单工、半双工、全双工和多工方式。

单工方式:数据仅按一个固定方向传送。因而这种传输方式的用途有限,常用于串行口的打印数据传输与简单系统间的数据采集。

半双工方式:数据可实现双向传送,但不能同时进行,实际的应用采用某种协议实现收/发开关转换。

全双工方式:允许双方同时进行数据双向传送,但一般全双工传输方式的线路和设备较复杂。

多工方式:以上3种传输方式都是用同一线路传输一种频率信号,为了充分地利用线路资源,可通过使用多路复用器或多路集线器,采用频分、时分或码分复用技术,即可实现在同一线路上资源共享功能,称为多工传输方式。

(2) 串行数据通信两种形式

① 异步通信

在这种通信方式中,接收器和发送器有各自的时钟,它们的工作是非同步的,异步通信用一帧来表示一个字符,其内容如下:

• 标记

当串行传输线上不传送数据时,它所处的状态称为标记状态,用以告之对方目前是处于待机闲置的状态,此信号一直保持在高电位。

• 起始位

在真正传输数据位前,会先送出一个低电位的位,以告知接收端马上就要传送数据出去,标记一直保持在高电位,一旦送出起始低电位后,在这转换的瞬间,接收端与发送端取得同步。

• 数据位

真正传送的数据在起始位送出后,便逐一送出去(位0先送出)。数据长度可以是5~8位,例如英文的文字文件,只需要用到7个位传送即可,使用8个位便可传送文档或任何数据文件。

• 校验位

在传送完每一个位数据后,接着送出校验位,用来检查数据在传送的过程中是否发生错误,校验位可以是奇校验或偶校验。采用奇校验作检查,表示所有数据位加上校验位后,“1”的总和要为奇数。反之偶检验是所有数据位加上校验位,“1”的总数应为偶数个,当然,也可不使用校验位检查,在数据传送中,少传一个位,可加快传输速度。

• 停止位

一连串传送位的最后一位称为停止位,用以表示一个字节的数据传送完毕。停止位可以是1个、1.5个或2个,按照需要选择。在串行传输中,加入开始位及结束位的主要功能是让收发两端可以随时取得同步,使得数据传输无误。

图1.16为字节6BH经串行传输接口送出时的波形,传送一个字节共花了11个位宽的传送时间。除了数据项8位外,多加了起始位、停止位、校验位,其中校验采用奇校验。

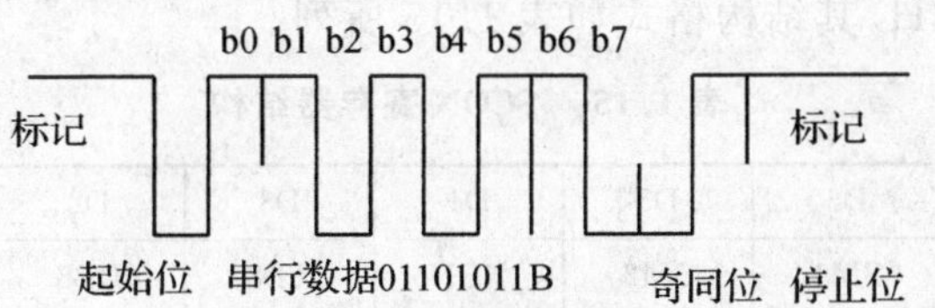

图1.16 串行数据传送波形

② 同步通信

同步通信格式中,发送器和接收器由同一个时钟源控制,为了克服在异步通信中,每传输一帧字符都必须加上起始位和停止位,占用了传输时间,在要求传送数据量较大的场合,速度就慢得多。同步传输方式去掉了这些起始位和停止位,只在传输数据块时先送出一个同步头(字符)标志即可。

同步传输方式比异步传输方式速度快,这是它的优势。但同步传输方式也有其缺点,即它必须要用一个时钟来协调收发器的工作,所以它的设备也较复杂。

(3) 串行数据通信的传输速率

串行数据传输速率有两个概念,即每秒传送的位数 bps(Bit per second)和每秒符号数—波特率(Band rate),在具有调制解调器的通信中,波特率与调制速率有关。

2. MCS-51的串行口和控制寄存器

(1) 串行口控制寄存器

MCS-51单片机串行口寄存器结构如图1.17所示。SBUF为串行口的收发缓冲器,它是一个可寻址的专用寄存器,其中包含了接收器和发送器寄存器,可以实现全双工通信。但这

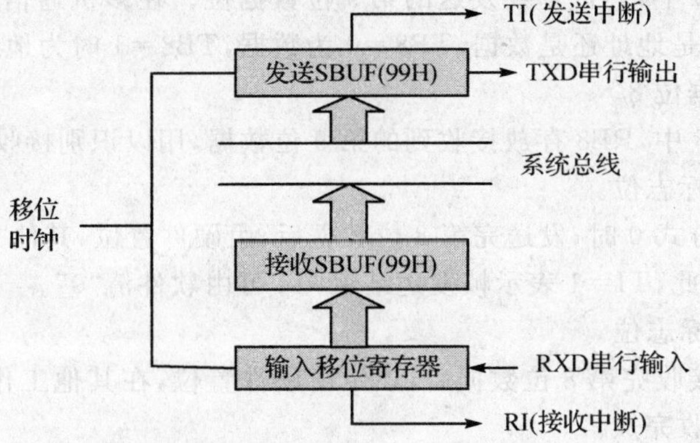

图1.17 串行口存储器结构

两个寄存器具有同一地址(99H)。MCS－51 的串行数据传输很简单,只要向发送缓冲器写入数据即可发送数据。而从接收缓冲器读出数据即可接收数据。

此外,从图1.17中可看出,接收缓冲器前还加上一级输入移位寄存器,MCS－51这种结构的目的在于接收数据时避免发生数据帧重叠现象,以免出错。而发送数据时就不需要这样设置,因为发送时,CPU是主动的,不可能出现这种现象。

(2) 串行通信控制寄存器

在前面已经分析了SCON控制寄存器,它是一个可寻址的专用寄存器,用于串行数据的通信控制,单元地址是98H,其结构格式如表1.15所列。

表1.15　SCON寄存器结构

SCON	D7	D6	D5	D4	D3	D2	D1	D0
	SM0	SM1	SM2	REN	TB8	RB8	TI	RI
位地址	9FH	9EH	8DH	9CH	9BH	9AH	99H	98H

各控制位功能介绍如下:

① SM0、SM1:串行口工作方式控制位,如表1.16所列。

表1.16　串行口工作方式控制位

SM0	SM1	工作方式
0	0	方式0
0	1	方式1
1	0	方式2
1	1	方式3

② SM2:多机通信控制位。

多机通信工作于方式2和方式3,SM2位主要用于方式2和方式3。接收状态,当串行口工作于方式2或方式3,以及SM2=1时,只有当接收到第9位数据(RB8)为1时,才把接收到的前8位数据送入SBUF,且置位RI发出中断申请,否则会将接收到的数据放弃。当SM2=0时,就不管第9位数据是0还是1,都把数据送入SBUF,并发出中断申请。工作于方式0时,SM2必须为0。

③ REN:允许接收位。

REN用于控制数据接收的允许和禁止,REN=1时,允许接收,REN=0时,禁止接收。

④ TB8:发送数据位8。

在方式2和方式3中,TB8是要发送的第9位数据位。在多机通信中同样亦要传输这一位,并且它代表传输的是地址还是数据,TB8=0为数据,TB8=1时为地址。

⑤ RB8:接收数据位8。

在方式2和方式3中,RB8存放接收到的第9位数据,用以识别接收到的数据特征。

⑥ TI:发送中断标志位。

可寻址标志位。方式0时,发送完第8位数据后,由硬件置位,其他方式下,在发送或停止位之前由硬件置位,因此,TI=1表示帧发送结束,TI可由软件清“0”。

⑦ RI:接收中断标志位。

可寻址标志位。接收完第8位数据后,该位由硬件置位,在其他工作方式下,该位由硬件置位,RI=1表示帧接收完成。

(3) 电源管理寄存器PCON

PCON主要是为CHMOS型单片机的电源控制而设置的专用寄存器,单元地址是87H,

其结构格式如表1.17所列。

表1.17 PCON电源管理寄存器结构

PCON	D7	D6	D5	D4	D3	D2	D1	D0
位符号	SMOD	—	—	—	GF1	GF0	PD	IDL

在CHMOS型单片机中，除SMOD位外，其他位均为虚设的，SMOD是串行口波特率倍增位，当SMOD=1时，串行口波特率加倍。系统复位默认为SMOD=0。

(4) 中断允许寄存器IE

中断允许寄存器在前面已阐述，这里重述一下对串行口有影响的位ES。ES为串行中断允许控制位，ES=1允许串行中断，ES=0，禁止串行中断。IE中断允许控制寄存器结构如表1.18所列。

表1.18 IE中断允许控制寄存器结构

位符号	EA	—	—	ES	ET1	EX1	ET0	EX0
位地址	AFH	AEH	ADH	ACH	ABH	AAH	A9H	A8H

3. 串行口的工作方式

8051单片机的全双工串行口可编程为4种工作方式，现分述如下：

(1) 方式0

方式0为移位寄存器输入/输出方式，而非真正的串行通信应用。此方式下可外接移位寄存器以扩展I/O口，也可以外接同步输入/输出设备。8位串行数据则是从RXD输入或输出，TXD用来输出同步脉冲。

输出：串行数据从RXD引脚输出，TXD引脚输出移位脉冲。CPU将数据写入发送寄存器时，立即启动发送，将8位数据以$f_{os}/12$的固定波特率从RXD输出，低位在前，高位在后。发送完一帧数据后，发送中断标志TI由硬件置位。

输入：当串行口以方式0接收时，先置位允许接收控制位REN。此时，RXD为串行数据输入端，TXD仍为同步脉冲移位输出端。当(RI)=0和(REN)=1同时满足时，开始接收。当接收到第8位数据时，将数据移入接收寄存器，并由硬件置位RI。

(2) 方式1

方式1为波特率可变的10位异步通信接口方式。发送或接收一帧信息，包括1个起始位0，8个数据位和1个停止位1。此方式为经常使用的串行传输模式。

输出：当CPU执行一条指令将数据写入发送缓冲SBUF时，就启动发送。串行数据从TXD引脚输出，发送完一帧数据后，就由硬件置位TI。

输入：在(REN)=1时，串行口采样RXD引脚，当采样到1至0的跳变时，确认是开始位0，就开始接收一帧数据。只有当(RI)=0且停止位为1或者(SM2)=0时，停止位才进入RB8，8位数据才能进入接收寄存器，并由硬件置位中断标志RI；否则信息丢失。所以在方式1接收时，应先用软件清零RI和SM2标志。

(3) 方式2

方式2为固定波特率的11位UART方式。它比方式1增加了一位可程控位1或0的第

9 位数据。

输出：发送的串行数据由 TXD 端输出一帧信息为 11 位，附加的第 9 位来自 SCON 寄存器的 TB8 位，用软件置位或复位。它可作为多机通信中地址/数据信息的标志位，也可以作为数据的奇偶校验位。当 CPU 执行一条数据写入 SUBF 的指令时，就启动发送器发送。发送一帧信息后，置位中断标志 TI。

输入：在(REN)=1 时，串行口采样 RXD 引脚，当采样到 1 至 0 的跳变时，确认是开始位 0，就开始接收一帧数据。在接收到附加的第 9 位数据后，当(RI)=0 或者(SM2)=0 时，第 9 位数据才进入 RB8，8 位数据才能进入接收寄存器，并由硬件置位中断标志 RI；否则信息丢失。且不置位 RI。再过一位时间后，不管上述条件是否满足，接收电路即行复位，并重新检测 RXD 上从 1 到 0 的跳变。

(4) 方式 3

方式 3 为波特率可变的 11 位 UART 方式。除波特率可变外，其余与方式 2 相同。

4. 波特率选择

如前所述，在串行通信中，收发双方的数据传送率(波特率)要有一定的约定。在 8051 串行口的 4 种工作方式中，方式 0 和方式 2 的波特率是固定的，而方式 1 和方式 3 的波特率是可变的，由定时器 T1 的溢出率控制。

(1) 方式 0

在方式 0 下，波特率是固定的，为主振频率的 1/12。

(2) 方式 2

方式 2 的波特率由 PCON 中的选择位 SMOD 来决定，可由下式表示：

$$\text{波特率} = 2^{\text{SMOD}} \div 64 \times f_{\text{osc}}$$

当 SMOD=1 时，波特率 $= \frac{1}{32} f_{\text{osc}}$；

当 SMOD=0 时，波特率 $= \frac{1}{64} f_{\text{osc}}$。

(3) 方式 1 和方式 3

在方式 1 及方式 3 操作下的波特率设定由内部计数器 1 来控制，计数器的工作模式一共有 4 种，方式 0 至方式 3。因为方式 2 为自动重装入初值的 8 位定时器/计数器模式，所以用它来做波特率发生器最恰当。在方式 2 的计时下，使用的计数器寄存器为 TL1，而 TH1 则是在做自动载入计时值的设定，定时器 T1 作为波特率发生器，其公式如下：

$$\text{波特率} = 2^{\text{SMOD}} \div 32 \times (\text{定时器 T1 溢出率}) = \frac{2^{\text{SMOD}}}{32} \times \frac{f_{\text{osc}}}{12 \times (256 - \text{TH1})}$$

式中，T1 计数率取决于它工作在定时器状态还是计数器状态，当工作于定时器状态时，T1 计数率为 $f_{\text{osc}}/12$；当工作于计数器状态时，T1 计数率为外部输入频率，此频率应小于 $f_{\text{osc}}/24$。产生溢出所需周期与定时器 T1 的工作方式、T1 的预置值有关。

设计时先定出波特率再求 TH1 的值，将上式加以整理得：

$$\text{TH1} = 256 - \frac{2^{\text{SMOD}} \times f_{\text{osc}}}{384 \times \text{波特率}}$$

例如单片机使用 11.0592 MHz 晶振时，如果设定串行通信不要被别的终端的波特率为

9 600 bps，SMOD 设为 0，则可求得 TH1 为：

$$TH1=256-\frac{11\ 059\ 200}{384\times 9\ 600}=253$$

当时钟频率选用 11.059 2 MHz 时，易获得标准的波特率，所以很多单片机系统选用这个看起来很“怪”的晶振就是这个道理。表 1.19 列出了定时器 T1 工作于方式 2 时常用的波特率及初值。

表 1.19　常用波特率及初值

常用波特率	f_{osc}/MHz	SMOD	TH1 初值
62 500	12	1	FDH
19 200	11.059 2	1	FDH
9 600	11.059 2	0	FDH
4 800	11.059 2	0	FAH
2 400	11.059 2	0	F4h
1 200	11.059 2	0	E8h

第2章 单片机C语言程序设计方法

在众多单片机中51单片机学习资料相对较多，是初学者较好的选择之一。51的编程语言常用的有两种，一种是汇编语言，另一种是C语言。汇编语言的机器代码生成效率很高但可读性却并不强，复杂一点的程序就更是难读懂；而C语言在大多数情况下其机器代码生成效率和汇编语言相当，但可读性和可移植性却远远超过汇编语言，而且C语言还可以嵌入汇编来解决高时效性的代码编写问题。另外，中大型的软件编写用C语言的开发周期通常要比汇编语言短很多。

2.1 单片机C语言设计方法及优点

目前8051上C语言的代码长度，已经做到了汇编水平的1.2～1.5倍。4 KB以上的程度，C语言的优势更能得到发挥。如果谈到开发速度、软件质量、结构严谨、程序坚固等方面的话，则C语言的完美绝非汇编语言编程可比拟的。现在确实已经到了MCU开发人员拿起C语言利器的时候了。

2.1.1 C语言的特点

下面结合8051介绍单片机C语言的优越性：

- 不懂得单片机的指令集，也能够编写完美的单片机程序；
- 无须懂得单片机的具体硬件，也能够编出符合硬件实际专业水平的程序；
- 不同函数的数据实行覆盖，有效利用片上有限的RAM空间；
- 程序具有坚固性：数据被破坏是导致程序运行异常的重要因素。C语言对数据进行了许多专业性的处理，避免了运行中间非异步的破坏；
- C语言提供复杂的数据类型（数组、结构、结构体、枚举、指针等），极大地增强了程序处理能力和灵活性；
- 提供auto、static、const等存储类型和专门针对8051单片机的data、idata、pdata、xdata、code等存储类型，自动为变量合理地分配地址；
- 提供small、compact、large等编译模式，以适应片上存储器的大小；
- 中断服务程序的现场保护和恢复，中断向量表的填写，直接与单片机相关的都由c编译器代办；
- 提供常用的标准函数库，以供用户直接使用；
- 头文件中定义宏、说明复杂数据类型和函数原型，有利于程序的移植和支持单片机的系列化产品的开发；

- 有严格的句法检查，错误很少，语法错误很容易被检查出来；
- 可方便地接受多种实用程序的服务：如片上资源的初始化有专门的实用程序自动生成；再如，有实时多任务操作系统可调度多道任务，简化用户编程，提高运行的安全性等。

2.1.2　算法概念

算法(Algorithm)是解题的步骤，可以把算法定义成解一确定类问题的任意一种特殊的方法。在计算机科学中，算法要用计算机算法语言描述，算法代表用计算机解一类问题的精确、有效的方法。算法＋数据结构＝程序，求解一个给定的可计算或可解的问题，不同的人可以编写出不同的程序来解决同一个问题，这里存在两个问题：一是与计算方法密切相关的算法问题；二是程序设计的技术问题。算法和程序之间存在密切的关系。

算法是一组有穷的规则，它们规定了解决某一特定类型问题的一系列运算，是对解题方案的准确与完整的描述。制定一个算法，一般要经过设计、确认、分析、编码、测试、调试、计时等阶段。

对算法的学习包括 5 个方面的内容：① 设计算法。算法设计工作是不可能完全自动化的，应学习了解已经被实践证明是有用的一些基本的算法设计方法，这些基本的设计方法不仅适用于计算机科学，而且适用于电气工程、运筹学等领域。② 表示算法。描述算法的方法有多种形式，例如自然语言和算法语言，各自有适用的环境和特点。③确认算法。算法确认的目的是使人们确信这一算法能够正确无误地工作，即该算法具有可计算性。正确的算法用计算机算法语言描述，构成计算机程序，计算机程序在计算机上运行，得到算法运算的结果。④ 分析算法。算法分析是对一个算法需要多少计算时间和存储空间作定量的分析。分析算法可以预测这一算法适合在什么样的环境中有效地运行，对解决同一问题的不同算法的有效性做出比较。⑤ 验证算法。用计算机语言描述的算法是否可计算、有效合理，须对程序进行测试，测试程序的工作由调试和作时空分布图组成。

1. 算法的特性

算法的特性包括：① 确定性。算法的每一种运算必须有确定的意义，该种运算应执行何种动作应无二义性，目的明确。② 能行性。要求算法中有待实现的运算都是基本的，每种运算至少在原理上能由人用纸和笔在有限的时间内完成。③ 输入。一个算法有 0 个或多个输入，在算法运算开始之前给出算法所需数据的初值，这些输入取自特定的对象集合。④ 输出。作为算法运算的结果，一个算法产生一个或多个输出，输出是同输入有某种特定关系的量。⑤ 有穷性。一个算法总是在执行了有穷步的运算后终止，即该算法是可达的。

满足前 4 个特性的一组规则不能称为算法，只能称为计算过程，操作系统是计算过程的一个例子，操作系统用来管理计算机资源，控制作业的运行，没有作业运行时，计算过程并不停止，而是处于等待状态。

2. 算法的描述

算法的描述方法可以归纳为以下几种：

(1) 自然语言；

(2) 图形，如盒图(如 NS 图)、流程图，图的描述与算法语言的描述对应；

(3) 算法语言,即计算机语言、程序设计语言、伪代码;

(4) 形式语言,用数学的方法,可以避免自然语言的二义性。

用各种算法描述方法所描述的同一算法,该算法的功用是一样的,允许在算法的描述和实现方法上有所不同。

人们的生产活动和日常生活离不开算法,都在自觉不自觉地使用算法,例如人们到商店购买物品,会首先确定购买哪些物品,准备好所需的钱,然后确定到哪些商场选购、怎样去商场、行走的路线,若物品的质量好如何处理,对物品不满意又怎样处理,购买物品后做什么等。以上购物的算法是用自然语言描述的,也可以用其他描述方法描述该算法。

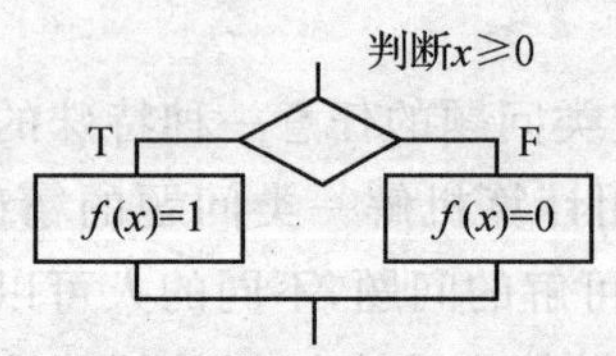

图 2.1　流程图图形描述算法

图 2.1 为用流程图描述算法的例子。

3. 算法的复杂性

算法的复杂性是算法效率的度量,在评价算法性能时,复杂性是一个重要的依据。算法的复杂性程度与运行该算法所需要计算机资源的多少有关,所需要的资源越多,表明该算法的复杂性越高;所需要的资源越少,表明该算法的复杂性越低。

计算机资源最重要的是运算所需的时间及存储程序及数据所需的空间资源,算法的复杂性有时间复杂性和空间复杂性之分。

算法在计算机上执行运算,需要一定的存储空间存放描述算法的程序和算法所需的数据,计算机完成运算任务需要一定的时间。根据不同的算法写出的程序放在计算机上运算时,所需要的时间和空间是不同的,算法的复杂性是对算法运算所需时间和空间的一种度量。不同的计算机其运算速度相差很大,在衡量一个算法的复杂性时要注意到这一点。

对于任意给定的问题,设计出复杂性尽可能低的算法是在设计算法时考虑的一个重要目标。另外,当给定的问题已有多种算法时,选择其中复杂性最低的是在选用算法时应遵循的一个重要准则。因此,算法的复杂性分析对算法的设计或选用有着重要的指导意义和实用价值。

在讨论算法的复杂性时,有两个问题要弄清楚:

(1) 一个算法的复杂性用怎样的一个量来表达;

(2) 怎样计算一个给定算法的复杂性。

找到求解一个问题的算法后,接着就是该算法的实现,至于是否可以找到实现的方法,取决于算法的可计算性和计算的复杂性,该问题是否存在求解算法,能否提供算法所需要的时间资源和空间资源。

2.1.3　结构化程序设计方法

结构化程序的概念是从以往编程过程中无限制地使用转移语句而提出的。转移语句可以使程序的控制流程强制性地转向程序的任一处。如果一个程序中多处出现这种转移情况,将会导致程序流程无序可寻,程序结构杂乱无章,这样的程序是令人难以理解和接受的,并且容易出错。尤其是在实际软件产品的开发中,更多的追求软件的可读性和可修改性,像这种结构和风格的程序是不允许出现的。

1. 结构化程序设计

结构化程序设计的思想是在 20 世纪 60 年代末 70 年代初为解决“软件危机”而形成的。

多年来的实践证明，结构化程序设计策略确实使程序执行效率提高，并且由于减少了程序的出错率，而大大减少了维护费用。

结构程序设计就是一种进行程序设计的原则和方法，按照这种原则和方法可设计出结构清晰、容易理解、容易修改、容易验证的程序。即结构化程序设计是按照一定的原则与原理，组织和编写正确且易读的程序的软件技术。结构化程序设计的目标在于使程序具有一个合理结构，以保证和验证程序的正确性，从而开发出正确、合理的程序。

按照结构程序设计的要求设计出的程序设计语言称为结构程序设计语言。利用结构程序设计语言，或者说按结构程序设计的思想和原则编制出的程序称为结构化程序。

2. 结构化程序设计的特征与风格

结构化程序设计的主要特征与风格如下所述。

(1) 一个程序按结构化程序设计方式构造时，一般地总是一个结构化程序，即由3种基本控制结构：顺序结构、选择结构和循环结构构成。这3种结构都是单入口/单出口的程序结构。已经证明，一个任意大且复杂的程序总能转换成这3种标准形式的组合。

(2) 有限制地使用 goto 语句。鉴于 goto 语句的存在使程序的静态书写顺序与动态执行顺序十分不一致，导致程序难读难理解，容易存在潜在的错误，难于证明正确性，有人主张程序中禁止使用 goto 语句，但有人则认为 goto 语句是一种有效设施，不应全盘否定而完全禁止使用。结构程序设计并不在于是否使用 goto 语句，因此作为一种折衷，允许在程序中有限制地使用 goto 语句。

(3) 借助体现结构化程序设计思想的所谓的结构化程序设计语言来书写结构化程序，并采用一定的书写格式以提高程序结构的清晰性，增进程序的易读性。

(4) 强调程序设计过程中人的思维方式与规律，是一种自顶向下的程序设计策略，它通过一组规则、规律与特有的风格对程序设计细分和组织。对于小规模程序设计，它与逐步精化的设计策略相联系，即采用自顶向下、逐步求精的方法对其进行分析和设计；对于大规模程序设计，它则与模块化程序设计策略相结合，即将一个大规模的问题划分为几个模块，每一个模块完成一定的功能。

2.2 C语言程序基本结构

程序设计的基本目标是用算法对问题的原始数据进行处理，从而获得所期望的效果，但这仅仅是程序设计的基本要求。要全面提高程序的质量，提高编程效率，使程序具有良好的可读性、可靠性、可维护性以及良好的结构，编制出好的程序来，应当是每位程序设计工作者追求的目标。而要做到这一点，就必须掌握正确的程序设计方法和技术。

在讨论算法时列举了程序的顺序、选择和循环3种控制流程，这就是结构化程序设计方法强调使用的3种基本结构。算法的实现过程是由一系列操作组成的，这些操作之间的执行次序就是程序的控制结构。1996年，计算机科学家 bohm 和 jacopini 证明了这样的事实：任何简单或复杂的算法都可以由顺序结构、选择结构和循环结构这3种基本结构组合而成。所以，这3种结构就被称为程序设计的3种基本结构，也是结构化程序设计必须采用的结构。

2.2.1　顺序结构

顺序结构表示程序中的各种操作是按照它们出现的先后顺序执行的，其流程如图2.2所示。图中的s1和s2表示两个处理步骤，这些处理步骤可以是一个非转移操作或多个非转移操作序列，甚至可以是空操作，也可以是3种基本结构中的任一结构。整个顺序结构只有一个入口点a和一个出口点b。这种结构的特点是：程序从入口点a开始，按顺序执行所有操作，直到出口点b处，所以称为顺序结构。事实上，不论程序中包含什么样的结构，而程序的总流程都是顺序结构的。

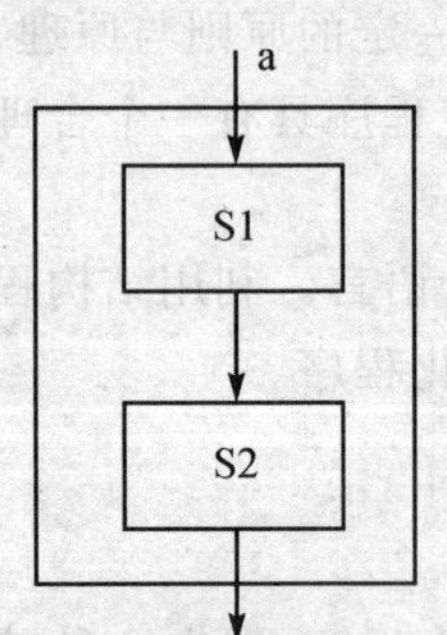

图2.2　顺序结构

2.2.2　选择结构

选择结构表示程序的处理步骤出现了分支，它需要根据某一特定的条件选择其中的一个分支执行。选择结构有单选择、双选择和多选择3种形式。

双选择是典型的选择结构形式，其流程如图2.4所示，图中的s1和s2与顺序结构中的说明相同。由图可见，在结构的入口点a处是一个判断框，表示程序流程出现了两个可供选择的分支，如果条件满足执行s1处理，否则执行s2处理。值得注意的是，在这两个分支中只能选择一条且必须选择一条执行，但不论选择了哪一条分支执行，最后流程都一定到达结构的出口点b处。

当s1和s2中的任意一个处理为空时，说明结构中只有一个可供选择的分支，如果条件满足执行s1处理，否则顺序向下到流程出口b处。也就是说，当条件不满足时，什么也没执行，所以称为单选择结构，如图2.3所示。

多选择结构是指程序流程中遇到如图2.5所示的s1，s2，…，sn等多个分支，程序执行方向将根据条件确定。如果满足条件1则执行s1处理，如果满足条件n则执行sn处理，总之，要根据判断条件选择多个分支的其中之一执行。不论选择了哪一条分支，最后流程要到达同一个出口处。如果所有分支的条件都不满足，则直接到达出口。有些程序语言不支持多选择结构，但所有的结构化程序设计语言都是支持的，C语言是面向过程的结构化程序设计语言，它可以非常简便的实现这一功能。

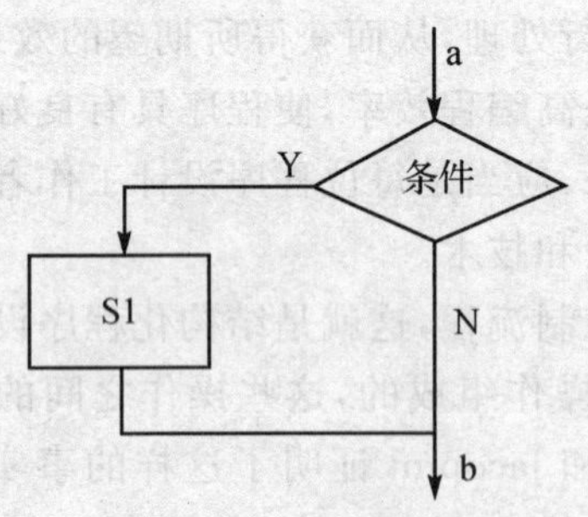

图2.3　单选择结构

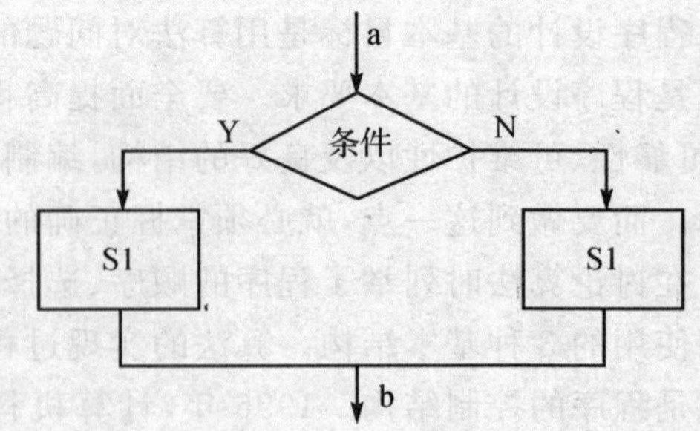

图2.4　双选择结构

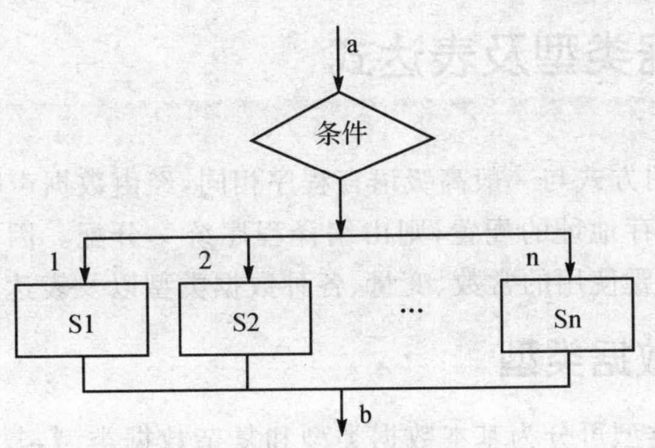

图 2.5　多选择结构

2.2.3　循环结构

循环结构表示程序反复执行某个或某些操作，直到某条件为假(或为真)时才可终止循环。在循环结构中最主要的是：什么情况下执行循环？哪些操作需要循环执行？循环结构的基本形式有两种：当型循环和直到型循环，其流程如图 2.6 所示。图中虚线框内的操作称为循环体，是指从循环入口点 a 到循环出口点 b 之间的处理步骤，这就是需要循环执行的部分。而什么情况下执行循环则要根据条件判断。

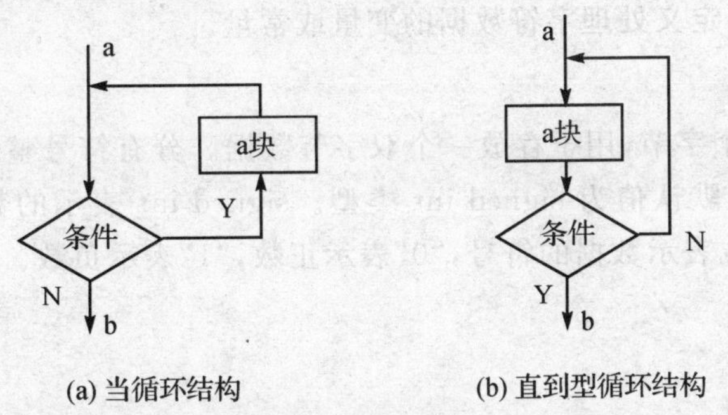

(a) 当循环结构　　(b) 直到型循环结构

图 2.6　循环结构

当型循环：表示先判断条件，当满足给定的条件时执行循环体，并且在循环终端处流程自动返回到循环入口；如果条件不满足，则退出循环体直接到达流程出口处。因为是"当条件满足时执行循环"，即先判断后执行，所以称为当型循环。其流程如图 2.6(a)所示。

直到型循环：表示从结构入口处直接执行循环体，在循环终端处判断条件，如果条件不满足，返回入口处继续执行循环体，直到条件为真时再退出循环到达流程出口处，是先执行后判断。因为是"直到条件为真时为止"，所以称为直到型循环。其流程如图 2.6(b)所示。

同样，循环型结构也只有一个入口点 a 和一个出口点 b，循环终止是指流程执行到了循环的出口点。图中所表示的 s 处理可以是一个或多个操作，也可以是一个完整的结构或一个过程。整个虚线框中是一个循环结构。

通过 3 种基本控制结构可以看到，结构化程序中的任意基本结构都具有唯一入口和唯一出口，并且程序不会出现死循环。在程序的静态形式与动态执行流程之间具有良好的对应关系。

2.3　C 语言数据类型及表达式

C51 语言的数据使用方式与一般高级语言程序相同，经由数据声明后，在内存中保留空间给某个数据，至于实际内存地址的配置，则由编译程序统一分配。因此编写 C 语言程序的第一步，就是熟悉程序中需要使用的常数、变量、各种数据类型以及表达式。

2.3.1　C51 基本数据类型

C51 语言中的数据类型可分为基本数据类型和复杂数据类型，复杂数据类型由基本数据类型构造而成。C 语言的基本数据类型有 char、int short、long、float 和 double。对于 C51 编译器来说，short 型与 int 型相同，float 和 double 相同，各个数据类型详细说明如下：

1. char 字符类型

char 类型的长度是一个字节，分无符号字符类型 unsigned char 和有符号字符类型 signed char，默认值为 signed char 类型。unsigned char 类型用字节中所有的位来表示数值，可以表达的数值范围是 0～255。signed char 类型用字节中最高位字节表示数据的符号，“0”表示正数，“1”表示负数，负数用补码表示。所能表示的数值范围是 －128～＋127。unsigned char 常用于处理 ASCII 字符或用于处理小于或等于 255 的整型数。

char 类型通常用于定义处理字符数据的变量或常量。

2. int 整型

int 整型长度为两个字节，用于存放一个双字节数据。分有符号整型数 signed int 和无符号整型数 unsigned int，默认值为 signed int 类型。signed int 表示的数值范围是 －32 768～＋32 767，字节中最高位表示数据的符号，“0”表示正数，“1”表示负数。unsigned int 表示的数值范围是 0～65 535。

3. long 长整型

long 长整型长度为 4 个字节，用于存放一个 4 字节数据。分有符号长整型 signed long 和无符号长整型 unsigned long，默认值为 signed long 类型。signed int 表示的数值范围是 －2 147 483 648～＋2 147 483 647，字节中最高位表示数据的符号，“0”表示正数，“1”表示负数。unsigned long 表示的数值范围是 0～4 294 967 295。

4. float 浮点型

float 浮点型在十进制中具有 7 位有效数字，是符合 IEEE－754 标准的单精度浮点型数据，在十进制中具有 7 位有效数字。float 浮点型数据占用 4 个字节(32 位二进制数)，在内存中的存放格式如下：

字节地址	＋0	＋1	＋2	＋3
浮点数内容	MMMMMMMM	MMMMMMMM	EMMMMMMM	SEEEEEEE

其中，S 为符号位，存放在最高字节的最高位。“1”表示负，“0”表示正。E 为阶码，占用 8 位二进制数，存放在高两个字节中。

5. ＊指针型

指针类型数据不同于以上 4 种基本数据类型，它本身就是一个变量，在这个变量中存放指向另一个数据的地址。这个指针变量要占据一定的内存单元，对不同的处理器长度也不尽相同，在 C51 中，它的长度一般为 1～3 个字节。指针变量也具有类型，其表示方法是在指针符号“＊”的前面冠以数据类型符号。如 char ＊ point1；表示 point1 是一个字符型的指针变量；float ＊ point2；表示 point2 是一个浮点型的指针变量。指针变量的类型表示该指针所指向地址中数据的类型。使用指针型变量可以方便地对 8051 单片机的各部分物理地址直接进行操作。关于指针在以后的章节中有专门介绍。

6. bit 位标量

bit 位标量是 C51 编译器的一种扩充数据类型，利用它可定义一个位标量，但不能定义位指针，也不能定义位数组。它的值是一个二进制位，不是 0 就是 1，类似一些高级语言中的逻辑变量。

8051 系列单片机具有多种内部存储器，其中一些是特殊功能寄存器，如定时器工作模式控制寄存器 TMOD、中断允许控制寄存器 IE 等。为了更直接访问这些特殊功能寄存器，C51 编译器扩充了关键字 sfr 和 sfr16，利用这些扩充关键字可以在 C 语言源程序中直接对 8051 单片机的特殊功能进行定义。下面分别介绍。

7. sfr 特殊功能寄存器

sfr 也是一种扩充数据类型，占用一个内存单元，值域为 0～255。利用它可以访问 51 单片机内部的所有特殊功能寄存器。定义方法为：

sfr 特殊功能寄存器名＝地址常数；

如用 sfr P1＝0x90 这一句定义 P1 为 P1 端口在片内的寄存器，在后面的语句中用 P1＝255(对 P1 端口的所有引脚置高电平)之类的语句来操作特殊功能寄存器。

需要注意的是：sfr 后面必须跟一个特殊寄存器名；“＝”后面的地址必须是常数，不允许带有运算符的表达式，而且该常数必须在特殊功能寄存器名的地址范围(80H～0FFH)之内。

8. sfr16 16 位特殊功能寄存器

在一些新的 51 单片机中，特殊功能寄存器经常合成 16 位来使用。为了有效的访问这种 16 位的特殊功能寄存器，可采用 sfr16。

sfr16 占用两个内存单元，值域为 0～65535。sfr16 和 sfr 一样用于操作特殊功能寄存器，所不同的是它用于操作占两个字节的寄存器，例如对 8052 单片机的定时器 T2，可采用如下的方法来定义：

```
sfr T2 = 0xCC;/＊定义定时器 2,其中 T2L = 0xCCH,T2H = 0CDH＊/
```

sfr16 声明和 sfr 遵循相同的规则，任何符号名都可以用在 sfr16 的声明中。声明中名字后面不是赋值语句，而是一个 SFR 地址，其高字节必须位于低字节之后，这种声明适用于所有新的 SFR，但不能用于定时器/计数器 0 和定时器/计数器 1。

9. sbit 可寻址位

在 51 单片机系统中经常需要访问特殊功能寄存器地址范围之内中的某些位，C51 编译器提供了一种扩充关键字 sbit，同样是 C51 中的一种扩充数据类型，利用它可以访问芯片内部

RAM 中的可寻址位或特殊功能寄存器中的可寻址位。使用方法有 3 种：

- sbit 位变量名＝位地址；

这种方法将绝对地址赋给位变量，位地址必须位于 80H～0FFH 之间。例如：

```
sbit OV = 0xD2;
sbit CY = 0xD7;
sbit EA = 0xAF;
```

- sbit 位变量名＝特殊功能寄存器^位位置；

当可寻址位位于特殊功能寄存器中时可采用这种方法，该变量用一个已声明的特殊功能寄存器作为 sbit 的基地址(sfr 的地址必须能被 8 整除)。“^”后面的表达式指定了位的位置，必须是 0～7 之间的一个数字，例如：

```
sfr PSW = 0xD0;
sfr IE = 0xA8;
sbit OV = PSW^2;
sbit CY = PSW^7;
sbit EA = IE^7;
```

- sbit 位变量名＝字节地址^位位置；

这种方法用一个整常数(字节地址)作为 sbit 的基地址，基地址值必须能被 8 整除。“^”后面的表达式指定的位置，必须在 0～7 之间。例如：

```
sbit OV = 0xD0^2;
sbit CY = 0xD0^7;
```

特殊功能位代表一类独立的声明类，它不能和别的位声明或位域互换。sbit 数据类型可以用来访问用 bdata 存储类型标识符声明的位变量的位。

不是所有的 sfr 都可以位寻址的，只有地址可以被 8 整除的 sfr 可位寻址。sfr 地址的低半字节必须是 0 或 8，例如在 0xA8 和 0xD0 是可位寻址的，0xC7 和 0xEB 的 sfr 是不能位寻址的。计算一个 sfr 的位地址需要在 sfr 字节地址上加上位所在地址，因此若访问 sfr 0xC8 的第 6 位，则 sfr 的地址是 0xCE，即 0xC8＋6。

C51 编译器提供了一个 bdata 存储器类型，允许将具有 bdata 类型的对象放入 51 单片机的内部可寻址区。例如：

```
int bdata ibase;          /* 在位寻址区定义一个整形变量 ibase */
char bdata bary[4];       /* 在位寻址区定义一个数组 bary[4] */
```

使用关键字 sbit 可以独立访问可位寻址对象中的某一位。例如：

```
sbit mybit0 = ibase^0;
sbit mybit15 = ibase^15;
sbit ary06 = bary[0]^6;
sbit ary23 = bary[2]^3;
```

采用这种方法定义可位寻址变量时要求基地址对象的存储器类型为 bdata，操作符“^”后面位位置的最大取决于制定的基址类型，对于 char 来说是 0～7；对于 int 来说是 0～15；对于 long 来说是 0～31。

sbit 和 sfr 在系统提供的预处理文件中很常见，预处理文件里面已定义好各特殊功能寄存器的简单名字，直接引用可以省去一点时间，例如例 2.1 截取的“regx51.h”文件就已经定义了单片机内的相关资源。

例 2.1　REGX51.H 预处理文件内容截取

```
*--------------------------------------------------------------
Byte Registers
--------------------------------------------------------------*/
sfr P0       = 0x80;
sfr SP       = 0x81;
sfr DPL      = 0x82;
sfr DPH      = 0x83;
sfr PCON     = 0x87;
sfr TCON     = 0x88;
sfr TMOD     = 0x89;
sfr TL0      = 0x8A;
sfr TL1      = 0x8B;
sfr TH0      = 0x8C;
sfr TH1      = 0x8D;
sfr P1       = 0x90;
sfr SCON     = 0x98;
sfr SBUF     = 0x99;
sfr P2       = 0xA0;
sfr IE       = 0xA8;
sfr P3       = 0xB0;
sfr IP       = 0xB8;
sfr PSW      = 0xD0;
sfr ACC      = 0xE0;
sfr B        = 0xF0;

/*--------------------------------------------------------------
P0 Bit Registers
--------------------------------------------------------------*/
sbit P0_0 = 0x80;
sbit P0_1 = 0x81;
sbit P0_2 = 0x82;
sbit P0_3 = 0x83;
sbit P0_4 = 0x84;
sbit P0_5 = 0x85;
sbit P0_6 = 0x86;
sbit P0_7 = 0x87;
```

2.3.2 常量和变量

常量在程序执行过程中其值不能改变。常量的数据类型有整型、浮点型、字符型和字符

串,C51编译器还扩充了一种位(bit)标量。分别说明如下:

1. 整型常量

整型常量就是整型常数,可表示为以下几种形式:

十进制数,如1 234、−4 321、0等。

十六进制整数,以0x开头的数是十六进制数,如0x123表示十六进制数123H,相当于十进制数291。

长整数,在数字后面加上一个字母L就构成了长整数,如2008L、0xff56L等。

2. 浮点型常量

浮点型常量有十进制和指数两种表示形式。

十进制表示形式又称定点表示形式,由数字和小数点组成。如0.341、345.6以及0.0都是十进制数表示形式的浮点型常量。在这种表示形式中,如果整数或小数部分为0,可以忽略不写,但必须有小数点。

指数形式表示为:

[±]数字[,数字]e[±]数字

其中,[]中的内容为可选项,其中的内容根据具体情况可有可无,但其余部分必须有。如123e4、7e6、−7.0e−8等都是合法的指数形式的浮点型常量;而e9、5e4.3和e则都是不合法的表示形式。

3. 字符型常量

字符型常量是单引号内的字符,如'a','b'等,对于不可显示的控制字符,可以在该字符前面加一个反斜杠"\"组成转义符。利用转义符可以完成一些特殊功能和输出时的格式控制。常见的转义符如表2.1所列。

表2.1　常用转义符表

转义符	含　义	ASCII码(十六进制)
\0	空字符(NULL)	00H
\n	换行符(LF)	0AH
\r	回车符(CR)	0DH
\t	水平制表符(HT)	09H
\b	退格符(BS)	08H
\f	换页符(ff)	0CH
\'	单引号	27H
\"	双引号	22H
\\	反斜杠	5CH

4. 字符串常量

字符串常量就是由双引号括起来一串字符。如:"Hello,World!"、"\nEnter selection:"、"\aError!!!"等都是字符串常量。当双引号内的字符个数为0时,称为空串常量。

5. 位标量

这是C51编译器的一种扩充数据类型，利用它可定义一个位标量，但不能定义位指针，也不能定义位数组。它的值是一个二进制位，不是0就是1，类似一些高级语言中的Boolean类型中的True和False。一个函数中可以包含"bit"类型的参数，函数的返回值也可以为"bit"型。如果在函数中禁止使用中断(#pragma disable)或者函数中有明确的寄存器组切换(using n)，则该函数不能返回位型值，否则在编译时产生编译错误。

2.3.3 变量及其存储模式

C51编译器支持8051及其扩展系列，并提供对8051所有存储区的访问。存储区可分为内部数据存储区、外部数据存储区以及程序存储区。8051CPU内部的数据存储区是可读的。8051派生系列最多可有256 B的内部数据存储区，其中低128 B可直接寻址，高128 B(从0x80～0xFF)只能间接寻址，从20H开始的16 B可位寻址。内部数据区又可以分成3个不同的存储类型：data、idata和bdata。外部数据区也是可读写的，访问外部数据区比访问内部数据区慢，因为外部数据区是通过数据指针加载地址来间接访问的。C51编译器提供两种不同的存储类型xdata和pdata访问外部数据。程序存储区是只读的，不能写。程序存储区可以在8051CPU内或者外部或内外部都有，这由8051派生的硬件决定。

每个变量可以明确地分配到指定的存储空间，对内部数据存储器的访问比外部数据存储器的访问快许多，因此应当将频繁使用的变量放在内部数据存储器中，而把较少使用的变量放在外部数据存储器中。各存储区的简单描述如表2.2所列。

表2.2 存储区描述

存储区	描 述
DATA	RAM的低128 B，可在一个周期内直接寻址，访问最快
BDATA	可位寻址内部数据存储区(16 B)，允许位与字节混合访问
IDATA	间接访问内部数据存储区(256 B)，允许访问全部内部地址
PDATA	分页访问外部数据存储区(256 B)，用MOVX @Ri指令访问
XDATA	外部数据存储区(256 B)，用MOVX @DPTR
CODE	程序存储区(64 KB)，用MOVC @a+DPTR指令访问

下面介绍各个存储区：

1. DATA区

DATA区的寻址是最快的，所以应该把经常使用的变量放在DATA区，但是DATA区的空间是有限的，DATA除了包含程序变量值外，还包含了堆栈和寄存器组。DATA区声明的存储类型标识符为data，通常指低128 B的内部数据区存储的变量，可直接寻址。常见的声明如下：

```
unsigned char data LCD_data      = 0x80;
unsigned int data MAX_count      = 0x81;
char data tmp_value              = 0x89;
```

标准变量和用户自定义声明都可以存储在 DATA 区中，只要不超过 DATA 区的范围即可，因为 C51 使用默认的寄存器组来传递参数，这样 DATA 区至少失去 8 B 的空间。另外，当内部堆栈溢出的时候，程序会莫名其妙地复位。这是因为 51 系列单片机没有硬件报错机制，堆栈的溢出只能以这种方式表示出来，因此要声明足够大的堆栈空间以防止堆栈溢出。

2. BDATA 区

BDATA 区实际就是内部可位寻址的 16 字节存储区(20H～2FH)，在这个区声明变量就可进行位寻址。位变量的声明对状态寄存器来说是十分有用的，因为它可能仅需要使用某一位，而不是整字节。BDATA 区声明中的存储类型标识符为 bdata。

以下是在 BDATA 区中声明的位变量和使用位变量的例子：

```
unsigned char bdata LCD_data        = 0x80;
unsigned int bdata MAX_count        = 0x81;
char bdata tmp_value                = 0x89;
sbit busy_flag = LCD_dat^1;

if (MAx_count^4){...}
```

编译器不允许在 BDATA 区中声明 float 和 double 类型的变量。如果想对浮点数的每一位进行寻址，可以通过包含 float 和 long 的联合体来实现，如：

```
typedef union{                              //声明联合体类型
unsigned long lvalue;                       //长整型 32 位
float fvalue;                               //浮点数 32 位
}bit_float;                                 //联合体名
bit_float bdata myfloat;                    //在 BDATA 区中声明联合体
sbit float_ld = myfloat^31                  //声明位变量名
```

下面的代码访问状态寄存器的特定位，注意比较访问声明在 DATA 区中的一字节与通过位名和位地址访问相同的可位寻址字节的位代码之间的区别。

例子中 use_bitnum_status 的汇编代码比 use_byte_status 的代码要大。

```
unsigned char data byte_status = 0x43;      //声明一字节状态寄存器
unsigned char bdata bit_status = 0x43;      //声明一个可位寻址状态寄存器
sbit status_3 = bit_status^3;               //把 bit_status 的第三位设为变量

bit use_bit_status(void);
bit use_bitnum_status(void);
bit use_byte_status(void);
void main(void)
{
        unsigned char temp = 0;
        if(use_bit_status())            {temp ++ ;}
        if(use_byte_status())           {temp ++ ;}
        if(use_bitnum_status())         {temp ++ ;}
}
```

```
bit use_bit_status(void)
{
    return(bit)(status_3);
}
bit use_bitnum_status(void)
{
    return(bit)(status_3);
}
bit use_byte_status(void)
{
    return byte_status&0x04;
}
```

对变量位进行寻址产生的汇编代码比声明 DATA 区的字节所产生的汇编代码要好。如果对声明在 BDATA 区中的字节位采用偏移量进行寻址而不是用先前声明的位变量名时，编译后的代码是错误的。

需要特别注意的是在处理位变量时，要使用声明的位变量名而不要使用偏移量。

3. IDATA 区

IDATA 区也可以存放使用比较频繁的变量，使用寄存器作为指针进行寻址，即在存储器中设置 8 位地址进行间接寻址。与外部存储器寻址相比它的指令周期和代码长度都比较短。IDATA 区声明的存储类型标识符为 idata，指内部的 256 B 的存储区，但是只能间接寻址，速度比直接寻址慢。

```
unsigned char idata byte_status = 0x43;        //声明一字节状态寄存器
unsigned char bdata bit_status = 0x43;         //声明一个可位寻址状态寄存器
sbit status_3 = bit_status^3;                  //把 bit_status 的第三位设为变量

bit use_bit_status(void);
bit use_bitnum_status(void);
bit use_byte_status(void);
void main(void)
{
        unsigned char temp = 0;
        if(use_bit_status())            {temp ++ ;}
        if(use_byte_status())           {temp ++ ;}
        if(use_bitnum_status())         {temp ++ ;}
}

bit use_bit_status(void)
{
    return(bit)(status_3);
}
bit use_bitnum_status(void)
{
    return(bit)(status_3);
```

```
}
bit use_byte_status(void)
{
    return byte_status&0x04;
}
```

4. PDATA 和 XDATA 区

PDATA 和 XDATA 区属于外部存储区,外部数据区是可读写的存储区,最多有 64 KB,当然这些地址不是必须用作存储区的。访问外部数据存储区比访问内部数据存储区慢,因为外部数据存储区是通过数据指针加载地址来间接访问的。

在这两个区,变量声明和其他区的语法是一样的,但 PDATA 区只有 256 B 而 XDATA 区可达 65 536 B。对 PDATA 和 XDATA 的操作是相似的;对 PDATA 区的寻址比对 XDATA 区的寻址快,因为对 PDATA 区寻址只需要装入 8 位地址,而对 XDATA 区寻址需要装入 16 位地址,所以要尽量把外部数据存储在 PDATA 段中。

PDATA 和 XDATA 区声明中的存储类型标识符分别为 pdata 和 xdata,xdata 存储类型标识符可以指定外部数据区 64 KB 的任何地址,而 pdata 存储类型标识符仅指定 1 页或 256 B 的外部数据区。

```
unsigned char xdata system_ver = 0;
unsigned int   pdata int_demo[4];
char xdata inp_string[12];
float pdata pf_vlue;
```

外部地址段中除了包含存储器地址外,还包含 I/O 器件的地址。对外部器件寻址可通过指针或 C51 提供的宏,使用宏对外部器件进行寻址更具有可读性。

宏声明使得存储区看上去像 char 和 int 类型的数组。下面是一些绝对寄存器寻址的例子:

```
inp_byte = XBYTE[0X8500];                //从地址 8500H 读一字节
INP_WORD = XWORD[0x4000];                //从地址 4000H 读一字节
c = *((char xdata *)0x0000);             //从地址 0000 读一字节
XBYTE[0x7500] = out_val;                 //写一字节到 7500H
```

如果要对 BDATA 和 BIT 字段之外的其他数据区寻址,则要包含头文件 absacc. h,并采用以上寻址方法。

5. 程序存储区 CODE

程序存储区的数据是不可变的,跳转向量和状态表对 CODE 段的访问和对 XDATA 的访问时间是一样的。编译的时候要对程序存储中的对象进行初始化,否则会产生错误。程序存储区 CODE 声明中的标识符为 CODE,在 C51 编译器中可用 CODE 存储区类型标识符来访问程序存储区。

举例如下:

```
unsigned char code tbl[] = { 0x7f,0xbf,0xdf,0xef,0xf7,0xfb,0xfd,
                             0xfe,0xfd,0xfb,0xf7,0xef,0xdf,0xbf } ;
```

6. 存储器模式

如果省略存储器类型，系统则会按编译模式 SMALL、COMPACT 或 LARGE 所规定的默认存储器类型去指定变量的存储区域。无论什么存储模式都可以声明变量在任何的 8051 存储区范围，然而把最常用的命令如循环计数器和队列索引放在内部数据区可以显著地提高系统性能。还有要指出的就是变量的存储种类与存储器类型是完全无关的。

SMALL 存储模式把所有函数变量和局部数据段放在 8051 系统的内部数据存储区，这和使用 data 指定存储器类型的方式一样，使访问数据非常快，效率高，但 SMALL 存储模式的地址空间有限。在写小型的应用程序时，变量和数据放在 data 内部数据存储器很好，但在较大的应用程序中 data 区最好只存放小的变量、数据或常用的变量（如循环计数、数据索引），而大的数据则放置在别的存储区域。

COMPACT 存储模式中所有的函数、程序变量、局部数据段定位在 8051 系统的外部数据存储区。外部数据存储区可有最多 256 B（一页），这时访问变量是通过寄存器间接寻址（MOVX @Ri）进行的。和 SMALL 模式相比，该存储器模式的效率比较低，对变量访问的速度也慢一些，但比 LARGE 模式快。

LARGE 存储模式所有函数和过程的变量和局部数据段都定位在 8051 系统的外部数据区，外部数据区最多可有 64 KB，并使用 DPTR 数据指针进行寻址。优点是空间大，可存变量多，缺点是速度较慢。

2.3.4 重新定义数据类型

在 C 语言程序中除了可以采用上面介绍的数据类型之外，用户还可以根据自己的需要对数据类型重新定义。重新定义用到的关键字是 typedef，定义方法如下：

typedef 已有的数据类型　新的数据类型名；

其中，已有的数据类型是指前面介绍的 C51 语言中所有的数据类型，包括结构、指针和数组等，新的数据类型名可按用户习惯决定。关键字 typedef 的作用是将 C51 语言中已有的数据类型做了置换，因此可用置换后的新数据类型名来进行变量的定义。通常定义变量的数据类型时都使用标准的关键字，这样方便别人阅读。使用 typedef 可以方便程序的移植和简化较长的数据类型定义。例如：unsigned int 类型通常可以定义为 uint，这样词比较短，而且也很容易理解。程序中经常见到的以下的语句，就是 typedef 语句的很好的应用。

```
typedef unsigned char uchar;
typedef unsigned int uint;
```

这两句在编译时，其实是先把 uint 定义为 unsigned int，在以后的语句中遇到 uint 就用 unsigned int 置换，uint 就等于 unsigned int。

typedef 不能直接用来定义变量，它只是对已有的数据类型作一个名字上的置换，并不是产生一个新的数据类型．下面两句就是一个错误的例子，

```
typedef int integer;
integer = 100;
```

2.3.5 C51 中使用变量的原则

由于单片机使用环境的特殊型，在 C51 使用变量尽量遵循一些原则。

1. 尽量采用短型变量

一个提高代码效率的最基本方式就是减少变量的长度。能使用短变量的尽量使用短变量。例如我们在 PC 上使用 C 语言编程时，往往习惯对于大部分控制变量使用 int 类型，而 int 类型数据为 16 位，对 PC 来说很正常，但是对资源紧张的 8 位单片机来说是一种极大的浪费，应该尽量使用 unsigned char 型的变量，因为它只占用一个字节(8 位)。

对于某些标志位，应该使用位变量而不是 unsigned char 型变量，这将节省 7 位存储区，节省内存，并且在 RAM 中访问位变量只需要一个处理周期。

2. 使用无符号类型

由于 51 单片机不支持符号运算，所以程序中不能使用带符号变量的外部代码。除了根据变量长度来选择变量类型外，还要考虑变量是否会出现负数，如果程序中不需要负数完全可以把变量都声明成无符号类型的。

3. 避免使用浮点数运算

在单片机这样的 8 位机上使用 32 位浮点数会浪费大量的时间和内存，所以在程序中尽量不要使用浮点数，可通过提高数值数量级和使用整型变量运算来消除浮点指针，当不得不在程序中加入浮点指针时，代码长度会增加，程序执行速度也会比较慢。

2.3.6　运算符与表达式

运算符就是完成某种特定运算的符号。运算符按其表达式中与运算符的关系可分为单目运算符，双目运算符和三目运算符。单目就是指需要有一个运算对象，双目就要求有两个运算对象，三目则要 3 个运算对象。表达式则是由运算及运算对象所组成的具有特定含义的式子。C 是一种表达式语言，表达式后面加";"号就构成了一个表达式语句。

1. 赋值运算符

在 C 语言中，"＝"这个符号的功能是给变量赋值，称为赋值运算符。它的作用就是将数据赋给变量。如，x＝10；由此可见利用赋值运算符将一个变量与一个表达式连接起来的式子为赋值表达式，在表达式后面加";"便构成了赋值语句。使用"＝"的赋值语句格式如下：

```
变量 = 表达式;
```

示例如下：

```
a = 0xFF;                    //将常数十六进制数 FF 赋于变量 a
b = c = 33;                  //同时赋值给变量 b,c
d = e;                       //将变量 e 的值赋于变量 d
f = a + b;                   //将变量 a + b 的值赋于变量 f
```

由上面的例子可以知道赋值语句的意义就是先计算出"＝"右边表达式的值，然后将得到的值赋给左边的变量。而且右边的表达式可以是一个赋值表达式。

2. 算术运算符

C 语言的基本算术运算符如下：

- 加法运算符"＋"：加法运算符为双目运算符，即应有两个量参与加法运算。如 a＋b，

4+8 等,具有右结合性。

- 减法运算符"-":减法运算符为双目运算符。但"-"也可作负值运算符,此时为单目运算,如-x,-5 等具有左结合性。
- 乘法运算符"*":双目运算,具有左结合性。
- 除法运算符"/":双目运算具有左结合性。参与运算量均为整型时,结果也为整型,舍去小数。如果运算量中有一个是实型,则结果为双精度实型。

3. 算术表达式和运算符的优先级和结合性

表达式是由常量、变量、函数和运算符组合起来的式子。一个表达式有一个值及其类型,它们等于计算表达式所得结果的值和类型。表达式求值按运算符的优先级和结合性规定的顺序进行。单个的常量、变量、函数可以看做是表达式的特例。

算术表达式是由算术运算符和括号连接起来的式子。

- 算术表达式:用算术运算符和括号将运算对象(也称操作数)连接起来的,符合 C 语法规则的式子。

以下是算术表达式的例子:

```
a + b
(a * 2)/c
(x + r) * 8 - (a + b)/7
 ++ I
sin(x) + sin(y)
( ++ i) - (j ++ ) + (k -- )
```

- 运算符的优先级:C 语言中,运算符的运算优先级共分为 15 级。1 级最高,15 级最低。在表达式中,优先级较高的先于优先级较低的进行运算。而在一个运算量两侧的运算符优先级相同时,则按运算符的结合性所规定的结合方向处理。
- 运算符的结合性:C 语言中各运算符的结合性分为两种,即左结合性(自左至右)和右结合性(自右至左)。例如算术运算符的结合性是自左至右,即先左后右。如有表达式 x-y+z 则 y 应先与"-"号结合,执行 x-y 运算,然后再执行+z 的运算。这种自左至右的结合方向就称为"左结合性"。而自右至左的结合方向称为"右结合性"。最典型的右结合性运算符是赋值运算符。如 x=y=z,由于"="的右结合性,应先执行 y=z 再执行 x=(y=z)运算。C 语言运算符中有不少为右结合性,应注意区别,以避免理解错误。

4. 强制类型转换运算符

其一般形式为:

```
(类型说明符) (表达式)
```

其功能是把表达式的运算结果强制转换成类型说明符所表示的类型。

例如:

```
(float) a          把 a 转换为实型
(int)(x + y)       把 x + y 的结果转换为整型
```

5. 自增、自减运算符

自增1，自减1运算符：自增1运算符记为"++"，其功能是使变量的值自增1。

自减1运算符记为"--"，其功能是使变量值自减1。

自增1，自减1运算符均为单目运算，都具有右结合性。可有以下几种形式：

++i　　i自增1后再参与其他运算。

--i　　i自减1后再参与其他运算。

i++　　i参与运算后，i的值再自增1。

i--　　i参与运算后，i的值再自减1。

在理解和使用上容易出错的是i++和i--。特别是当它们出在较复杂的表达式或语句中时，常常难于弄清，因此应仔细分析，例如下面的例程：

```
/******************************************************************
例程名称：自增、自减运算符练习
文 件 名：EXAM2.3.6-1.C
例程说明：通过练习，熟悉自增自减运算
******************************************************************/

#include <REGX51.H>
main()
{
    unsigned char x,y,z;
    unsigned char i=5,j=5,p,q;

    x=y=8;    z=++x;              //运算结果 x=9,y=8,z=9

    x=y=8;    z=x++;              //运算结果 x=9,y=8,z=8

    x=y=8;    z=--x;              //运算结果 x=7,y=8,z=7

    x=y=8;    z=x--;              //运算结果 x=7,y=8,z=8

    p=(i++)+(i++)+(i++);          //运算结果为 i=8,p=18

    i=5;    j=5;
    p=i++;                        //运算结果为 i=6,p=5
    p=p+(i++);                    //运算结果为 i=7,p=11
    p=p+(i++);                    //运算结果为 i=8,p=18

    i=5;    j=5;
    q=(++j)+(++j)+(++j);          //运算结果为：j=8,q=21

    i=5;    j=5;
    q=++j;                        //运算结果为：j=6,j=6
    q=q+(++j);                    //运算结果为：j=7,q=13
```

```
    q = q + ( ++ j);                    //运算结果为：j = 8,q = 21

    while(1);
}
```

这个程序中，对 P=(i++)+(i++)+(i++)；进行了分解，按照自左向右结合性，先进行 p=i++；然后再进行两次 p=p+(i++)；故 P 值为 15。i 自增 1 三次相当于加 3 故 i 的最后值为 8。对于 q=(++j)+(++j)+(++j)同样按照左结合性，程序对其进行了分解，可理解为 j 先自增 1，再参与运算，由于 j 自增 1 三次后值为 8，三次相加的和为 21。

有些时候对程序把握不准，如何验证这些程序的正确呢？可以使用 KEIL 软件进行验证，验证的方法简单介绍如下，后面的程序大部分都可以通过 KEIL 软件进行仿真。以上面的例程为例，简单介绍如何使用 KEIL 仿真，步骤如下：

步骤 1：Keil μVision2，建立一新项目。例如上面例程可以建立新的项目，名称为“2.3.6-1”。

步骤 2：新建“2.3.6-1.C”文件，将上面的例程输入后，保存，并将“2.3.6-1.C”文件添加到项目中。

步骤 3：为了避免 KEIL 的编译优化造成个别语句无法执行，应先将 C51 编译优化级别设置为 0 级。设置完成后执行项目的编译与链接，如图 2.7 所示。如有编译错误及时排除。

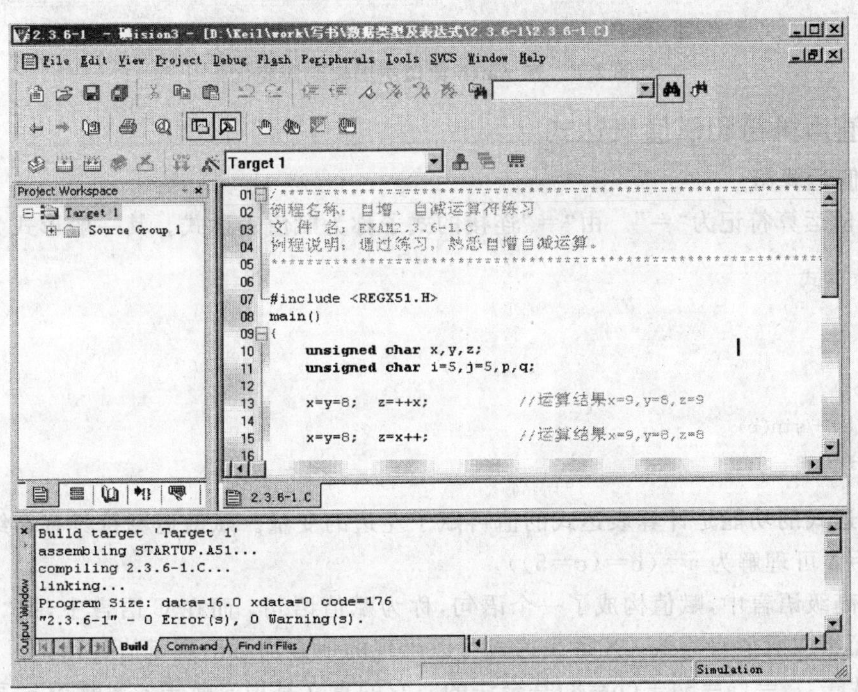

图 2.7　编译例程

步骤 4：启动仿真功能(debug)，选[view]菜单下的[watch &call stack windows]菜单命令，在 watch 窗口中观察 C51 程序中的变量变化，如图 2.8 所示。

此时可以按 F11 键进行单步仿真，每按一步，就可以观察到 watch 窗口中变量的变化情况。以上的仿真过程在本书附录的光盘中将以 Flash 的形式进行具体演示。

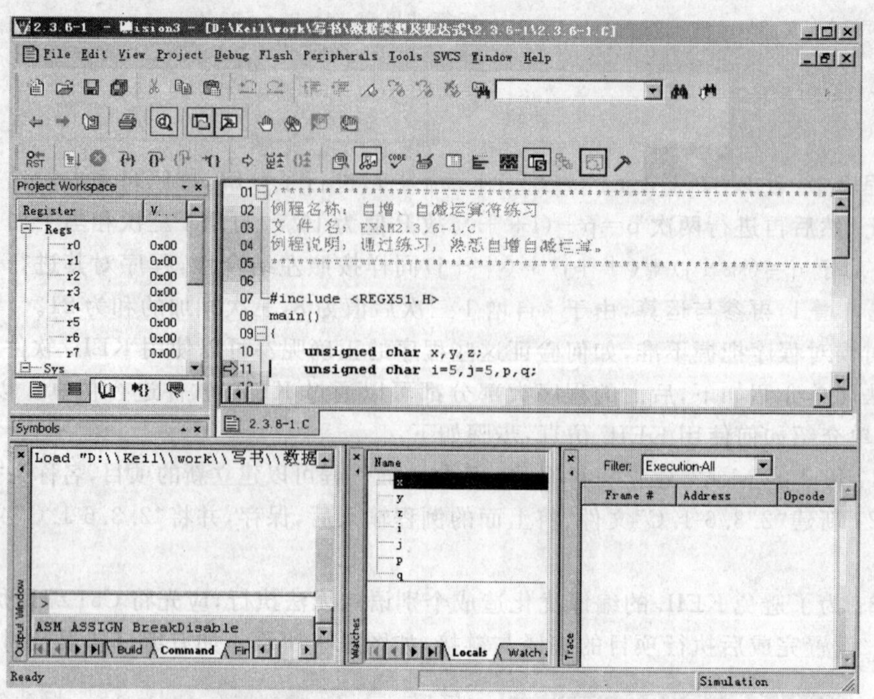

图 2.8 在 watch 窗口中观察变量变化

6. 赋值运算符和赋值表达式

(1) 赋值运算符

简单赋值运算符记为"＝"。由"＝"连接的式子称为赋值表达式。其一般形式为：

变量 = 表达式

例如：

```
x = a + b
w = sin(a) + sin(b)
y = i + + + - - j
```

赋值表达式的功能是计算表达式的值再赋予左边的变量。赋值运算符具有右结合性。因此 a＝b＝c＝5 可理解为 a＝(b＝(c＝5))。

在其他高级语言中，赋值构成了一个语句，称为赋值语句。而在 C 语言中，把"＝"定义为运算符，从而组成赋值表达式。凡是表达式可以出现的地方均可出现赋值表达式。

例如，式子：x＝(a＝5)＋(b＝8)是合法的。它的意义是把 5 赋予 a，8 赋予 b，再把 a，b 相加，和赋予 x，故 x 应等于 13。

在 C 语言中也可以组成赋值语句，按照 C 语言规定，任何表达式在其末尾加上分号就构成为语句。因此如：x＝8；a＝b＝c＝5；都是赋值语句，在前面各例中也已大量使用过了。

(2) 类型转换

如果赋值运算符两边的数据类型不相同，系统将自动进行类型转换，即把赋值号右边的类型换成左边的类型。具体规定如下：

- 实型赋予整型,舍去小数部分。
- 整型赋予实型,数值不变,但将以浮点形式存放,即增加小数部分(小数部分的值为0)。
- 字符型赋予整型,由于字符型为一个字节,而整型为两个字节,故将字符的 ASCII 码值放到整型量的低 8 位中,高 8 位为 0。整型赋予字符型,只把低 8 位赋予字符量。可以看下面的例程:

```
/********************************************************************
例程名称:类型转换练习
文 件 名:EXAM2.3.6-2.C
例程说明:通过练习,熟悉类型转换的规律。
********************************************************************/
#include <REGX51.H>
main()
{
    int a,b=322;                //a,b 为整型变量,a=0,b=0x142
    float x,y=8.88;             //x,y 为浮点数
    char c1='k',c2;             //c1,c2 为字符类型
    a=y;                        //执行语句后,a 的值为 8
    x=b;                        //执行后 x 的值为 322
    a=c1;                       //执行后,C1 变为 0x6B
    c2=b;                       //执行后 C2 为 0x42,即取 b 的低 8 位
    while(1);
}
```

将上面的例程正确输入后,进入仿真模式,单步运行,就可以看到赋值运算中类型转换的规则。例程中 a 为整型,赋予实型量 y 值 8.88 后只取整数 8。x 为实型,赋予整型量 b 值 322,后增加了小数部分。字符型量 c1 赋予 a 变为整型,整型量 b 赋予 c2 后取其低 8 位成为字符型(b 的低 8 位为 01000010,即十进制 66,按 ASCII 码对应于字符 B)。

(3) 复合赋值运算符

复合赋值运算符就是在赋值运算符"="的前面加上其他运算符。以下是 C 语言中的复合赋值运算符:

+=加法赋值	>>=右移位赋值
-=减法赋值	&=逻辑与赋值
*=乘法赋值	|=逻辑或赋值
/=除法赋值	^=逻辑异或赋值
%=取模赋值	-=逻辑非赋值
<<=左移位赋值	

构成复合赋值表达式的一般形式为:

变量　复合赋值运算符　表达式

它等效于

变量=变量　运算符　表达式

其含义就是变量与表达式先进行运算符所要求的运算，再把运算结果赋值给参与运算的变量。其实这是 C 语言中简化程序的一种方法，凡是二目运算都可以用复合赋值运算符去简化表达。例如：

a＋＝5　　　　　等价于 a＝a＋5
y/＝x＋3　　　　等价于 y＝y/(x＋3)
x＊＝y＋7　　　 等价于 x＝x＊(y＋7)
r％＝p　　　　　等价于 r＝r％p

复合赋值符的这种写法可以使程序代码简单化。对初学者可能不习惯，但十分有利于编译处理，能提高编译效率并产生质量较高的目标代码。

(4) 逗号运算符和逗号表达式

在 C 语言中逗号“,”也是一种运算符，称为逗号运算符。其功能是把两个表达式连接起来组成一个表达式，称为逗号表达式。其一般形式为：

表达式 1,表达式 2,…,表达式 n

这种用逗号运算符组成的表达式在程序运行时，是从左到右计算出各个表达式的值，而整个用逗号运算符组成的表达式的值等于最右边表达式的值，也就是“表达式 n”的值。在实际应用中，大多情况下，使用逗号表达式的目的只是为了分别得到各个表达式的值，而并不一定要得到和使用整个逗号表达式的值。要注意的还有，并不是在程序的任何位置出现的逗号，都可以认为是逗号运算符。如函数中的参数，同类型变量定义中的逗号只是用来间隔之用而不是逗号运算符。其求值过程是分别求两个表达式的值，并以表达式 2 的值作为整个逗号表达式的值。可以看下面的例程：

```
/**************************************************************************
 例程名称：逗号运算符及逗号表达式练习
 文 件 名：EXAM2.3.6-3.C
 例程说明：通过练习，熟悉逗号运算符和逗号表达式的使用
**************************************************************************/
 #include <REGX51.H>

 main()
 {
     unsigned char a = 2,b = 4,c = 6;
     unsigned char x = 0,y = 0,z = 0;                //初始化各个变量
     y = (x = a + b),(b + c);                        //运算结果 a = 2,b = 4,c = 6,x = 6,y = 6,z = 0
     a = 2,b = 4,c = 6,x = 0,y = 0,z = 0;            //再次初始化各个变量值
     z = (y = (x = a + b),(b + c));                  //运算结果 a = 2,b = 4,c = 6,x = 6,y = 6,z = 10
     a = 2,b = 4,c = 6,x = 0,y = 0,z = 0;
     y = ((x = a + b),(b + c));                      //运算结果 a = 2,b = 4,c = 6,x = 6,y = 10,z = 0
     a = 2,b = 4,c = 6,x = 0,y = 0,z = 0;
     y = x = a + b,(b + c);                          //运算结果 a = 2,b = 4,c = 6,x = 6,y = 6,z = 0

     while(1);
 }
```

将上面的例程编译正确后，进入仿真模式，从中可以观察到各个变量的变化。本例中，y=(x=a+b),(b+c)语句中，由于逗号运算的优先级最低，所以先进行 y=(x=a+b)运算，此时 x=6,y=6，然后再进行 b+c 的运算，根据逗号表达式的规定，整个表达式的结果为 b+c 即为 10。后面的语句 z=(y=(x=a+b),(b+c))中，z 为整个表达式的值，因此 z=10。再下面的 y=((x=a+b),(b+c))语句中，由于括号的出现，先进行括号内的运算，此时 y 就是整个表达式的值，此时 y=10。对于 y=x=a+b,(b+c)语句与 z=(y=(x=a+b),(b+c))语句可以认为是一样的，因此结果也一样。对于逗号表达式还要说明两点：

• 逗号表达式一般形式中的表达式 1 和表达式 2 也可以又是逗号表达式。

例如：

```
表达式 1,(表达式 2,表达式 3)
```

形成了嵌套情形。因此可以把逗号表达式扩展为以下形式：

```
表达式 1,表达式 2,…,表达式 n
```

整个逗号表达式的值等于表达式 n 的值。

• 程序中使用逗号表达式，通常是要分别求逗号表达式内各表达式的值，并不一定要求整个逗号表达式的值。

并不是在所有出现逗号的地方都组成逗号表达式，如在变量说明中，函数参数表中的逗号只是用作各变量之间的间隔符。

2.3.7 关系运算符

C 语言中有 6 种关系运算符：

>	大于
<	小于
>=	大于等于
<=	小于等于
==	等于
!=	不等于

前 4 种关系运算符具有相同的优先级，后两种关系运算符也具有相同的优先级，但前 4 种的优先级高于后两种。用关系运算符将两个表达式连接起来即形成关系表达式。关系表达式的一般形式为：

```
表达式 1    关系运算符    表达式 2
```

例如：x>y,x+y<z,(x=3)>(y=4)都是合法的关系表达式。

关系运算符通常用来判断某个条件是否满足，关系运算的结果只有 0 和 1 两种值。当所有的条件满足时结果为 1，条件不满足时结果为 0。下面为使用关系运算符的例子：

```
/******************************************************************************
例程名称：关系运算符练习
文 件 名：EXAM2.3.6-5.C
例程说明：通过练习，熟悉关系运算符和简单串口仿真的使用
```

```
******************************************************************************/
#include <AT89X51.H>
#include <stdio.h>
void main(void)
{
    int x,y;
    SCON = 0x50;                              //串口方式 1,允许接收
    TMOD = 0x20;                              //定时器 1 定时方式 2
    TH1 = 0xE8;                               //11.0592 MHz 1 200 波特率
    TL1 = 0xE8;
    TI = 1;
    TR1 = 1;                                  //启动定时器
    while(1)
    {
        printf("请您输入两个 int,X 和 Y\n");   //显示相关信息
        scanf("%d%d",&x,&y);                  //输入
        if (x<y)
            printf("X<Y\n");                  //当 X 小于 Y 时
        else                                  //当 X 不小于 Y 时再作判断
        {
            if (x = = y)
                printf("X = Y\n");            //当 X 等于 Y 时
            else
                printf("X>Y\n");              //当 X 大于 Y 时
        }
    }
}
```

上面的程序中

```
SCON = 0x50;                                  //串口方式 1,允许接收
    TMOD = 0x20;                              //定时器 1 定时方式 2
    TH1 = 0xE8;                               //11.059 2 MHz 1 200 波特率
    TL1 = 0xE8;
    TI = 1;
    TR1 = 1;                                  //启动定时器
```

设定系统在 11.059 2 MHz 的晶振下，串口的波特率为 1 200，对串口设置完成后，就可以使用 printf 语句将需要显示的结果通过串口输出，便于调试程序。对于这个程序，进入仿真界面后，按 F5 键全速运行，然后单击串口窗口（serial windows ＃1），将出现 1 号串口调试窗口，在窗口中，每输入一个数据，按回车一次，输入两次后，就会出现两个数据的大小比较结果。具体结果见图 2.9。

2.3.8　逻辑运算符

C 语言有 3 种逻辑运算符：

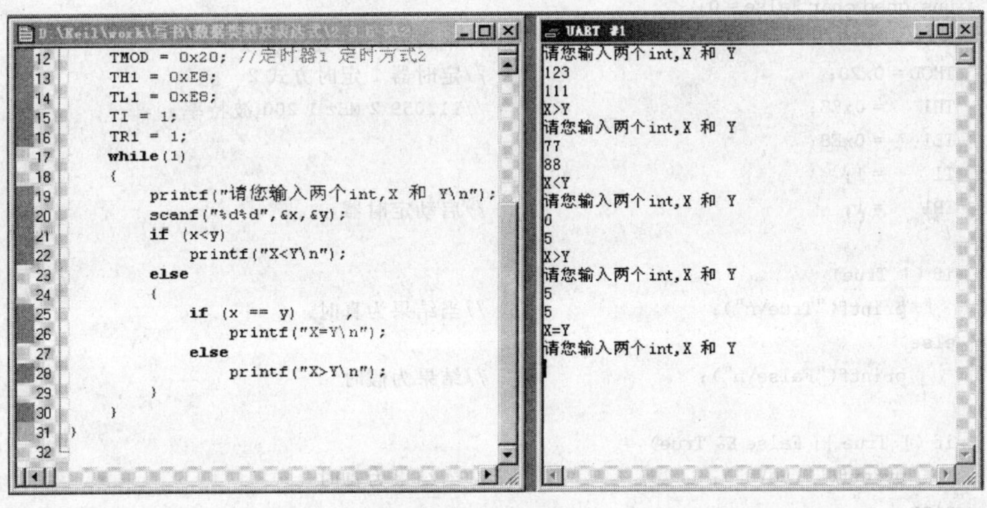

图 2.9　串口仿真

||　　逻辑或

&&　　逻辑与

!　　逻辑非

逻辑运算符用来求某个条件式的逻辑值，用逻辑运算将关系表达式或逻辑量连接起来就是逻辑表达式。逻辑表达式的一般形式为：

逻辑与：条件式 1 && 条件式 2

逻辑或：条件式 1 || 条件式 2

逻辑非：! 条件式

例如：x&&y，a||b，! z 都是合法的逻辑表达式。

进行逻辑与运算时，首先式 1 进行判断，如果结果为真（非 0 值），则继续对条件式 2 进行判断，当结果也为真时，表示逻辑运算结果为真（值为 1）；反之如果条件式 1 的结果为假，则不再判断条件式 2，而直接给出逻辑运算的结果为假（值为 0）。

进行逻辑或运算时，只要两个条件式中有一个为真，逻辑运算的结果便为真（值为 1），只有当条件式 1 和条件式 2 均不成立时，逻辑运算的结果才为假（值为 0）。

逻辑非运算时，对条件式的逻辑直接取反。

逻辑运算符的优先级为（由高到低）：!（非）、&&（与）、||（或），即逻辑非的优先级最高。下面是有关逻辑运算的例程：

```
/*********************************************************************
例程名称：逻辑运算符练习
文 件 名：EXAM2.3.6-6.C
例程说明：通过练习，熟悉逻辑运算符的使用
*********************************************************************/
#include <AT89X51.H>
#include <stdio.h>
void main(void)
{
    unsigned char True = 1;                    //定义
```

```
    unsigned char False = 0;
    SCON = 0x50;                                //串口方式 1,允许接收
    TMOD = 0x20;                                //定时器 1 定时方式 2
    TH1   = 0xE8;                               //11.059 2 MHz 1 200 波特率
    TL1   = 0xE8;
    TI    = 1;
    TR1   = 1;                                  //启动定时器

    if (! True)
        printf("True\n");                       //当结果为真时
    else
        printf("False\n");                      //结果为假时

    if (! True || False && True)
        printf("True\n");                       //当结果为真时
    else
        printf("False\n");                      //结果为假时

    while(1);
}
```

同样可以在仿真状态下，进入全速运行，在串口窗口中即可看到输出的结果。

2.3.9　位运算符

C 语言也能对运算对象进行按位操作，从而使 C 语言也能像汇编一样具有一定的对硬件直接操作的能力。位运算符的作用是按位对变量进行运算，但是并不改变参与运算的变量的值。如果要求按位改变变量的值，则要利用相应的赋值运算。另外位运算符是不能用来对浮点型数据进行操作的。C51 中共有 6 种位运算符。

~	按位取反	&	按位与
|	按位或	^	按位异或
>>	右移	<<	左移

位运算一般的表达形式如下：

变量 1　位运算符　变量 2

位运算符也有优先级，从高到低依次是："~"(按位取反)→"<<"(左移)→">>"(右移)→"&"(按位与)→"^"(按位异或)→"|"(按位或)。表 2.3 是位逻辑运算符的真值表，X 表示变量 1，Y 表示变量 2。

表 2.3　按位取反，与，或和异或的逻辑真值表

X	Y	~X	~Y	X&Y	X|Y	X^Y
0	0	1	1	0	0	0
0	1	1	0	0	1	1
1	0	0	1	0	1	1
1	1	0	0	1	1	0

1. 按位取反运算

按位取反运算是单目运算符，～对一个整数求反；即将每一个1的位变为0，或者相反。比如～0xcf计算如下：

0xc4	11000100	
～	00111011	＝0x3B

结果为：～0xcf＝0x3B

2. 按位与运算

按位与运算符“&”是双目运算符。其功能是参与运算的两数各对应的二进位相与。只有对应的两个二进位均为1时，结果位才为1，否则为0。

例如：0xc4&0x0f可写算式如下：

0xc4	11000100	
0x0f	00001111	
&	00000100	＝0x04

可见0xc4&0x0f＝0x04。

按位与运算通常用来对某些位清0或保留某些位。例如上面算式就是把0xc4的高4位清0，保留低4位。

3. 按位或运算

按位或运算符“|”是双目运算符。其功能是参与运算的两数各对应的二进位相或。只要对应的两个二进位有一个为1时，结果位就为1。同样0xc4|0x0f可写算式如下：

0xc4	11000100	
0x0f	00001111	
|	11001111	＝0xCF

结果为：0xc4|0x0f＝0xCF。

按位或操作经常用于打开某些位，如：x＝x | SET_ON；使得x的某些SET_ON与相对的位变为1。

4. 按位异或运算

按位异或运算符“^”是双目运算符。其功能是参与运算的两数各对应的二进位相异或，当两对应的二进位不一样时，结果为1。例如0xcf^0x0f可写成算式如下：

0xc4	11000100	
0x0f	00001111	
^	11001011	＝0xCB

结果为：0xc4^0x0f＝0xCB。

5. 移位操作

位运算符中的移位操作比较容易搞错。左移(＜＜)运算符是用来将变量1的二进制位值向左移动由变量2所指定的位数。例如，a＝0x8D(即二进制数10001101)，进行左移运算a＜＜3，就是将a的全部二进制位值一起向左移动3位，其左端移出的位值被丢弃，并在其右端补相应个数的“0”。操作示意见表2.4。因此，移位的结果为0x68(即二进制数01101000)。

表2.4 移位操作示意

移位操作	二进制数	十六进制数
	1 0 0 0 1 1 0 1	0x8D
右移3位	补3位0 (0 0 0) 1 0 0 0 1 (1 0 1) 丢弃后3位	0x11
右移3位	丢弃3位 (1 0 0) 0 1 1 0 1 (0 0 0) 补3位0	0x68

当进行右移运算时，如果变量1属于无符号类型数据，则总是在其左端补“0”；如果变量1属于有符号类型数据，则在其左端补入原来的符号位(即保持原来的符号不变)，其右端的移出位被丢弃。对于a＝0x8D，如果a是无符号数，则执行a＞＞3后，结果为a＝0x11(即二进制数为00010001)，移位操作示意见表2.4。如果a是有符号数，则执行a＞＞2结果之后为0x91(即二进制数10010001)。后面章节讲到的流水灯中使用的移位操作就是一个很好的例子。

下面的例子用来验证位运算是否真的不改变参与运算的变量的值，同时学习位运算的表达形式。程序很简单，用P0口做运算变量，P0.0～P0.7对应P0变量的最低位到最高位，利用KEIL的仿真功能，观察P0口上的变化可以直观看到每个位运算后变量是否有改变及如何改变。程序如下：

```
/*******************************************************************************
例程名称：位运算符练习
文 件 名：EXAM2.3.6-7.C
例程说明：通过练习，熟悉位运算符的使用。
*******************************************************************************/
# include <reg51.h>
void main()
{
  unsigned char a;

  P0 = 0xc4;
  P0 = P0 & 0x0F;                          //将高4位清零
  P0 = 0xc4;
  P0 = P0 | 0x30;                          //或运算，可将P0.4,P0.5位置1
  P0 = 0xc4;
```

```
    P0 = P0 ^ 0xF0;                    //异或运算
    P0 = 0xc4;
    P0 = ~P0;                          //将整个 P0 取反
    a = 0XC4;

    P0 = a>>1;                         //将变量 a 右移 1 位的值赋给 P0,但是变量 a 不变
    P0 = a<<2;                         //将变量 a 左移 2 位的值赋给 P0,但是变量 a 不变

    while(1);
}
```

将上面的例程编译与链接正确后。进入仿真，打开 peripherals 菜单下的 P0 口。利用单步执行功能，观察变量 P0 口和变量 a 的变化，了解整个例程的运算过程。

2.3.10 sizeof 运算符

C语言中提供了一种用于求取数据类型、变量以及表达式的字节数的运算符：sizeof，该运算符的一般使用形式为：

```
Sizeof(表达式) 或 sizeof(数据类型)
```

应该注意的是，sizeof 是一种特殊的运算符，不要错误地认为它是一个函数。实际上，字节数的计算在程序编译时就完成了，而不是在程序执行的过程中才计算出来。

```
/*************************************************************************
例程名称：sizeof 练习
文 件 名：EXAM2.3.6-8.C
例程说明：通过练习，熟悉 sizeof 运算符的使用
*************************************************************************/
#include<reg51.h>
#include<stdio.h>
main()
{
    SCON = 0x50;                       //串口方式 1,允许接收
    TMOD = 0x20;                       //定时器 1 定时方式 2
    TH1   = 0xE8;                      //11.059 2 MHz 1 200 波特率
    TL1   = 0xE8;
    TI    = 1;
    TR1   = 1;                         //启动定时器

    printf("char  的字节数是：%bd 字节\n",sizeof(char));
    printf("int   的字节数是：%bd 字节\n",sizeof(int));
    printf("long  的字节数是：%bd 字节\n",sizeof(long));
    printf("float 的字节数是：%bd 字节\n",sizeof(float));

    while(1);
}
```

将上述例程链接编译后，进入仿真状态，全速运行后，从串口窗口中可得到如下执行结果：

char 的字节数是：1 字节
int 的字节数是：2 字节
long 的字节数是：4 字节
float 的字节数是：4 字节

2.4 程序流程控制

C51 的程序流程控制包括：循环控制（for、while、do-while）、条件分支控制（if-else、switch-case），无条件转移（goto）。这些控制命令配合一些简单的逻辑和关系表达式，就可以达到流程控制的功能要求。

2.4.1 循环控制

循环控制功能就是让程序某几行语句能够重复执行。C51 语言常用的循环语句有 for、while、do-while 这 3 个。三者的区别在于判断循环是否执行的先后时机，用法分述如下：

1. for 循环

最典型的循环形式，控制循环的方式包含初始值设定表达式、循环条件判断表达式与更新表达式。要求重复执行的程序段落必须放置在大括号{}内。一般的写法如下：

```
for (初始设定表达式; 循环条件判断表达式;更新表达式)
{
    (要求重复执行的程序区段)
}
```

例如执行 10 次的循环控制，for(i=0;i＜10;i＋＋)表达式中，i=0 为初始设定表达式，i＜10 为条件判断式，i＋＋为更新表达式。进入 for 循环时，初始设定 i=0，条件判断式 i＜10 成立(i=1＜10)，i 自动加 1，执行大括号内{……}的程序代码。重复执行条件判断、自动加 1 的与大括号内{……}程序语句动作，直到 i=10 时，条件判断 i＜10 不成立，结束循环。

条件判断表达式主要由前面介绍的关系运算符与逻辑运算符组成。若省略条件判断，如 for(;;)，就会形成无穷循环。

如果循环内重复执行的程序代码只有一个语句，括号则可省略。

无论是 for 还是 while, do while, if…else, switch 等，其所包含的程序区段一样会被视为一个局部，在其中声明的变量，视为局部变量，只有在该局部有效而已。

2. while 循环

若程序循环不需要初始条件和更新条件，则可考虑使用 while 循环，它只须要处理判断条件，其写法如下：

```
while (判断表达式)
{
(要求重复执行的程序区段)
}
```

判断表达式的作用和 for 循环一样，如果为非 0 值，则会被继续执行，为 0 则跳出循环，常看到以“while(1)”这样的语句用来表示程序进入无穷循环，这样被大括号括住的程序代码会被一直重复执行。

3. do…while 循环

功能几乎和 while 一样，唯一的差别在于它是先执行后判断，也就是说它至少会做一次操作，其写法如下：

```
do {
(要求重复执行的语句)
}
  while(判断表达式)
```

4. break，continue 语句

在执行循环时，有时候会遇到特殊的情况，必须立即跳出，或跳回循环开始的地方重新执行。当程序遇到 break 语句时，就会立即跳出正在重复执行的循环(注意，如果使用多重循环，则一个 break 语句只会跳出一重循环。如果这个 break 或者 continue 在循环中的 if 语句里面，则不是跳出 if 语句，而是跳出循环语句)，执行这个循环的大括号以后的语句，break 在循环语句中是这样，在 switch 语句用功能也是这样的。

continue 是一种中断语句，它一般用在循环结构中，其功能是结束本次循环，即跳过循环体中尚未执行的语句，把程序流程转移到当前循环语句的下一个循环周期，并根据循环控制条件决定是否重复执行该循环体。与 break 语句不同的是 continue 语句会导致程序跳回到循环的一开始，重新执行循环体中的语句，并不跳出循环体。

在使用 C 语言程序的循环时，for、while、do-while 这 3 种方式可以混合运用，不必拘泥形式。至于哪种方法比较好，要凭个人喜好以及实际情形而定，程序写多了自然可以作出最好的判断。

```
/*************************************************************************
 例程名称：循环语句练习
 文 件 名：EXAM2.3.6-9.C
 例程说明：通过练习，熟悉循环语句使用。观察 C51 语言 3 种不同方式的循环
*************************************************************************/
 #include <REGX51.H>

 void main()
 {
     unsigned char i,sum1 = 0;                    //for 循环用变量
     unsigned char j = 1,sum2 = 0;                //while 循环用变量
     unsigned char k = 1,sum3 = 0;                //do while 循环用变量

     /* for 循环语句，计算 1 加到 10 的总和 */
     for(i = 1;i< = 10;i ++ )
         sum1 + = i;
```

```
    /* while 循环语句,计算 1 加到 10 的总和 */
    while(j<=10){
        sum2 += j;
        j++;
    }
    /* do - while 循环语句计算 1 加到 10 的总和 */
    do {
        sum3 += k;
        k++;
    }
    while(k<=10);

    while(1);
}
```


2.4.2 条件分支控制

条件分支控制的功能是让程序在某些条件成立下,去执行某些语句。C51 语言常用的有 if…else 和 switch…case。功能与使用说明如下:

1. if…else 语句

最典型的条件语句,只有判断条件成立才会执行其所包含的程序,它的写法如下:

```
if (判断表达式 A)
  {
    (A 成立时要执行的语句)
  }
else if (判断表达式 B)
  {
    (A 不成立但 B 成立要执行的语句)
else
    (A、B 皆不成立要执行的语句)
  }
```

判断表达式的写法和前述的 for 和 while 的写法完全一样,基本上由关系和逻辑表达式组成。对于单一条件的判断,通常可以省略 else if 语句,只需使用 if…else。若不考虑条件不成立的情况,连 else 也可以省略掉。看下面的例程:

```
/*****************************************************************************
例程名称:条件分支语句练习
文 件 名:EXAM2.3.6-10.C
例程说明:通过练习,熟悉条件分支语句中 if else 语句的使用
*****************************************************************************/
#include <REGX51.H>
void main()
{
   /* if - else if 判断 P1 输入状态,决定 P0 输出结果 */
```

```
    P1 = 0x00;
    while(1) {
      if(P1&0x01)
         P0 = 0x0F;
      else if (P1&0x02)
         P0 = 0x55;
      else if (P1&0x04)
         P0 = 0xC3;
      else if (P1&0x08)
         P0 = 0xFF;
      else
         P0 = 0x00;
    }
  }
```

同样将上面程序编译正确后，进入仿真状态，打开[Peripherals-I/O Ports]的 P0 端口窗口。利用单步执行功能，改变 P1 端口状态，观察 P0 端口的变化，例如 P1＝0x01 时，P0 显示 0x0F。

2. switch…case 语句

如果条件分支判断要处理多种不同情形时，虽然也可用多个 if…else if …else 来完成，但是当分支较多时，会使条件语句的嵌套层次太多，程序冗长，可读性降低。使用 switch…case 语句会使程序更为清楚明确，使用方便。它的一般形式为：

```
switch (欲判断的变量名称)
{
  case 常数 1:
     (程序语句 1)
     break;
  case 常数 2:
     (程序语句 2)
     break;
  case 常数 3:
     (程序语句 3)
     break;
  ……
  default:
     (程序语句 n)
}
```

switch 结构由多个 case 标记组成，case 后面必须是一个已定义的常数(不能是变量)，如果变量值正好等于其中某一常数，则程序就会跳到该标记去执行，然后一直执行到 switch 语句末端，如果不想让程序逐一执行到最后一项，则可以用 break 语句，强迫跳出 switch 语句。default 语句是用来处理这些常数都不等于该变量时，程序所要跳转的地方，如无必要此语句可以省略。

```
/*************************************************************************
例程名称：条件分支语句练习
文 件 名：EXAM2.3.6-11.C
例程说明：通过练习，熟悉条件分支语句中 switch 语句的使用
*************************************************************************/
#include <REGX51.H>
void main()
{
   /* switch case 判断 P1 输入状态，决定 P0 输出结果 */
   P1 = 0x00;
   while(1) {
      switch(P1)
      {
        case 0x01 :
             P0 = 0x80;
             break;
        case 0x02 :
             P0 = 0xC0;
             break;
        case 0x04 :
             P0 = 0xE0;
             break;
        case 0x08 :
             P0 = 0xF0;
             break;
        default:
             P0 = 0x00;
      }
   }
}
```

同样将上面程序编译正确后，进入仿真状态，打开[Peripherals-I/O Ports]的 P0 端口窗口。利用单步执行功能，改变 P1 端口状态，观察 P0 端口的变化，例如 P1＝0x02 时，P0 显示 0xC0。

2.4.3　无条件转移语句(goto)

这是最基本的流程控制指令，意义相当于汇编语言中的"JMP"指令，程序一旦执行到 goto 指令，就会跳到其后面指定的程序地址，由于在 C 语言中一般没有用行号来标识各程序语句，也不过问程序代码放置在内存中的地址，使用 goto 语句时，必须自己定义标识，定义方式如下：

```
标识名称：  (程序语句…)
```

其中标识名称可以自己命名(只要非系统关键词即可)，在后面加上一个冒号以声明它是标识，例如：

```
demo:
    (程序叙述…)
    goto demo;
```

程序就会不断地执行标识demo到goto语句中间的程序。需要注意的是只能用goto语句从内层循环跳到外层循环,而不允许从外层循环跳到内层循环。虽然使用goto很方便,但是在程序代码中加入太多的goto会破坏程序整体的结构,降低程序的可读性以及增加以后程序修改和维护的困难度,而且在大多数的情形下,goto语句是可以被其他流程控制方式所取代。因此为了保证程序具有良好的结构,应当尽量可能少的使用goto语句,以使程序结构清晰易读。

2.5 数 组

数组是一组同一类型数据的有序集合。数组中的每个数据都可以用唯一的下标来确定其位置,下标可以是一维或多维的。数组和普通变量一样,要求先定义后使用。

2.5.1 一维数组

下面是定义一维或多维数组的方式:

```
数据类型 数组名[常量表达式];
```

"数据类型"是指数组中各数据单元的类型,每个数组中的数据单元只能是同一数据类型。"数组名"是整个数组的标识,命名方法和变量命名方法是一样的。在编译时系统会根据数组大小和类型为变量分配空间,数组名可以说就是所分配空间的首地址的标识。

"常量表达式"表示数组的长度和维数,它必须用"[]"括起,括号里的数不能是变量只能是常量。例如:

```
unsigned int xcount[10];        //定义无符号整型数组,有10个数据单元
char inputstring[5];            //定义字符型数组,有5个数据单元
```

在C语言中数组的下标是从0开始的而不是从1开始,如一个具有10个数据单元的数组count,它的下标就是0～9,引用单个元素就是用数组名加下标,如count[1]就是引用count数组中的第2个元素,如果错用了count[10]就会有错误出现了。还有一点要注意的就是在程序中只能逐个引用数组中的元素,不能一次引用整个数组,但是字符型的数组就可以一次引用整个数组。

2.5.2 二维数组

由两个下标确定元素的数组就称为二维数组。其定义的一般形式为:

```
数据类型 数组名[常量表达式1][常量表达式2];
```

例如:

```
float outnum[6][4];    //定义浮点型数组,有6行4列,共24个数据单元
```

两个方括号中的常量表达式1与常量表达式2规定了数组的行数与列数,从而确定了数

组中的元素个数。行下标从 0 开始，最大为 5，共 6 行；列下标也从 0 开始，最大为 3，共 4 列。数组中共有 6×4＝24 个元素，具体如表 2.5 所列。

实际使用时，可以把上述二维数组看作一个 6 行 4 列的矩阵，是一个平面的二维结构。

除了一维数组、二维数组，还可以定义多维数组，多维数组用来表示由多个下标才能决定的量。一般形式为：

数据类型 [存储器类型] 数组名 [常量表达式 1]……[常量表达式 N] = {{常量表达式}……{常量表达式 N}};

例如：int arrays[3][3][3] 表示数组 arrays 为一个三维数组。

表 2.5　二维数组结构

array[0][0]	array[0][1]	array[0][2]	array[0][3]
array[1][0]	array[1][1]	array[1][2]	array[1][3]
array[2][0]	array[2][1]	array[2][2]	array[2][3]
array[3][0]	array[3][1]	array[3][2]	array[3][3]
array[4][0]	array[4][1]	array[4][2]	array[4][3]
array[5][0]	array[5][1]	array[5][2]	array[5][3]

2.5.3　字符数组

用来存放字符数据的数组称为字符数组，它是 C 语言中常见的一种数组。字符数组中的每个元素都是一个字符，因此可以用字符数组来存放不同长度的字符串。字符数组的定义方法与一般数组相同，下面是两个定义字符数组的例子：

```
char menu[20];
char string[50];
```

字符串实际上就是一个 char 数组，它是以字符数组来表达处理的。为了能测定字符串的长度，C 语言中规定以“\0”作为字符串的结束标识，编译时会自动在字符串的最后加入一个“\0”，要注意的是如果一个数组要保存 10 个字母的字符串则要求这个数组至少可以保存 11 个元素。“\0”是转义字符，它不是一个可显示字符，它的含义是空字符，它的 ASCII 码为 00H，也就是说当每一个字符串都是以数据 00H 结束的，在程序中操作字符数据组时要注意这一点。例如：

```
char Str[ ] = "Hellow";
```

字符数组除了可以访问数组中的单个元素，还可以访问整个数组，其实访问整个字符数组就是把数组名传到函数中，数组名是一个指向数据存放空间的地址指针，函数根据这个指针和“\0”就可以完整地操作这个字符数组。

2.5.4　数组的运用

数组也是可以赋初值的。上面介绍的定义方式只适用于定义在 DATA 存储器使用的内存，有的时候需要把一些数据表存放在数组中，通常这些数据是不用在程序中改变数值的，这时就要把这些数据在程序编写时赋给数组变量。因为 51 芯片的片内 RAM 很有限，通常会把 RAM 分给参与运算的变量或数组，而那些程序中的不变数据则应存放在片内的 CODE 存储区，以节省宝贵的 RAM。赋初值的方式如下：

数据类型 [存储器类型] 数组名 [常量表达式] = {常量表达式}；

在定义并为数组赋初值时，初值个数必须小于或等于数组长度，不指定数组长度则会在编译时由实际的初值个数自动设置。数组初始化的时候，可以全部初始化或者初始化一部分数据。例如：

```
char abc[10] = {0,1,2,3,4,5,6,7,8,9};     //全部初始化
char abc[10] = {0,1,2,3,4};               //初始化一部分数组元素，后面 5 个元素值为 0
char abc[10];                             //全部元素值为 0
char abc[10] = 8;                         //这个不太常用，abc[0] = 8，其他元素都是 0
char abc[] = {0,1,2,3};                   //这个没有写数组的长度，也就是[]中的数，编译
                                          //器自动设置长度等于实际输入的数组数

int Key[2][3] = {{1,2,4},{2,2,1}};        //二维数组赋初值
unsigned char code skydata[] = {0x02,0x34,0x22,0x32,0x21,0x12};  //数据保存在 code 区
```

2.5.5 数组的存储方式

单片机的存储器是一维的，即所有数据都是按照顺序存储的，所以无论几维数组都由编译程序抽象出数组到单片机存储的实际一维数组映射。

一维数组是最简单的数组，用来存放类型相同的数据。数据的存放是线性连续的。

编译程序对二维数组是如何用一维的存储空间分配连续的存储单元的呢？C51 采用按行存放的方法，即在内存中先存放第 0 行元素，再存放第 1 行、第 2 行、……每行中先存放第 0 列，接着存放第 1 列、第 2 列、……如图 2.10 所示。由图 2.10 可看出，若要存取第(x,y)个元素，要先算出其内存位置，不过在 C 语言中只要简写成 Array[x][y]即可直接存取其内容。

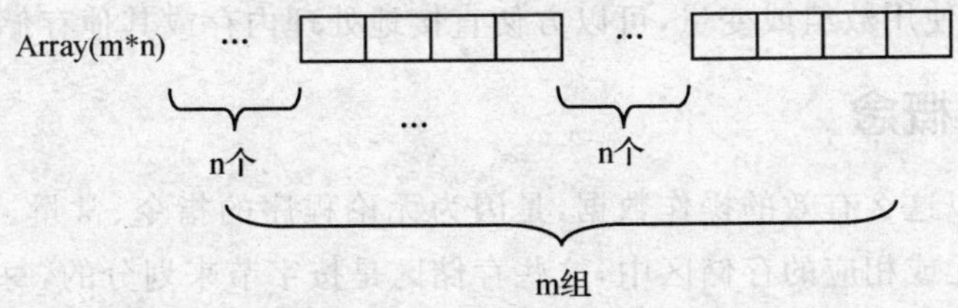

图 2.10 二维数组的内存配置

```
/*************************************************************************
例程名称：数组的建立、存储、赋值
文 件 名：EXAM2.3.6 - 12.C
程序说明：此程序用以观察数组的建立、数据操作以及数组的存储方式
*************************************************************************/
#include <REGX51.H>
unsigned char array[10] = {10,9,8,7,6,5,4,3,2,1};    //定义一个有 10 个单元的数组
void main()
```

```
{
    unsigned char i;
    for(i = 0;i<10;i ++ )
    {
        array[i] = i;                    //用下标调用数组中的元素
    }
    while(1);
}
```

将上述例程编译正确后，进入仿真，打开[watch &call stack windows]窗口。利用单步执行功能，观察数组 array[10]中各个单元的变化，以及数组的存储地址和方式，如图 2.11 所示。

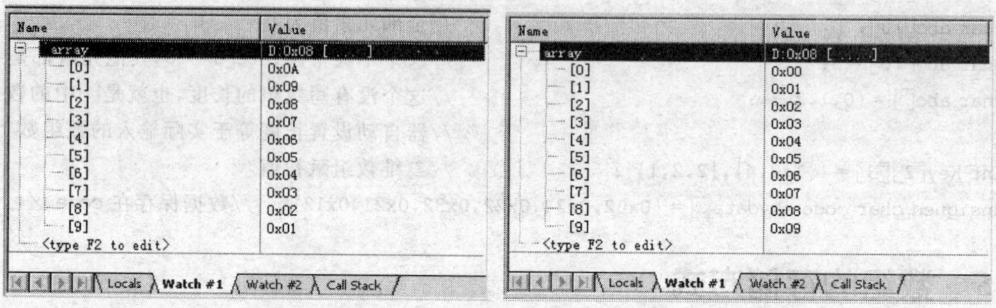

Name	Value
array	D:0x08 [...]
[0]	0x0A
[1]	0x09
[2]	0x08
[3]	0x07
[4]	0x06
[5]	0x05
[6]	0x04
[7]	0x03
[8]	0x02
[9]	0x01
<type F2 to edit>	

Locals / Watch #1 / Watch #2 / Call Stack

初始定义的数组值

Name	Value
array	D:0x08 [...]
[0]	0x00
[1]	0x01
[2]	0x02
[3]	0x03
[4]	0x04
[5]	0x05
[6]	0x06
[7]	0x07
[8]	0x08
[9]	0x09
<type F2 to edit>	

Locals / Watch #1 / Watch #2 / Call Stack

赋值后的数组值

图 2.11 数组的建立与赋值

2.6 指 针

C 语言有一种特殊的数据形态，专门用来存放内存地址，称为指针(pointer)。在 C 语言中指针是一个很重要的概念，正确有效地使用指针类型的数据，可以更有效地表达复杂的数据结构，可以更有效地使用数组或变量，可以方便直接地处理内存或其他存储区。

2.6.1 指针的概念

指针之所以可以这么有效的操作数据，是因为无论程序的指令、常量、变量或特殊寄存器都要存放在内存单元或相应的存储区中，这些存储区是按字节来划分的，每一个存储单元都可以用唯一的编号去读或写数据，这个编号就是常说的存储单元的地址，而读写这个编号的动作就叫做寻址，通过寻址就可以访问到存储区中的任一个可以访问的单元，而这个功能是变量或数组等不可能代替的。C 语言也因此引入了指针数据类型，专门用来确定其他类型数据的地址。用一个变量来存放另一个变量的地址，这个用来存放变量地址的变量就称为“指针变量”。

变量的指针就是该变量的地址，而一个指针变量里面存放的内容是另一个变量在内存中的地址，拥有这个地址的变量称为该指针变量所指向的变量。每一个变量都有它自己的指针(即地址)，而每一个指针变量都是指向另一个变量的。为了表示指针变量和它所指向的变量之间的关系，C 语言中用符号“□”来表示“指向”。图 2.12 说明了变量的指针和指针变量这两个不同的概念。如一个字符型的变量 STR 存放在内存单元 DATA 区的 51H 地址中，那么

DATA 区的 51H 地址就是变量 STR 的指针。如用变量 STRIP 来存放 STR 变量的地址 51H，那么变量 STRIP 就是指针变量。

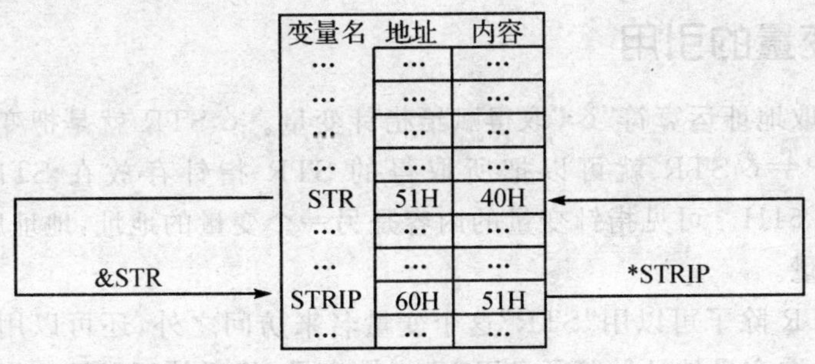

图 2.12 变量的指针与指针变量

2.6.2 指针的定义

指针变量和其他类型的变量一样要求先定义后使用，而且形式也相类似，一般的形式如下：

数据类型 [存储器类型] * 标识符；

其中，“标识符”是所定义的指针变量名；“数据类型”说明了该指针变量所指向的变量类型；“存储器类型”是编译器编译时的一种扩展标识，它是可选的。在没有“存储器类型”选项时，则定义为一般指针，如有“存储器类型”选项则定义为基于存储器的指针。这两种指针的区别在于它们的存储字节不同。限于 51 芯片的寻址范围，指针变量最大的值为 0xFFFF，这样就决定了一般指针在内存中会占用 3 个字节，第一字节存放该指针存储器类型编码（由编译时编译模式的默认值确定），后两个则存放该指针的高位和低位位址偏移量。存储类型的编码值如表 2.6 所列。

表 2.6 存储类型编码值

存储器类型	IDATA	XDATA	PDATA	DATA	CODE
编码值	1	2	3	4	5

例如：XDATA 类型地址 0xabcd 作为指针表示如表 2.7 所列。

表 2.7 XDATA 类型用指针表示

地址	+0	+1	+2
内容	0x02	0xab	0xcd

基于存储器的指针因为不用识别存储器类型，所以会占一或两个字节（idata，data，pdata 存储器指针占一个字节，code，xdata 则会占两个字节）。由上可知，明确的定义指针，可以节省存储器的开销，这在严格要求程序体积的项目中很有用处。下面是几个指针变量定义的例子：

```
unsigned char xdata * pi          //指针会占用两字节，指针自身存放在编译器默认存储区
                                  //指向 xdata 存储区的 char 类型
unsigned char xdata * data pi;    //除指针自身指定在 data 区，其他同上
```

```
int * pi;                    //定义为一般指针,指针自身存放在编译器默认存储区
                             //占3个字节
```

2.6.3 指针变量的引用

变量的指针用取地址运算符"&"取得赋给指针变量。&STR 就是把变量 STR 的地址取得。用语句 STRIP＝&STR 就可以把所取得的 STR 指针存放在 STRIP 指针变量中。STRIP 的值就变为 51H。可见指针变量的内容是另一个变量的地址,地址所属的变量称为指针变量所指向的变量。

要访问变量 STR 除了可以用"STR"这个变量名来访问之外,还可以用变量地址来访问。方法是先用 &STR 取变量地址并赋予 STRIP 指针变量,然后就可以用 * STRIP 来对 STR 进行访问了。"*"是指针运算符,用它可以取得指针变量所指向的地址值。根据上面的叙述,指针变量 STRIP 所指向的地址是 51H,而 51H 中的值是 40H,那么 * STRIP 所得的值就是 40H。

指针变量经过定义之后,可以像其他类型变量一样引用。例如:

```
/*变量定义:*/
int i,x,y,*pi,*px,*pz;
/*指针赋值/
pi = &i                       //将变量 i 的地址赋值给指针变量 pi,使 pi 指向 i
px = &x;                      //px 指向 x
py = &y                       //py 指向 y
/*指针变量引用*/
*pi = 0;                      //等价于 i = 0;
*pi + = 1;                    //等价于 i + = 1;
(*pi)++;                      //等价于 i ++;
```

下面的例程演示了如何引用指针:

```
/*****************************************************************************
例程名称:数组的建立、存储、赋值
文 件 名:EXAM2.3.6-13.C
程序说明:此程序用以熟悉指针的建立、数据操作,利用 Keil μVision 的反编译结果观察指针与数据变
         量的关系。
*****************************************************************************/
void main()
{
    char   *ptr_a;                        //声明指针
    char   var_a = 0x6f;
    ptr_a = &var_a;
}
```

编译正确后,进入仿真模式,单击反编译图标,打开反汇编窗口。在反编译窗口与内存窗口中观察结果,如图 2.13 所示。由观察结果得知,指针 ptr_a＝0x0B,数据变量 var_a＝0x6f。在内存窗口的 d:0x0B 的地址上存放着 0x6f 这个变量数据。

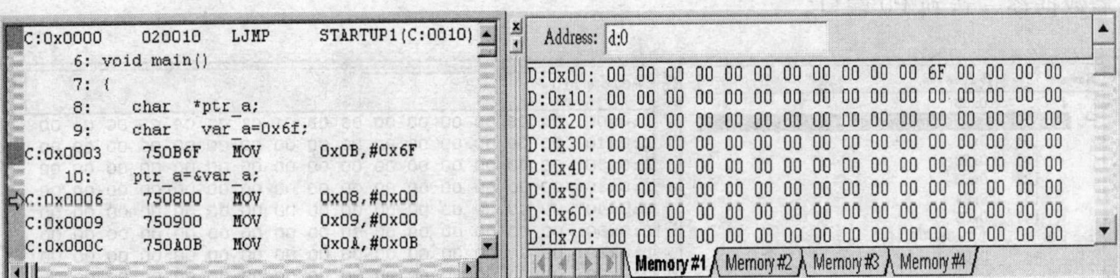

图 2.13 指针与变量的关系

2.6.4 数组指针和指向数组的指针变量

在C语言中指针与数组有着十分密切的关系，任何能够用数组实现的运算都可以通过指针来完成。例如定义一个整形数组：int pa[6]；

数组 pa 中各个元素分别为 pa[0]、pa[1]、…、pa[5]。数组名 pa 表示 pa[0]的地址，而 * pa 则表示 pa 所代表的地址中的内容，即 pa[0]。

如果定义一个指向整型变量的指针 pm 并赋予数组 pa 中的第一个元素 pa[0]的地址：

```
int * pm;
pm = &pa[0];
```

则可通过指针 pm 来操作数组 pa。操作见下面的例程：

```
/ ***********************************************************************
例程名称：指向数组的指针练习
文 件 名：EXAM2.3.6－14.C
程序说明：利用 KeilμVision 的仿真观察指向数组的指针
***********************************************************************/
# include <REGX51.H>
void main()
{
char i;
char code array[5] = {0xc1,0xc2,0xc3,0xc4,0xc5};        //定义数组
char code * ptr_a;                                      //声明指针 ptr_a
ptr_a = &array[0];                                      //将数组第一单元的地址赋值给指针 ptr_a
for(i = 0;i< = 4;i ++ )
{
      P0 = * ptr_a;                                     //将指针指向的地址赋值给 P0
      ptr_a ++ ;                                        //指针加 1
}
while(1);
}
```

将上述例程编译后，进入仿真状态，在变量观察窗口与内存窗口中观察结果，如图 2.14 所示。从图 2.14 可以看出，array 数组数据的指针地址 ptr_a 指在 0x80 地址处，因此这 5 笔数据在[Memory]窗口的 d：0x80～0x0c 地址上可找到。利用单步执行，可以看到通过循环将这

5 笔数据逐一送到 P0 端口。

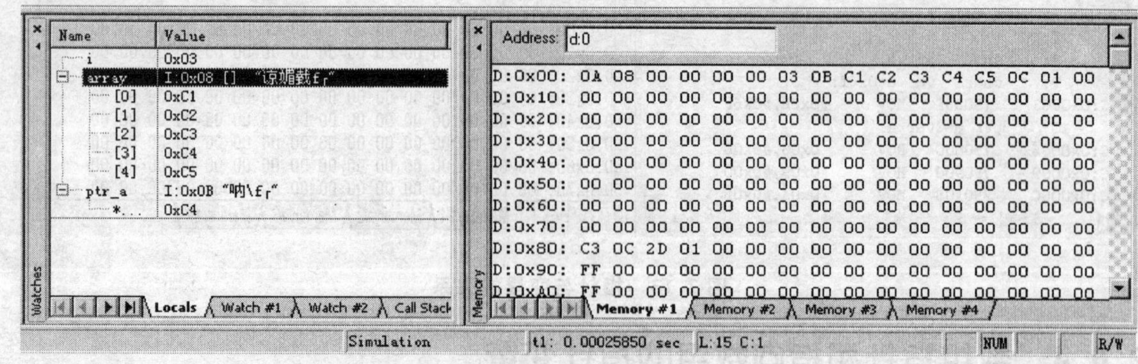

图 2.14　观察数组与指针

同样用指针来描述一个字符数组也是十分方便的。由于字符串是以字符数组的形式给出的，并且每个字符都是以转义符"\0"作为字符串的结束标志，利用这个特点判断一个字符数组是否结束通常是以是否读到转义符"\0"来判别的，这样就可以方便的利用指针来处理字符数组。下面的例程是将字符串 str1 的数据复制到 XDATA 的 0x1000 地址处。

```
/*************************************************************************
例程名称：字符数组指针练习
文 件 名：EXAM2.3.6-15.C
例程说明：利用指针将一个数组中的字符串复制到另一个数组中去
*************************************************************************/
#include <REGX51.H>
void main()
{
    char *ptr1;
    char xdata *ptr2;
    char code str1[] = {"string array test"};     //定义字符串数组
    ptr1 = str1;
    ptr2 = 0x1000;                                 //ptr2 指向 0z1000
    while((*ptr2 = *ptr1)! ='\0')
    {
        ptr2 ++ ;
        ptr1 ++ ;
    }

    while(1);
}
```

将上面的例程编译后，进入仿真状态，打开内存窗口，在地址处输入 x：0x1000，然后单步执行，并观察内存窗口中的数据变化。如图 2.15 所示。从观察看出，程序在检测到 str1 数组的"\0"转义符后，结束了循环，并将 0x80 地址上的 str1 数组数据复制到 XDATA 的 0x1000 处。

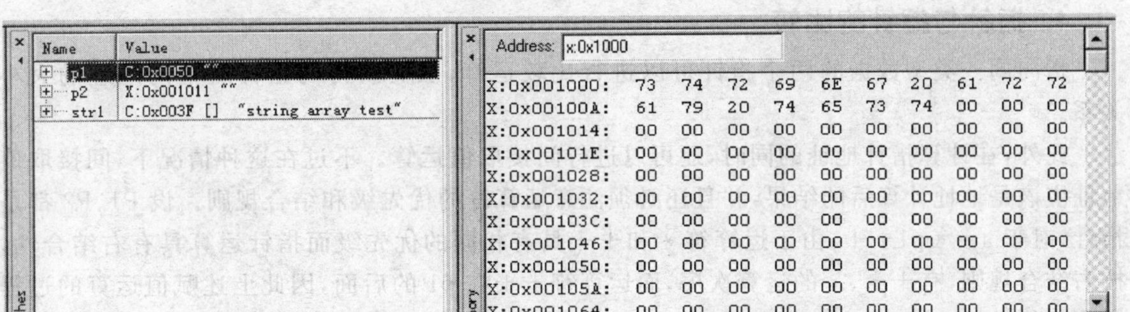

图 2.15　字符数组演示

2.6.5　指针的地址计算

指针的地址计算包括以下几个方面：

1. 赋初值

指针变量的初值可以是 NULL(零)，也可以是变量、数组、结构以及函数等的地址。例如：

```
int    a[10],b[10];
float  fbuf[100];
char   * cptr1 = NULL;
char   * cptr2 = &ch;
int    * iptr1 = &a[5];
int    * iptr2 = b;
float  * fptr1 = fbuf;
```

2. 指针与整数的加减

指针可以与一个整数或整数表达式进行加减运算，从而获得该指针当前所指位置前面或后面某个数据的地址。假设 p 为一个指针变量，n 为一个整数，则 p±n 表示指针 p 当前位置的前面或后面第 n 个数据的地址。不过有一点请注意，当让一个指针加减一个数的时候，并不是拿内存地址值加减该数，而是加减该数乘以该指针所指到的变量类型所占字节数，也就是加减几个该形态变量所占用的空间，例如，

```
char    * ptr1 = 0x50;
int     * ptr2 = 0x50;
ptr1 ++ ;          //ptr1 = 0x51
ptr2 ++            //ptr2 = 0x52
```

上面实例中，由于一个 char 形态的变量占用一个字节，所以加 1 后为 0x51，而 int 占用两个字节，所以加 1 后会为 0x52。

3. 指针与指针相减

指针与指针相减的结果为一整数，但它并不是地址，而是表示两个指针之间的距离或元素的个数。注意这两个指针必须指向同一类型的数据。

4. 指针与指针的比较

指向同一类型数据的两个指针可以进行比较运算，从而获得两指针所指向地址的大小关系。

此外，在计算指针地址的同时，还可以进行间接取值运算。不过在这种情况下，间接取值地址应该是地址计算后的结果，并且还必须注意运算符的优先级和结合规则。设 P1、P2 都是指针，对于 a= ＊p1＋＋；由于运算符 ＊ 和＋＋具有相同的优先级而指针运算具有右结合性，按右结合规则，有＋＋、＊的运算次序，而运算符＋＋在 p1 的后面，因此上述赋值运算的过程首先是将指针 p1 所指向的内容赋值给变量 a，然后 p1 再指向下一数据，表明是地址增加而不是内容增加。

2.6.6　C51 中的指针类型

1. 函数型指针

函数不是变量，但它在内存中仍然需要占据一定的存储空间，如果将函数的入口地址赋给一个指针，则该指针就是函数型指针。由于函数型指针指向的是函数的入口地址，因此可用指向函数的指针代替函数名来调用该函数。在 C 语言中函数与变量不同，函数名不能作为参数直接传递给另一函数。但是利用函数型指针，可以将函数作为参数传递给另一个函数。此外还可以将函数型指针放在一个指针数组中，则该指针数组的每一个元素都是指向某个函数的指针。

定义一个函数型指针的一般形式为：

```
数据类型( * 标识符)()
```

其中，“标识符”就是所定义的函数型指针变量名。

“数据类型”说明了该指针所指向的函数返回值的类型。例如：

```
int ( * func1)();
```

定义了一个函数型指针变量 func1，它所指向的函数返回整型数据。函数型指针变量是专门用来存放函数入口地址的，在程序中把哪个函数的地址赋给它，它就指向哪个函数。在程序中可以对一个函数型指针多次赋值，该指针可以先后指向不同的函数。

给函数型指针赋值的一般形式为：

```
函数型指针变量名 = 函数名
```

如果有一个函数 max(x,y)，则可用如下的赋值语句将该函数的地址赋值给函数型指针 func1，使 func1 指向函数 max：

```
func1 = max;
```

如程序中要求将函数 max(x,y)的值赋给变量 z，可以采用以下两种方法。

```
z = max(x,y);或 z = ( * func1)(x,y);
```

这两种方法的结果是一样的，但是要注意的是，若采用函数型指针来调用函数，必须预先对该函数指针进行赋值，使之指向所需要调用的函数。

下面的例子说明函数型指针应用。

```
/*************************************************************************
例程名称：函数型指针练习
文 件 名：EXAM2.3.6-16.C
例程说明：学习函数型指针的定义、赋值及参数传递过程
*************************************************************************/
#include <REGX51.H>

#define uchar unsigned char

uchar max(uchar x,uchar y)                    //求最大值函数
{
    if(x>y)
        return(x);
    else
        return(y);
}

uchar add(uchar x, uchar y)                   //求和函数
{
    return(x+y);
}

uchar process(uchar x, uchar y,uchar(*f)())
{
    uchar result;
    result=f();
}

void main()
{
    uchar a=5,b=7,c;
    uchar(*func1)(uchar x,uchar y);           //定义函数型指针 func1

    func1=max;                                //将函数 max 赋值给指针函数 func1,func1 指向 c:
                                              //0x0057 地址的 max 函数
    c=(*func1)(a,b);

    func1=add;                                //将函数 add 赋值给指针函数 func1,func1 指向 c:
                                              //0x0066 地址的 add 函数
    c=(*func1)(a,b);

    c=process(a,b,max);

    c=process(a,b,add);
```

```
    while(1);
}
```

本例中设置了一个 process()函数，每次调用它时完成不同的功能，在主函数中第一次调用 process()函数时，除了将 a，b 作为实参传递给 process()的形参 x，y 之外，还将函数名 max 作为实参将其入口地址传递给 process()函数中的形参——指向函数的指针变量 * f。这样以来，process()函数中的函数调用语句 result＝f()；就相当于 result＝max(x，y)；因此执行 process()函数即可求出 a 和 b 中的较大者。第二次调用 process()函数时改用函数名 add 作为实参，从而实现每次调用 process()函数时完成不用的功能。

func1＝max；语句将函数 max 赋值给指针函数 func1，func1 指向 c：0x0057 地址的 max 函数，应注意这个地址会因编译优化级别不同而不同。在单步仿真过程中可观察到以上的变化。仿真过程如图 2.16 所示。

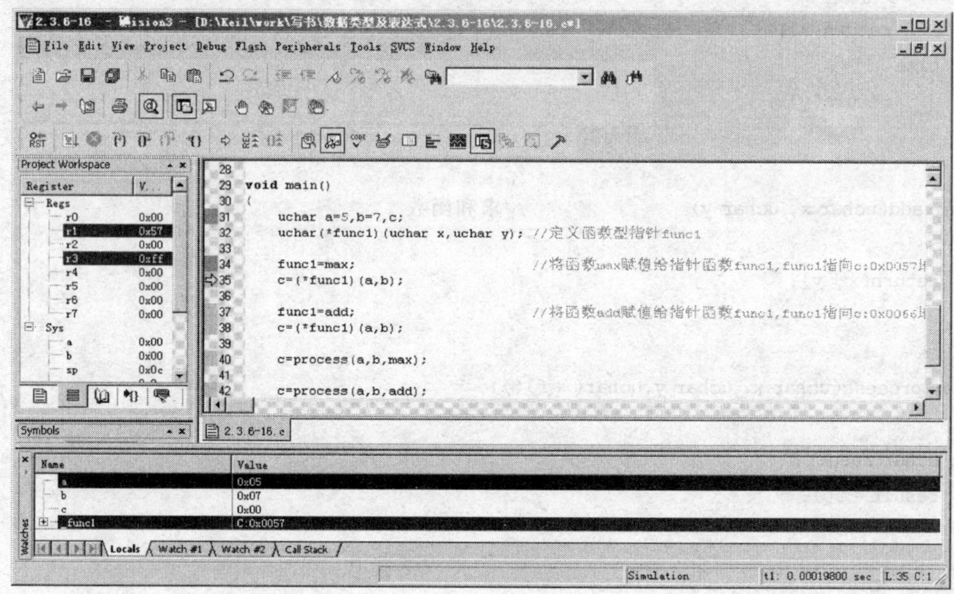

图 2.16　指针型函数

2. 指针数组

由于指针本身也是变量，因此 C 语言允许定义指针数组，指针数组适合于用来指向若干个字符串，使字符串的处理更为方便。指针数组的定义方法与普通数组完全相同，一般格式为：

数据类型 * 数组名[数组长度]

例如：

```
int * x[2];            /* 指向整型数据的两个指针 */
char * sptr[5];        /* 指向字符型数据的 5 个指针 */
```

指针数组在使用之前往往需要先赋初值，方法与一般数组赋初值类似。使用指针数组最典型的场合是通过对字符数组赋初值而实现各维长度不一致的多维数组的定义，下面通过例子来进一步说明指针数组赋初值的问题。

```
/*************************************************************************
例程名称：指针数组演示
文 件 名：EXAM2.3.6-17.C
例程说明：指针数组的赋值演示
*************************************************************************/
#include <REGX51.H>

void main()
{
  char *p[]={"IBM","ASUS","CISCO"};
  char *l[3];
  char m[3];
  int i;
  for (i=0;i<3;i++)
  {
        l[i]=p[i];
        m[i]=*p[i];
     }
}
```

将上面的例程编译后，进入仿真状态，采用单步执行，可以很形象地看到指针数组 p 和 l 以及指针 m 的指针和数组的情况。

从图 2.17 可以看出各个指针数组的长度可以不同，它们首尾相连(看指针数组 p 中的各个元素的存储位值分别为 0x016e,0x0172,0x0177)，这样可以更有效地利用内存空间。如果不使用指针数组而采用二维字符数组，则该二维数组各列的长度必须相等，并且要等于最长一列的长度，这样会造成存储空间的浪费。

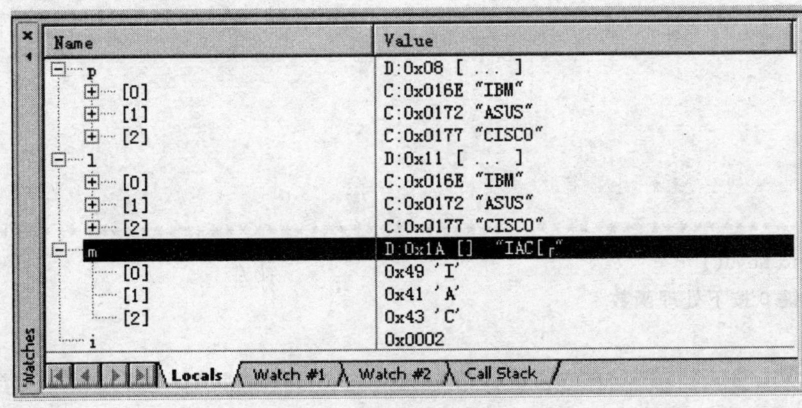

图 2.17　观察指针数组的赋值

如果一个指针数组中的元素都是函数指针，则称为函数指针数组。利用函数指针数组可以很方便地实现散转处理。在设计一个单片机应用系统时，键盘管理程序是整个系统监控程序的一个重要组成部分。为了实现各个不同按键的功能，通常是根据不同的键值进行散转，利用函数指针数组同样也可以实现散转处理。

本例没有给出利用指针进行散转的全部程序，只是给出了一个框架，在具体的系统中需要自己填充。

```
/**************************************************************************
例程名称：函数指针数组
文 件 名：EXAM2.3.6-18.C
例程说明：利用函数指针数组实现散转处理。
**************************************************************************/
#include <REGX51.H>

/**************************************************************************
函数名：unsigned char readkey()
功  能：按键读取函数，用来读取按键键值
返回值：按键的减值
**************************************************************************/
unsigned char readkey()
{
……;
读按键值;
……;
return()
}

/**************************************************************************
函数名：void KeyFree()
功  能：没有按键按下处理函数
返回值：无
**************************************************************************/
void KeyFree()
{
    ;
}

/**************************************************************************
函数名：void Key0()
功  能：按键 0 按下处理函数
返回值：无
**************************************************************************/
void Key0()
{
    ……;
    /* 按键 0 处理 */
    ……;
```

```
}

/*****************************************************************
函数名：void Key1()
功  能：按键1按下处理函数
返回值：无
*****************************************************************/
void Key1()
{
    ……;
    /*按键1处理*/
    ……;

}

/*****************************************************************
函数名：void Key2()
功  能：按键2按下处理函数
返回值：无
*****************************************************************/
void Key2()
{
    ……;
    /*按键2处理*/
    ……;

}

code void(code * KeyProcTab[])() = {KeyFree,Key0,Key1,Key2};   //定义函数指针数组

void main()
{
    /*初始化等其他一些程序*/
while(1)
        (* KeyProcTab[ReadKey()])();                          //根据读取按键值进行散转
}
```

3. 指针型指针

所谓的指针型指针就是指向另一指针变量的地址，是二级指针，用来重新定位一个指针的指向，也称之为多级指针。可以定义一个指向指针数组中元素的指针变量，这就是指向指针型数据的指针变量，即指针型指针变量。

定义一个指针型指针变量的一般形式为：

```
数据类型 ** 标识符
```

其中,"标识符"就是所定义的指针型指针变量名,而"数据类型"则说明一个被指针型指针所指向的指针变量所指向的变量数据类型。

```
/***************************************************************************
例程名称:指针型指针练习
文 件 名:EXAM2.3.6-19.C
例程说明:理解指针型指针的概念
***************************************************************************/
#include<REGX51.H>
main()
{
        char a, *b, **c,d;

        a = 0x03;

        b = &a;
        d = *b;
        c = &b;
}
```

将上面的程序正确编译后,进入仿真界面,以单步执行方式仿真,在变量查看窗口可以看到如图 2.18 所示,从中可以看到变量 a 的地址是 0x03,指针 b 的地址是 IDATA 的 0x08,存放的是变量 a 的地址 0x03,所以在执行到 d= *b;语句时 d 的值是 0x03。c= &b;语句为取指针 b 的地址,即指针 b 的指针,从图 2.18 中可以看出 *c 即指针 b 的地址为 I:0x08,而 *b 为 a 的值,即 0x03,所以 **c 的值为变量 a 的值,即 0x03。

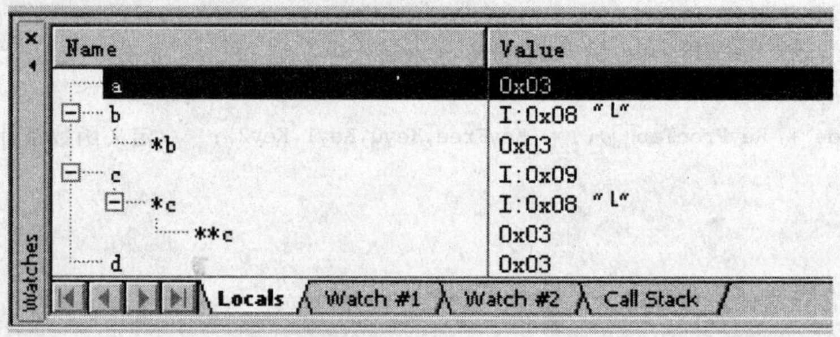

图 2.18　指针型指针

从这个练习可知,除了采用直接取值的方法外,还可以先通过指针变量 b 找到变量 a 的地址,然后再从这个地址中取值,例如 d= *b;还可以通过指针型指针变量 c 先找到指针 b 的地址,再通过指针 b 找到变量 a 的地址,最后从变量 a 的地址中将值取出。

由此可以认为指针型指针也是一种间接取值的形式。

2.7　结构体

本书前面已经介绍了几种基本的数据类型,但只有这些数据类型是不够的,有时候需要将不同的数据类型组合成一个有机的整体，以便于引用。这些组合在一个整体中的数据是互相联系的。例如，一个学生的学号、姓名、性别、年龄、成绩等都和这个学生有联系，因为可以将这些项组合成一个组合项，C 语言提供了这样一种数据结构，它称为结构体。

2.7.1 结构体的定义和引用

结构体是一种数据的集合体，它可以按需要将不同类型的变量组合在一起，整个集合体用一个结构体变量名表示，组成这个集合体的各个变量称为结构成员。整个结构体使用一个单独的结构体变量名。使用结构体变量时，要先定义结构体类型。一般定义格式如下：

```
struct 结构体名 {结构体元素表};
```

其中，"结构体元素表"为该结构体中的各个成员（又称结构体的域），由于结构体可以由不同类型的数据组成，因此对结构体中的各个成员都要进行类型说明。例如定义了一个简单的字段信息结构体类型，分别用于操作索引号、日期、大小。

```
例子：struct FieldInfo
{
unsigned char Id;
unsigned long Date;
unsigned int Size;
}
```

定义好结构体类型后，可以按下面的格式定义结构体变量，要注意的是只有结构体变量才可以参与程序的执行，结构体类型只是用于说明结构体变量是属于哪一种结构体。一般是在定义结构体类型的同时定义结构体变量，格式如下：

```
struct 结构体名
{结构体元素名} 结构体变量名 1,结构体变量名 2,…,结构体变量名 n;
例子：struct FieldInfo
{
unsigned char Id;
unsigned long Date;
unsigned int Size;
} f1,f2;
```

f1 和 f2 都是 Struct FieldInfo 类型的结构体。

定义结构体类型只是给出了这个结构体的组织形式，它不会占用存储空间，也就说结构体名是不能进行赋值和运算等操作的。结构体变量则是结构体中的具体成员，会占用空间，可以对每个成员进行操作。在定义结构体变量时，还可以说明它的存储类型，有 extern、auto 和 static 共 3 种形式。

结构体是允许嵌套的，也就是说在定义结构体类型时，结构体的元素可以由另一个结构体构成。如：

```
struct clock
{
unsigned char sec, min, hour;
```

```
}
struct date
{
unsigned int year;
unsigned char month, day;
struct clock Time;                    //结构体嵌套
}
struct date NowDate;                  //定义 data 结构体变量名为 NowDate
```

结构体类型的定义还可以有如下的两种格式。

```
struct
{
结构体元素表
} 结构体变量名 1,结构体变量名 2……结构体变量名 N;
例：struct
{
unsigned char FileName[4];
unsigned long Date;
unsigned int Size;
} NewFileInfo, OleFileInfo;
```

这种定义方式没有使用结构体名，称为无名结构体。通常用于程序中只有几个确定的结构体变量的场合，不能在其他结构体中嵌套。

另一种定义方式是先定义结构体类型再定义结构体变量名：

```
struct 结构体名
{
结构体元素表
};
struct 结构体名 结构体变量名 1,结构体变量名 2……结构体变量名 N;
```

另外还可以通过关键字 typedef 来命名一个结构体类型，这时结构体名就不太重要了。例如：

```
type struct
{
    int year;
    char month,day;
}complex;
```

这样 complex 实际上就成了一个结构体类型，可以直接用 complex 来定义结构体变量，例如 complex x,y;则变量 x,y 就具有上述的结构体类型。

在定义了一个结构体变量后，就可以对它进行引用了，即可以进行赋值、存取和运算。使用结构体变量是通过对它的结构体元素的引用来实现的。引用的方法是使用存取结构体元素成员运算符“.”来连接结构体名和元素名，格式如下：

```
结构体变量名.结构体元素
```

其中，“.”是存取结构体元素的成员运算符。在出现结构体嵌套时，可采用若干成员运算符，一级一级的找到最低一级的结构体元素，而且只能对这个最低级别的结构体元素进行访问。要注意的是在 C51 中只能对最低级的结构体元素进行访问，而不可能对整个结构体进行操作。

例如：

```
f1.Id = 5;
f1.size = 2;
```

一个结构体变量中元素的名字可以和程序中其他地方使用的变量同名，因为元素是属于它所在的结构体，使用时要用成员运算符指定。

结构体变量有 3 种存储类型，它们是 extern、auto 和 static(即外部、静态和自动)。当结构体变量为外部全局变量或静态变量时，可以在定义结构体类型时赋初值，但是不能给自动存储种类的动态局部变量赋初值。

例如：

```
struct FieldInfo
{
unsigned char Id;
unsigned char Date;
unsigned char Size;
} = {0x05,0x01,0xaa};
```

自动结构体变量不能在定义时赋初值，只能在程序执行中用赋值语句给各结构体元素分别赋值。赋值时，当初值个数不够时，余下的结构体变量就以 0 作为其初值。如果初值个数过多则会编译出错。

2.7.2　结构体数组

将多个相同的结构体组成一个数组就是结构体数组，结构体数组的定义与结构体变量完全一致，例如：

```
struct mylcd
{
    unsigned char string[5];
    unsigned char x;
    unsigned char y;
};
struct mylcd language[2] =
{
    {“chinese”,0x01,0x01},
    {“english”,0x01,0x02}
};
```

这就定义了一个含有两个元素的结构体数组变量 language[2]，其中每个元素都是 mylcd 类型的变量。

2.7.3 指向结构体数据的指针

对结构体的运算有时需要用 & 来取其地址和存取结构体的一个成员。也就是说，赋值在函数间进行传送，将某些结构体中的信息传递给其他函数，协同完成某一任务，利用指针使结构体和函数协调工作。

一个结构体变量的指针就是该变量所占据的内存段的起始地址。指针变量是存放所对应的那种类型数据的指针。指针变量可以指向一个结构体变量，也可以用来指向结构体数组中的元素。它具有指针的一般特性，就如在一定条件下两个指针可进行比较一样，有时指针也可与整数加、减等。

结构体类型数据同样也可以使用指针，把这种指向结构体的指针称为结构体指针。结构体指针和前面讲过的指针在特性上完全相似，指针变量的值是结构体变量的起始地址。

指向结构体指针变量的一般形式如下：

```
结构体类型名    *变量名;
```

指向结构体变量的指针与一般指针变量的定义方法类似，只是要将“类型说明符”改为“结构体类型名”，结构体类型名中的“struct”不得省略。“变量名”前的“*”说明所定义的为指针变量。例如：

```
struct student *p;
```

即定义了一个指向 struct student 结构体类型的指针变量 p。

通过结构体指针来引用结构体元素的一般格式为：

```
结构体指针->结构体元素
```

与前面讲过的引用结构体元素的格式相比较，这里只是用符号“->”取代了符号“.”。即把(*p).num 用 p-> num 来代替，它表示 p 所指向的结构体变量中的 num 成员。同样，(*p).name 等价于 p-> name。也就是说，以下 3 种形式等价：

(1) 结构体变量.成员名。

(2) (*p).成员名。

(3) p->成员名。

结构体指针也可以进行运算，运算规则与普通指针相同。例如，指向结构体数组的结构体指针 p 的增量运算 p++，将根据结构的实际大小来增加，增加的结果将使该指针指向下一个结构体元素，如图 2.19 所示。

mp	1st point	99	64	2ndpoint	10	20
mp+1						

图 2.19 指向结构体的指针的增量运算

下面通过一个简单的例子说明指向结构体变量的指针变量的使用。了解一下结构体变量和指针变量在运算中值的变化及相互关系，程序如下：

```
/*****************************************************************
```

```
例程名称：结构体指针练习
文 件 名：EXAM2.3.6 - 20.C
例程说明：理解结构体指针的概念、赋值，理解结构体数组的赋值
***************************************************************************/

#include <REGX51.H>

struct point                                    //定义结构体 point
{
    unsigned char name[11];
    unsigned char num,presure,temp;
} fp;
struct point po1[3] =                           //为结构体数组 po1 赋初值
{
    {"1stpoint",0x01,0x99,0x64},
    {"2ndpoint",0x02,0x10,0x20},
    {"3thpoint",0x03,0x15,0x18}
};

void main(void)
{
    struct point * mp;                          //定义结构体指针

    mp = &po1;                                  //取指针 po1 的地址

    fp.name[0] = 'a';                           //演示结构体数组元素的赋值
    fp.num = 0x04;
    fp.presure = 0x0a;
    fp.temp = 0x0b;


    mp->name[0] = 'c';                          //通过结构体指针为结构体变量赋值
    mp->num = 0x0c;

    mp ++ ;                                     //指向下一个结构体元素
    mp->name[0] = 'd';
    mp->num = 0x0d;

    mp->num = (mp + 1)->num;
    while(1);
}
```

将上述例程编译正确后，进入调试仿真环境，采用单步方式执行，观察变量窗口中各个变量的变化。执行完毕后如图 2.20 所示。

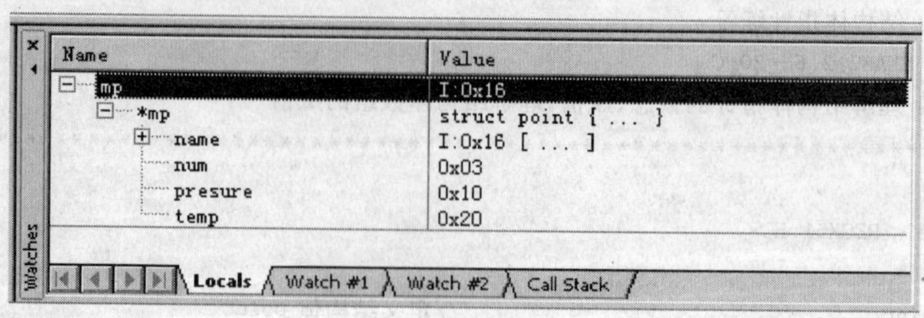

图 2.20　结构体指针练习

2.8　枚　举

枚举是一个被命名的整型常数的集合，枚举在日常生活中很常见。

在日常生活中，会遇到很多集合类问题，其所描述的状态为有限几个，例如比赛的结果只有输和赢两种状态。一周有 7 天，共 7 个状态。在计算机中表述此 7 种状态信息，需要定义一组整型常量，例如：

```
#define SUNDAY      0
#define MONDAY      1
#define TUESDAY     2
#define WEDNESDAY   3
#define THURSDAY    4
#define FRIDAY      5
#define SATURDAY    6
```

但是从上面的定义来看 7 个常量虽然表达了同一类型的信息，但是在语法上是彼此孤立的个体，不是一个完整的逻辑整体。其实 C 语言中所有基本数据类型都是在描述集合信息，例如，char 用于描述具 256 个有限元素集合的整数。是否可以引入新的用户自定义类型，描述仅仅具有上述 7 个元素的集合，并作为一个新的数据类型呢？ANSI C 引入枚举类型来解决此问题。

枚举的说明与结构体和联合体相似，其形式为：

```
enum 枚举标识符{
    标识符[ = 整型常数],
    标识符[ = 整型常数],
    ...
    标识符[ = 整型常数],
    } 枚举变量;
```

其中 enum 为系统关键字，枚举标识符遵循变量的命名规则。常量列表中，每个枚举常量之间通过逗号分割。

如果枚举没有初始化，即省掉“=整型常数”时，则从第一个标识符开始，顺次赋给标识符 0，1，2，…但当枚举中的某个成员赋值后，其后的成员按依次加 1 的规则确定其值。

例如，下列枚举声明后，x1，x2，x3，x4 的值分别为 0，1，2，3。

```
enum string{x1, x2, x3, x4}x;
```

当定义改变成：

```
enum string
{
    x1,
    x2 = 0,
    x3 = 50,
    x4,
}x;
```

则 x1＝0，x2＝0，x3＝50，x4＝51。

定义枚举类型变量之前，要先完成枚举类型的定义。定义枚举变量主要有两种形式：

形式 1：先定义枚举类型，然后再定义枚举变量，例如：

```
enum WEEK{ SUNDAY, MONDAY, TUESDAY, WEDNESDAY, THURSDAY, FRIDAY, SATURDAY};
 enum WEEK a,b;
```

形式 2：定义枚举类型的同时定义枚举变量，例如：

```
enum WEEK{ SUNDAY, MONDAY, TUESDAY, WEDNESDAY, THURSDAY, FRIDAY, SATURDAY} a,b;
```

根据枚举类型的定义，枚举类型的主要用途是描述特定集合对象，与基本数据类型类似。例如，int 描述了－32 768～32 767 之间所有的整数集合，unsigned int 描述了 0～65 535 的所有整数集合；而 enum WEEK{ SUNDAY，MONDAY，TUESDAY，WEDNESDAY，THURSDAY，FRIDAY，SATURDAY}；描述了{ SUNDAY，MONDAY，TUESDAY，WEDNESDAY，THURSDAY，FRIDAY，SATURDAY} 7 个常量的集合，一般将上述 7 个常量，用对应的整数常量 0～6 表述，因此 enum WEEK 描述了 0～6 的整数集合。枚举类型的实质是整数集合，枚举变量的引用类似于整数变量的引用规则，并可以与整数类型的数据之间进行类型转换而没有数据丢失。

注意：

(1) 枚举中每个成员(标识符)的结束符是“,”， 不是“;”，最后一个成员可省略“,”。

(2) 初始化时可以赋负数，以后的标识符仍依次加 1。

(3) 枚举变量只能取枚举说明结构中的某个标识符常量。

例如：

```
enum string
   {
       x1 = 5,
       x2,
       x3,
       x4,
   };
 enum strig x = x3;
```

此时，枚举变量 x 实际上是 7。看下面的例程：

```
/*****************************************************************************
例程名称：枚举练习
文 件 名：EXAM2.8.C
例程说明：理解枚举的概念、运算方法
*****************************************************************************/
#include <REGX51.H>

enum WEEK{ SUNDAY, MONDAY, TUESDAY, WEDNESDAY, THURSDAY, FRIDAY, SATURDAY};

void main()
{
    enum WEEK a,b;
    enum WEEK * pa;
    char d = - 2;
    a = MONDAY;
    b = WEDNESDAY;
    d = a + b;
    if(a>b)
        pa = &a;
    else
        pa = &b;
    * pa = d;
      while(1);
}
```

将上述程序编译正确后，进入调试仿真，通过单步执行观察变量 a，b，d 的变化，程序的运行结果如图 2.21 所示。

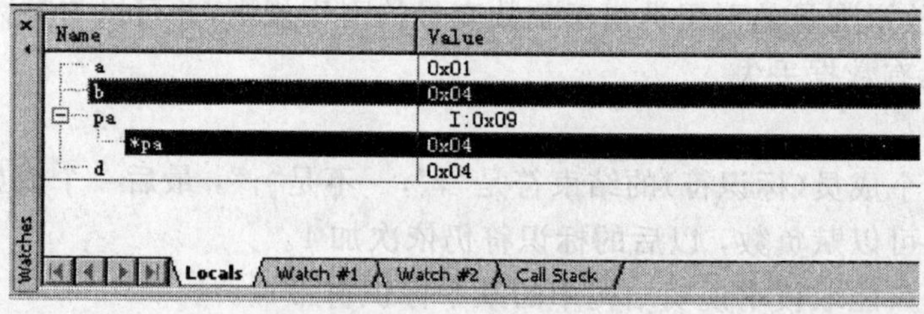

图 2.21 枚举练习

2.9 共用体

共用体同样是 C 语言中构造类型的数据结构。它和结构体一样可以包含不同类型的数据元素。共用体的声明和共用变量的定义与结构体十分相似。其形式为：

```
union 共用标识符{
        数据类型 成员名；
        数据类型 成员名；
```

```
    ...
}共用变量名;
```

所不同的是共用体的数据元素都是从同一个地址开始存放。结构体变量占用的内存大小是该结构体中数据元素所占内存数的总和，而共用体变量所占用的内存大小是该共用体中最长的元素所占用的内存大小。共用体表示几个变量公用一个内存位置，在不同的时间保存不同的数据类型和不同长度的变量。如在结构体中定义了一个 int 和一个 char 型变量，那么结构体变量就会占用 3 个字节的内存，而在共用体中同样定义一个 int 和一个 char 型变量，共用体变量只会占用 2 个字节。这种能充分利用内存空间的技术叫"内存覆盖技术"，它可以使不同的变量分时的使用同一个内存空间。使用共用体变量时要注意它的数据元素只能是分时使用，而不能同时使用。举个简单的例子，程序先为共用体中的 int 赋值 1 000，后来又为 char 赋值 10，那么这时就不能引用 int 了，否则程序会出错，起作用的是最后一次赋值的元素，而上一次赋值的元素就失效了。

使用中还要注意定义共用体变量时不能对它初始化、可以使用指向共用体变量的指针对其操作、共用体变量不能作为函数的参数进行传递，数组和结构体可以出现在共用体中。

共用体变量的定义方法和结构体的定义方法差不多，只要把关键字 struct 换用 union 就可以了。共用体变量的引用方法也是使用"."成员运算符。

下例表示声明一个共用体 a_bc：

```
union a_bc{
    int i;
    char mm;
};
```

用已声明的共用体可定义共用体变量。例如用上面声明的共用体定义一个名为 lgc 的共用体变量，可写成：

```
union a_bc lgc;
```

在共用体变量 lgc 中，整型量 i 和字符量 mm 公用同一内存位置。

共用体访问其成员的方法与结构体相同。同样共用体变量也可以定义成数组或指针，但定义为指针时，也要用"－>"符号，此时共用体访问成员可表示成：

共用体名－>成员名

另外，共用体可以出现在结构体内，它的成员也可以是结构体。

例如：

```
struct{
    int age;
    char *addr;
    union{
        int i;
        char *ch;
    }x;
}y[10];
```

若要访问结构体变量 y[1]中的共用体 x 的成员 i，可以写成：

```
y[1].x.i;
```

若要访问结构变量 y[2]中共用体 x 的字符串指针 ch 的第一个字符可写成：

```
*y[2].x.ch;
```

若写成"y[2].x.*ch;"是错误的。

下面举一个例子来加对深共用体的理解。

```
/***********************************************************************
 例程名称：共用体练习
 文 件 名：EXAM2.9.C
 例程说明：理解共用体与结构体的区别
***********************************************************************/
#include <REGX51.H>

void main(void)
{
    union{                                  /*定义一个共用体*/
        int i;
        struct{                             /*在共用体中定义一个结构体*/
            char first;
            char second;
        }half;
    }number;
    number.i = 0x4344;                      /*共用体成员赋值*/
    number.half.first = 'A';                /*共用体中结构体成员赋值*/
    number.half.second = 'B';
    while(1);
}
```

将上述例程编译正确后，进入调试仿真界面，进行单步仿真，从图 2.22(左侧是当执行到 number.i=0x4344;语句后的截图，右侧是执行到 number.half.first='A';后的截图)中可以看出：当给 i 赋值后，其低 8 位也就是 first 和 second 的值；当给 first 和 second 赋字符后，这两个字符的 ASCII 码也将作为 i 的低 8 位和高 8 位。

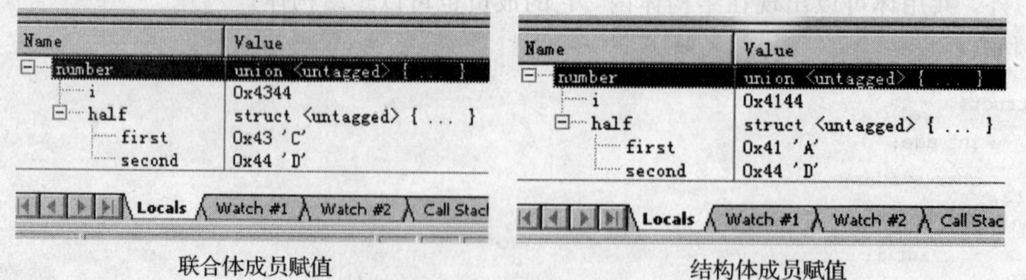

联合体成员赋值　　　　结构体成员赋值

图 2.22　联合体与结构体

2.10 51 单片机内部资源在 C51 中的定义

51 单片机有丰富的特殊功能寄存器，随着 51 单片机的发展，很多单片机在基本的 51 框架下进行了很大的扩充，本节将介绍 MCS－51 单片机中丰富的内部资源如何在 C51 中定义。

2.10.1 特殊功能寄存器定义

MCS －51 单片机中，除了程序计数器 PC 和 4 组工作寄存器组外，其他所有的寄存器均为特殊功能寄存器（SFR），分散在片内 RAM 区的高 128 B 中，地址范围为 80H～0FFH。SFR 中有 11 个寄存器具有位寻址能力，它们的字节地址都能被 8 整除，即字节地址是以 8 或 0 为尾数的。

为了能直接访问这些 SFR，C51 提供了一种自主形式的定义方法，这种定义方法与标准 C 语言不兼容，只适合与对 MCS－51 系列单片机进行 C 语言编程，特殊功能寄存器 C51 定义的语法格式如下：

```
sfr  sfr - name =  int  constant;
```

“sfr”是定义语句的关键字，其后必须跟一个 MSC－51 单片机真实存在的特殊功能寄存器名，“＝”后面必须是一个整型常数，不允许是带有运算符的表达式，应是特殊功能寄存器“sfr-name”的字节地址，这个常数必须在 SFR 地址范围内，位于 0x80～0xFF。

例如：

```
sfr  SCON = 0x98;          /*串口控制寄存器地址 98H*/
sfr  TMOD = 0x89;          /*定时器/计数器方式控制寄存器地址 89H*/
```

MCS－51 系列单片机中，特殊功能寄存器的数量与类型不尽相同，因此建议将所有“sfr”定义放入一个头文件中，该文件应包括 MCS－51 单片机系列机型中的 SFR 定义。C51 编译器的 “regx51.h”头文件是这样一个文件。

在一些新的 MCS－51 系列产品中，SFR 在功能上经常组合为 16 位值，当 SFR 的高字节地址直接位于低字节之后时，对 16 位 SFR 的值可以直接进行访问。例如 52 子系列的定时器/计数器 2 就是这种情况。为了有效地访问这类 SFR，可使用关键字“sfr16”来定义，其定义语句的语法格式与 8 位 SFR 相同，只是“＝”后面的地址必须用 16 位 SFR 的低字节地址，即低字节地址作为“sfr16”的定义地址。例如：

```
sfr16   T2 = 0xCC          /*定时器/计数器 2;T2 低 8 位地址为 0CC H,T2 高 8 位地址为 0CDH*/
```

这种定义适用于所有新的 16 位 SFR，但不能用于定时器/计数器 0 和 1。

对于位寻址的 SFR 中的位，C51 的扩充功能支持特殊位的定义，像 SFR 一样不与标准 C 兼容，使用“ sbit”来定义位寻址单元。

定义语句的一般语法格式有如下 3 种：

第一种格式：

```
sbit  bit - name = sfr - name^int constant  ;
```

“sbit”是定义语句的关键字，后跟一个寻址位符号名（该位符号名必须是 MCS－51 单片机中规定的位名称)，"="后"sfr－name"的位号，必须是0～7范围中的数。例如：

```
sfr  PSW = 0xD0;                /＊定义 PSW 寄存器地址为 D0H＊/
sfr  OV = PSW^2;                /＊定义 OV 位为 PSW.2，地址为 D2H/ ＊
sfr  CY = PSW^7;                /＊定义 CY 位为 PSW.7  地址为 D7H＊/
```

第二种格式：

```
sbit  bit－name = int constant^int constant;
```

"="后的 int constant 为寻址地址所在的特殊功能寄存器的字节地址，"^"符号后的 int constant 为寻址位在特殊功能寄存器中的位号。例如：

```
sbit  OV = 0xd0 ^2;             /＊定义 OV 位地址是 D0H 字节中的第 2 位＊/
sbit  CY = 0xD0^7;              /＊定义 CY 位地址是 D0H 字节中的第 7 位＊/
```

第三种格式：

```
sbit  bit-name = int constant;
```

"="后的 int constant 为寻址位的绝对地址。例如：

```
sbit  OV = 0xD2;                /＊定义 OV 位地址为 D2H＊/
sbit  OY = 0xD7;                /＊定义 CY 位地址为 D7H＊/
```

特殊功能位代表了一个独立的定义类，不能与其他位定义和位域互换。

sbit 和 sfr 在系统提供的预处理文件中很常见，里面已定义好各特殊功能寄存器的简单名字，直接引用可以省去一点时间，下面截取的"regx51.h"文件就已经定义了单片机内的相关资源。

```
/＊--------------------------------------------------------------------
AT89X51.H

Header file for the low voltage Flash Atmel AT89C51 and AT89LV51.
Copyright (c) 1988 - 2002 Keil Elektronik GmbH and Keil Software, Inc.
All rights reserved.
--------------------------------------------------------------------＊/
/＊------------------------------------------------------
Byte Registers
------------------------------------------------------＊/
sfr SP      = 0x81;
sfr DPL     = 0x82;
sfr DPH     = 0x83;
sfr PCON    = 0x87;
sfr TCON    = 0x88;
sfr TMOD    = 0x89;
sfr TL0     = 0x8A;
sfr TL1     = 0x8B;
sfr TH0     = 0x8C;
sfr TH1     = 0x8D;
```

```
sfr SCON    = 0x98;
sfr SBUF    = 0x99;
sfr IE      = 0xA8;
sfr IP      = 0xB8;
sfr PSW     = 0xD0;
sfr ACC     = 0xE0;
sfr B       = 0xF0;
/*------------------------------------------------------
PCON Bit Values
------------------------------------------------------*/
#define IDL_     0x01

#define STOP_    0x02
#define PD_      0x02               /* Alternate definition */

#define GF0_     0x04
#define GF1_     0x08

#define SMOD_    0x80

/*------------------------------------------------------
TCON Bit Registers
------------------------------------------------------*/
sbit IT0    = 0x88;
sbit IE0    = 0x89;
sbit IT1    = 0x8A;
sbit IE1    = 0x8B;
sbit TR0    = 0x8C;
sbit TF0    = 0x8D;
sbit TR1    = 0x8E;
sbit TF1    = 0x8F;

/*------------------------------------------------------
TMOD Bit Values
------------------------------------------------------*/
#define T0_M0_     0x01
#define T0_M1_     0x02
#define T0_CT_     0x04
#define T0_GATE_ 0x08
#define T1_M0_     0x10
#define T1_M1_     0x20
#define T1_CT_     0x40
#define T1_GATE_ 0x80

#define T1_MASK_ 0xF0
```

```
#define T0_MASK_ 0x0F
/*------------------------------------------------------------------
SCON Bit Registers
------------------------------------------------------------------*/
sbit RI     = 0x98;
sbit TI     = 0x99;
sbit RB8    = 0x9A;
sbit TB8    = 0x9B;
sbit REN    = 0x9C;
sbit SM2    = 0x9D;
sbit SM1    = 0x9E;
sbit SM0    = 0x9F;
/*------------------------------------------------------------------
IE Bit Registers
------------------------------------------------------------------*/
sbit EX0    = 0xA8;                    /*1 = Enable External interrupt 0*/
sbit ET0    = 0xA9;                    /*1 = Enable Timer 0 interrupt*/
sbit EX1    = 0xAA;                    /*1 = Enable External interrupt 1*/
sbit ET1    = 0xAB;                    /*1 = Enable Timer 1 interrupt*/
sbit ES     = 0xAC;                    /*1 = Enable Serial port interrupt*/
sbit ET2    = 0xAD;                    /*1 = Enable Timer 2 interrupt*/

sbit EA     = 0xAF;                    /*0 = Disable all interrupts*/
sbit RXD    = 0xB0;                    /*Serial data input*/
sbit TXD    = 0xB1;                    /*Serial data output*/
sbit INT0 = 0xB2;                      /*External interrupt 0*/
sbit INT1 = 0xB3;                      /*External interrupt 1*/
sbit T0     = 0xB4;                    /*Timer 0 external input*/
sbit T1     = 0xB5;                    /*Timer 1 external input*/
sbit WR     = 0xB6;                    /*External data memory write strobe*/
sbit RD     = 0xB7;                    /*External data memory read strobe*/

/*------------------------------------------------------------------
IP Bit Registers
------------------------------------------------------------------*/
sbit PX0    = 0xB8;
sbit PT0    = 0xB9;
sbit PX1    = 0xBA;
sbit PT1    = 0xBB;
sbit PS     = 0xBC;
sbit PT2    = 0xBD;

/*------------------------------------------------------------------
PSW Bit Registers
------------------------------------------------------------------*/
```

```
sbit P      = 0xD0;
sbit F1     = 0xD1;
sbit OV     = 0xD2;
sbit RS0    = 0xD3;
sbit RS1    = 0xD4;
sbit F0     = 0xD5;
sbit AC     = 0xD6;
sbit CY     = 0xD7;

/*-------------------------------------------------------
Interrupt Vectors:
Interrupt Address = (Number * 8) + 3
-------------------------------------------------------*/
#define IE0_VECTOR    0       /* 0x03 External Interrupt 0 */
#define TF0_VECTOR    1       /* 0x0B Timer 0 */
#define IE1_VECTOR    2       /* 0x13 External Interrupt 1 */
#define TF1_VECTOR    3       /* 0x1B Timer 1 */
#define SIO_VECTOR    4       /* 0x23 Serial port */
```

2.10.2　并行接口定义

51 单片机有 4 个 8 位双向 I/O 端口，每个端口既可以按字节单独使用，也可以按位操作。各端口可作为一般的 I/O 口使用，大多数端口也可以作为第二功能来使用。

C51 中的头文件已经对 4 个 I/O 端口分别按字节和位方式作了定义，按字节方式用 P0、P1、P2、P3 表示。按位方式也可以使用。具体定义见下面的 REGX51.H 预处理文件内容。

```
/*-------------------------------------------------------------------
AT89X51.H

Header file for the low voltage Flash Atmel AT89C51 and AT89LV51.
Copyright (c) 1988 - 2002 Keil Elektronik GmbH and Keil Software, Inc.
All rights reserved.
-------------------------------------------------------------------*/
#ifndef __AT89X51_H__
#define __AT89X51_H__
/*-------------------------------------------------------
Byte Registers
-------------------------------------------------------*/
sfr P0      = 0x80;
sfr P1      = 0x90;
sfr P2      = 0xA0;
sfr P3      = 0xB0;
/*-------------------------------------------------------
P0 Bit Registers
-------------------------------------------------------*/
```

```
sbit P0_0 = 0x80;
sbit P0_1 = 0x81;
sbit P0_2 = 0x82;
sbit P0_3 = 0x83;
sbit P0_4 = 0x84;
sbit P0_5 = 0x85;
sbit P0_6 = 0x86;
sbit P0_7 = 0x87;
/*--------------------------------------------------
P1 Bit Registers
--------------------------------------------------*/
sbit P1_0 = 0x90;
sbit P1_1 = 0x91;
sbit P1_2 = 0x92;
sbit P1_3 = 0x93;
sbit P1_4 = 0x94;
sbit P1_5 = 0x95;
sbit P1_6 = 0x96;
sbit P1_7 = 0x97;
/*--------------------------------------------------
P2 Bit Registers
--------------------------------------------------*/
sbit P2_0 = 0xA0;
sbit P2_1 = 0xA1;
sbit P2_2 = 0xA2;
sbit P2_3 = 0xA3;
sbit P2_4 = 0xA4;
sbit P2_5 = 0xA5;
sbit P2_6 = 0xA6;
sbit P2_7 = 0xA7;
/*--------------------------------------------------
P3 Bit Registers (Mnemonics & Ports)
--------------------------------------------------*/
sbit P3_0 = 0xB0;
sbit P3_1 = 0xB1;
sbit P3_2 = 0xB2;
sbit P3_3 = 0xB3;
sbit P3_4 = 0xB4;
sbit P3_5 = 0xB5;
sbit P3_6 = 0xB6;
sbit P3_7 = 0xB7;
```


2.11　C51 函数

要编好程序，就要会合理地划分程序中的各个程序块，C 语言称之为函数。函数有各种表现形态，但都离不开函数调用的实质。所以要用好函数，必须先把握函数调用机制。

2.11.1 函数的定义

程序通常是非常复杂而冗长的。实际编程中，有些程序需要几万行甚至几百万行代码。在编写一个很长的程序时，可以采用一种好的策略，就是把这个大的程序分割成一些相对独立而且便于管理和阅读的小块程序。这样，无论对程序员还是其他阅读者都很方便。

把相关的语句组织在一起，并给它们注明相应的名称，利用这种方法把程序分块，这种形式的组合就称为函数。函数通常也称为例程或过程。

从用户角度来看，有两种函数：标准库函数和用户自定义函数。标准库函数是 C51 编译器提供的，不需要用户定义，可以直接调用。用户自定义函数是用户根据自己的需要编写的能实现特定功能的函数，它必须定义后才能使用。函数定义的一般形式为：

```
函数类型 函数名(形式参数表)
{
    函数体语句
}
```

函数类型说明所定义函数返回值的类型。返回值其实就是一个变量，只要按变量类型来定义函数类型就行了。如函数不需要返回值可以写作“void”表示该函数没有返回值。注意的是函数体返回值的类型一定要和函数类型一致，否则会造成错误。

函数名称的定义必须遵循 C 语言变量命名规则，不能在同一程序中定义多个同名的函数，这将会造成编译错误（同一程序中允许有同名变量的，因为变量有全局和局部变量之分）。

形式参数是指调用函数时要传入到函数体内参与运算的变量，它可以有一个、几个或没有，当有时，这些形式参数的类型必须加以说明。当不需要形式参数也就是无参函数时，括号内可以为空或写入“void”表示，但括号不能少。

函数体中可以有局部变量的定义和程序语句，如函数要返回运算值则要使用 return 语句进行返回。在函数的{}号中也可以什么也不写，这就成了空函数，在一个程序项目中可以写一些空函数，在以后的修改和升级中可以方便地在这些空函数中进行功能扩充。

常见的函数类型有：

(1) 获取参数并返回值，例如：

```
uchar max(uchar x,uchar y)                    //求最大值函数
{
    if(x>y)
        return(x);
    else
        return(y);
}
```

(2) 获取参数但不返回类型，例如：

```
void delay(int a)
{
      for(int i = 1;i< = a;i ++);              //延迟一个小的时间片
```

```
}
```

(3) 没有获取参数但返回值，例如：

```
int geti()                                   //从键盘上获取一个整型数
{
    int x;
    printf ("please input a integer: \n");
    scanf(" % d",&x);
    return x;
}
```

(4) 没有获取参数也不返回值，例如：

```
void message()                               //在屏幕上显示一条消息
{
    printf ("This is a message. \n");
}
```


2.11.2 函数的调用

C语言函数可以相互调用，调用就是指在一个函数体中引用另一个已定义的函数来实现所需要的功能，这时函数体称为主调用函数，函数体中所引用的函数称为被调用函数。一个函数体中可以调用数个其他函数，这些被调用的函数同样也可以调用其他函数，也可以嵌套调用。但在调用函数前，必须对函数的类型进行说明，这其中包括标准库函数。标准库函数的说明会被按功能分别写在不同的头文件中，使用时只要在文件最前面用#include 预处理语句引入相应的头文件即可。另外要注意，函数定义好以后，要被其他函数调用了才能被执行。

在C语言中main()函数始终作为主调函数处理，也就是说，允许main()调用其他函数并传递参数，这只是相对于被调用函数而言的。在C51语言中main主函数不能被其他函数调用。

调用函数的一般形式如下：

```
函数名（实际参数表）
```

“函数名”就是指被调用的函数。实际参数表可以为零或多个参数，多个参数时要用逗号隔开，每个参数的类型、位置应与函数定义时的形式参数一一对应，它的作用就是把参数传到被调用函数的形式参数中，如果类型不对应就会产生一些错误。调用的函数是无参函数时不写参数，但不能省后面的括号。

从前面的一些例子也可以看到不同的调用方式：

1. 函数语句

在主调函数中将函数调用作为一条语句，例如：function_1();在这里函数调用被看作了一条语句。不要求被调用函数返回一个确定的值，只要求它完成一定的操作。

2. 函数参数

“函数参数”这种方式是指被调用函数的返回值当作另一个被调用函数的实际参数，如x=max(a,count(c,d));count() 的返回值作为max() 函数的实际参数传递。

3. 函数表达式

在主调函数中将函数调用作为一个运算对象直接出现在表达式中，这种表达式称为函数表达式。例如：

```
x = max(a,b) + max(c,d);
```

例子中 max()返回一个值，并作为一个运算对象出现在表达式中。注意的是这种调用方式要求被调用的函数能返回一个同类型的值，否则会出现不可预料的错误。

在 C 语言中调用函数前要对被调用的函数进行声明。标准库函数要用＃include 引入已写好说明的头文件，在程序中就可以直接调用。如调用的是自定义的函数则要用如下形式编写函数类型声明：

```
类型标识符 函数的名称(形式参数表);
```

这样的声明方式是用在被调函数定义和主调函数是在同一文件中。也可以把这些写到“文件名. h”的文件中，用＃include “文件名. h”引入。如果被调函数的定义和主调函数不是在同一文件中的，则要用如下的方式声明：

```
extern 类型标识符 函数的名称(形式参数表);
```

说明被调函数的定义在同一项目的不同文件之上。其实库函数的头文件也是如此说明库函数的，这样说明的函数也可以称为外部函数。

函数的定义和说明是完全不同的，在编译的角度上看函数的定义是把函数编译存放在 ROM 的某一段地址上，而函数说明是告诉编译器要在程序中使用哪些函数并确定函数的地址。如果在同一文件中被调函数的定义在主调函数之前，这时可以不用声明函数类型。也就是说在 main 函数之前定义的函数，在程序中就可以不用写函数类型声明了。可以在一个函数体调用另一个函数(嵌套调用)，但不允许在一个函数定义中定义另一个函数。还要注意的是函数定义和说明中的“类型、形参表、名称”等都要一致。

2.11.3　函数的嵌套和递归调用

C 语言程序中允许一个函数调用另一个函数，这个被调用函数还可以调用其他函数，可以形成任何深度的调用层次。事实上，C 程序全部都是由函数组成的，每个函数之间都是平等和独立的。函数之间层层调用，最终完成复杂的程序功能。下面是一个函数嵌套调用的例子：

```
/**********************************************************************
例程名称：函数的嵌套调用练习
文 件 名：EXAM2.11.3.C
例程说明：熟悉函数的调用方法以及定义和说明
**********************************************************************/
＃include <REGX51.H>

char Max(char x,char y);
char Min(char x,char y);

void main(void)
```

```
{
    char a,b,c,d,e;
    a = 1;
    b = 2;
    c = 3;
    d = 4;
    e = Max(Min(b,c),Min(a,d));
    while(1);
}
char Max(char x,char y)
{
    if(x>y)
        return(x);
    else
        return(y);
}

char Min(char x,char y)
{
    if (x>y)
        return(y);
    else
        return(x);
}
```

程序运行结果是：e=2。

这个例子的执行过程为：main函数语句中调用了Max()函数，Max函数又调用了Min()函数，形成了函数的嵌套调用。程序执行示意图如图2.23所示。

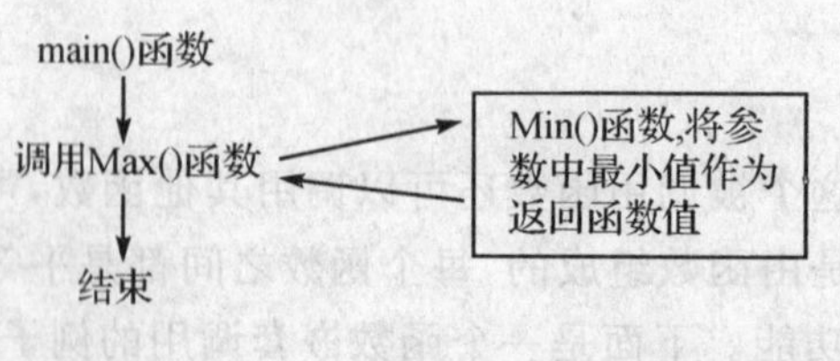

图2.23 函数的嵌套调用

在调用一个函数的过程中，函数的某些语句又直接或间接地调用函数本身，这就形成了函数的递归调用。再入函数是一种可以在函数体内直接或间接调用自身的一种函数，再入函数可被递归调用，无论何时，包括中断函数在内的任何函数都可以调入。再入函数在C51编译时使用的是模拟栈。

C51编译器采用一个扩展关键字reentrant，作为定义函数时的选项，需要将一个函数定义为再入函数时，只要在函数后面加上关键字reentrant即可，如下所示：

函数类型 函数名(形式参数表)[reentrant]

注意事项：

(1) 再入函数不能传递bit类型参数。

(2) 与PL/M51兼容的函数不能具有reentrant，也不能调用再入函数。

(3) 在编译时：再入函数建立的是模拟堆栈区，small模式下模拟堆栈区位于idata区，

compact 模式下模拟堆栈区位于 pdata 区，large 模式下模拟堆栈区位于 xdata 区。

(4) 在同一程序中可以定义和使用不同存储器模式的再入函数，任意模式的再入函数不能调用不同存储器模式的再入函数，但可以调用普通函数。

(5) 实际参数可以传递给间接调用的再入函数。无再入属性的间接调用函数不能包含调用参数。

采用函数的递归调用可使程序简洁紧凑，但是 C51 编译器使用一定的堆栈空间建立一个模拟栈，这时会占用内存和延长处理时间，因此一般情况下尽量少的使用关键字"reentrant"。

2.12　模块化编程方法

结构化程序设计方法，从程序的实现角度看就是模块化程序设计，就是将程序模块化。

在 C 语言的应用领域，如通信领域和嵌入式系统领域，一个软件项目通常包含很多复杂的功能，实现这个项目不是一个程序员单枪匹马可以胜任的，往往需要一个团队的有效合作，另外，在一个以 C 代码为主的完整项目中，经常也需要加入一些其他语言的代码，例如，C 代码和汇编代码的混合使用。这些都增加了一个软件项目的复杂程度，为了提高软件质量，合理地组织各种代码和文件是非常重要的。

组织代码和文件的目的是为了使团队合作更加有效，使软件项目有良好的可扩展性、可维护性、可移植性、可裁剪性、可测试性，防止错误发生，提高软件的稳定性。通常情况下，软件项目采用层次化结构和模块化开发的方法，例如，一个嵌入式软件项目可能有驱动层、操作系统层、功能层和应用程序层，每一个层使用它的下层提供的接口，并为它的上层提供调用接口，模块则是每一个层中完成一个功能的单元，例如驱动层的每一个设备驱动就是一个模块，应用层的每个应用程序就是一个模块，模块使用下层提供的接口和同层其他模块提供的接口，完成特定功能，为上层和同层的其他模块提供调用接口。

这里的接口是指一个功能模块暴露出来的，提供给其他模块的访问具体功能的方法。根据 C 语言的特点，使用 *.c 文件实现模块的功能，使用 *.h 文件暴露单元的接口，在 *.h 文件里声明外部其他模块可能使用的函数、数据类型、全局变量、类型定义、宏定义和常量定义。外部模块只需包含 *.h 文件就可以使用相应的功能。当然，模块可以在细化为子模块。

根据 C 语言的特点，并借鉴一些成熟软件项目代码，总结 C 项目中代码文件组织的基本建议：

(1) 使用层次化和模块化的软件开发模型。每一个模块只能使用所在层和下一层模块提供的接口。

(2) 每个模块的文件包是独立的一个文件夹。通常情况下，实现一个模块的文件不止一个，这些相关的文件应该保存在一个文件夹中。

(3) 用于模块裁剪的条件编译宏保存在一个独立的文件里，便于软件裁剪。

(4) 硬件相关代码和操作系统相关代码与纯 C 代码相对独立保存，以便于软件移植。

(5) 声明和定义分开，使用 *.h 文件暴露模块需要提供给外部的函数、宏、类型、常量和全局变量，尽量做到模块对外部透明，用户在使用模块功能时不需要了解具体的实现，文件一旦发布，要修改一定要很慎重。

(6) 文件夹和文件命名要能够反映出模块的功能。

(7) 正式版本和测试版本使用统一文件,使用宏控制是否产生测试输出。

(8) 必要的注释不可缺少。

理想情况下,一个可执行的模块提供一个公开的接口,即使用一个 *.h 文件暴露接口,但是有时候,一个模块需要提供不止一个接口,这时,就要为每个定义的接口提供一个公开的接口。在C语言里,每个C文件是一个模块,头文件为使用这个模块的用户提供接口,用户只要包含相应的头文件就可以使用在这个头文件中暴露的接口。所有的头文件都建议参考以下的规则:

(1) 头文件中不能有可执行代码,也不能有数据的定义,只能有宏、类型(typedef,struct,union,menu)、数据和函数的声明。例如以下的代码可以包含在头文件里:

```
#define      NAMESTRING        "name"
typedef      unsign    long     word;
menu{
    flag1;
    flag2;
};
typedef      struct{
    int      x;
    int      y;
}Piont;
extent       Fun(void);
extent       int       a;
```

全局变量和函数的定义不能出现在 *.h 文件里。例如下面的代码不能包含在头文件:

```
int a;
void Fun1(void)
{
     a ++ ;
}
```

(2) 头文件中不能包含本地数据(模块自己使用的数据或函数,不被其他模块使用)。这一点相当于面向对象程序设计里的私有成员,即只有模块自己使用的函数和数据,不要用 extent 在头文件里声明,即使只有模块自己使用的宏、常量和类型也不要在头文件里声明,应该在自己的 *.c 文件里声明。

(3) 含一些需要使用的声明。在头文件里声明外部需要使用的数据、函数、宏和类型。

(4) 防止被重复包含。使用下面的宏防止一个头文件被重复包含。

```
#ifndef      MY_INCLUDE_H
#define      MY_INCLUDE_H
<头文件内容>
#endif
```

(5) 保证在使用这个头文件时,用户不用再包含使用此头文件的其他前提头文件,即要使用的头文件已经包含在此头文件里。

2.13 C 和 ASM 混合编程

由于单片机硬件的限制，在有些场合无法使用 C 语言编写，而只能用汇编语言来编写程序。大多数情况下汇编程序能和用 C 语言编写的程序很好地结合在一起。

1. 增加段和局部变量

在把汇编程序加入到 C 程序中之前，必须使汇编程序和 C 程序一样具有明确的边界、参数、返回值和局部变量。

一般用汇编语言写的程序中，变量的传递参数所使用的寄存器是无规律的，这导致汇编语言写的函数之间参数传递混乱，难以维护。如果在编写汇编功能函数时仿照 C 函数，并按照 C51 的参数传递标准，则程序就会有很好的可读性，并有利于维护，而这样编写出来的函数很容易和 C 语言编写的函数进行链接。

汇编程序中的每一个功能函数都有自己的程序存储区，如果没有局部变量，就会有相应的存储空间 DATA、XDATA 等。当程序中需要快速寻址的变量时，就可以把它声明在 DATA 段中，如果需要查询表格，可声明在 CODE 段中。需要特别注意的是，局部变量只对当前使用它们的程序有效。

2. 函数声明

为了使汇编程序段和 C 程序能够兼容，必须为汇编语言编写的程序指定段名并进行定义。如果要在它们之间传递函数，则必须保证汇编程序用来传递函数的存储区和 C 函数使用的存储区是一样的。被调用的汇编函数不仅要在汇编程序中使用伪指令以使 CODE 选项有效，并声明为可定位的段类型，而且还要在调用它的 C 语言主要程序中进行声明。函数名的转换规律如表 2.8 所列。

表 2.8 函数名的转换规律

主函数中的声明	汇编符号名	说 明
void func(void)	FUNC	无参数传递或不含寄存器的函数名不作改名转入目标文件中，名字只是简单转换为大写形式
void func(char)	_FUNC	带寄存器参数的函数名，前面加“_”前缀，它表明这类函数包含寄存器内的参数传递
void func(void) reentrant	_? FUNC	对于重入函数，前面加“_?”前缀，它表明该函数包含栈内的参数传递

以下是一个典型的可被 C 程序调用的汇编函数，该函数不传递参数。

```
? PR? CLRMEM SEGMENT CODE          ;程序存储区声明
  PUBLIC CLRMEM                    ;输出函数名
  RSEG ? PR? CLRMEM                ;该函数可被连接器放置在任何地方
/*************************************************************************
函数：CLRMEM
功能描述：清除内部 RAM 区
```

```
参数：无
返回值：无
******************************************************************************/
CLRMEM:
  MOV R0,#7FH
  CLR A
IDATALOOP:
  MOV @R0,A
DJNZ R0,IDATALOOP
RET
END
```

表 2.9　命名转换规律

存储区	命名转换
CODE	? PR? CO
XDATA	? XD
DATA	? DT
BIT	? BI
PDATA	? PD

由此可以看出汇编文件的格式化很简单，只需给存放功能函数的段指定一个段名即可。因为是在代码区内，所以段名的开头为 PR，这两个字符是为了和 C51 的内部命名转换兼容，如表 2.9 所列。

RSEG 为段名的属性，这意味着链接器可把该段名放置在代码区的任意位置。当段名确定后，文件必须声明公共符号，如上例中的 PUBLIC CLRMEM 语句，然后编写代码。对于有传递参数的函数必须符合参数的传递规则，KEIL C51 在内部 RAM 中传递参数时一般都用当前寄存器组。当函数接收 3 个以上的参数时，存储区中的一个默认段将用来传递剩余的参数。用作接收参数的寄存器，如表 2.10 所列。

表 2.10　接收参数寄存器

参数序号	char	int	long, float	通用指针
1	R7	R6&R7	R4～R7	R1～R3
2	R5	R4&R5	—	—
3	R3	R2&R3	—	—

下面是几个参数传递的例子。

func1(int a)；“a”是第一个参数，在 R6，R7 中传递。

func2(int a，int b，int ＊c)；“a”在 R6、R7 中传递，“b”不能在寄存器中传递，而只能在参数传递段中传递。

3. Keil C51 与汇编的接口

(1) 模块内接口

有时候需要使用汇编语言来编写程序，比如对硬件进行操作或在一些对时钟要求很严格的场合，但又不希望用汇编语言来写全部程序或调用汇编语言编写的函数，那么可以通过预编译指令“asm”在 C 代码中插入汇编代码。

方法是用＃ pragma 语句，具体结构是：

```
#pragma asm
汇编行
```

```
#pragma endasm
```

这种方法通过 asm 与 endasm 告诉 C51 编译器，中间行不用编译为汇编行，例如：

```
#include<regx51.h>
extern unsigned char code newval[256];
void func1(unsigned char param)
{
    unsigned char temp;
    temp = newsval[param];
    temp * = 2;
    temp/ = 3;

    #pragma asm
    MOV P1,R7
    NOP
    NOP
    NOP
    MOV P1,#0
    #pragma endasm
}
```

(2) 模块间接口

C 模块与汇编模块的接口较简单，分别用 C51 与 A51 对源文件进行编译，然后用 L51 链接 OBJ 文件即可。模块间接口的关键问题在于 C 函数与汇编函数之间的参数传递。C51 中有两种参数传递方法。

① 通过寄存器传递函数参数

汇编函数要得到参数值时就访问这些寄存器，如果这些值正被保存在其他地方或已经不再需要了，那么这些寄存器可被用作其他用途。下面是一个 C 程序与汇编程序接口例子，应该注意到通过内部 RAM 传递参数的函数将使用规定的寄存器，汇编函数将使用这些寄存器接收参数。对于要传递多于 3 个参数的函数，剩余的参数将在默认的存储器中传递。

```
//C 程序中汇编函数的声明
bit devwait(unsigned char ticks,unsigned char xdata * buf);
if(devwait(5,&outbuf))
{bytes_out ++ ;}

//汇编代码
? PR? DEVWAIT SEGMENT CODE;            //在程序存储区中定义段
PUBLIC_DEVWAIT;                        //输出函数名
RSEG ? PR? _DEVWAIT;                   //该函数可被链接器放置在任何地方
/*************************************************************************
函数：_devwait
功能描述：等待定时器 0 溢出，向外部器件表明 P1 中的数据是有效的。如果定时器尚未溢出，将被写
入 XDADA 的指定地址
参数：R7 存放要等待的定时长度；R4|R5 存放要写入的 XDATA 区地址
```

```
返回值：读数成功返回 1,时间到返回 0
*****************************************************************************/
_DEVWAIT:
CLR TR0                         ;设置定时器 0
CLR TF0
MOV TH0,#00
MOV TL0,#00
SETB TR0
JBC TF0,L1                      ;检测定时标志位
JB T1,L2                        ;监测数据是否准备就绪
L1:
DJNZ R7,_DEVWAIT                ;减 1
CLR C
CLR TR0                         ;停止定时器 0
ret
L2:
MOV DPH,R4                      ;取地址并放入 DPTR
MOV DPL,R5
PUSH ACC
MOV A,P1                        ;得到输入数据
MOVX @DPTR,A
POP ACC
CLR TR0                         ;停止定时器 0
SETB C                          ;设置返回位
RET
END
```

上面的代码并没有讨论返回值的问题。在这里，函数返回一个位变量。如果时间到，将返回 0；如果输入字节被写入指定的地址中，将返回 1。当从函数中返回值时，C51 通过转换使用内部存储区，编译器将使用当前寄存器组来传递返回参数。返回参数所使用的寄存器如表 2.11所示。返回这些类型的函数可使用这些寄存器来存储局部变量，直到这些寄存器被用来返回参数。如果函数要返回一个长整型，就可以方便地使用 R4～R7 这 4 个寄存器，而不需要声明一个段来存放局部变量，存储区就更加优化了。返回值类型与寄存器对照如表 2.11 所列。需要注意的是，函数不应随意使用没有被用来传递参数的寄存器。

表 2.11　返回值类型与寄存器对照

返回值类型	寄存器	说　明
bit	C(标志位)	由具体标志位返回
char/unsigned char 1_byte 指针	R7	单字节由 R7 返回
int/unsigned int 2_byte 指针	R6&R7	双字节由 R6 和 R7 返回，高位 R6 中，低位 R7 中
long/unsigned long	R4～R7	高位在 R4 中，低位在 R7 中
float	R4～R7	32bit IEEE 格式，指数和符号位在 R7 中
通用指针	R1～R3	存储类型在 R3 中，高位在 R2 中，低位在 R1 中

② 通过固定存储区传递(FIX Memory)

这种方法将 bit 型参数传递到一个存储段中：

```
? function_name? BIT
```

将其他类型参数传递给下面的段：

```
? function_name? BYTE
```

且按照预选顺序存放。至于这个固定存储区本身在何处,则由存储模式默认值定。

(3) SRC 控制

该控制指令将 C 文件编译生成汇编文件(. SRC),该汇编文件改名后,生成汇编. asm 文件,再用 A51 进行编译。

2.14 程序的优化方法

对程序进行优化通常是指优化程序代码或程序执行速度。优化代码和优化速度实际上是一个矛盾的统一,一般是优化了代码的尺寸,就会带来执行时间的增加,如果优化了程序的执行速度,通常会带来代码增加的副作用,很难鱼与熊掌兼得,只能在设计时掌握一个平衡点。

2.14.1 程序结构的优化

1. 程序的书写结构

虽然书写格式并不会影响生成的代码质量,但是在实际编写程序时还是应该遵循一定的书写规则,一个书写清晰、明了的程序,有利于以后的维护。在书写程序时,特别是对于 while、for、do…while、if…else、switch…case 等语句或这些语句的嵌套组合,应采用"缩格"的书写形式。

2. 标识符

程序中使用的用户标识符除要遵循标识符的命名规则以外,一般不要用代数符号(如 a、b、x1、y1)作为变量名,应选取具有相关含义的英文单词(或缩写)或汉语拼音作为标识符,以增加程序的可读性,如：count、number1、red、work 等。

3. 程序结构

C 语言是一种高级程序设计语言,提供了十分完备的规范化流程控制结构。因此在采用 C 语言设计单片机应用系统程序时,首先要注意尽可能采用结构化的程序设计方法,这样可使整个应用系统程序结构清晰,便于调试和维护。一个较大的应用程序,通常将整个程序按功能分成若干个模块,不同模块完成不同的功能。各个模块可以分别编写,甚至还可以由不同的程序员编写,一般单个模块完成的功能较为简单,设计和调试也相对容易一些。在 C 语言中,一个函数就可以认为是一个模块。所谓程序模块化,不仅是要将整个程序划分成若干个功能模块,更重要的是,还应该注意保持各个模块之间变量的相对独立性,即保持模块的独立性,尽量少使用全局变量等。对于一些常用的功能模块,还可以封装为一个应用程序库,以便需要时直接调用。但是在使用模块化时,如果将模块分的太细太小,又会导致程序的执行效率变低(进入和退出一个函数时保护和恢复寄存器占用了一些时间)。

4. 定义常数

在程序设计过程中，对于经常使用的一些常数，如果将它直接写到程序中去，一旦常数的数值发生变化，就必须逐个找出程序中所有的常数，并逐一进行修改，这样必然会降低程序的可维护性。因此，应尽量当采用预处理命令方式来定义常数，而且还可以避免输入错误。

5. 减少判断语句

能够使用条件编译(if def)的地方就使用条件编译而不使用 if 语句，有利于减少编译生成的代码的长度。

6. 表达式

对于一个表达式中各种运算执行的优先顺序不太明确或容易混淆的地方，应当采用圆括号明确指定它们的优先顺序。一个表达式通常不能写得太复杂，如果表达式太复杂，时间久了以后，自己也不容易看得懂，不利于以后的维护。

7. 函　数

对于程序中的函数，在使用之前，应对函数的类型进行说明，对函数类型的说明必须保证它与原来定义的函数类型一致，对于没有参数和没有返回值类型的函数应加上“void”说明。如果需要缩短代码的长度，可以将程序中一些公共的程序段定义为函数，在 Keil 中的高级别优化就是这样的。如果需要缩短程序的执行时间，在程序调试结束后，将部分函数用宏定义来代替。注意，应该在程序调试结束后再定义宏，因为大多数编译系统在宏展开之后才会报错，这样会增加排错的难度。

8. 尽量少用全局变量，多用局部变量

因为全局变量是放在数据存储器中，定义一个全局变量，MCU 就少一个可以利用的数据存储器空间，如果定义了太多的全局变量，会导致编译器无足够的内存可以分配。而局部变量大多定位于 MCU 内部的寄存器中，在绝大多数 MCU 中，使用寄存器操作速度比数据存储器快，指令也更多更灵活，有利于生成质量更高的代码，而且局部变量所占用的寄存器和数据存储器在不同的模块中可以重复利用。

9. 设定合适的编译程序选项

许多编译程序有几种不同的优化选项，在使用前应理解各优化选项的含义，然后选用最合适的一种优化方式。通常情况下，一旦选用最高级优化，编译程序会近乎病态地追求代码优化，可能会影响程序的正确性，导致程序运行出错。因此应熟悉所使用的编译器，应知道哪些参数在优化时会受到影响，哪些参数不会受到影响。

2.14.2 代码的优化

1. 选择合适的算法和数据结构

应该熟悉算法语言，知道各种算法的优缺点，很多计算机书籍上都有介绍，这里不再详述。将比较慢的顺序查找法用较快的二分查找或乱序查找法代替，插入排序或冒泡排序法用快速排序、合并排序或根排序代替，都可以大大提高程序执行的效率。选择一种合适的数据结构也很重要，比如在一堆随机存放的数中使用了大量的插入和删除指令，那使用链表要快得多。

数组与指针具有十分密码的关系，一般来说，指针比较灵活简洁，而数组则比较直观，容易

理解。对于大部分的编译器，使用指针比使用数组生成的代码更短，执行效率更高。但是在Keil中则相反，使用数组比使用指针生成的代码更短。

2. 使用尽量小的数据类型

能够使用字符型（char）定义的变量，就不要使用整型（int）变量来定义；能够使用整型变量定义的变量就不要用长整型（long int），能不使用浮点型（float）变量就不要使用浮点型变量。当然，在定义变量后不要超过变量的作用范围，如果超过变量的范围赋值，C编译器并不报错，但程序运行结果却错了，而且这样的错误很难发现。

在keil中，printf参数尽量使用基本型参数（%c、%d、%x、%X、%u和%s格式说明符），少用长整型参数（%ld、%lu、%lx和%lX格式说明符），至于浮点型的参数（%f）则尽量不要使用。在其他条件不变的情况下，使用%f参数会使生成代码的数量增加很多，执行速度降低。

3. 使用自加、自减指令

通常使用自加、自减指令和复合赋值表达式（如a－＝1及a＋＝1等）都能够生成高质量的程序代码，编译器通常都能够生成inc和dec之类的指令，而使用a＝a＋1或a＝a－1之类的指令，有很多C编译器都会生成2～3个字节的指令。在Keil编译器中上几种书写方式生成的代码是一样的，也能够生成高质量的inc和dec之类的代码。

4. 减少运算的强度

可以使用运算量小但功能相同的表达式替换原来复杂的的表达式。如下：

(1) 求余运算

```
a = a % 8;
```

可以改为：

```
a = a&7;
```

说明：位操作只需一个指令周期即可完成，而大部分C编译器的“%”运算均是调用子程序来完成的，代码长、执行速度慢。通常，只要求是求2n方的余数，均可使用位操作的方法来代替。

(2) 平方运算

```
a = pow(a,2.0);
```

可以改为：

```
a = a * a;
```

说明：在有内置硬件乘法器的单片机中（如51系列），乘法运算比求平方运算快得多，因为浮点数的求平方是通过调用子程序来实现的，在自带硬件乘法器的AVR单片机中，如ATMega163中，乘法运算只需两个时钟周期就可以完成。即使是在没有内置硬件乘法器的AVR单片机中，乘法运算的子程序比平方运算的子程序代码短，执行速度快。

如果是求3次方，如：

```
a = pow(a,3.0);
```

更改为：

```
a=a*a*a;
```

则效率的改善更明显。

(3) 用移位实现乘除法运算

```
a=a*4;
b=b/4;
```

可以改为:

```
a=a<<2;
b=b>>2;
```

说明:一般来说用移位的方法得到代码比调用乘除法子程序生成的代码效率高。

5. 循　环

(1) 循环语

对于一些不需要循环变量参加运算的任务可以把它们放到循环外面,这里的任务包括表达式、函数的调用、指针运算、数组访问等,应该将没有必要执行多次的操作全部集合在一起,放到一个 init 的初始化程序中进行。

(2) 延时函数

通常使用的延时函数均采用自加的形式:

```
void delay (void)
{
unsigned int i;
for (i=0;i<1000;i++);
}
```

将其改为自减延时函数:

```
void delay (void)
{
unsigned int i;
for (i=1000; --i;);
}
```

两个函数的延时效果相似,但几乎所有的 C 编译对后一种函数生成的代码均比前一种代码少 1~3 个字节,因为几乎所有的 MCU 均有为 0 转移的指令,采用后一种方式能够生成这类指令。

使用 while 循环时也一样,使用自减指令控制循环会比使用自加指令控制循环生成的代码少 1~3 个字节。

但是在循环中有通过循环变量"i"读写数组的指令时,使用自减循环时有可能使数组超界,要引起注意。

(3) while 循环和 do…while 循环

用 while 循环时有以下两种循环形式:

```
unsigned int i;
```

```
i = 0;
while (i<1000)
{
    i ++ ;
//用户程序
}
或：
unsigned int i;
i = 1000;
do
i - -;
//用户程序
while (i>0);
```

在这两种循环中，使用 do…while 循环编译后生成代码的长度短于 while 循环。

6. 查　表

在程序中一般不进行非常复杂的运算，如浮点数的乘除及开方等，以及一些复杂的数学模型的插补运算，对这些既消耗时间又消费资源的运算，应尽量使用查表的方式，并且将数据表置于程序存储区。如果直接生成所需的表比较困难，也尽量在启动时先计算，然后在数据存储器中生成所需的表，以后程序运行直接查表就可以了，减少了程序执行过程中重复计算的工作量。

7. 其　他

比如使用在线汇编及将字符串和一些常量保存在程序存储器中，均有利于优化。

在性能优化方面永远注意 80 - 20 准备，不要优化程序中开销不大的那 80%，这是劳而无功的。

宏定义是 C 语言中实现类似函数功能而又没有函数调用和返回开销的较好方法，但宏在本质上不是函数，因而要防止宏展开后出现不可预料的结果，对宏的定义和使用要慎而处之。很遗憾，标准 C 至今没有包括 C++中 inline 函数的功能，inline 函数兼具无调用开销和安全的优点。

使用寄存器变量、内嵌汇编和活用位操作也是提高程序效率的有效方法。

除了编程上的技巧外，为提高系统的运行效率，通常也需要最大可能地利用各种硬件设备自身的特点来减小其运转开销，例如减小中断次数、利用 DMA 传输方式等。

第 3 章

LED 基本程序实验

发光二极管简称 LED。LED 是一种由电流驱动的发光元件，有不同的颜色和功率，是单片机开发项目中最常用的元器件之一。LED 可以用来显示、指示各种信息和状态。

3.1 实验说明

本章主要介绍 LED 的结构、驱动原理、电路设计以及用单片机驱动 LED 的方法和程序设计方法。

LED 由固态半导体器件构成，可以直接把电能转化为光能。LED 的发光强度和电流大小有关。不同的 LED 工作电压也不相同，约在 1.5～3.6 V，工作电流一般在 0.01～0.03 A。它的使用寿命长、耗电低，在适当的电流和电压下工作，LED 的寿命可达到 10 万小时左右。正因为它有以上众多优点，所以在各种电路中被广泛应用。(注：近年新生产的大功率 LED 不在本章介绍范围。)

3.2 硬件原理详解

实验板中 LED 驱动的部分原理图如图 3.1 所示，实际上就是一个带有 8 个发光二极管的单片机最小应用系统，即为由发光二极管、晶振、复位、电源等电路和必要的软件组成的单个单片机。单片机的 P0 口连接 8 个 LED(LED2～LED10)，并通过 R7(560 Ω 的 8 位排阻)连接至 5 V 电源。本实验中单片机控制 P0 口输出有规律的电平组合，实现流水灯的效果。

以下介绍 LED 硬件设计规则。

LED 除了发光这一特性之外，其他的特点和普通的二极管相似，依然具有正向电阻较小、反向电阻较大的特性。LED 工作时必须加上适当的限流电阻，限流电阻取值过小会造成 LED 工作电流过大而损毁，取值过大则会造成 LED 发光亮度不足，因此，LED 在工作的时候必须加上适当的限流电阻。图 3.2 为串入限流电阻的 LED 电路。

LED 限流电阻值计算方法如下：

$$限流电阻=\frac{电源电压-\text{LED}工作电压}{\text{LED}工作电流}$$

例如：某 LED 参数为：工作电压 2 V，工作电流 10 mA。电源电压 12 V，其限流电阻值为：$\frac{12-2}{0.01}=1\ \text{k}\Omega$。即 R1 取值为 1 kΩ。同时需要注意限流电阻的功率，为了保证电路长期稳定的工作，限流电阻应有合适的功率余量。本实验中限流电阻为 560 Ω。

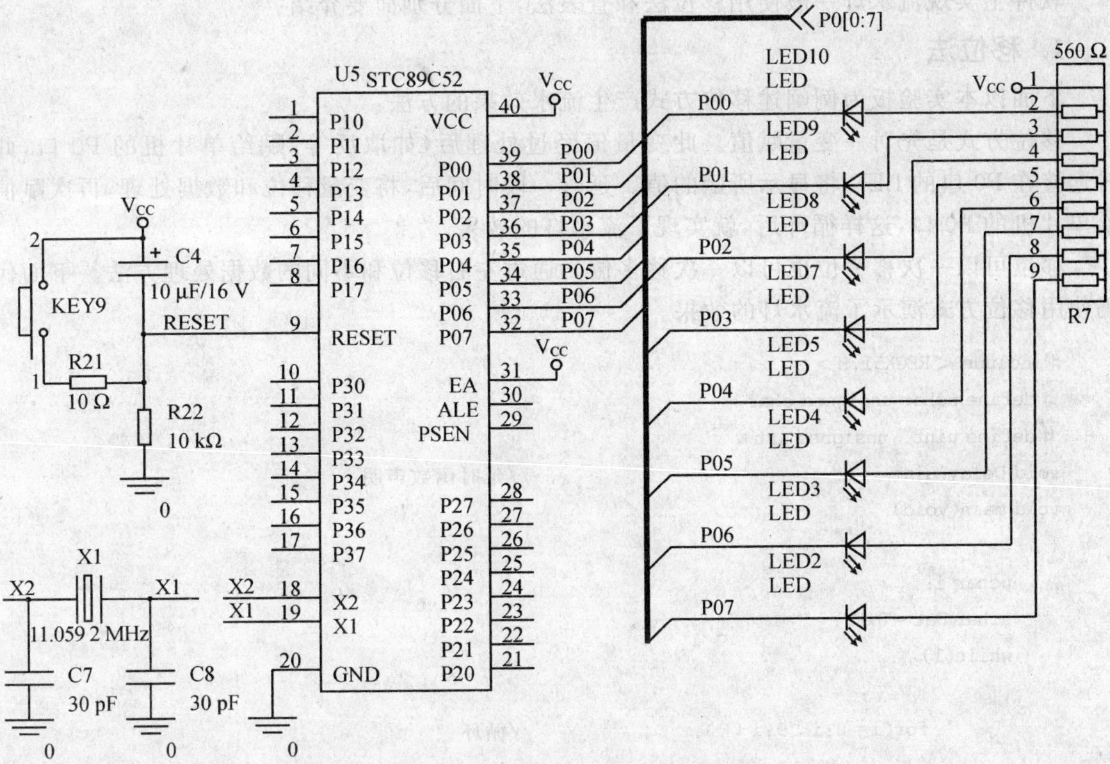

图 3.1　LED 电路硬件原理图

图 3.2　串入电阻的 LED 驱动电路

3.3　程序设计

从原理图 3.2 可以看出，要让接在 P0.0 口的 LED10 亮起来，只要把 P0.0 口的电平变为低电平就可以了；相反，如果要使接在 P0.0 口的 LED10 熄灭，就要把 P0.0 口的电平变为高电平；接在 P0.1～P0.7 口的其他 7 个 LED 的点亮和熄灭方法同 LED10。因此，要实现流水灯功能，只要将发光二极管 LED2～LED10 依次点亮、熄灭，8 只 LED 灯便会一亮一暗的做流水灯了。需要注意的是，单片机执行每条指令的时间很短，二极管亮灭的时候应该有一段时间的延时，否则由于人眼的视觉暂留效应，就看不到“流水”效果了。下面就软件上如何实现流水灯的效果做简要介绍。

软件上实现流水灯一般使用移位法和查表法，下面分别简要介绍。

1. 移位法

下面以本实验板为例阐述移位方式产生流水效果的方法：

移位方式是先对一变量赋值。此变量值经过处理后(如取反等)赋给单片机的P0口，此时连接在P0口的LED将显示所赋的值。延时一段时间后，将变量移位和数据处理，再次赋值给单片机的P0口，这样循环后，就实现了流水灯的效果。

移位可以一次移一位也可以一次移多位。通过左右移位和不同的数据处理方法。下面代码使用移位方式演示了流水灯的效果。

```
#include <REGX51.H>
#define uchar unsigned char
#define uint  unsigned int
void Delay(uint i);                         //延时函数声明
void main(void)
{
    uchar i;
    uchar Dat = 0xFF;
    while(1)
    {
        for(i = 0;i<9;i ++ )                //循环
        {
            P0 = Dat;                       //赋值给 P0 口
            Delay(5000);                    //延时
            Dat<< = 1;                      //变量 Dat 左移一位
        }
        Dat = 0xFF;                         //变量 Dat 重新赋值
        Delay(10000);                       //延时
        for(i = 0;i<9;i ++ )                //循环
        {
            P0 = ~Dat;                      //取反后赋值给 P0 口
            Delay(5000);                    //延时
            Dat>> = 1;                      //变量 Dat 右移一位
        }
        Dat = 0xFF;                         //变量 Dat 重新赋值
        Delay(10000);                       //延时
    }
}
void Delay(uint i)                          //延时函数
{
    while(i - - );
}
```

上面演示程序使用移位法实现了两种流水灯的效果，其中第一种流水灯效果使用了左移方式，第二种流水灯效果使用了位取反和右移方式。

2. 查表法

查表法是先计算出流水灯花样数据，并将这些数据放在一个数据表中，在程序中依次将这些数据赋值给 P0 端口，达到流水灯的效果。

查表方式最重要的是数据表中的数据，这些数据根据 LED 流水灯的花样计算出来。在实验板电路中，点亮 LED 亮则该位置为 0，熄灭 LED 则该位置为 1。例如点亮实验板中的前四只 LED，可以送数据 0x0F(二进制数 0000 1111)到单片机的 P0 口，同理点亮后四只 LED 则需要向单片机的 P0 口送数据 0xF0。表 3.1 为一种流水灯花样的数据对应表。

表 3.1　流水灯数据对应表

流水灯效果	十六进制数	二进制数
◎◎◎◎◎◎◎●	0xFE	1111 1110
◎◎◎◎◎◎●◎	0xFD	1111 1101
◎◎◎◎◎●◎◎	0xFB	1111 1011
◎◎◎◎●◎◎◎	0xF7	1111 0111
◎◎◎●◎◎◎◎	0xEF	1110 1111
◎◎●◎◎◎◎◎	0xDF	1101 1111
◎●◎◎◎◎◎◎	0xBF	1011 1111
●◎◎◎◎◎◎◎	0x7F	0111 1111

图 3.3 为查表法驱动 LED 流水灯的流程图。

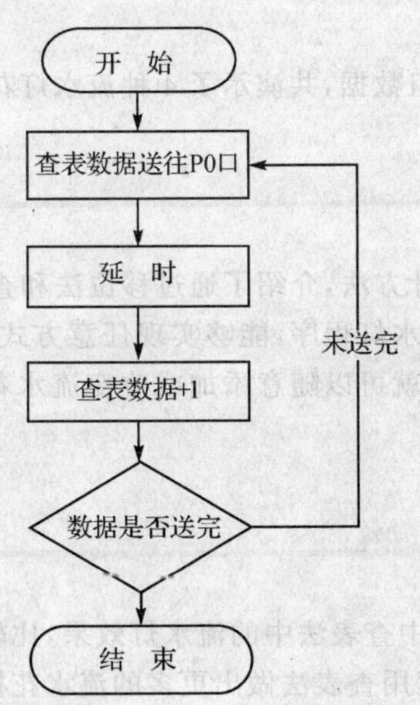

图 3.3　查表式 LED 驱动程序流程图

流程图 3.3 的具体程序代码如下：

```
#include<AT89X52.H>
#define uchar unsigned char
```

```
#define uint   unsigned int

uchar Led_Data[32] = {                                          //定义的闪烁数据数组
0XFE, 0xFD, 0xFB, 0xF7, 0xEF, 0xDF, 0xBF, 0x7F,                 //花样 1 数据
0x7F, 0XBF, 0XDF, 0XEF, 0XF7, 0XFB, 0XFD, 0XFE,                 //花样 2 数据
0x7E, 0XBD, 0XDB, 0XE7, 0XE7, 0XDB, 0XBD, 0X7E,                 //花样 3 数据
0x7F, 0X3F, 0X1F, 0X0F, 0X07, 0X03, 0X01, 0X00};                //花样 4 数据
void Delay(uint i);                                             //延时函数声明
void main(void)
{
    uchar i;
    while(1)
    {
        for(i = 0;i<32;i ++ )                                   //循环
        {
            P0 = Led_Data[i];                                   //将花样数据送往 P0 口
            Delay(10000);                                       //延时
        }
    }
}
void Delay(uint i)                                              //延时函数
{
  while(i - - );
}
```

上面演示程序中使用了 32 组数据，共演示了 4 种流水灯花样。

3.4　实验总结

本章介绍了 LED 的硬件设计方法，介绍了通过移位法和查表法实现流水灯效果的软件编程方法。运用查表法所编写的流水灯程序，能够实现任意方式流水，而且流水花样无限，只要更改流水花样数据表的流水数据就可以随意添加或改变流水花样，真正实现随心所欲的流水灯效果。

3.5　课后习题

(1) 利用移位方式实现本章中查表法中的流水灯效果，比较两种方法的优缺点。

(2) 在本章例程的基础上，运用查表法做出更多的流水花样。

第4章

LED PWM 调光实验

PWM 是英文“Pulse Width Modulation”的缩写，简称脉宽调制。它是利用微处理器的数字输出对模拟电路进行控制的一种非常有效的技术，广泛应用于测量、通信、功率控制与变换等领域。

4.1 实验说明

本实验以使用 PWM 技术对实验板中 LED 亮度调整为例，使大家熟悉单片机软件 PWM 的一般实现方法。

本章所用原理图如图 4.1 所示。硬件主要由单片机最小系统和接在 P00 上的 LED10 组成。

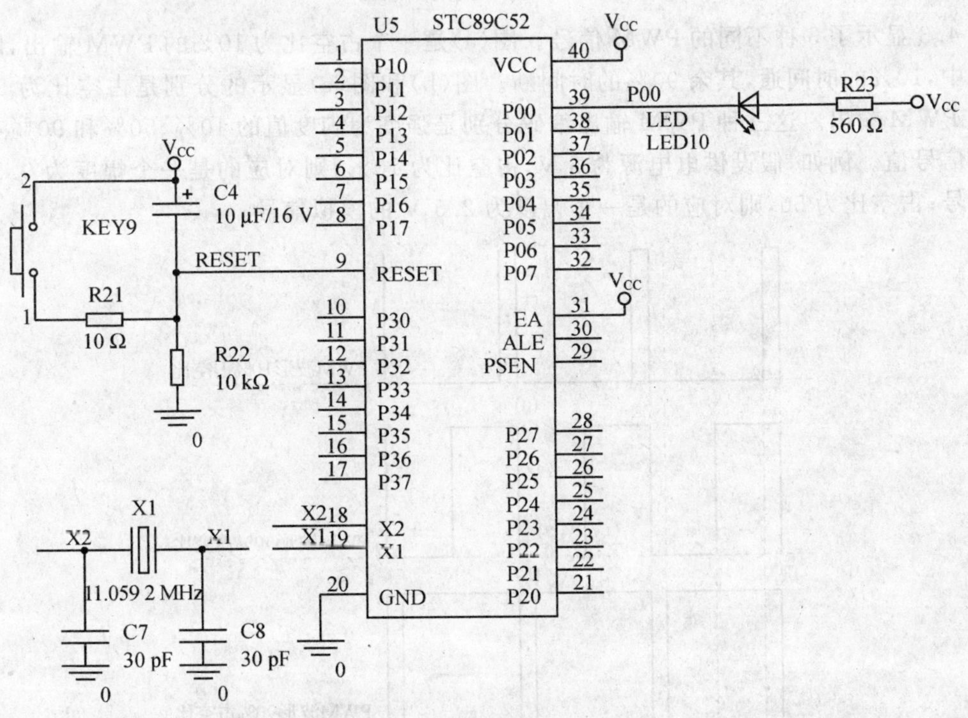

图 4.1 PWM 驱动 LED 原理图

4.2　PWM 简介

随着电子技术的发展,出现了多种 PWM 技术,下面介绍 PWM 技术的基本知识。

PWM 是一种对模拟信号电平进行数字编码的方法。通过使用高分辨率计数器,方波的占空比被调制用来对一个具体模拟信号电平进行编码。PWM 信号仍然是数字的,因为在给定的任何时刻,满幅值的直流供电要么完全有(ON),要么完全无(OFF)。电压或电流源是以一种通(ON)或断(OFF)的重复脉冲序列被加到模拟负载上去的。通的时候直流供电被加到负载上,断的时候供电被断开。只要带宽足够,任何模拟值都可以使用 PWM 进行编码。

图 4.2 为一个 PWM 脉冲周期示意图,T 为脉冲的周期,其中 T1 为脉冲周期中高电平脉冲时间,T2 为低电平脉冲时间。由图 4.1 可知,在 T1 的高电平时间,LED 为熄灭状态,而 T2 为点亮状态。

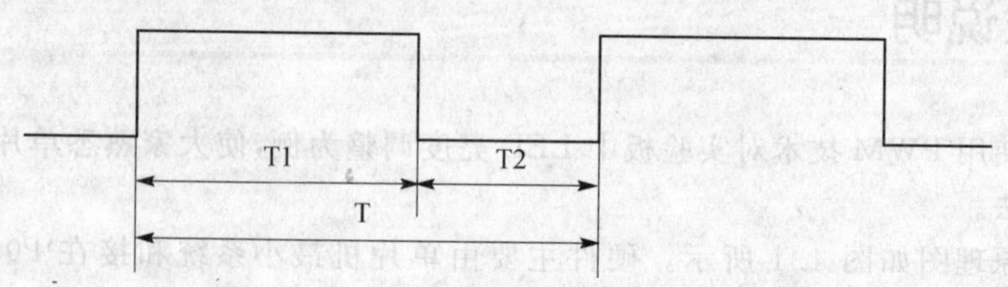

图 4.2　脉冲周期示意图

图 4.3 显示了 3 种不同的 PWM 信号。图(a)是一个占空比为 10%的 PWM 输出,即在信号周期中,10%的时间通,其余 90%的时间断。图(b)和图(c)显示的分别是占空比为 50%和 90%的 PWM 输出。这三种 PWM 输出编码分别是强度为满度值的 10%、50%和 90%三种不同模拟信号值。例如,假设供电电源为 5 V,占空比为 10%,则对应的是一个幅度为 0.5 V 的模拟信号;占空比为 50,则对应的是一个幅度为 2.5 V 的模拟信号。

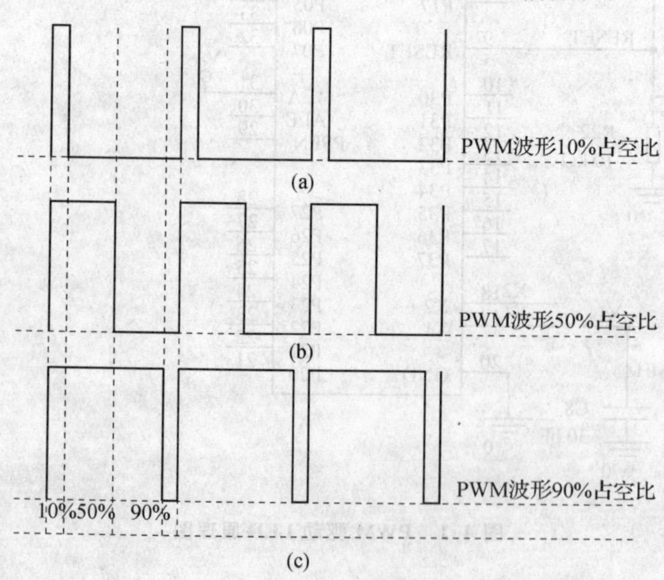

图 4.3　占空比样图

对于实验板上的LED，利用单片机输出不同的占空比，LED上得到的电压也就不同，T1/T的值越低，亮度越高，反之则亮度越高。如果利用人眼的视觉惰性，只要这个刷新频率足够高，人眼是感觉不到发光像素在抖动，就可以实现LED从渐亮到渐灭或渐灭到渐亮的变化了。

通过以数字方式控制模拟电路，可以大幅度降低系统的成本和功耗。目前，许多微控制器和DSP已经在芯片上包含了PWM控制器，这使数字控制的实现变得更加容易了。对于芯片上没有PWM控制器的单片机也可用软件方法实现PWM。

1. 确定改变占空比值的方法

有几种方法可以改变占空比的值。

(1) 定宽调频法

保持T1不变，只改变T2，或保持T2不变，改变T1，这样使周期(或频率)也随之改变。

(2) 定频调宽法

周期T(或频率)保持不变，改变T1或T2。如果改变T1，则T2＝T－T1。

2. PWM占空比输出方式

由图4.1可知，P00所接的发光二极管LED10用低电平驱动，实现图4.2所示的输出波形时，T1时间LED10为熄灭状态，T2时间LED10为点亮状态。本章使用定频调宽法对LED亮度进行调整。

单片机实现定频调宽的方法较多，本章使用中断方法，实现思路为：根据频率和调整宽度的步幅设定定时中断时间，每次中断后对中断次数计数并检测是否超过设定的脉宽时间，如果小于T1则保持高电平，大于T1则保持低电平，以此实现PWM。下面举例说明。

例如单片机使用12 MHz晶振，PWM频率为100 Hz，占空比的调整范围为0～99。

由频率可知一个周期T的时间为10 ms。占空比的调整范围为0～99，即将周期T等分为100份，将每一份时间作为中断时间，则中断时间为100 μs，使用定时器模式2，则TH0＝256－100＝156＝0x9C；

中断时间确定后，程序中每次中断后先对中断次数累加，如果中断次数小于T1，则保持单片机P00高电平，大于T1则保持低电平，从而实现100 Hz频率下T1/T的占空比方波的输出。

4.3　程序设计

在上一节介绍了如何使用单片机软件进行PWM控制的思路后，本节演示利用单片机输出PWM让P0.0口上LED从渐亮到渐暗不停的变化，加深对PWM控制的理解。

程序流程图如图4.4所示。

源程序如下：

```
#include <REGX51.H>

#define uchar unsigned char

#define V_TH0    0XA2
#define V_TMOD 0X02                //设定定时器0为模式2，自动装载方式
```

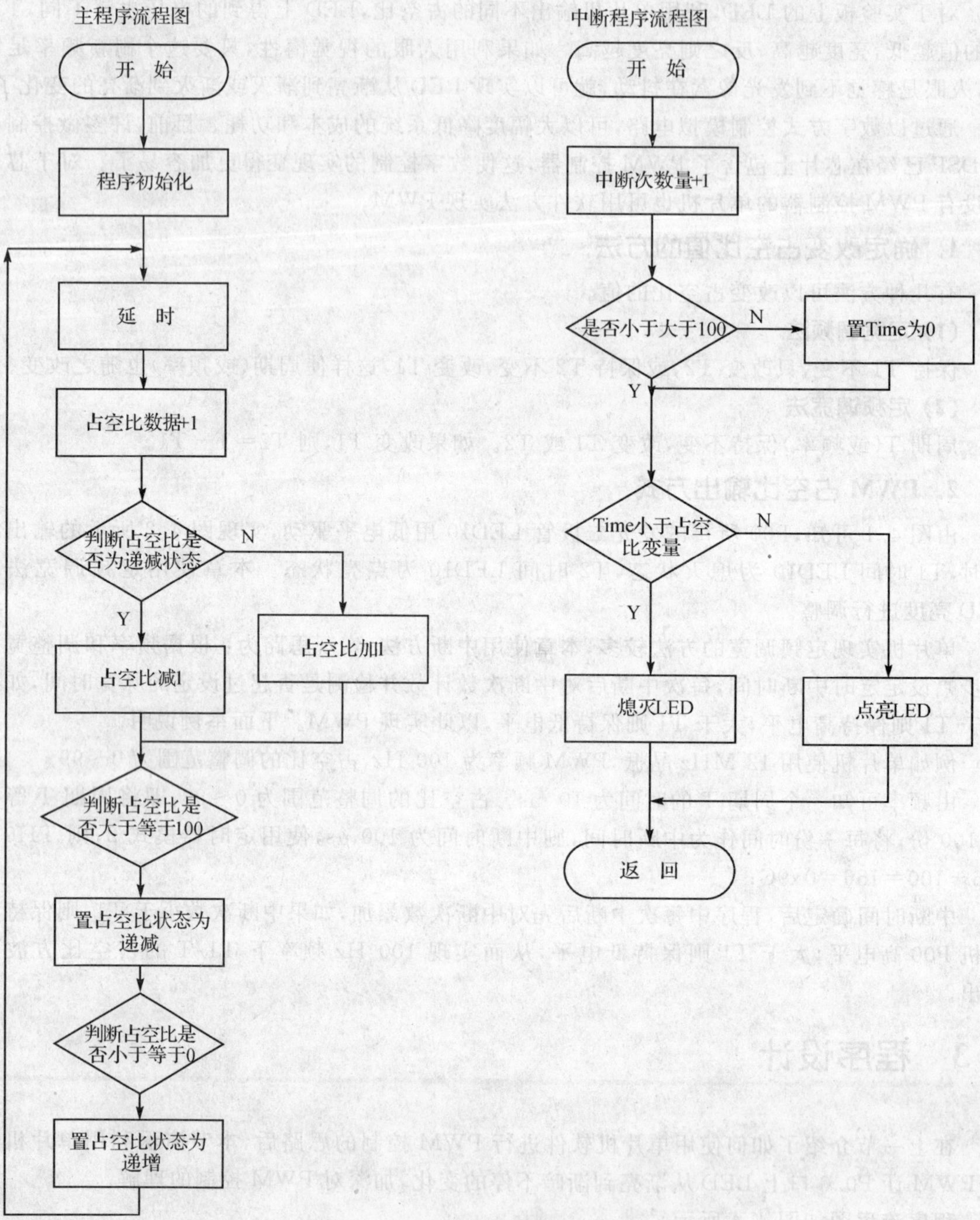

图 4.4　流程图

```
#define ZKB_MAX 100                          //设定占空比最大值
#define ZKB_MIN 1                            //设定占空比最大值

void init_sys(void);                         //系统初始化函数
void Delay(unsigned char i);
```

```
unsigned char ZKB;                    //占空比变量
uchar Times = 0;                      //中断次数计数器变量

void main (void)
{
    bit up = 0;                       //增加位标志,用于判断占空比是增加还是减小,如果为 0 表
                                      //示增加否则为减小
   init_sys();                        //系统初始化
   ZKB = 10;                          //占空比初始值设定
   while(1)
   {

    Delay(25);

    if (up)                           //如果为减小占空比
        ZKB - - ;
    else                              //否则增加占空比
        ZKB ++ ;

    //下面对占空比最大最小值边界进行判断
    if (ZKB> = ZKB_MAX)               //占空比值大于最大值则状态变为减小
        up = 1;
    if (ZKB< = ZKB_MIN)               //占空比值小于最小值则状态变为增加
        up = 0;

   }
}
/*******************************************************************
函数名称:系统初始化函数
全局变量:无
参数说明:无
返回说明:无
设 计 人:
版    本:1.0
说    明:对本程序中需要初始化的定时器寄存器进行初始化操作
*******************************************************************/
void Init_sys(void)
{
   TMOD = V_TMOD;
   TH0 = V_TH0;
   TR0 = 1;
   ET0 = 1;
   EA = 1;
}
/*******************************************************************
```

```
函数名称：简单延时函数
全局变量：无
参数说明：无
返回说明：无
设 计 人：
版    本：1.0
说    明：
*********************************************************************/
void Delay(unsigned char i)
{
      for (;i>0;i--)
      {uchar j = 244;while(--j);}
}

/********************************************************************
函数名称：定时中断 0 函数
全局变量：Times 为中断次数变量,ZKB 为占空比变量
参数说明：无
返回说明：无
设 计 人：
版    本：1.0
说    明：
*********************************************************************/
void timer0(void) interrupt 1 using 2
{
   Times ++ ;                          //中断次数累计
   if (Times<= ZKB)                    //当小于占空比值时输出低电平,高于时是高电平,从而实现
                                       //占空比的调整
         P0 = FF;
   else
         P0 = 0x0;

   if (Times>= 100) Times = 0;         //如果中断次数大于 100,则置 0
}
```

程序说明：

(1) 本章的程序主要由一个主函数和一个中断函数组成。在主函数中的主循环中不断地调整脉宽 T1 值,从而实现占空比的调整。如果是占空比为最小的 1%则占空比的值递增,如果占空比为最大的 100%则占空比的值递减。

(2) 中断程序功能如下,每次进入中断后,中断次数加 1,如果中断次数大于 100 则重新计数。如果中断次数小于设定的占空比则 LED 熄灭,否则 LED 点亮。由于主函数中的占空比变量(ZKB)是变化的,因此,LED 点亮和熄灭的时间比就不断变化,从而实现了 LED 的亮度变化。通过示波器也可看到占空比的不断变化。

4.4　实验总结

通过本章的实验，应熟悉 PWM 的基本原理。

PWM 经济、节约空间、抗噪性能强，是一种值得广大工程师在许多设计应用中使用的有效技术。

4.5　课后习题

让实验板上 P0 口的 8 个 LED 的亮度从 10%一直递增到 80%。

第 5 章

4 位 7 段数码管动态扫描实验

数码管因成本较低、驱动电路简单、既可以显示数字，又可以组合显示简单的图形，因此在工业控制、计数器、定时器等需要显示的场合得到广泛的应用。

5.1 实验说明

单片机驱动数码管一般有静态驱动和动态驱动两种方式，静态驱动亮度高，驱动简单但是需要增加额外的驱动电路，因此成本较高。动态扫描亮度稍低，但是驱动电路比较简单，成本较低，因此应用比较广泛。本章通过实例详细介绍数码管的两种驱动方法。

5.2 硬件原理详解

5.2.1 数码管内部结构及硬件原理图

数码管一般由多个 LED 发光二极管组成，常见的 7 段数码管内部由 8 个 LED 组合而成，其中一个小数点。可显示 0～9 的数字、字符型 A～F 或一些特殊的字符。

图 5.1 为数码管内部结构和引脚分布图。

数码管除了颜色、亮度、尺寸、位数和制作工艺不同外，在电路结构上分为两种：一种是共阳结构，一种是共阴结构。顾名思义，共阳就将每个 LED 的阳极连接在一起，而共阴则相反。两种数码管的驱动方式刚好相反，所以在实际应用中不能直接相互代换。两种数码管的内部结构如图 5.2 所示。

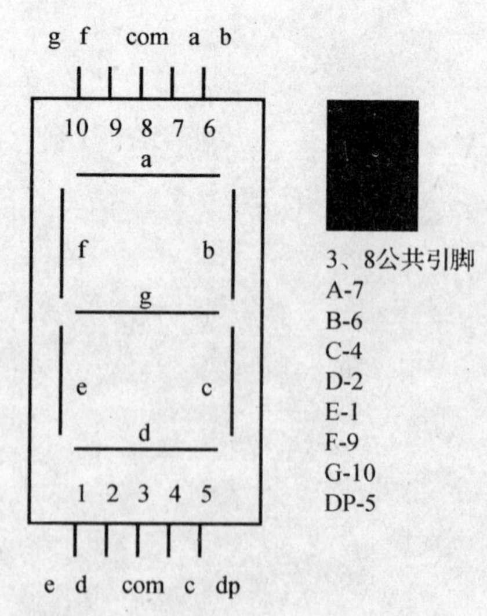

图 5.1 数码管结构及引脚分布

本书所附的电路板中使用的是四位一体的共阳数码管，四位一体的数码管由 4 个单只的数码管封装而成。每个数码管的 A、B、C、D、E、F、G、DP 的 8 根引线并联在一起，一般称为数码管的段口，而 4 个公共端则单独引出，一般称为位选。所以一般的 4 位数码管的引出脚是 12 只或以上。四位一体数码管内部线路图如图 5.3 所示。数码管实物及 PCB 引脚分布如图 5.4 所示。

4 位 7 段数码管的电路原理图如图 5.5 所示。

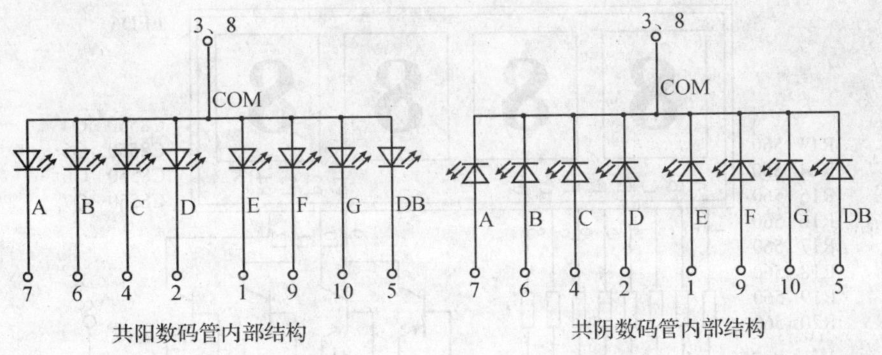

图 5.2　数码管内部结构

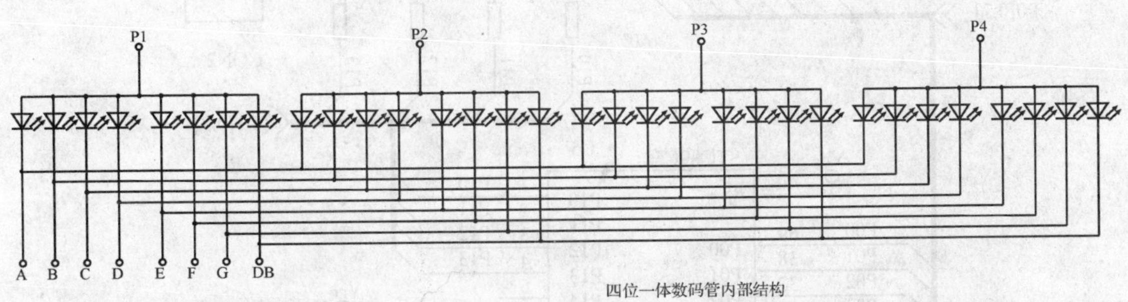

图 5.3　四位一体数码管内部连接图

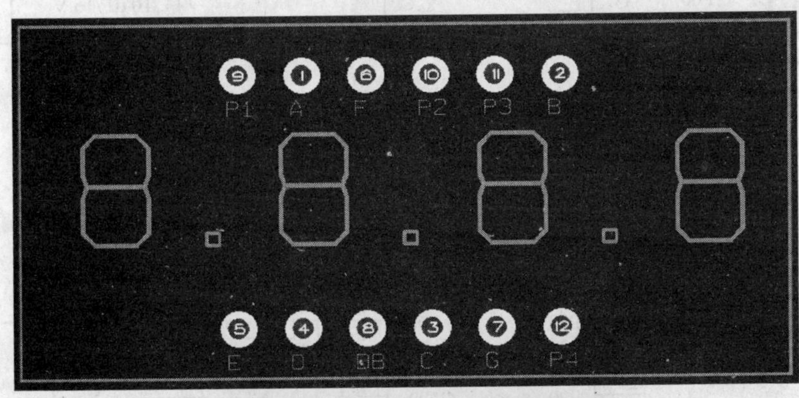

图 5.4　四位数码管实物及引脚分布图

R13～R20 为 560 Ω 限流电阻，防止数码管过流损坏。Q4～Q7 为共阳数码管公共端 P1～P4 提供电源。R28、R30～R32 为 Q4～Q7 的 B 极提供电压，同时保护 Q4～Q7 不会因 I/O 口过流而损坏。S9 为 Q4～Q7 的供电跳线，需要使用数码管的时候必须短接这个跳线。

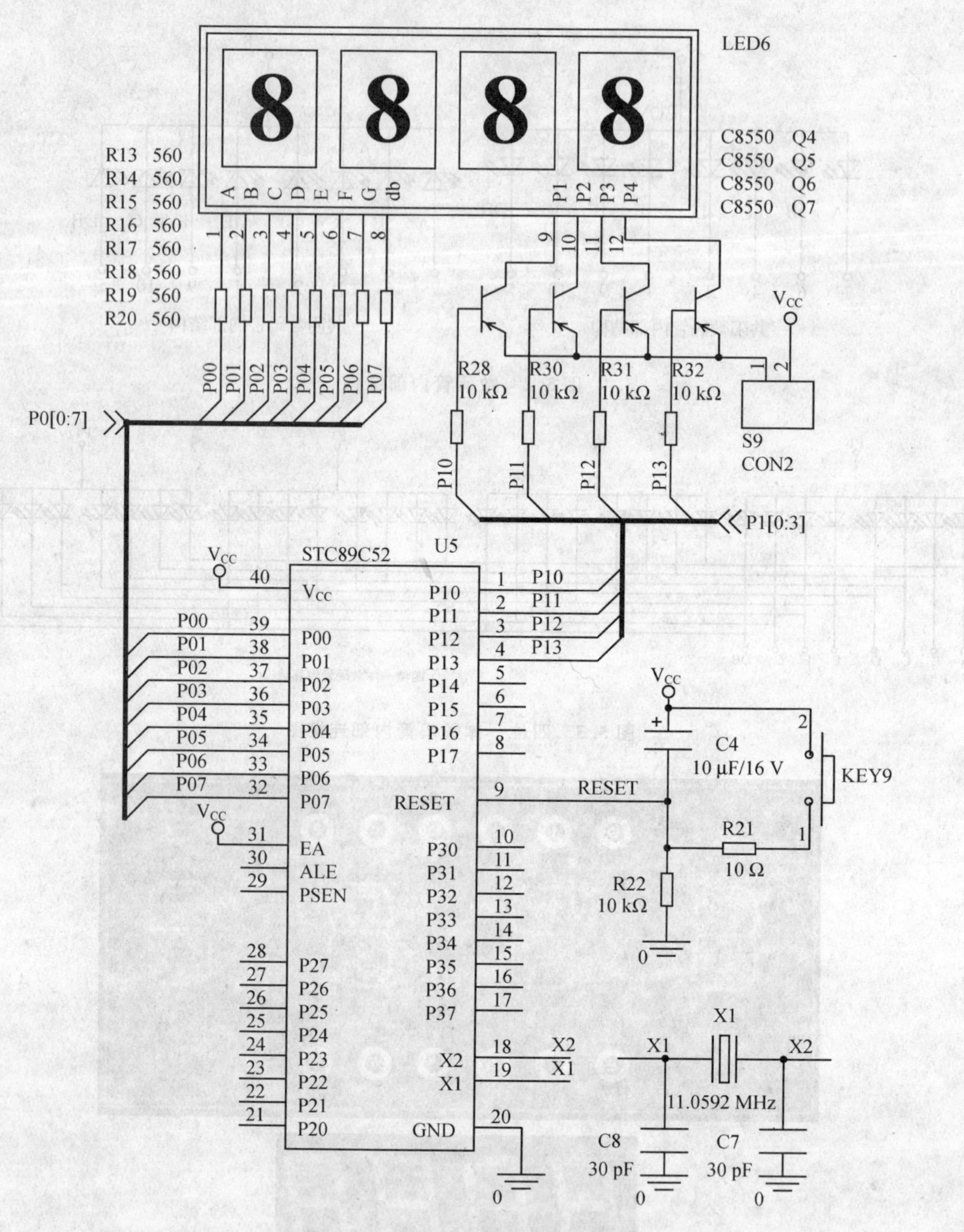

图 5.5　四位 7 段数码管硬件原理图

5.2.2　数码管硬件设计方法

典型的数码管硬件原理图如图 5.6 所示，在硬件设计的时候需要注意两个问题：

(1) 由于 51 类型单片机上电复位为高电平，而且低电平电流输出比较大，因此选用 PNP 类型驱动管比 NPN 类型的驱动能力要好。

(2) 设计的时候要充分考虑 R28 值的大小，R28 的值大小和数码管消耗电流有关。R28

取值不合理（太大）就会导致数码管在全亮的情况下亮度下降。

R28的计算方法如下：

设定Q4放大倍数为100，电源电压V_{CC}为5 V，8位数码管工作电流为40 mA（实验板上使用的数码管体积较小，整个数码管点亮电流40 mA即可），三极管Q4的V_{BE}为0.7 V，则

$$R28=(V_{CC}-V_{BE})\times 放大倍数/数码管工作电流$$

把相关参数代入上面的公式：

$$R28=(5-0.7)\times 100/0.04=10\ 750\ \Omega$$

计算的结果是10 750 Ω，因为这阻值是非标准电阻，可以取标准的电阻10 kΩ。

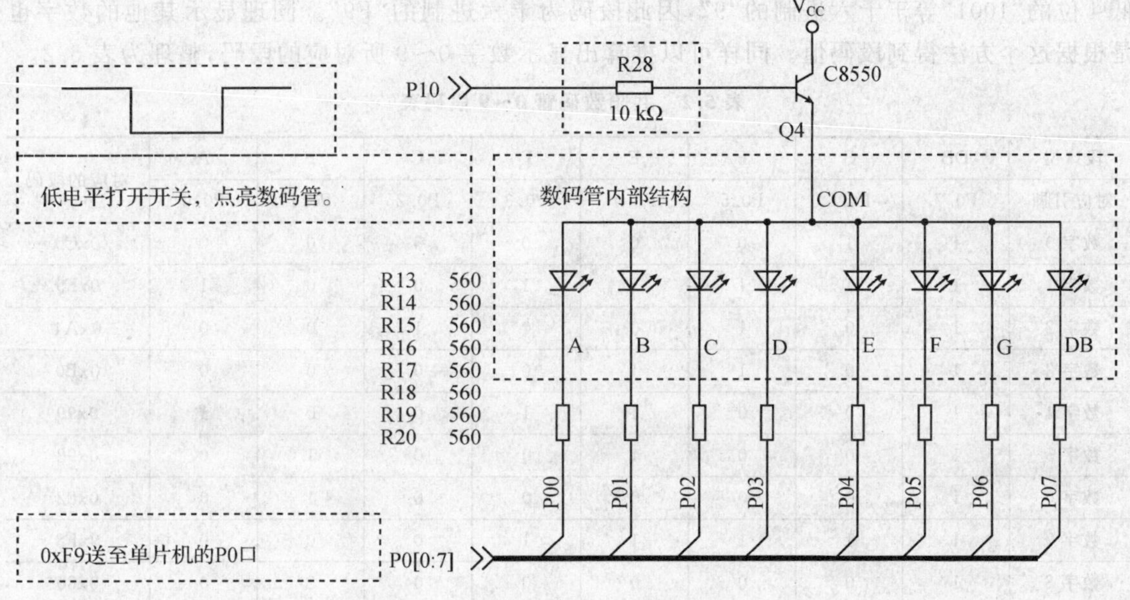

图5.6　静态驱动单只数码管显示

5.3 单片机驱动数码管的方法

驱动数码管与驱动LED的方法一样，只要给它加上合适的电流就可以使它发光。但是数码管不同于普通的LED，我们不仅需要它能发光，还需要它能显示数字或字符。那么如何显示这些数字或字符呢？下面介绍一下驱动数码管显示数字的方法。

1. 正确输出数码管的段码数据

数码管在正常工作的时候，段口和位选都需要送入正确的电平信号，它才能正常工作。如需要数码管显示"1"，如图5.7所示，当"B"、"C"段发光时，就能够表示出数字"1"，对照图5.6可知，只需要控制"P01"和"P02"为低电平，另外6个P0口

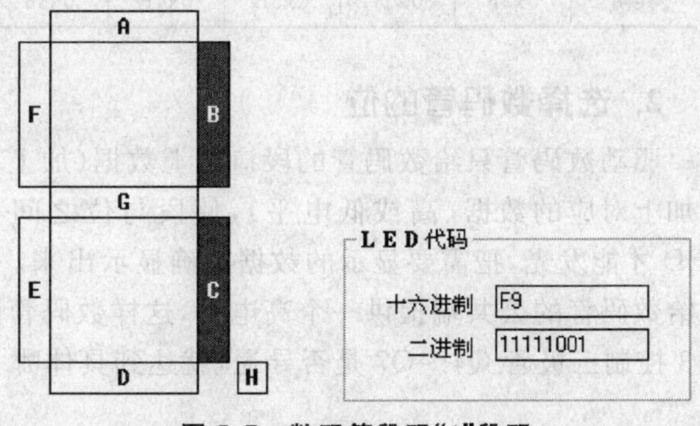

图5.7　数码管段码"1"段码

引脚为高电平即可。表5.1显示了当显示数字“1”时，段口位与段码以及单片机引脚之间的对应关系。

表5.1 段口与单片机对应引脚关系表

段口位	DB	G	F	E	D	C	B	A	对应的段码
对应引脚	P07	P06	P05	P04	P03	P02	P01	P00	
显示字符“1”	1	1	1	1	1	0	0	1	0xF9

表5.1显示了数字“1”的段码是“11111001”，其中高4位的“1111”等于十六进制的“F”，低4位的“1001”等于十六进制的“9”，因此段码为十六进制的“F9”。同理显示其他的数字也是根据这个方法得到段码值。同样可以推算出显示数字0～9所对应的段码，整理为表5.2。

表5.2 共阳数码管0～9段码表

段口位	DB	G	F	E	D	C	B	A	对应的段码
对应引脚	P0.7	P0.6	P0.5	P0.4	P0.3	P0.2	P0.1	P0.0	
数字0	1	1	0	0	0	0	0	0	0xC0
数字1	1	1	1	1	1	0	0	1	0xF9
数字2	1	0	1	0	0	1	0	0	0xA4
数字3	1	0	1	1	0	0	0	0	0xB0
数字4	1	0	0	1	1	0	0	1	0x99
数字5	1	0	0	1	0	0	1	0	0x92
数字6	1	0	0	0	0	0	1	0	0x82
数字7	1	1	1	1	1	0	0	0	0xF8
数字8	1	0	0	0	0	0	0	0	0x80
数字9	1	0	0	1	0	0	0	0	0x90

共阳数码管和共阴数码管在显示同一数字的时候，对应的段码是不同的，共阴数码的段码如表5.3所列，请读者自行进行推算。

表5.3 共阴数码管0～9段码表

显示字符	0	1	2	3	4	5	6	7	8	9
共阴	0x3F	0x06	0x5B	0x4F	0x66	0x6D	0x7D	0x07	0x7F	0x6F

2. 选择数码管的位

驱动数码管只给数码管的段口送上数据（加上高低电平）是不够的，还需要给数码管的位也加上对应的数据（高或低电平），使段与位之间有足够的电压差存在，这样数码管内部的LED才能发光，把需要显示的数据正确显示出来。如图5.5所示，在P0口送入“0xF9”后，需要给数码管的公共端提供一个高电平，这样数码管内部的LED才能够发光。这样通过P10～P13控制三极管Q4～Q7是否导通，就达到具体哪一位显示的目的。

5.4　程序设计

在介绍了数码管的驱动原理后，本节将使用静态和动态两个实例代码来演示如何控制数码管显示具体的数字或字符。

5.4.1　静态驱动数码管实例

静态驱动数码管相对简单，只需要向 P0 口送入要显示的数字的段数据后，再选通相应的位选，即用 P10～P13 控制三极管 Q4～Q7 的是否导通即可。下面以在 4 位数码管上的第一位上显示数字“1”为例讲解程序的编写方法。首先看图 5.8 所示静态显示的流程图。

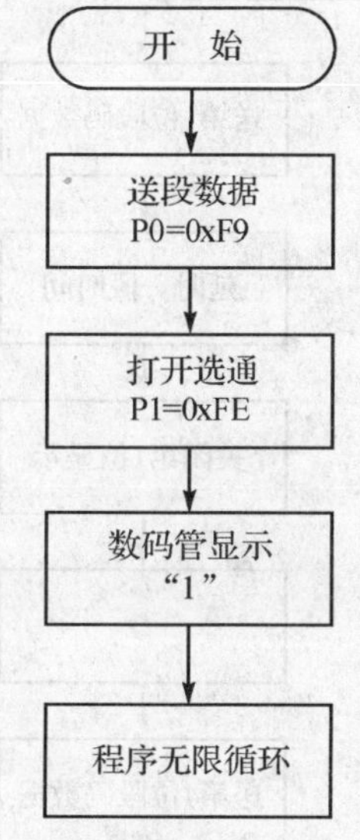

图 5.8　静态驱动数码管显示“1”流程图

根据流程图写出静态驱动 4 位一体数码管第一位显示数字“1”的代码如下：

```
#include <REGX51.H>                    //头文件

void main(void)
{
    P0 = 0xF9;                         //送段码数据
    P1 = 0xFE;                         //送位选数据
    while(1);
}
```

将上述程序经过编译后产生 HEX 文件，下载到实验板，四位一体数码管第一位将显示数字“1”。如果只是想某一位或几位显示，只需修改位选数据即可。

5.4.2　动态扫描驱动数码实例

上面的演示只能在四位一体数码管上显示 1 位数字，如果在数码管上显示多位不同的数据怎么办呢？那就需要用到动态扫描的办法。

动态扫描就是在每个数码管上分时显示数据。虽然每个时刻只有一位数码管显示，但是由于人的视觉暂留特性，只要扫描频率足够快（大于 50 Hz），人眼看起来就是 4 位一起在显示。

以在实验板上显示"1234"为例，动态扫描驱动的方法是：首先把第 1 位需要显示数字的段码数据送到 P0，再打开第 1 位数码管的显示，显示后再延时一段时间，然后关掉第 1 位数码管的显示。接着再送入第 2 位需要显示的数字的段码数据到 P0，再打开第 2 位数码管显示，延时一段时间后再关掉显示。以此类推，一直到第 4 位显示完。将上述过程不断的重复，实验板上的数码管即会显示出"1234"了。具体流程图如图 5.9 所示。

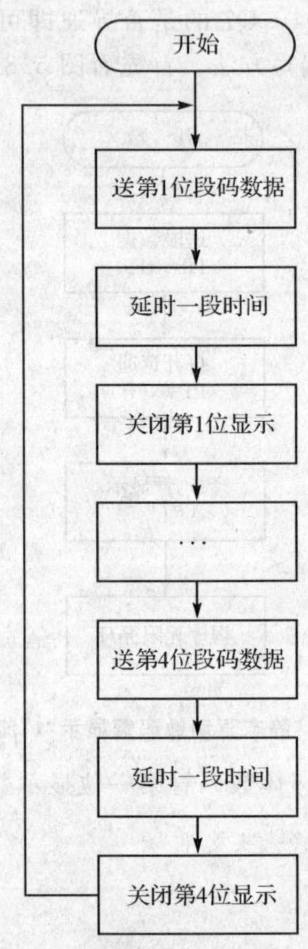

图 5.9　动态扫描驱动数码管流程图

依据图 5.9 所示的流程图，具体代码实现如下：

```
#include <REGX51.H>

#define uint unsigned int
#define uchar unsigned char

uchar Led_Data[] = {0xC0,0xF9,0xA4,0xB0,0x99,0x92,0x82,0xF8,0x80,0X90};
                                                    //LED 段十进制数据 0～9

void Delay(uint i);                                 //函数声明
```

```
void main(void)                                   //主函数
{
    while(1)                                      //无限循环调用动态扫描函数
        {
            P0 = Led_Data[1];                     //取第 1 位数码管段数据
            P1 = 0xFE;                            //第 1 位数码管显示
            Delay(100);                           //延时
            P1 = 0xFF;                            //关显示
            P0 = Led_Data[2];                     //取第 2 位数码管段数据
            P1 = 0xFD;                            //第 2 位数码管显示
            Delay(100);                           //延时
            P1 = 0xFF;                            //关显示
            P0 = Led_Data[3];                     //取第 3 位数码管段数据
            P1 = 0xFB;                            //第 3 位数码管显示
            Delay(100);                           //延时
            P1 = 0xFF;                            //关显示
            P0 = Led_Data[4];                     //取第 4 位数码管段数据
            P1 = 0xF7;                            //第 4 位数码管显示
            Delay(100);                           //延时
            P1 = 0xFF;                            //关显示
        }
}
void Delay(uint i)
{
    while(i - -);                                 //延时
}
```

将上述代码编译后，下载到实验板单片机中，四位一体数码管就会显示数字“1234”。通过修改延时时间，可观察到数码管亮度的变化，延时时间越长，亮度就越亮。但是延时时间不能过长，太长会导致扫描频率过低致使数码管闪烁，一般延时时间在 50 Hz 即可。同样延时的时间也不宜过短，时间过短就会造成数码管亮度不够。

观察上面的代码虽然可以正常显示数字“1234”，但显示不够灵活，如果要显示“3456”的话，就要修改大量的代码，因此需要对上述的显示代码进行通用设计，以达到应用比较灵活的目的。具体修改代码如下：

```
#include <REGX51.H>

#define uint unsigned int
#define uchar unsigned char

uchar Led_Data[] = {0xC0,0xF9,0xA4,0xB0,0x99,0x92,0x82,0xF8,0x80,0X90};
                                                  //LED 段 16 进制数据 0~9
uchar Loc_Data[] = {0xFE, 0xFD, 0xFB, 0xF7};      //位选数据
uchar DispNum[] = {0x06,0x07,0x08,0x09};          //显示数字

void Delay(uint i);                               //延时函数声明
```

```
void Display(uchar * DisplayNum, uint DelayNum);          //声明显示函数

void main(void)                                            //主函数
{
    while(1)                                               //无限循环调用动态扫描函数
    {
        Display(DispNum,300);                              //显示 DispNum 数组中的数据
    }
}
/********************************************************************************
函数名称：四位 7 段数码管显示
全局变量：无
参数说明：DisplayNum 写入显示数据的,DelayNum 为延时时间
返回说明：无
版    本：1.0
说    明：
********************************************************************************/
void Display(uchar * DisplayNum, uint DelayNum)
{
    uchar pos = 0;
    for(pos = 0;pos<4;pos ++ )
    {
        P0 = Led_Data[DisplayNum[pos]];                    //取第 pos 位数码管段数据
        P1 = Loc_Data[pos];                                //第 1 位数码管显示
        Delay(DelayNum);                                   //延时
        P1 = 0xFF;                                         //关显示
    }
}
void Delay(uint i)
{
    while(i -- );                                          //延时
}
```

5.5 实验总结

本章详细讲述了数码管的硬件原理,以及硬件设计中的计算方法和注意要点。最后用静态和动态扫描的方法,对四位一体数码管的驱动方法做详细描述。通过本章的学习,应理解并熟悉数码管的硬件设计以及程序设计方法。

需要注意的是,当采用动态扫描方法时,每位数码管显示的时间尽量一样,以避免差异较大时出现亮度不均匀的现象。

5.6 课后习题

利用实验板的四位一体数码管做 0～9 999 的累加计数显示,显示到 9 999 后蜂鸣器响一声,然后再从 0 开始倒计时,一直循环。

第6章 按键扫描实验

在各种智能控制系统中，按键是很常见的，在人机交互中，通过按键输入各种信息，调整各种参数或发出控制指令等，因此按键处理在智能控制系统中是非常重要的部分。

6.1 实验说明

按键检测处理是单片机学习开发的基本功，按键处理程序对整个系统的交互性、易用性、稳定性有着很大的影响，因此掌握按键处理技术十分重要。本章就单片机按键做一讲解，使大家了解按键的常见处理方法。

6.2 硬件原理

本书所用实验板中按键部分的原理图如图6.1所示。其中接在P0口的8位LED用于指示按键状态。原理图中P2.0～P2.5上连接有2×4矩阵键盘KEY1～KEY8，因P2口内部已有上拉电阻，故图中没有接上拉电阻。

6.2.1 硬件原理图

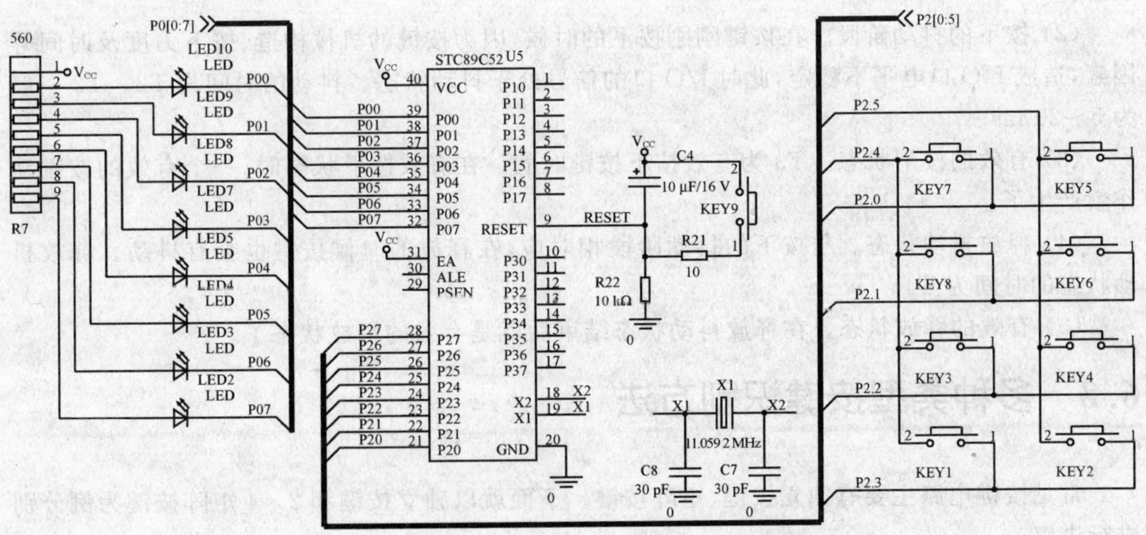

图6.1 按键识别原理图

6.2.2　按键时序分析

以单只按键为例，单 I/O 口按键如图 6.2 所示。此时 I/O 口为输入状态，当按键未按下时，上拉电阻将 I/O 电平拉至 5 V。按下按键后，I/O 高电平被拉至 0 V。这样根据 I/O 电平就可判断按键的状态。即 I/O 口电平为 0 时，就表示按键按下，当 I/O 口为高电平时，就表示按键弹起。

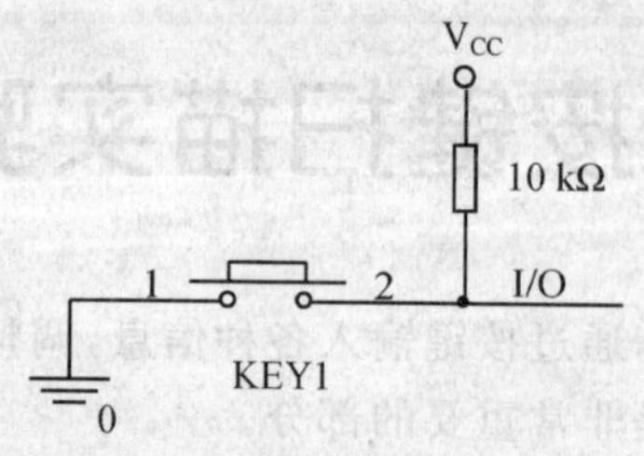

图 6.2　单 IO 口按键

需要注意的是，实际的按键在被按下时，由于机械触点的弹性作用，按键在闭合时不会马上稳定地接通，在断开时也不会一下子断开。因在闭合及断开的瞬间均伴随有一连串的抖动，如图 6.3 所示。抖动时间长短由按键的机械特性及操作人员按键动作决定，一般为 5～20 ms；按键稳定闭合时间的长短是由操作人员按键按压时间长短决定的，一般为零点几秒至数秒不等。

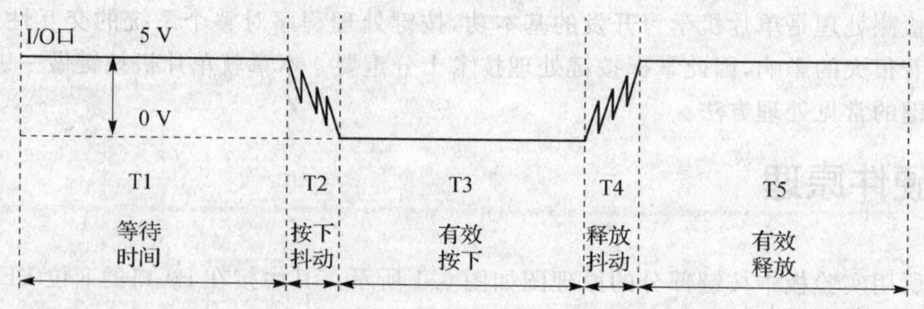

图 6.3　按键过程时序图

从图 6.3 可以看到，一个完整击键过程可分为以下几个阶段：

(1) 未按下的等待状态。在按键未按下的 T1 时间，I/O 口为高电平。此时按键处于空闲状态。

(2) 按下的抖动阶段。在按键刚刚按下的时候，因为按键的机械构造、按下力度及时间等因素，造成 I/O 口电平不稳定，此时 I/O 口的信号处于抖动状态。抖动的时间为 T2。T2 一般为 5～20 ms。

(3) 有效的按下状态。T3 为有效按下按键时间。在有效按下状态时，一个有效的按键动作就产生了。

(4) 释放抖动状态。与按下的抖动阶段相对应，在释放的时候按键也会有抖动。释放抖动状态的时间为 T4。

(5) 有效的释放状态。在释放抖动状态结束后就是有效的释放状态了。

6.3　多种类型按键识别方法

常见按键电路主要有独立按键、矩阵按键。下面就以独立按键和 2×4 矩阵按键为例分别进行讲解。

6.3.1 独立按键识别

独立的按键电路比较简单，如图 6.4 所示。利用一个按键 KEY1 接于 51 单片机的某一个 I/O 口，再加一个上拉电阻即可。判断方法就是直接检测按键是否有按下，有按下再延时消抖就可以完成这个按键的识别。如有必要也可加上释放按键的消抖。实验板上将 P2.4 或 P2.5 电平拉低即为两组独立按键电路。

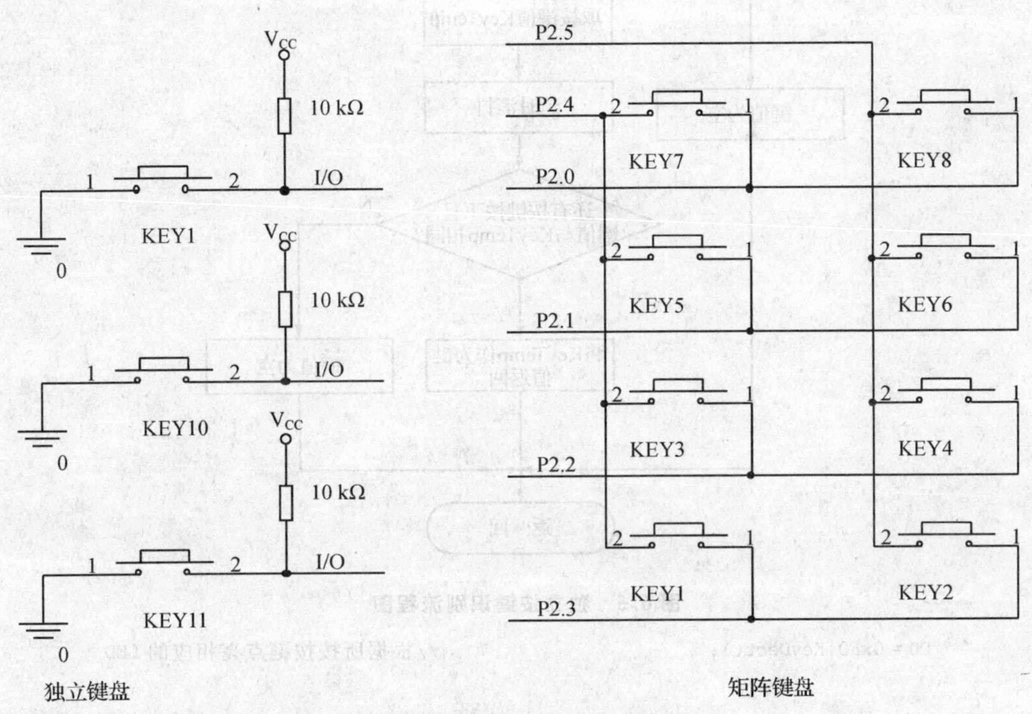

图 6.4 独立按键和矩阵按键原理图

独立按键按下识别的流程如图 6.5 所示。

独立按键识别的程序编写也相对简单，下面的代码演示了一组独立按键按下状态识别的过程。程序中将 P2.4 电平拉低，这样 KEY1、KEY3、KEY5、KEY7 即为一组独立按键。函数 uchar KeyDect(void)读取这一组按键的键值，将读取的键值赋值给 P0 口，P0 口上的 LED 即可显示此组按键的状态。当检测某按键按下时，对应的 LED 亮，否则熄灭。具体代码如下：

```
#include <REGX51.H>
#define uint    unsigned int
#define uchar   unsigned char
sbit P24   = P2^4;                                    //定义列线
void Delay(uint i);                                   //延时函数声明
uchar KeyDect(void);                                  //按键检测函数声明
void main(void)
{
    while(1)                                          //程序循环
    {
```

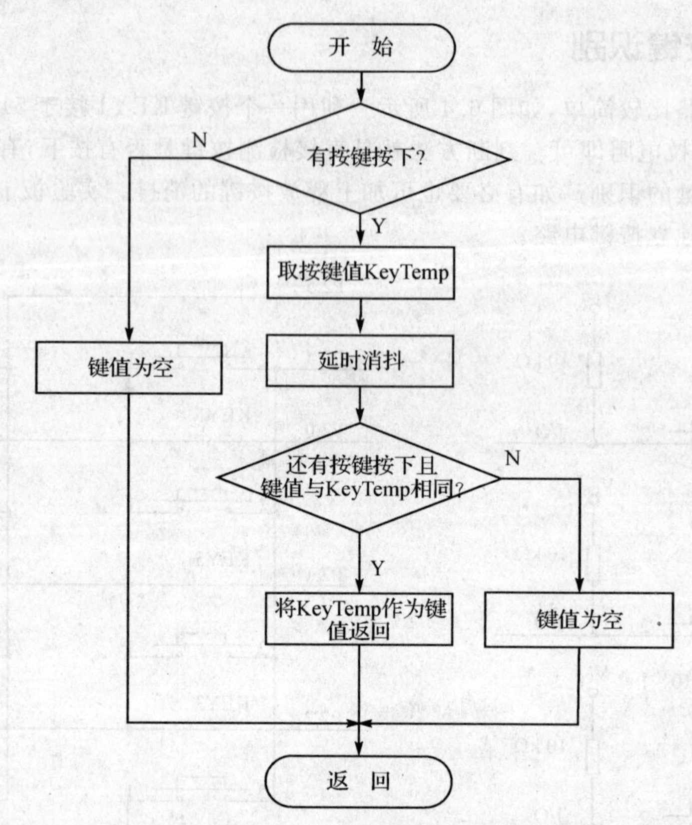

图 6.5 独立按键识别流程图

```
        P0 = 0xF0|KeyDect();                        //根据所按按键点亮相应的 LED
    }
}
void Delay(uint i)                                  //延时函数
{
    while(i - -);                                   //自减实现延时
}
/*****************************************************************************
函数名称：独立按键检测函数
全局变量：无
参数说明：无
返回说明：返回按键键值
版    本：1.0
说    明：此函数为独立按键检测函数，采用延时消抖方式对按键进行消抖
返回值为 0xFF 表示无按键按下或按键不正常
注意：此函数适用于本书所用实验板。对于其他实验板按键可能要做相应修改
*****************************************************************************/
uchar KeyDect(void)
{
    uchar KeyTemp = 0;
    P24 = 0;                                        //按键有效
```

```
    if ((P2&0x0F)! = 0x0f)                    //如果有按键按下
    {
        KeyTemp = P2&0x0F;                    //取键值
        Delay(2000);                          //延时消抖
        if ((P2&0x0F) = = KeyTemp)            //再次检测按键,是否与消抖前值相同
        {
            return(KeyTemp);                  //返回按键值
        }
        else
        {
            return(0xFF);                     //没有正常按键
        }
    }
    return(0xFF);                             //无按键按下
}
```

将上述演示代码编译后，下载到实验板，按下 KEY1，KEY3，KEY5，KEY7 就可以看到相应的 LED 亮，抬起按键相应的 LED 就熄灭。

6.3.2　矩阵键盘识别方法

如图 6.4 所示，本书所用实验板为 2×4 矩阵键盘。从图中可以看到，相对于独立按键，矩阵按键要复杂些，矩阵按键有行和列之分。实验板中矩阵按键行线接于 P2.0～P2.3，列线为 P2.4、P2.5。矩阵键盘看起来比较复杂，但把矩阵键盘拆成多个独立的键盘后，问题就简单多了。图 6.6 为将矩阵键盘拆分后等效为独立键盘。

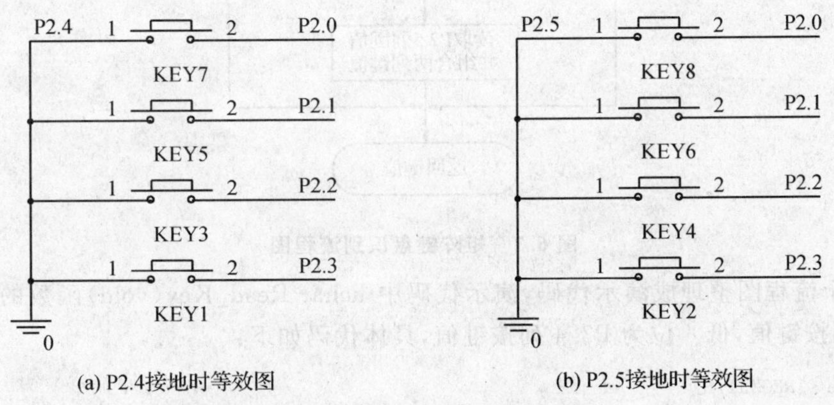

(a) P2.4接地时等效图　　(b) P2.5接地时等效图

图 6.6　等效拆分后的矩阵键盘

当把列线 P2.4 置 0 时，矩阵键盘的 KEY1，KEY3，KEY5，KEY7 部分就变成 4 个独立键盘，此时可按独立键盘来识别。即将 P2.4 置 0，再读取 P2 口的数据。如果读取的数据低 4 位中有为 0 的值，则说明此行上有按键按下。例如读取的数据为 1110 0111(0xE7)，则可判断是 KEY1 按键按下了。

同样，在 P2.4 为 1 时，将 P2.5 置 0，此时就可以对 KEY2、KEY4、KEY6、KEY8 按键状态进行识别判断了。这样只需两次就可以将全部按键识别出来。图 6.7 为矩阵按键识别的流

程图。

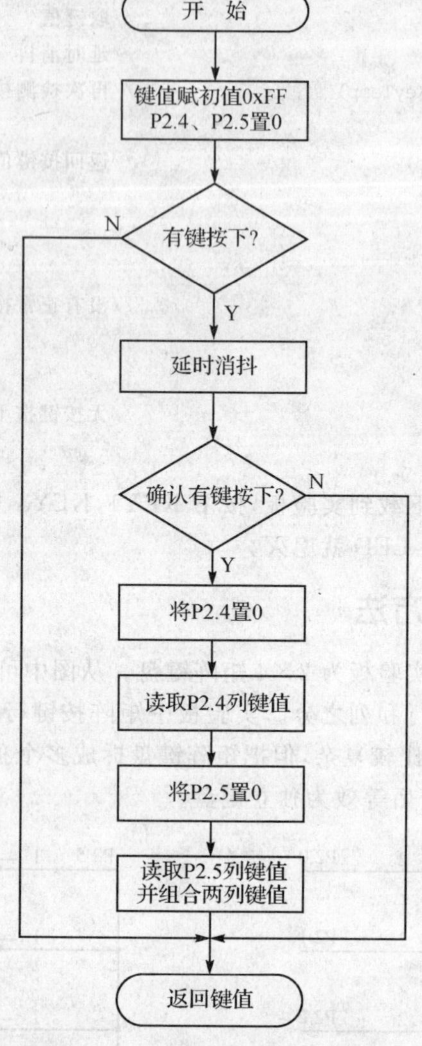

图 6.7 矩阵键盘识别流程图

根据这个流程图整理成演示代码，演示代码中 uchar Read_Key(void)函数的返回值高 4 位为 P2.5 列按键值，低 4 位为 P2.4 列按键值，具体代码如下：

```
#include <REGX51.H>
#define uint     unsigned int
#define uchar    unsigned char
#define KEY P2                                  //按键 I/O 口定义
#define LED P0                                  //LED I/O 口定义
void Delay(uint i);                             //延时函数声明
uchar Read_Key(void);                           //按键函数声明
void main(void)
{
   while(1)                                     //程序无限循环
```

```
    {
        LED = Read_Key();                               //调用键盘函数
    }
}
/*******************************************************************************
函数名称:2*4矩阵按键检测函数
全局变量:无
参数说明:无
返回说明:返回按键键值
版    本:1.0
说    明:此函数为矩阵按键检测函数,采用延时消抖方式对按键进行消抖
返回0xFF表示无按键按下。返回值高4位为P2.5列按键值,低4位为P2.4列按键值
返回值的8位对应实验板按键为[KEY2,KEY4,KEY6,KEY8,KEY1,KEY3,KEY5,KEY7]
注意:此函数适用于本书所用实验板。对于其他实验板按键可能要做相应修改
*******************************************************************************/
uchar Read_Key(void)
{
    uchar Value = 0xFF;                                 //置按键初始值
    KEY = (KEY&0xC0)|0x0F;                              //置P2.4/P2.5为低电平,并保持原P26,
                                                        //P2.7的状态
    if((KEY&0x0F) ! = 0x0F)                             //检测是否有键按下,不等则表示按键按下
    {
        Delay(2000);                                    //消抖延时
        if((KEY&0x0F) ! = 0x0F)                         //确认有键按下
        {
            KEY = (KEY&0xC0)|0xEF;                      //置P2.4为低电平
            Value = KEY&0x0F;                           //取按键值

            KEY = (KEY&0xC0)|0xDF;                      //置P2.5为低电平
            Value = ((KEY&0x0F)<<4)|Value;              //取按键值,将P2.5列的键值移到高位,与
                                                        //P2.4列的键值合并
        }
    }
    return(Value);                                      //返回按键键值
}
void Delay(uint i)                                      //延时函数
{
    while(i - -);                                       //变量自减实现延时
}
```

将上面的代码编译后,下载到实验板单片机中,按下KEY1~KEY8键,对应的LED就会点亮。

6.3.3 键盘长按、短按识别

在日常电器中的使用中,除了前面介绍的短按按键动作外,还有一种长按按键动作。如电

子钟表在调整年时，短按每次加1，长按则快速增加。长按与短按识别方法的关键还是判断按下时间的长短，当图6.3中T3超过一定时间就可以判断为长按状态，这个时间由不同的系统需求确定。

对长按与短按事件的处理通常有按键释放后和按键按下中两种。按键释放后处理就是在判断按键弹起后，再判断按键是长按还是短按，再根据长按还是短按进行相应的事件处理。如仪表中常见的某一按键长按3 s后进入设置状态。

按键按下中处理就是按键在按下后，达到长按的时间，就立即对长按事件进行处理，如常见的数字钟表的时间调整，长按后就快速增减时间。

下面就按键释放后事件处理为例，讲解如何识别长按与短按，思路如下：

单片机开启定时中断，每5 ms中断一次，当有按键按下后，则对按键按下状态计数，没有按键按下则对按键按下计数清零。

主程序中不断的扫描按键状态，当有按键按下后，按键按下标志置1(以便定时中断函数对按键按下时间计数)，并保存此次按键键值。如果按键按下时间超过设定的长按时间，则长按按键标志置1，表示当前为长按按键状态。

当按键弹起后，如果前一动作为按键按下状态，则表示按键刚弹起。如果长按按键标志为1，则进行长按按键事件的处理，如果长按按键标志为0，则表示为短按，可进行短按事件的处理。事件处理后清除按键按下标志和长按按键标志，将记录的按键键值置为无按键状态。

在无按键按下状态，清除按键按下标志和长按按键标志，将记录的按键键值置为无按键状态。

将上述识别思想整理为流程图，如图6.8所示。

根据上面的流程整理程序代码如下：

```
#include <REGX51.H>
#define uint    unsigned int
#define uchar   unsigned char
#define KEY P2                          //按键I/O口定义
#define LED P0                          //LED I/O口定义
#define LONGKEY  100                    //定义长按按键时长,时间长度为5 ms的倍数
uint  Key_Times = 0;                    //按键按下计时变量
bit   KEY_Bit   = 0;                    //按键按下标志位
bit   KEY_Long  = 0;                    //长按状态标志
void SystemInit(void);                  //系统初始函数声明
void Delay(uint i);                     //延时函数声明
uchar Read_Key(void);                   //按键函数声明
void main(void)                         //主函数
{
    uchar OldKey = 0xFF;                //原按键值,默认为无任何按键按下
    uchar NewKey = 0xFF;                //新按键值,默认为无任何按键按下
    SystemInit();                       //系统初始化
    while(1)                            //反复调用按键程序
    {
        NewKey = Read_Key();            //调用按键函数
```

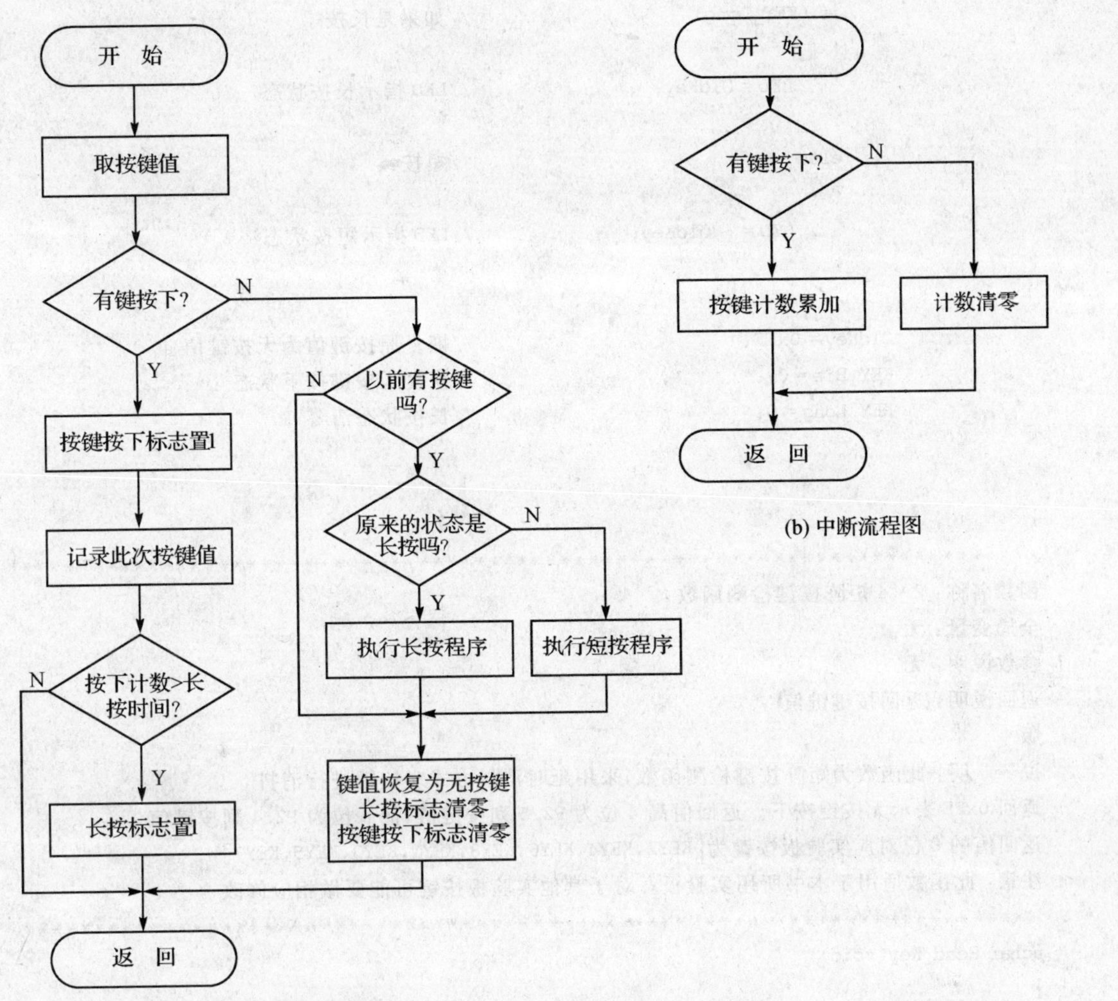

(a) 主程序流程图

(b) 中断流程图

图 6.8　程序流程图

```
if (NewKey ! = 0xFF)                    //有按键按下
{
    KEY_Bit = 1;                        //有按键按下标志置 1
    OldKey = NewKey;
    if (Key_Times ＞LONGKEY)            //如果按下时间大于长按时间,则认为是按键长
                                        //按状态
    {
        KEY_Long = 1;
    }
}
else                                    //无按键按下
{
    if (OldKey ! = 0xFF)                //由按下状态变为弹起状态
    {
```

```
            if (KEY_Long)                          //如果是长按
            {
                LED = OldKey;                      //LED 指示长按状态
            }
            else                                   //短按
            {
                LED = ~OldKey;                     //LED 指示短按状态
            }
        }
        OldKey = 0xFF;                             //恢复原按键值为无按键值
        KEY_Bit = 0;                               //恢复无按键按下状态
        KEY_Long = 0;                              //长按状态清零
      }
    }
}
/**************************************************************************
函数名称：2*4 矩阵按键检测函数
全局变量：无
参数说明：无
返回说明：返回按键键值
版    本：1.0
说    明：此函数为矩阵按键检测函数，采用延时消抖方式对按键进行消抖
返回 0xFF 表示无按键按下。返回值高 4 位为 P2.5 列按键值，低 4 位为 P2.4 列按键值
返回值的 8 位对应实验板按键为[KEY2,KEY4,KEY6,KEY8,KEY1,KEY3,KEY5,KEY7]
注意：此函数适用于本书所用实验板。对于其他实验板按键可能要做相应修改
**************************************************************************/
uchar Read_Key(void)
{
    uchar Value = 0xFF;                            //置按键初始值
    KEY = (KEY&0xC0)|0x0F;                         //置 P2.4/P2.5 为低电平，并保持原 P2.6,P2.7
                                                   //的状态
    if((KEY&0x0F) != 0x0F)                         //检测是否有键按下，不等则表示按键按下
    {
        Delay(2000);                               //消抖延时
        if((KEY&0x0F) != 0x0F)                     //确认有键按下
        {
            KEY = (KEY&0xC0)|0xEF;                 //置 P2.4 为低电平
            Value = KEY&0x0F;                      //取按键值

            KEY = (KEY&0xC0)|0xDF;                 //置 P2.5 为低电平
            Value = ((KEY&0x0F)<<4)|Value;         //取按键值，将 P2.5 列的键值移到高位，与 P2.4
                                                   //列的键值合并
        }
    }
    return(Value);                                 //返回按键键值
```

```
}
/ ******************************************************************************
函数名称：系统初始化函数
全局变量：无
参数说明：无
返回说明：返回按键键值
版　　本：1.0
说　　明：此函数为系统初始化函数,主要是开启定时器中断
******************************************************************************/
void SystemInit(void)
{
    TMOD = 0x01;                                            //定时器设置
    ET0    = 1;
    TR0    = 1;
    EA     = 1;
    TH0    = 0xEE;                                          //定时器赋值
    TL0    = 0;

}
/ ******************************************************************************
函数名称：定时器中断函数
全局变量：无
参数说明：无
返回说明：返回按键键值
版　　本：1.0
说　　明：此中断函数为每 5 ms 中断一次,当有按键按下时累计按键按下时间
******************************************************************************/
void Time_5ms(void) interrupt 1
{
    TH0 = 0xEE;                                             //定时器赋值
    TL0 = 0;
    if(KEY_Bit)                                             //判断按键标志位
    {
        Key_Times ++ ;                                      //计算按键按下时间计数
    }
    else
    {
        Key_Times = 0;                                      //无按键按下则清零
    }
}
void Delay(uint i)                                          //延时函数
{
    while(i - - );                                          //自减实现延时
}
```

将以上的演示程序编译并下载到实验板上，当短按某按键，则此按键所对应的 LED 熄灭，其他 LED 点亮，当长按某按键，则此按键对应的 LED 点亮，其他 LED 熄灭。

6.4 实验总结

通过本章的学习，大家应掌握多种按键的电路原理、按键的时序、按键的消抖方法、按键的识别原理，在实际中利用定时中断消抖并识别按键的长按与短按较为方便，避免了采用延时方法消抖造成的占用系统时间过多系统实时性不高的缺点。

6.5 课后习题

(1) 修改长短按键演示程序中 Read_Key 函数，不使用延时消抖，而是用定时中断进行消抖。

(2) 将按键的键值通过 LED 数码管以十六进制显示出来。

第7章 单片机小电子琴

蜂鸣器是一种一体化结构的电子讯响器。本章介绍如何用单片机驱动蜂鸣器发出声响。通过单片机在特定时刻驱动蜂鸣器发出声音,可以作为人机交互的手段,它被广泛应用于计算机、打印机、复印机、报警器、电话机等电子产品中。

7.1 实验说明

通过学习单片机程序驱动蜂鸣器发出不同频率声音,结合按键读取,实现单片机小电子琴功能,进一步了解学习单片机驱动不同器件的方法。

7.2 硬件原理详解

蜂鸣器按其结构分主要分为压电式蜂鸣器和电磁式蜂鸣器两种类型。电磁式蜂鸣器由振荡器、电磁线圈、磁铁、振动膜片及外壳等组成。接通电源后,振荡器产生的音频信号电流通过电磁线圈,使电磁线圈产生磁场,振动膜片在电磁线圈和磁铁的相互作用下,周期性地振动发声。压电式蜂鸣器主要由多谐振荡器、压电蜂鸣片、阻抗匹配器及共鸣箱、外壳等组成。多谐振荡器由晶体管或集成电路构成,当接通电源后(1.5~15 V 直流工作电压),多谐振荡器起振,输出 1.5~2.5 kHz 的音频信号,阻抗匹配器推动压电蜂鸣片发声。

蜂鸣器按其是否带有信号源又分为有源和无源两种类型。有源蜂鸣器只需要在其供电端加上额定直流电压,其内部的振荡器就可以产生固定频率的信号,驱动蜂鸣器发出声音。无源蜂鸣器可以理解成与喇叭一样,需要在其供电端上加上变化的电信号才可以驱动发出声音。

7.2.1 硬件原理图

从图 7.1 所示的单片机电子琴原理图可以看出,实验板中,单片机 P1.7 引脚输出接 Q1 基极,通过控制 Q1 导通或截止来控制蜂鸣器上是否有电流,从而控制是否发声。要用单片机控制蜂鸣器发出不同频率的声音,最好采用无源的蜂鸣器,如果用有源蜂鸣器,可以会因为两种不同频率声音(有源蜂鸣器本身固有发音频率与单片机驱动频率)互相叠加,造成效果混乱、发音不清。

7.2.2 蜂鸣器工作原理

蜂鸣器的发声原理是电流通过电磁线圈,使电磁线圈产生磁场来驱动振动膜发声,因此需要一定的电流才能驱动它。单片机 I/O 引脚输出的电流较小,驱动不了蜂鸣器,因此需要增

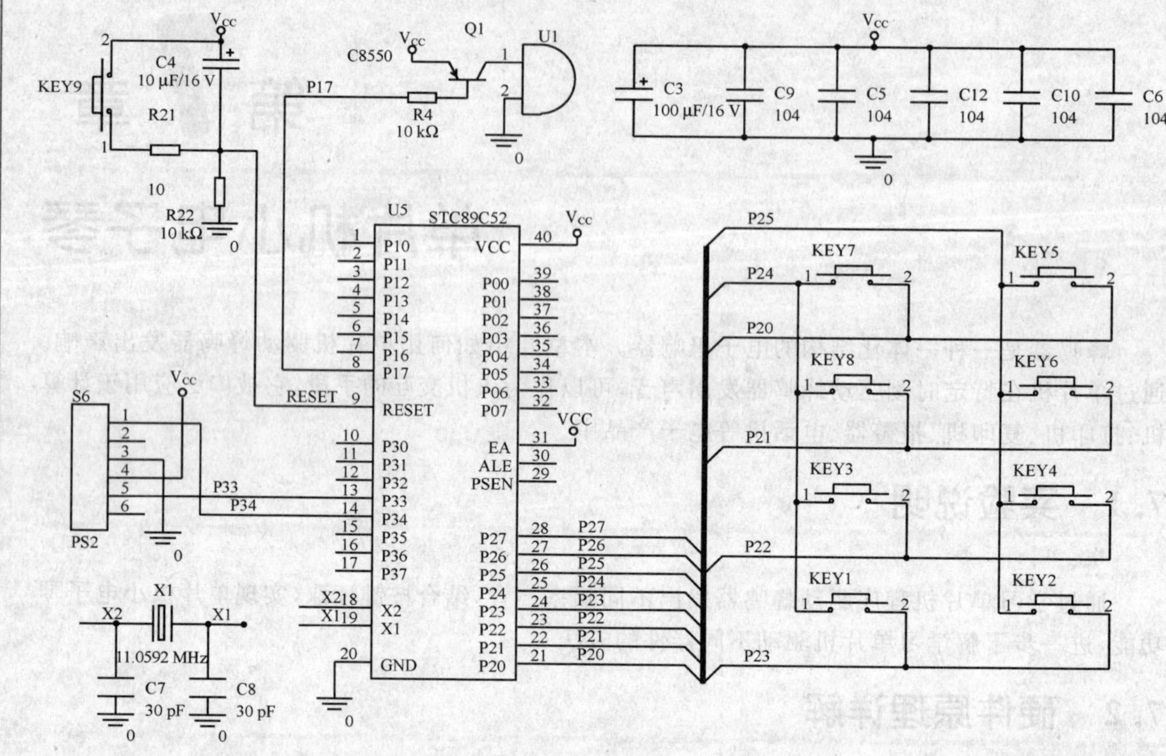

图 7.1　单片机电子琴原理图

加一个电流放大电路。实验板通过一个三极管 Q1 来放大驱动蜂鸣器。

蜂鸣器的正极接到 Q1 的集电极 C 极上面，蜂鸣器的负极接地，三极管发射极 E 极接电源 VCC，基级 B 经过限流电阻 R4 后由单片机的 P1.7 引脚控制，当 P1.7 输出高电平时，三极管 T1 截止，没有电流流过线圈，蜂鸣器不发声；当 P1.7 输出低电平时，三极管导通，这样蜂鸣器的电流形成回路，发出声音。因此，可以通过程序控制 P1.7 引脚的电平来使蜂鸣器发出声音和关闭。程序通过改变单片机 P1.7 引脚输出波形的频率，就可以调整控制蜂鸣器音调，产生各种不同音色、音调的声音。另外，改变 P1.7 输出电平的高低电平占空比，则可以控制蜂鸣器的声音大小。

7.2.3　单片机驱动蜂鸣器方法

有源和无源的驱动方式略有不同，下面先讲解一下有源蜂鸣器的驱动方法。有源蜂鸣器因为内含有信号源，因此只要加上额定的工作电压就可以发出固定频率的声音，因此，在实验板中，只要将 P1.7 引脚置成低电平，就可以使 Q1 导通，蜂鸣器得电工作。

驱动无源蜂鸣器发出声音较为复杂，因为它本身不带信号源，因此，只通上电源，是不能发出声音的，必须要不断的重复“通电－断电”，才能使其发出声音，可以通过编写程序，控制 P1.7引脚不断地置为高电平—低电平—高电平……，这样蜂鸣器就可以不断的通、断电，从而发出声音。而通电、断电的时间不同，相当于振荡周期不同，因此又可以得到不同频率的声音。

在音乐中，所谓的“音调”其实就是常说的“音高”，实质就是频率不同的声音。音乐中以 ABCDEFG 来表示音高，A 音定为标准音高，其频率 $f=440$ Hz。当两个声音信号的频率相差一倍时，也即 $f_2=2f_1$ 时，则称 f_2 比 f_1 高一倍频程，在音乐中 1(do)与 1，2(来)与 2……正好相差一倍频程，在音乐学中称它相差一个八度音。在一个八度音内，有 12 个半音。以 1—i 八音区为例，12 个半音是：1—＃1、＃1—2、2—＃2、＃2—3、3—4、4—＃4，＃4—5、5 —＃5、＃5—6、6—＃6、＃6—7、7—i。这 12 个音阶的分度基本上是以对数关系来划分的。我们只要知道了这 12 个音符的音高，也就是其基本音调的频率，就可根据倍频程的关系得到其他音符基本音调的频率。

为了让单片机发出不同频率的声音，采用定时中断来计算延时时间，只需将定时器预置不同的定时值就可实现不同时间的定时。那么怎样确定一个频率所对应的定时器的定时值呢？以标准音高 A 为例：

A 的频率 $f=440$ Hz，其对应的周期为：T=1/f=1/440=2 272 μs。

图 7.2 是单片机控制蜂鸣器的波形图，通过对引脚 P1.7 循环的置位、清零来达到输出固定频率波形，相对于 A 音频率 440 Hz 图 T=2 272 μs，那么

$$t=T/2=2\ 272/2=1\ 136\ \mu s$$

所以，只要在程序中将 P1.7 置为高电平，延时 1 136 μs，再置为低电平，延时 1 136 μs，如此循环，就可以得到 440 Hz 频率的声音。这个延时可以用定时器中断来做，假设单片机晶振频率为 12 MHz，以定时器工作方式 1 来做定时中断，可以得到定时器计数器初值为：

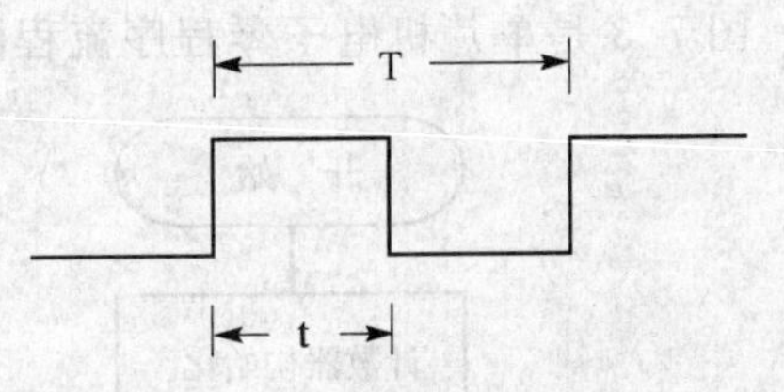

图 7.2　单片机输出波形图

$$TH=(65\ 536-1\ 136\ )\ /256=0xFB$$

$$TL=(65\ 536-1\ 136\ )\%256=0x90$$

(定时器工作方式和计算方法请参照第 1 章内容。)

由此，可以计算出部分音符(3 个八度音)的频率以及单片机晶振频率 12 MHz，定时器在工作方式 1 下的定时器高低计数器的预置初值如表 7.1 所列。

表 7.1　音符频率及定时器初值对照表

C 调音符	1	1#	2	2#	3	4	4#	5	5#	6	6#	7
频率 Hz	262	277	293	311	329	349	370	392	415	440	466	494
TH/TL	F88C	F8F3	F95B	F9B8	FA15	FA67	FAB9	FB04	FB4A	FB90	FBCF	FC0C
C 调音符	1	1#	2	2#	3	4	4#	5	5#	6	6#	7
频率 Hz	523	553	586	621	658	697	739	783	830	879	931	987
TH/TL	FC44	FC79	FCAC	FCDC	FD09	FD34	FD5C	FD82	FDA6	FDC8	FDE7	FE05
C 调音符	1	1#	2	2#	3	4	4#	5	5#	6	6#	7
频率 Hz	1 045	1 106	1 171	1 241	1 316	1 393	1 476	1 563	1 658	1 755	1 860	1 971
TH/TL	FB21	FE3C	FE55	FE6D	FE84	FE9A	FEAD	FEC0	FE02	FEE3	FEF3	FF02

从表 7.1 中可以看出，高、中、低音的音符频率存在倍频关系，比如 1 其低音频率是 262 Hz，中音频率是 523 Hz，中音是低的 2 倍频率，高音频率是 1 045 Hz，高音又是中音的 2 倍频率，所以可以根据其中的 12 个音符频率来推算出其他的音符频率。这种可推算的频率关系有利于在程序中采用运算方法来确定音符的频率。

7.3　小电子琴设计实验

了解了单片机控制蜂鸣器发声的原理，就可以来编写小电子琴的程序。小电子琴由两大主要部分组成：按键和发音。单片机检测哪一个按键被按下，然后控制定时器产生相对应的频率的声音，就达到电子琴发声的效果。鉴于音符较多，而实验板按键有限，所以本实验只用实验板上 8 个按键实现 8 个音符的发声。实现更多音符发声的原理是一样的，只是需要增加更多按键。

7.3.1　程序流程

图 7.3 是单片机电子琴程序流程图，图(a)为主程序流程图，图(b)为中断子程序流程图。

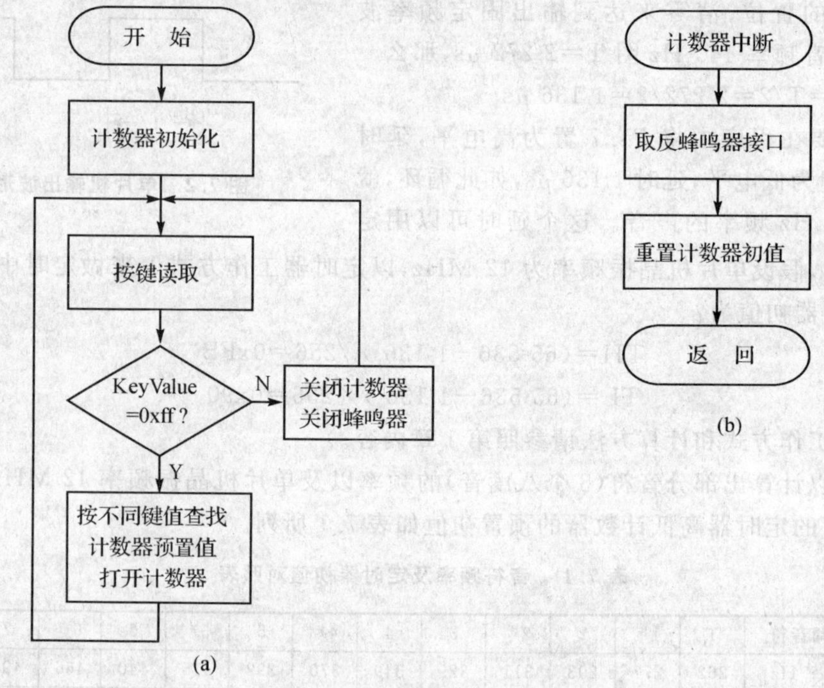

图 7.3　单片机电子琴程序流程图

7.3.2　程序说明

根据图 7.3 的流程图，程序的具体实现如下。

```
/*****************************************************************************
函数名称：主函数
全局变量：无
参数说明：无
返回说明：无
版    本：1.0
说    明：程序运行的主函数
```

```
********************************************************************/
void main()
{
    TMOD    = 0x01;                           //计数器 0 工作模式 1
    ET0     = 1;                              //计数器 0 允许中断
    TR0     = 0;                              //计数器 0 停止计数
    EA      = 1;
    while(1)
        {
        KeyRead();                            //按键读取
        KeyProc();                            //按键处理
        }
}
```

上面是程序的主程序,先对计数器 0 进行初始化,设置其工作模式等参数,然后循环读取按键并对按键进行处理,如果有按键被按下,则由相应的中断子程序负责控制蜂鸣器发出相应频率的声音。


```
/********************************************************************
函数名称:中断处理子函数
全局变量:SoundTempTH、SoundTempTL0
参数说明:无
返回说明:无
版    本:1.0
说    明:计数器发生计数中断时的处理程序
********************************************************************/
void BeepTimer0() interrupt 1
{
    BeepIO = ! BeepIO;                        //取反蜂鸣器控制引脚
    TH0     = SoundTempTH0;                   //重装定时初值
    TL0     = SoundTempTL0;
}

/********************************************************************
函数名称:按键读取子函数
全局变量:KeyValue
参数说明:存储不同按键的键值
返回说明:无
版    本:1.0
说    明:读取实验板上按键是否被按下,按不同键值返回
********************************************************************/
void KeyRead()
{
    KeyValue = 0xff;                          //将 KeyValue 写成 0xFF,即所有按键没有按下时的值
    KeyPort = 0xff;                           //将引脚写成高电平,这里暂不考虑 P2.6、P2.7 的使用
    KeyRow1 = 0;KeyRow2 = 1;                  //将其中一列写成低电平
```

```
    if((KeyPort&0x0f)! = 0x0f)                  //判断读出的行数值,有低电平时
        {KeyValue = KeyPort|0xf0;return;}       //数值存入 KeyValue 的低 4 位,退出
    KeyPort = 0xff;                             //同上
    KeyRow1 = 1;KeyRow2 = 0;
    if((KeyPort&0x0f)! = 0x0f)
        KeyValue = ~((~(KeyPort|0xf0))<<4);     //数值存入 KeyValue 的高 4 位
}
/*************************************************************************
函数名称:按键处理子函数
全局变量:KeyValue
参数说明:无
返回说明:无
版    本:1.0
说    明:按键值不同进行处理,查表获得计数器初始值
*************************************************************************/
void KeyProc()                                  //按键处理
{
    uchar Dat;
    if(KeyValue = = 0xff)                       //没有按键
        {
        TR0 = 0;BeepIO = 1;                     //关闭计数,关闭蜂鸣器
        return;                                 //直接返回
        }
    switch(KeyValue)                            //有按键,按不同按键进行处理
        {
        case 0x7f:
            Dat = 0;                            //按键对应音符频率的计数器初始值在数组中的位置
            break;
        case 0xbf:
            Dat = 1;
            break;
        case 0xdf:
            Dat = 2;
            break;
        case 0xef:
            Dat = 3;
            break;
        case 0xf7:
            Dat = 4;
            break;
        case 0xfb:
            Dat = 5;
            break;
        case 0xfd:
            Dat = 6;
```

```
            break;
        case 0xfe:
            Dat = 7;
            break;
        }
        SoundTempTH0 = FreTab[Dat]/256;                  //查表得到计数器初始值
        SoundTempTL0 = FreTab[Dat] % 256;
        TR0 = 1;                                         //开启计数器
    }
```

BeepTimer0()是中断处理子程序，负责重装计数器计数初值及取反蜂鸣器控制端以产生相应频率的声音。

KeyRead()是按键读取子程序，负责检测实验板上有无按键被按下，并将按下的按键按照不同的键值存储在 KeyValue 变量中，传递给 KeyProc()子程序进行处理。按键读取的原理可以参考第 6 章的内容。

KeyProc()是按键处理子程序，负责按照 KeyValue 的键值，查表获得相对应音符频率的计数器初始值，程序主体由一个分支处理结构组成。

7.4　实验总结

通过在实验板上进行单片机电子琴程序的编写，对计数器、中断、按键等的综合应用有了进一步的了解。

7.5　课后习题

利用实验板的 P0、P2 口扩展按键到 8×8 共 64 键，做出全音域的单片机电子琴。

第8章

LCD1602液晶显示器实验

在单片机的人机交互界面中，一般的输出方式有以下几种：发光二极管、LED数码管、液晶显示器。发光二极管和LED数码管在前面章节已经介绍，这一章重点介绍字符型液晶显示器的应用。

读者对液晶显示器并不陌生。液晶显示模块已作为很多电子产品的通过器件，如在计算器、万用表、电子表及很多家用电子产品中都可以看到，显示的主要是数字、专用符号和图形。液晶显示器具有微功耗、体积小、显示内容丰富、超薄轻巧的诸多优点，因此应用越来越广泛。

8.1 实验说明

通过在实验板上编写程序对LCD1602型液晶屏进行控制显示，学习LCD1602液晶屏的控制方法，达到对液晶屏使用有一个初步了解的目的。

8.2 硬件原理详解

这里介绍的字符型液晶模块是一种用5×7点阵图形来显示字符的液晶显示器，根据显示的容量可以分为1行16个字、2行16个字、2行20个字等，这里使用常用的2行16个字的LCD1602液晶模块来介绍它的编程方法。

LCD1602液晶模块内部的字符发生存储器(CGROM)已经存储了160个不同的点阵字符图形，这些字符有：阿拉伯数字、英文字母的大小写、常用的符号和日文假名等，每一个字符都有一个固定的代码，其代码与标准的ASCII字符代码一致。因此只要写入显示字符的ASCII码即可，这种标准化的设计给使用带来很大的方便。比如大写的英文字母“A”的ASCII代码是01000001B(41H)，显示时单片机往液晶模块写入显示指令，模块就把地址41H中的点阵字符图形显示出来，就能在相应位置上看到字母“A”。

8.2.1 硬件原理图

LCD1602液晶显示器与8051单片机的连接可以分成两种方式：总线方式和模拟口线方式，连线分别如图8.1和图8.2所示。在实验板上，我们采用模拟口线连接方式，如图8.3所示。

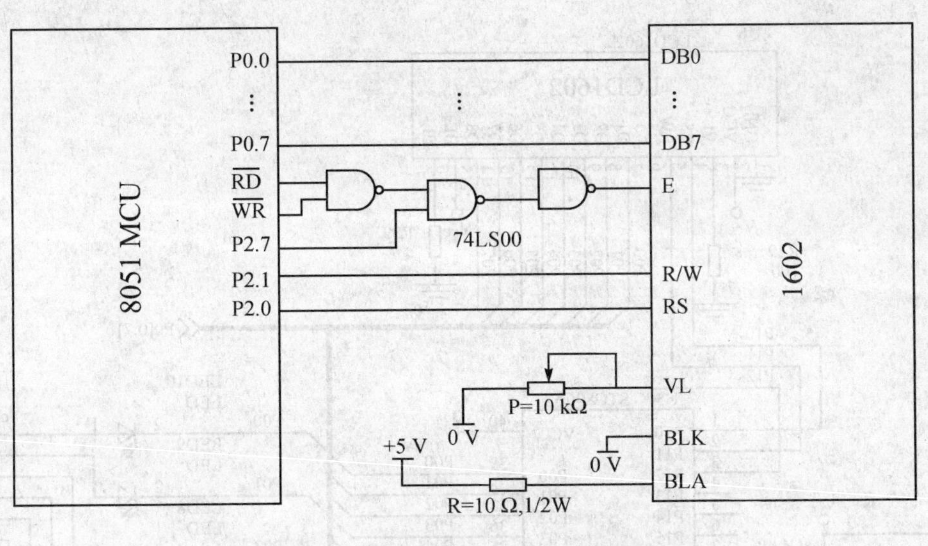

图 8.1 LCD1602 总线方式接线图

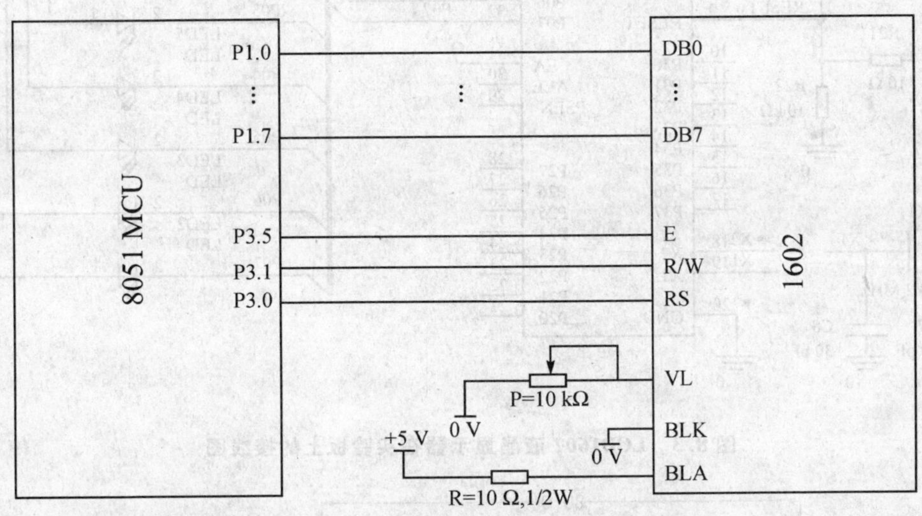

图 8.2 模拟口线方式接线图

在这里，要注意的是3个控制引脚RS、RW、E和D0～D7引脚与单片机I/O引脚的连接关系，这在编写程序中要使用到，其他的电源、地、背光、对比度等引脚都已做了固定的连接，只要了解就可以了。

8.2.2 LCD1602结构及引脚功能

LCD1602液晶屏外观示意图如图8.4所示。图8.5是LCD1602内部RAM显示缓冲区地址的映射图，00～0F、40～4F分别对应LCD1602的上下两行的每一个字符，只要往对应的RAM地址写入要显示字符的ASCII代码，就可以显示出来。LCD1602液晶屏引脚功能表如表8.1所列。

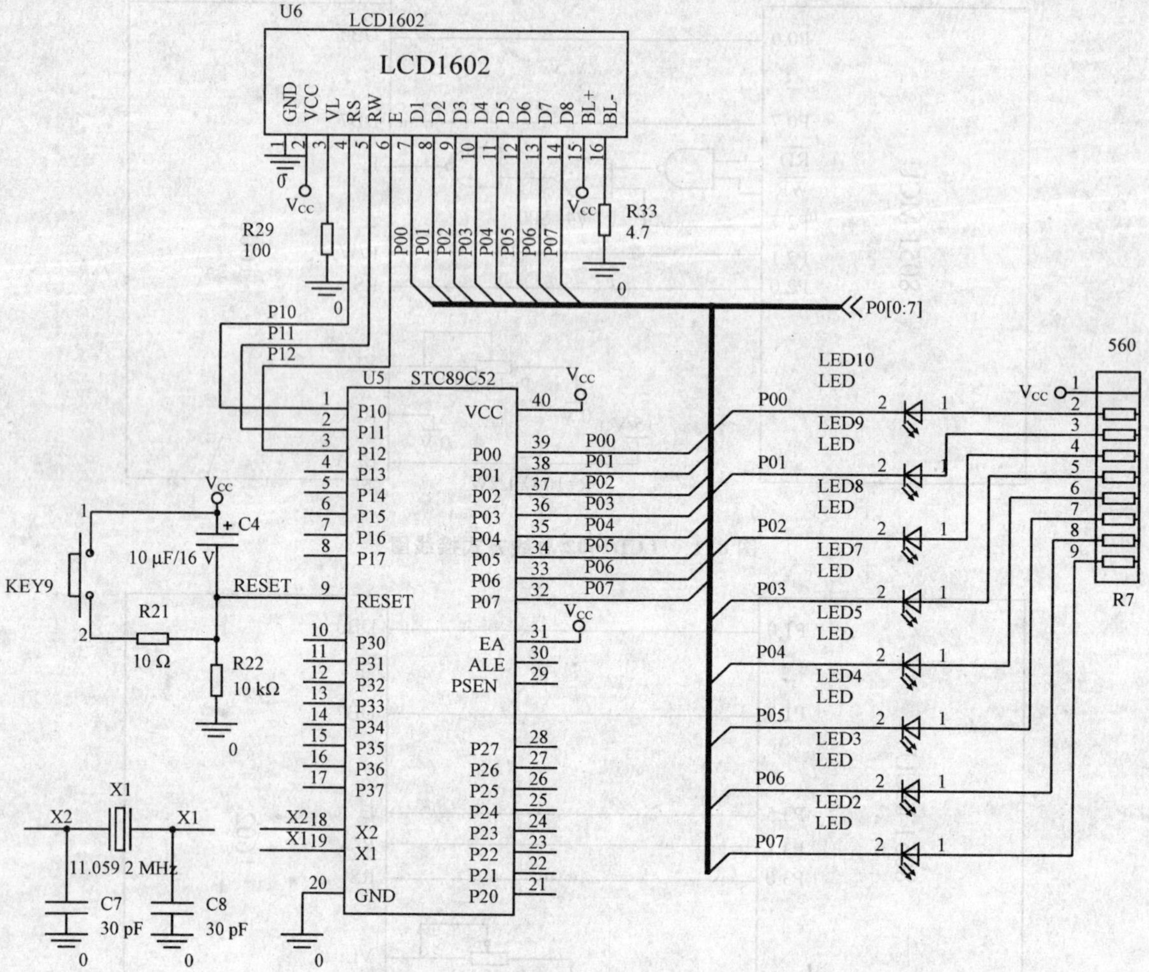

图 8.3　LCD1602 液晶显示器在实验板上的接线图

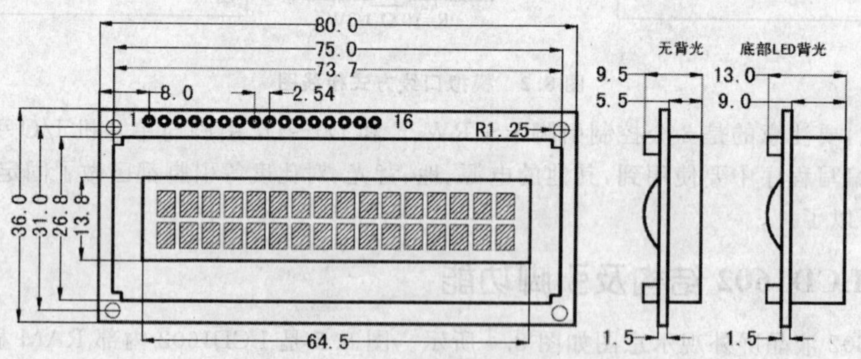

图 8.4　LCD1602 液晶屏外观示意图

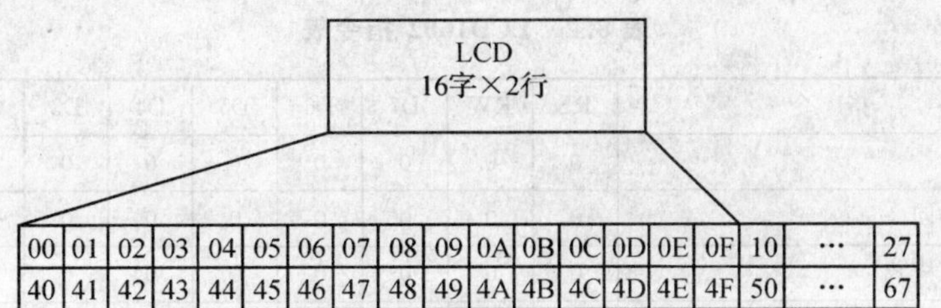

图 8.5 LCD1602 内部 RAM 地址映射图

表 8.1 LCD1602 液晶屏引脚功能表

编 号	符 号	引脚说明	编 号	符 号	引脚说明
1	V_{SS}	电源地	9	D2	Data I/O
2	V_{DD}	电源正极	10	D3	Data I/O
3	V_L	液晶显示偏压信号	11	D4	Data I/O
4	RS	数据/命令选择端(H/L)	12	D5	Data I/O
5	R/W	读/写选择端(H/L)	13	D6	Data I/O
6	E	使能信号	14	D7	Data I/O
7	D0	Data I/O	15	BLA	背光源正极
8	D1	Data I/O	16	BLK	背光源负极

LCD1602 采用标准的 16 脚接口,其中 V_{SS} 为地电源,V_{DD} 接 5 V 正电源,V_L 为液晶显示器对比度调整端,接正电源时对比度最弱,接地电源时对比度最高,对比度过高时会产生"鬼影",使用时可以通过一个 10 kΩ 的电位器调整对比度,在实验板上安装了固定阻值的电阻使对比度适中。

RS 为寄存器选择,高电平时选择数据寄存器、低电平时选择指令寄存器。RW 为读写信号线,高电平时进行读操作,低电平时进行写操作。E 端为使能端。D0～D7 为 8 位双向数据线。

各厂家生产的 LCD1602 液晶屏显示器其引脚不一定相同,在使用的时候要注意查阅厂家提供的技术资料。

8.2.3 LCD1602 显示指令系统

通过 RS、RW、E 这 3 个控制脚不同状态的配合,对 LCD1602 的操作主要有两类 4 种,两类分为读和写,4 种是读状态、写指令、读数据、写数据。下面我们看看这 4 种状态:

(1) 读状态,输入:RS=L,RW=H,E=H。输出:D0～D7=状态字。

(2) 写指令,输入:RS=L,RW=L,D0～D7=指令,E=高脉冲。输出:无。

(3) 读数据,输入:RS=H,RW=H,E=H。输出:D0～D7=数据。

(4) 写数据,输入:RS=H,RW=L,D0～D7=数据,E=高脉冲。输出:无。

了解了这 4 种状态,就可以对 LCD1602 进行操作。LCD1602 的操作指令如表 8.2 所列。

表 8.2　LCD1602 指令表

序　号	指　令	RS	RW	D7	D6	D5	D4	D3	D2	D1	D0
1	清显示	0	0	0	0	0	0	0	0	0	1
2	光标返回	0	0	0	0	0	0	0	0	1	*
3	置输入模式	0	0	0	0	0	0	0	1	I/D	S
4	显示开/关控制	0	0	0	0	0	0	1	D	C	B
5	光标或字符移位	0	0	0	0	0	1	S/C	R/L	*	*
6	置功能	0	0	0	0	1	DL	N	F	*	*
7	置字符发生存贮器地址	0	0	0	1	字符发生存贮器地址(AGG)					
8	置数据存贮器地址	0	0	1	显示数据存贮器地址(ADD)						
9	读忙标志或地址	0	1	BF	计数器地址(AC)						
10	写数据到 CGRAM 或 DDRAM	1	0	要写的数							
11	从 CGRAM 或 DDRAM 读数据	1	1	读出的数据							

指令 1：清显示，指令码 01H，光标复位到地址 00H 位置。

指令 2：光标复位，光标返回到地址 00H。

指令 3：光标和显示模式设置 I/D：光标移动方向，高电平右移，低电平左移；S：屏幕上所有文字是否左移或者右移。高电平表示有效，低电平则无效。

指令 4：显示开关控制。D：控制整体显示的开与关，高电平表示开显示，低电平表示关显示；C：控制光标的开与关，高电平表示有光标，低电平表示无光标；B：控制光标是否闪烁，高电平闪烁，低电平不闪烁。

指令 5：光标或显示移位 S/C：高电平时移动显示的文字，低电平时移动光标。

指令 6：功能设置命令 DL：高电平时为 4 位总线，低电平时为 8 位总线；N：低电平时为单行显示，高电平时双行显示；F：低电平时显示 5×7 的点阵字符，高电平时显示 5×10 的点阵字符。

指令 7：字符发生器 RAM 地址设置。

指令 8：DDRAM 地址设置。

指令 9：读忙信号和光标地址；BF 为忙标志位，高电平表示忙，此时模块不能接收命令或者数据，如果为低电平表示不忙。

指令 10：写数据。

指令 11：读数据。

8.2.4　LCD1602 工作时序

如图 8.6 所示为 LCD1602 读写时序图，中间的 Valid Data 即有效数据区，在进行读或写，无非都是想进行数据的传送，在时序图中，为了看起来更清楚些，画上两根线，并标上 A、B、C、D 字样，注意这个位置各个引脚的状态，下面先来分析一下读操作时序。

如图 8.6(a)所示，在进行读操作的时候，RW 引脚置于 1，RS 引脚则根据读的内容(状态或数据)置为 1 或 0。注意看图中的 A 和 B 两根线，在 A 位置 E 引脚置为 1，经过 t_D 时间后，可以在数据口读到正确的数据，由于 t_D 的时间极短（ns 级），而单片机操作一般是 μs 级，所以可以不考虑这个时间差。在将 E 引脚置为 1 之后，就可以紧跟着指令去读取数据，在读到数据后，再将 E 引脚置为 0，经过 t_{HD2} 时间后，数据口上的数据失效。

如图 8.6(b)所示，在进行写操作的时候，RW 脚要置为 0，RS 脚根据写的内容不同（指令或数据）置为 1 或 0，同时，注意 C 和 D 两根线，我们在将 E 引脚置为 1 之前，要先将数据送到数据口上，然后，在 C 位置，将 E 引脚置为 1，经过 t_{PW} 延时后，再将 E 引脚置为 0，在这个时间段内必须保证数据口上的数据稳定不变，为有效的数据。同理，由于 tPW 这些延时相对较短（ns 级），所以在单片机里也不必考虑延时问题。

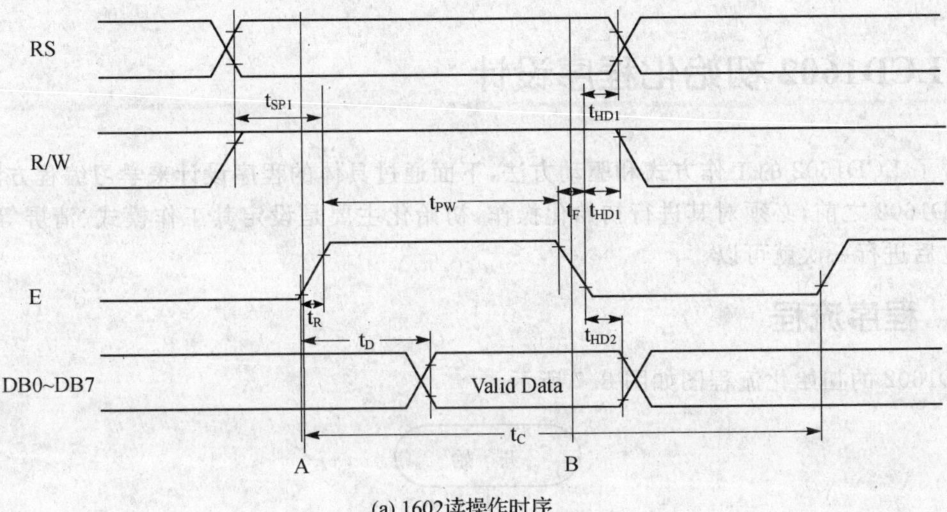

(a) 1602读操作时序

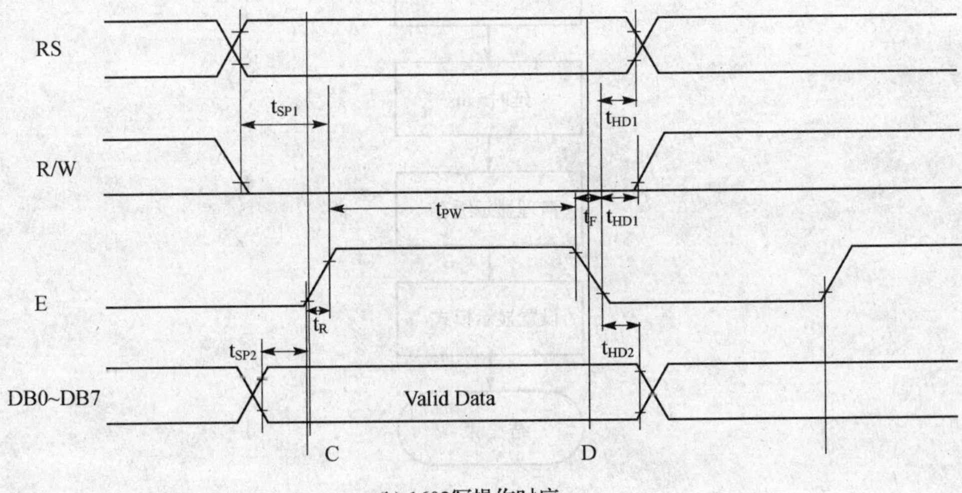

(b) 1602写操作时序

图 8.6 LCD1602 读写时序图

8.2.5 LCD1602 8 位总线工作方式

LCD1602 要正常工作，需要 3 根控制线 RS、RW、E 进行控制，用数据线 D0～D7 进行数据传送，这样需要占用 11 个单片机 I/O 口来对它进行操作，为了节约 I/O 口，LCD1602 控制分成两种方式：8 位总线和 4 位总线。这里先来看看 8 位总线的控制方式。

8 位总线工作方式，顾名思义，就是数据线要用到 8 根，这样数据一次操作就可以传送完毕，优点是效率高，缺点是占用 I/O 口多。

8.2.6　LCD1602 4 位总线工作方式

4 位总线工作方式，就是数据线用 D7～D4 四根，传送时先送一次高 4 位的数据，再送一次低 4 位的数据，这样数据需要两次操作才可以传送完毕，优点是占用 I/O 口少，缺点是效率较低。

8.3　LCD1602 初始化程序设计

了解了 LCD1602 的工作方式和驱动方法，下面通过具体的程序设计来学习编程方法。在使用 LCD1602 之前，必须对其进行初始化操作，初始化主要是设定其工作模式、清屏等，只需要在加电后进行一次就可以。

8.3.1　程序流程

LCD1602 的初始化流程图如图 8.7 所示。

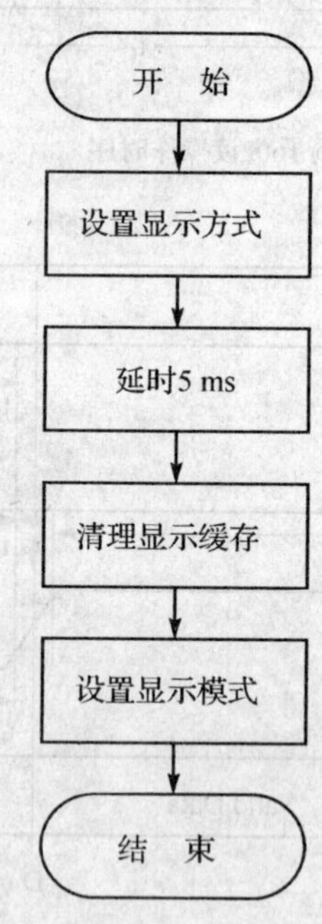

图 8.7　LCD1602 初始化流程图

8.3.2　程序说明

下面是根据流程图图 8.7 写出初始化程序，其中引用的一些子函数留在后面再详细讲解。

```
/****************************************************************************
函数名称：LCD1602 初始化子函数
全局变量：无
参数说明：无
返回说明：无
版    本：1.0
说    明：设置工作模式、清屏、开显示
****************************************************************************/
void InitLCD1602()
{
    WriteLCD1602(0x38,0);                   //送 8 位点阵方式指令
    mDelay(10);                             //延时 5 ms
    WriteLCD1602(0x01,0);                   //送清屏指令
    mDelay(10);
    WriteLCD1602(0x0c,0);                   //送开显示指令，光标不显示
}
```

8.4 单个字符程序设计

在加电初始化之后，就可以通过指令控制 LCD1602 显示字符。一般来说，需要做两步，第一步是将光标定位到要显示字符的位置，LCD1602 共有 2 行，每行 16 个字符位置；第二步就是发送要显示字符的 ASCII 码或自定义地址码。

8.4.1 程序流程

单个字符显示的程序流程图如图 8.8 所示。

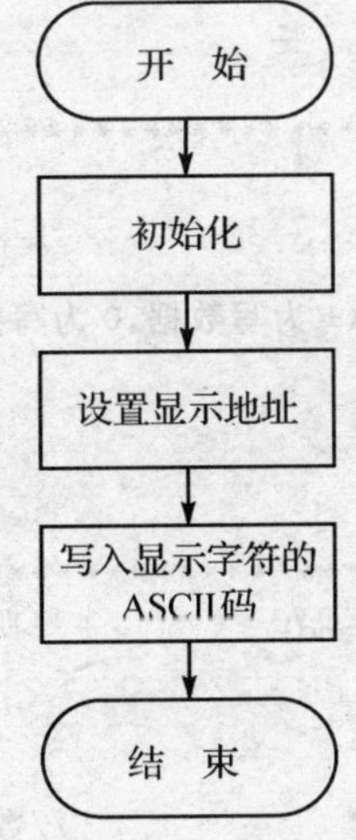

图 8.8 LCD1602 单字符显示流程图

8.4.2 程序说明

根据 LCD1602 读写的 4 种状态，写出以下几个子函数来配合完成操作，其中有读状态、写指令、写数据，读数据比较少用，这里不再详述。

下面是一个读忙状态的子函数，在进行写入指令或数据到 LCD1602 的时候，如果 LCD1602 处于非空闲状态，它对写入的指令或数据是不会响应的，因此每次进行写操作，都必须要先检测一下 LCD1602 的状态是否处于空闲。

```
/*********************************************************************
函数名称：读忙状态子函数
全局变量：无
参数说明：无
返回说明：无
版    本：1.0
说    明：读取 LCD1602 忙状态
*********************************************************************/
void ReadLCD1602()
{
  uchar i = 255;                                       //建一个循环变量避免器件发生故障停在这里
  DataPort_LCD1602 = 0xff;                             //将数据口置为高电平
  RS_LCD1602 = 0;  RW_LCD1602 = 1;                     //设置 LCD 为读取数据状态
  EN_LCD1602 = 1;                                      //使能 LCD,高电平
  while ((i--)&&(DataPort_LCD1602&0x80));              //检测数据口最高位状态,为 0 则空闲
  EN_LCD1602 = 0;                                      //关闭使能
}
```

下面是一个写指令和数据结合的子函数，通过入口参数 command 的取值来决定该子函数写入的是指令还是数据。

```
/*********************************************************************
函数名称：写操作子函数
全局变量：无
参数说明：Dat 为数据,command 为指令(1 为写数据,0 为写指令)
返回说明：无
版    本：1.0
说    明：往 LCD1602 写入数据、指令
*********************************************************************/
void WriteLCD1602(uchar Dat,bit command)
{
    ReadLCD1602();
    DataPort_LCD1602 = Dat;                            //数据送出
    RS_LCD1602 = command;                              //RS 为 1 写数据、为 0 写指令
    RW_LCD1602 = 0;                                    //RW 为低,进行写操作
    EN_LCD1602 = 1;EN_LCD1602 = 0;                     //E 端控制一个高电平
}
```

下面通过例子介绍如何在固定的位置上显示字符。比如要在第一行第一列位置显示字母“A”,只要用以下的语句就可以。

```
WriteLCD1602(0x80,0);          //写指令操作,将第一行第一列地址数据送 LCD1602
WriteLCD1602('A',1);           //写数据操作,将字母"A"的 ASCII 码送 LCD1602
```

细心的读者可能要问了,第一行第一列的 RAM 显示缓冲区地址不是 00 吗?为什么这里要送 0x80 呢?这是 LCD1602 指令设计上的规定,根据 LCD1602 指令表中指令 8 的规定,最高位 D7 必须为 1,就是说实际送往 LCD1602 的数据=0x80+地址。

8.5　一行字符程序设计

这节主要介绍如何高效的显示一行字符,按照显示一个字符的方式,每次需要两次操作,一次是写地址指令,一次是写数据,这样在写一行数据的时候显得效率较低,实际上,通过对 LCD1602 初始化的设置,可以设定地址指针自动进行加 1 操作(本章的 LCD1602 初始化模式即是如此),这样只要指定行的首地址就可以连续写入数据。

8.5.1　程序流程

LCD1602 字符串显示程序流程图如图 8.9 所示。

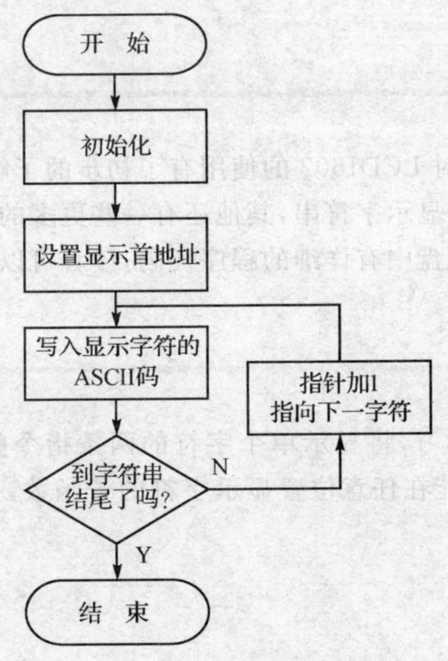

图 8.9　LCD1602 字符串显示流程图

8.5.2　程序说明

下面通过在第一行显示字符串“This is a test!”实例来说明一下。

```
unsigned char code Megs[] = {"This is a test! "};          //定义要显示的字符串
```

```
/*********************************************************************************
函数名称：LCD1602 整行字符串写入子函数
全局变量：无
参数说明：x 为写入的行，* p 为写入的字符串数组
返回说明：无
版    本：1.0
说    明：在 LCD1602 任意行写入字符串
*********************************************************************************/
void WrStringLCD1602(uchar x,uchar * p)
{
    WriteLCD1602(0x80 + (x<<6),0);                    //合并生成行首地址送 LCD1602
    while( * p) {WriteLCD1602( * p,1);p ++ ;}          //逐个字符写入
}
void main()
{
Init1602();                                           //初始化 LCD1602
WrStringLCD1602(0, Megs);                             //在第 1 行显示字符串
}
```


上面是定义字符串内容及字符串写入的一个子函数，程序用指针指向字符串，将行首地址送入 LCD1602 后再一次性的写入整个字符串，这样就可以在第一行显示出字符串。

8.6 实验总结

通过这一章的介绍，读者对 LCD1602 的使用有了初步的了解，能在 LCD1602 液晶显示器的任意位置显示字符和任一行显示字符串，其他还有一些更多的功能，比如自定义字符的显示等，留待读者自己研究，配套光盘中有详细的程序代码，读者可以自行实验学习。

8.7 课后习题

通过以上几个子函数的学习，将显示单个字符的两条指令整合，参照 WrStringLCD1602 子函数的写法，自己编写一个能在任意位置显示字符的子函数，在 LCD1602 液晶显示器上显示出字母、数字、标点等字符。

第 9 章

LCD3310 液晶显示器实验

第 8 章介绍了 1602 液晶显示器的使用，对液晶显示器的控制使用有了初步的认识。它的控制较为简单，能实现的功能也比较单一，只可以显示 ASCII 字符以及少量简单的自定义图形，这在一些复杂的应用场合不能满足要求。这一章介绍 3310 液晶显示器的使用，它因为使用在诺基亚 3310 型手机上而得名。

9.1 实验说明

通过对 3310 液晶显示器编程的介绍，读者可以学习串行总线的控制方法，学习在点阵式液晶显示器上显示 ASCII 字符、中文字符、自定义图形等。

9.2 硬件原理详解

3310 液晶显示器由 PCD8544 控制芯片和 48 行 84 列液晶显示点阵组成，PCD8544 集成 LCD 电压发生器、偏压发生器、振荡器等，这使得 3310 液晶显示器外围控制电路简单化，只须很少外部元件且功耗小，与 MCU 接口使用 SPI 三线模拟串行方式传送数据，仅需要 3～5 根控制线就可以完成数据传送，大大节约了控制器的 I/O 引脚。具有垂直寻址、水平寻址两种模式，可任意显示字符、图形，可以由 51、PIC、ARM 等单片机通过程序进行驱动。

3310 内部没有固化的点阵字符图形，因此所有要显示的字符、图形都必须在程序里指定好图形数据，由程序送往 3310 进行显示，这与 1602 使用中只需要送出字符的 ASCII 码有很大的差别。

9.2.1 硬件原理图

LCD3310 液晶显示器在实验板上的接线图如图 9.1 所示。

9.2.2 LCD3310 结构及引脚功能

LCD3310 液晶显示器所采用的控制芯片 PCD8544 是由飞利浦生产的专用于 48×84 点阵的 LCD 显示器驱动芯片，如图 9.2 所示，采用串行传送方式与外部控制器进行连接，串行传送速度最高可达 4.0 Mb/s，内部设有 48×84 位 DDRAM 显示数据存储器，与液晶屏每一点位一一对应，DDRAM 分为 6 排，每排 84 字节(6×8×84 位)，访问 DDRAM 期间，数据通过串行接口传输，只需要将要显示的数据写入 DDRAM 立即就可以显示出来，数据 1 为显示，数据 0 为不显示。地址计数器为写入显示数据存储器指定地址，X 地址和 Y 地址分别进行设置，写

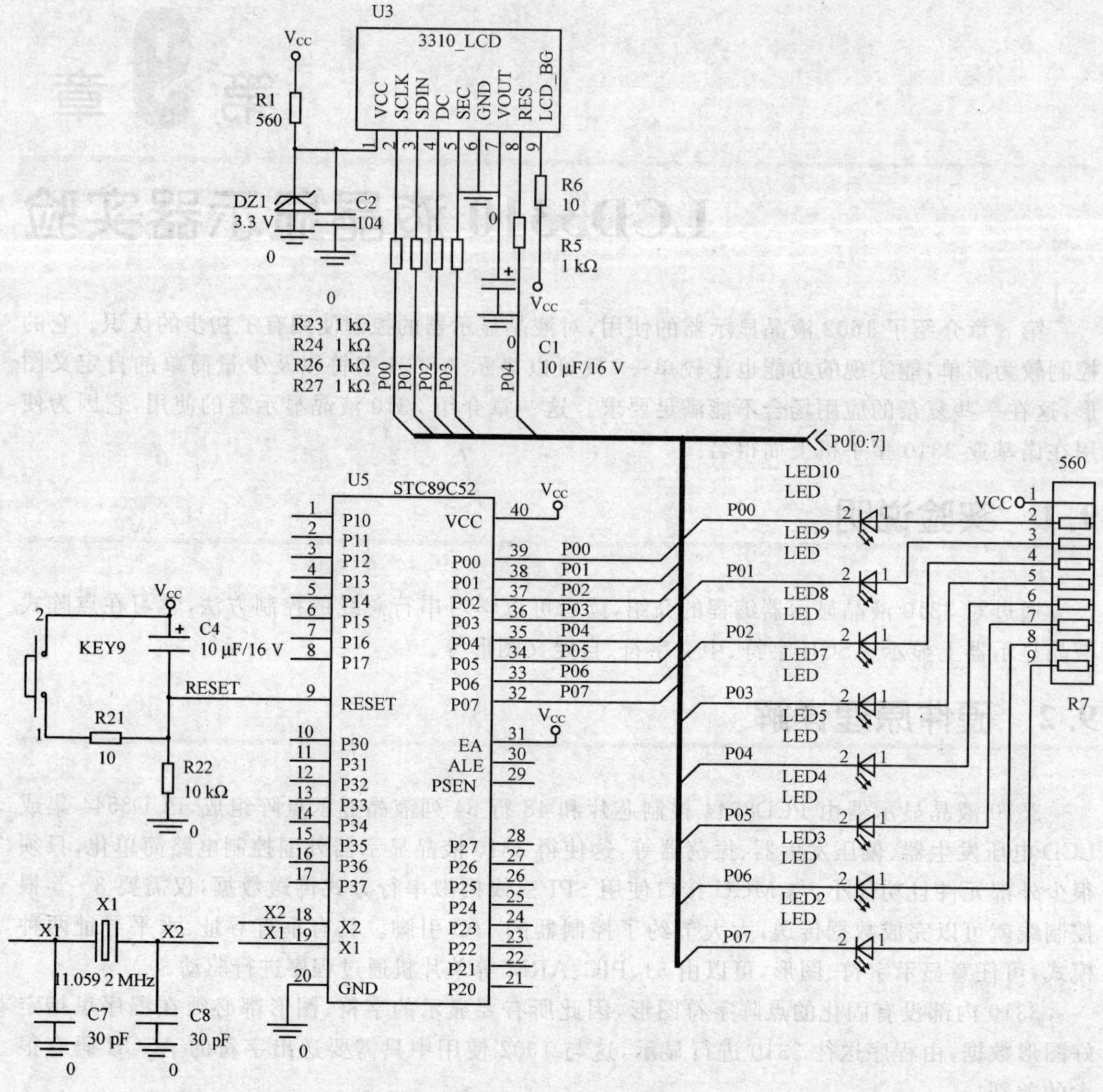

图 9.1　LCD3310 液晶显示器在实验板上的接线图

入操作之后，地址计数器依照寻址方式标志自动加 1。图 9.3 是 LCD3310 液晶显示器屏幕的点阵结构。其引脚功能列表如表 9.1 所列。

表 9.1　LCD3310 引脚功能列表

引　脚	功　能	引　脚	功　能
VCC	电源引脚	GND	地
SCLK	串行时钟输入端	VOUT	偏置电压输出
SDIN	串行数据输入端	RES	外部复位
DC	数据/指令	LCD_BG	背光电源
SCE	芯片使能		

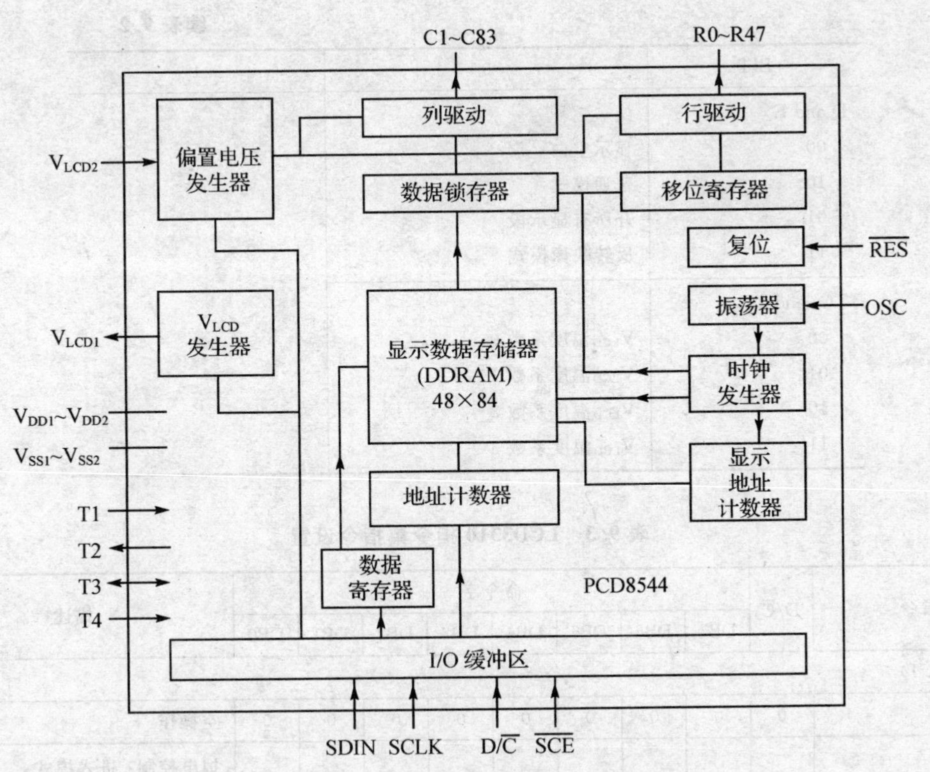

图 9.2　LCD3310 内部控制芯片原理方框图

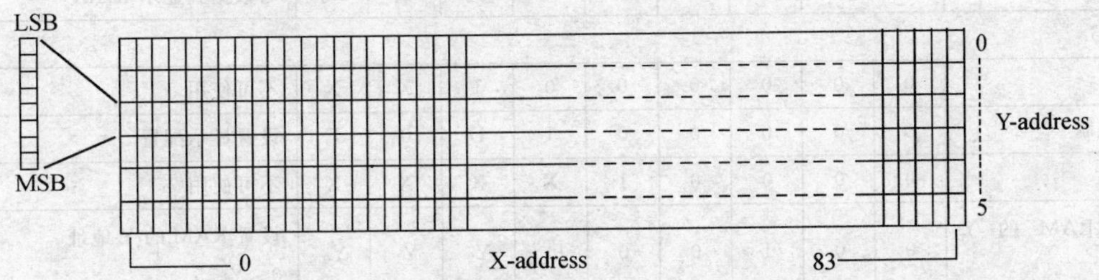

图 9.3　LCD3310 液晶显示器屏幕点阵结构

9.2.3　LCD3310 显示指令系统

LCD3310 指令集符号含义及指令设置分别表 9.2 和 9.3 所列。

表 9.2　LCD3310 指令集中符号含义

BIT	0	1
PD	芯片是活动的	芯片处于掉电模式
V	水平寻址	垂直寻址
H	使用基本指令集	使用扩展指令集

续表 9.2

BIT	0	1
D and E		
00	显示空白	
10	普通模式	
01	开所有显示段	
11	反转映像模式	
TC_1 and TC_0		
00	V_{LCD}温度系数 0	
01	V_{LCD}温度系数 1	
10	V_{LCD}温度系数 2	
11	V_{LCD}温度系数 3	

表 9.3 LCD3310 指令集指令设置

指令	D/$\overline{C}$	命令字								描述
		DB7	DB6	DB5	DB4	DB3	DB2	DB1	DB0	
(H=0 or 1)										
NOP	0	0	0	0	0	0	0	0	0	空操作
功能设置	0	0	0	1	0	0	PD	V	H	掉电控制：进入模式；扩展指令设置(H)
写数据	1	D_7	D_6	D_5	D_4	D_3	D_2	D_1	D_0	写数据到显示 RAM
(H=0)										
保留	0	0	0	0	0	0	1	X	X	不可使用
显示控制	0	0	0	0	0	1	D	0	E	设置显示配置
保留	0	0	0	0	1	X	X	X	X	不可使用
设置 RAM 的 Y 地址	0	0	1	0	0	0	Y_2	Y_1	Y_0	设置 RAM 的 Y 地址 $0\leqslant Y\leqslant 5$
设置 RAM 的 X 地址	0	1	X_6	X_5	X_4	X_3	X_2	X_1	X_0	设置 RAM 的 X 地址 $0\leqslant X\leqslant 83$
(H=1)										
保留	0	0	0	0	0	0	0	0	1	不可使用
	0	0	0	0	0	0	0	1	X	不可使用
温度控制	0	0	0	0	0	0	1	TC_1	TC_0	设置温度系数(TCx)
保留	0	0	0	0	0	1	X	X	X	不可使用
偏置系统	0	0	0	0	1	0	BS_2	BS_1	BS_0	设置偏置系统(BS_X)
保留	0	0	1	X	X	X	X	X	X	不可使用
设置 V_{OP}	0	1	V_{OP6}	V_{OP5}	V_{OP4}	V_{OP3}	V_{OP2}	V_{OP1}	V_{OP0}	写 V_{OP} 到寄存器

对 LCD3310 的操作主要分为写指令和写数据，由 DC 端电平高低决定写入的是指令或者

数据，数据传送采取MSB（高位）在前的传送方式。每一条指令可用任意次序发送到PCD8544，每一个数据字节存入之后，地址计数自动递增。

图9.4(a)为垂直寻址方式（V=1），图9.4(b)为水平寻址方式（V=0），寻址方式不同需要的数据也不同，本章以水平寻址方式为例进行讲解。

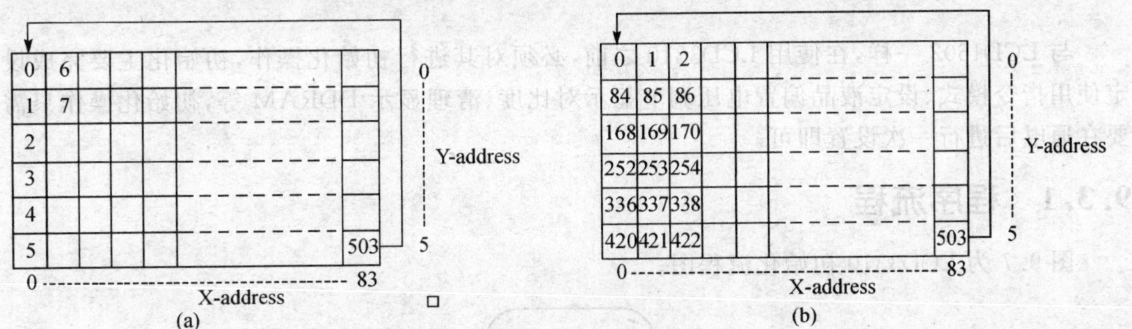

图9.4 LCD3310两种寻址方式写入数据次序图

9.2.4 LCD3310 工作时序

图9.5是LCD3310传送单字节的时序图，$\overline{SCE}$为片选引脚，当被置为低电平时选中对液晶显示器进行操作，在高电平时，所有操作均无效。D/$\overline{C}$作为数据/指令控制引脚，低电平时为指令，高电平时为数据。SCLK提供时钟信号，SDIN用于输入传送的数据。与LCD1602不同之处是，在LCD3310上，数据传送是使用串行方式进行的，每次只能传送一位，在SCLK上升沿时，SDIN上的数据被读入，因此，一个字节需要8次才可以传送完成。

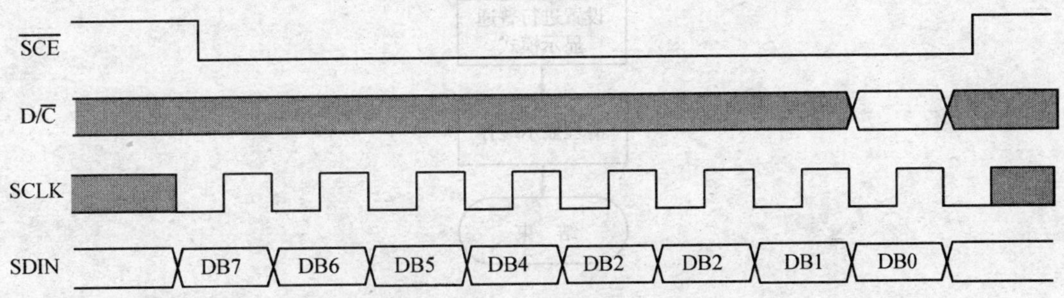

图9.5 LCD3310传送单字节时序图

LCD3310允许数据连续传送，如图9.6所示在传送过程中，读取数据字节最后一位的时

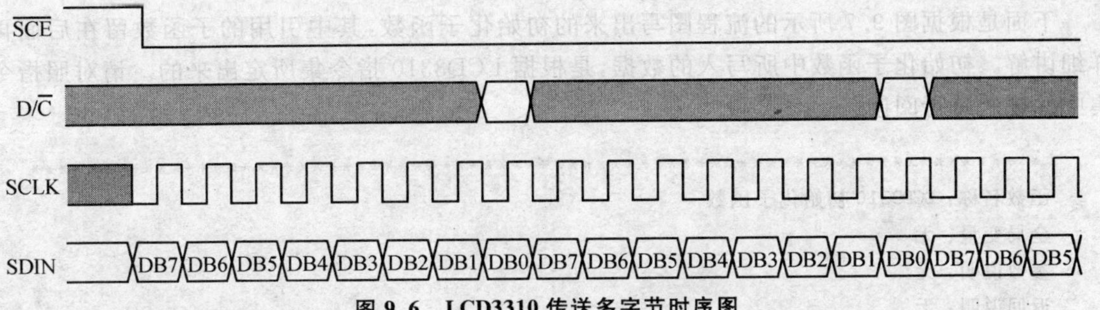

图9.6 LCD3310传送多字节时序图

候会一并读取 D/$\overline{C}$的值来判断所读入的数据是指令还是数据，时序图中 D/$\overline{C}$的白色部分为有效，必须保持该时刻 D/$\overline{C}$端的信号稳定。

9.3　LCD3310 初始化程序设计

与 LCD1602 一样，在使用 LCD3310 之前，必须对其进行初始化操作，初始化主要完成设定使用指令模式、设定液晶偏置电压调节显示对比度、清理显示 DDRAM 等，初始化操作只需要在通电后进行一次设置即可。

9.3.1　程序流程

图 9.7 为 LCD3310 初始化流程图。

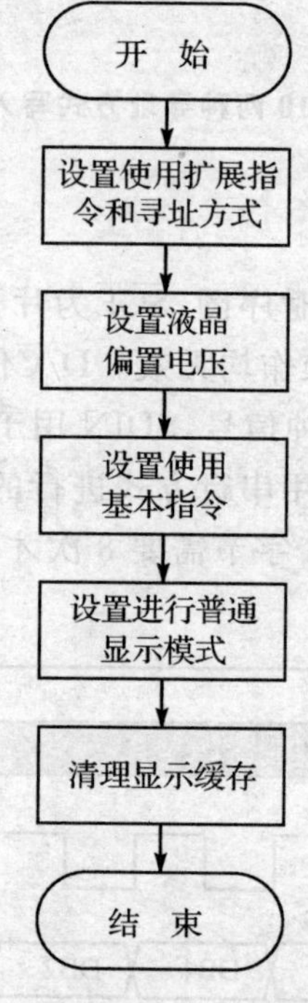

图 9.7　LCD3310 初始化流程图

9.3.2　程序说明

下面是根据图 9.7 所示的流程图写出来的初始化子函数，其中引用的子函数留在后面再详细讲解。初始化子函数中所写入的数据，是根据 LCD3310 指令集所定出来的。请对照指令集中的规定进行阅读。

```
/**************************************************************************
函数名称：LCD3310 初始化子函数
全局变量：无
参数说明：无
返回说明：无
```

```
版    本：1.0
说    明：设置 LCD3310 工作模式、清理显示 DDRAM
*************************************************************************/
void LCD_init(void)
{
    LCD_write_byte(0x21,0);             //功能设置使用扩充指令,水平寻址
    LCD_write_byte(0xb9,0);             //设定液晶偏置电压(高 - -低)Vop
    LCD_write_byte(0x20,0);             //使用基本指令
    LCD_write_byte(0x0c,0);             //设定显示模式,正常显示
    LCD_clear();                        //清理显示 DDRAM
}
```

9.4 字符显示程序设计

本节通过具体的程序设计来介绍编程方法。在完成初始化操作后,就可以通过指令控制 LCD3310 显示字符或图形,与 1602 的操作方法相似,也需要两步完成,第一步先送显示地址,告诉 3310 需要在什么位置显示;第二步将显示字符的字模数据送到 3310 的显示 DDRAM 里。

9.4.1 字符的取模方式

在本章开始的时候说过 LCD3310 是不带字符图形库的,所以不能像 LCD1602 一样只送入 ASCII 字符码就可以显示,而是每一个要显示的字符都需要设定其字模数据。

下面先介绍 ASCII 字符的取模方式。在程序开头定义好字模的数据,ASCII 字符需要用 6×8 显示就可以,因此可知,在屏幕上最多可以显示 6 行,每行 14 个共 84 个字符。下面列出部分字符的字模数据。完整的数据可以参照配套光盘中随带的程序,限于篇幅,这里不一一列出。

```
/*************************************************************************
函数名称：LCD3310 字符字模二维数组
全局变量：无
参数说明：无
返回说明：无
版    本：1.0
说    明：ASCII 字符字模数据
*************************************************************************/
uchar code font6x8[][6] =
{
    { 0x00, 0x00, 0x00, 0x00, 0x00, 0x00 },//sp
    { 0x00, 0x00, 0x00, 0x2f, 0x00, 0x00 },//!
    { 0x00, 0x00, 0x07, 0x00, 0x07, 0x00 },//"
    { 0x00, 0x14, 0x7f, 0x14, 0x7f, 0x14 },//#
    { 0x00, 0x24, 0x2a, 0x7f, 0x2a, 0x12 },//$
    { 0x00, 0x62, 0x64, 0x08, 0x13, 0x23 },//%
```

```
    { 0x00, 0x36, 0x49, 0x55, 0x22, 0x50 },//&
    { 0x00, 0x00, 0x05, 0x03, 0x00, 0x00 },//'
    { 0x00, 0x00, 0x1c, 0x22, 0x41, 0x00 },//(
    { 0x00, 0x00, 0x41, 0x22, 0x1c, 0x00 },//)
    { 0x00, 0x14, 0x08, 0x3E, 0x08, 0x14 },// *
    { 0x00, 0x08, 0x08, 0x3E, 0x08, 0x08 },//+
    { 0x00, 0x00, 0x00, 0xA0, 0x60, 0x00 },//,
    { 0x00, 0x08, 0x08, 0x08, 0x08, 0x08 },//-
    { 0x00, 0x00, 0x60, 0x60, 0x00, 0x00 },//.
    { 0x00, 0x20, 0x10, 0x08, 0x04, 0x02 },///
    { 0x00, 0x3E, 0x51, 0x49, 0x45, 0x3E },//0
    { 0x00, 0x00, 0x42, 0x7F, 0x40, 0x00 },//1
    { 0x00, 0x42, 0x61, 0x51, 0x49, 0x46 },//2
    { 0x00, 0x21, 0x41, 0x45, 0x4B, 0x31 },//3
    { 0x00, 0x18, 0x14, 0x12, 0x7F, 0x10 },//4
    { 0x00, 0x27, 0x45, 0x45, 0x45, 0x39 },//5
    { 0x00, 0x3C, 0x4A, 0x49, 0x49, 0x30 },//6
    { 0x00, 0x01, 0x71, 0x09, 0x05, 0x03 },//7
    { 0x00, 0x36, 0x49, 0x49, 0x49, 0x36 },//8
    { 0x00, 0x06, 0x49, 0x49, 0x29, 0x1E },//9
    ……
}
```

设置一个二维数组来存放这些数据，每一个字符的字模数据由 6 个字节数据组成，对应 6 列，每个数据有 8 个位，对应 8 行，可以参考图 9.8“0”字符的字模来了解这种取模方式。

图 9.8 LCD3310“0”字符取模示意图

下面继续介绍中文字符的取模方式，中文字符采用 12×12 点阵，这样一个中文字符需要占用 2 行，所以最多只能写入 3 行中文字符，每个字字符占用 12 列，所以最多只能显示 21 个中文字符。先构建二维数组存放字模数据，然后与写入 ASCII 字符相似，逐个写入数据。图 9.9 是“中”字取模示意图。

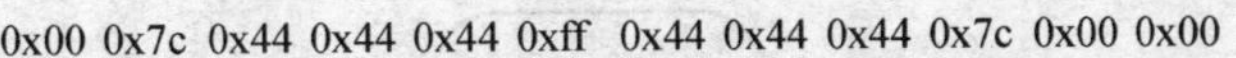

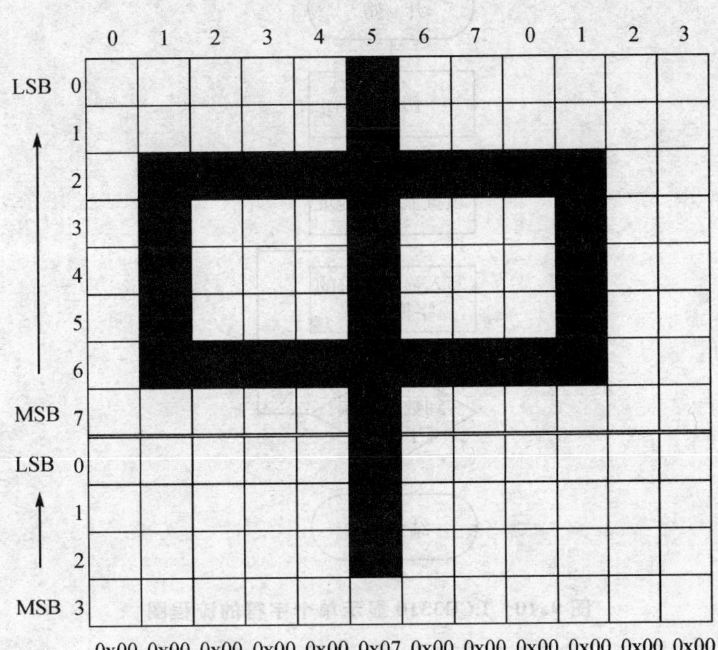

图 9.9　LCD3310"中"字符取模示意图

由图 9.9 中可以容易得出"中"字的字模数据，程序中建立一个二维数组来保存这些数据，如下：

```
/*************************************************************************
函数名称：LCD3310 中文字符字模二维数组
全局变量：无
参数说明：无
返回说明：无
版　　本：1.0
说　　明：LCD3310 中文字符字模数据
*************************************************************************/
uchar code china_char[][24] =
{
{0x00,0x7C,0x44,0x44,0x44,0xFF,0x44,0x44,0x44,0x7C,0x00,0x00,0x00,0x00,0x00,0x00,0x00,
0x07,0x00,0x00,0x00,0x00,0x00,0x00},/*"中"*/
{0x00,0xFF,0x01,0x15,0x15,0xFD,0x15,0x55,0x95,0x01,0xFF,0x00,0x00,0x07,0x05,0x05,0x05,
0x05,0x05,0x05,0x05,0x05,0x07,0x00},/*"国"*/
……
}
```

9.4.2　程序流程

图 9.10 为 LCD3310 显示单个字符流程图。

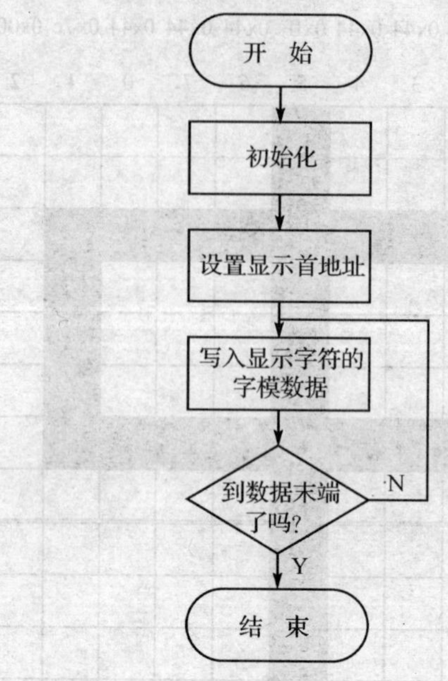

图 9.10 LCD3310 显示单个字符的流程图

9.4.3 程序说明

对 LCD3310 进行操作主要有两种：写指令和写数据。根据 LCD3310 传送单字节时序图，写出以下对 LCD3310 写一个字节的子函数，因为指令和数据只是根据 D/$\overline{C}$端不同来判断，因此共用同一个子函数来完成两种操作。

```
/*************************************************************************
函数名称：LCD3310 单字节写操作子函数
全局变量：无
参数说明：dat 为待写入数据或指令，command 指定 dat 为指令或数据
返回说明：无
版    本：1.0
说    明：向 LCD3310 写入单个字节数据
*************************************************************************/
void LCD_write_byte(uchar dat,bit command)
{
    uchar i;
    sce = 0;                              //片选选中 LCD3310
    dc = command;                         //根据 command 取值来判断写入的是指令或数据
    for(i = 0;i<8;i ++ )                  //循环 8 次送出 8 个位，即一个字节数据
    {
        if(dat&(0x80>>i)) sdin = 1;       //判断一个位的值，并将 sdin 置相应电平
            else sdin = 0;
        sclk = 0;
        sclk = 1;                         //产生一个上升沿信号，数据送入 LCD3310
    }
```

```
    dc = 1;
    sce = 1;
    sdin = 1;
}
```

这个子函数是对 LCD3310 进行操作的基础程序，它完成单字节指令/数据的写入操作，其他操作均基于这个子函数来进行扩展。在 9.3 节的初始化程序设计中，进行的多项写入操作均是采用这个子函数来完成。下面给出一个清理显示 DDRAM 的子函数。

```
/*******************************************************************
函数名称：LCD3310 清屏子函数
全局变量：无
参数说明：无
返回说明：无
版    本：1.0
说    明：将 LCD3310 DDRAM 全部写为 0
*******************************************************************/
void LCD_clear()
{
    uchar t;
    uchar k;
    for(t = 0;t<6;t ++ )                          //循环 6 行
      {
        for(k = 0;k<84;k ++ )                     //循环 84 列
            LCD_write_byte(0,1);                  //每行每列每个点写入数据 0,不显示
      }
}
```

LCD_clear 的作用是将显示 DDRAM 全部写为数据 0，即无显示，在使用这个子函数之前，需要保证坐标地址定位在 0 行 0 列上面。下面给出一个定位到任意坐标地址的子函数。

```
/*******************************************************************
函数名称：LCD3310 设置坐标地址子函数
全局变量：无
参数说明：X 为定位的行地址，Y 为定位的列地址
返回说明：无
版    本：1.0
说    明：将 LCD3310 光标定位到任意位置
*******************************************************************/
void LCD_set_XY(uchar X, uchar Y)
{
    LCD_write_byte(0x40|Y, 0);                    //设置 Y 地址
    LCD_write_byte(0x80|X, 0);                    //设置 X 地址
}
```

这是根据 LCD3310 指令集中设置 X，Y 地址的两条指令写出的子函数，方便在程序编写中随意设定坐标地址。下面是显示单个 ASCII 字符的子函数。

```
/*********************************************************************
函数名称：LCD3310 显示单个 ASCII 字符子函数
全局变量：无
参数说明：C 为待显示字符的 ASCII 代码
返回说明：无
版    本：1.0
说    明：在当前光标位置写入一个 ASCII 字符
*********************************************************************/
void LCD_write_char(uchar c)
{
    uchar line;
    c - = 32;                          //ASCII 字符编码转换到自定义字模数组编码
    for (line = 0; line<6; line ++ )   //分 6 次写入单个字符的 6 个字模数据
        LCD_write_byte(font6x8[c][line], 1);
}
```


这个子函数可以在 LCD3310 上面显示出任意已定义好字模的 ASCII 字符，为了程序使用上的方便，入口参数设定为所显示的 ASCII 字符代码，因为自定义的二维数组起始编码与 ASCII 字符代码有一定偏移，所以程序中要减掉偏移量 32。

与 LCD1602 相似，为了可以一次性显示一行的数据，在 LCD_write_char 显示单个字符子函数的基础上，给出显示一行字符的子程序。

```
/*********************************************************************
函数名称：LCD3310 ASCII 字符串显示子函数
全局变量：无
参数说明：X 为行地址，Y 为列地址，* S 为待写入字符串数组
返回说明：无
版    本：1.0
说    明：在任意位置写入 ASCII 字符串
*********************************************************************/
void LCD_write_String(uchar X,uchar Y,char * s)  //
{
    LCD_set_XY(X,Y);
    while ( * s)
    {
        LCD_write_char( * s);
        s ++ ;
    }
}
```

下面是向 LCD3310 写入 12×12 点阵汉字的子函数，分 2 行写入字模数据，每行写 12 列，换行时需要重新设定行首坐标。

```
/*********************************************************************
函数名称：LCD3310 12 × 12 汉字显示子函数
全局变量：无
```

```
参数说明：row 为写入的行，page 为写入的列，dd 为待写的数据在二维数组中的位置，
         (*chi)[24]为自定义的字模二维数组
返回说明：无
版    本：1.0
说    明：在任意位置写入中文字符
***************************************************************************/
void LCD_write_chi(uchar row, uchar page,uchar dd,uchar (*chi)[24])
//
{
    uchar row_i,xx,num = 0;
    row * = 12;
    for(xx = 0;xx<2;xx ++ )                                //分两行写入
      {
      LCD_set_XY(row, page);                               //设定行首地址
      for(row_i = num; row_i<num + 12;row_i ++ )           //每行写入 12 个数据
          LCD_write_byte(chi[dd][row_i],1);
      num = num + 12;
      page ++ ;
      }
}
```

9.5 图形程序设计

通过对显示字符的介绍，读者可以看出无论是写入 6×8 点阵的 ASCII 字符，还是 12×12 的中文字符，程序上都大同小异，其实质都是将固定的字模数据写入到 LCD3310 之中，因此，图形的显示也与此类似，只是将字模数据改变为图形数据而已。这一节介绍在 LCD3310 任意位置显示任意大小的图形程序的编写。

9.5.1 图形的取模方式

在进行图形显示之前，需要先定义图形数据，采用一维数组，逐行逐列取出图形的显示数据排列在数组中供程序调用。可以使用 PCtoLCD 等取模软件来完成这项工作(该软件为共享软件，在附件光盘中提供)，下面是一个 40×32 点阵的图形数据。

```
/***************************************************************************
函数名称：LCD3310 40×32 点阵图形数据
全局变量：无
参数说明：无
返回说明：无
版    本：1.0
说    明：自定义图形字模数据
***************************************************************************/
uchar code cepark_bmp[] = //
{
```

```
0x00,0x00,0x00,0x00,0x00,0x80,0xC0,0xE0,
0xF0,0xF0,0xF8,0xF8,0xFC,0xFC,0xFC,0x7E,
0x7E,0x7E,0x7E,0x3E,0xBE,0xBE,0x1E,0x1E,
0x1C,0x1C,0x9C,0x98,0x98,0x90,0x80,0x00,
0x00,0x00,0x00,0x00,0x00,0x00,0x00,0x00,
0x00,0x00,0xF0,0xFC,0xFF,0xFF,0x7F,0x3F,
0x0F,0x07,0x03,0xC3,0xE1,0xF1,0xF8,0xF8,
0x7C,0x3E,0x1F,0x07,0x01,0x00,0x00,0x00,
0x10,0x1C,0x1F,0x1F,0x0F,0x8F,0x87,0xC3,
0xC0,0xE0,0xF0,0xFC,0xF0,0x00,0x00,0x00,
0x00,0x00,0x0F,0x3F,0xFF,0xFF,0xE0,0xC0,
0x80,0x00,0x1F,0x3F,0x2F,0x67,0x63,0x61,
0x60,0x60,0x60,0x70,0x78,0x3C,0x3E,0x1E,
0x9E,0xCF,0xCF,0xEF,0xFF,0xFF,0xFF,0xFF,
0xFF,0xFF,0x7F,0x1F,0x07,0x00,0x00,0x00,
0x00,0x00,0x00,0x00,0x00,0x01,0x03,0x07,
0x0F,0x0F,0x1F,0x1E,0x1E,0x3E,0x3C,0x3C,
0x3C,0x3C,0x3E,0x3E,0x3E,0x3E,0x3F,0x3F,
0x1F,0x1F,0x1F,0x0F,0x0F,0x07,0x03,0x03,
0x01,0x00,0x00,0x00,0x00,0x00,0x00,0x00,
}
```

图形数据取模方式与中文字符取模一样，先行后列，从左到右，从上到下，遵循行寻址方式取数，可以参照图 9.9。

9.5.2 程序流程

图 9.11 为 LCD3310 显示图形流程图。

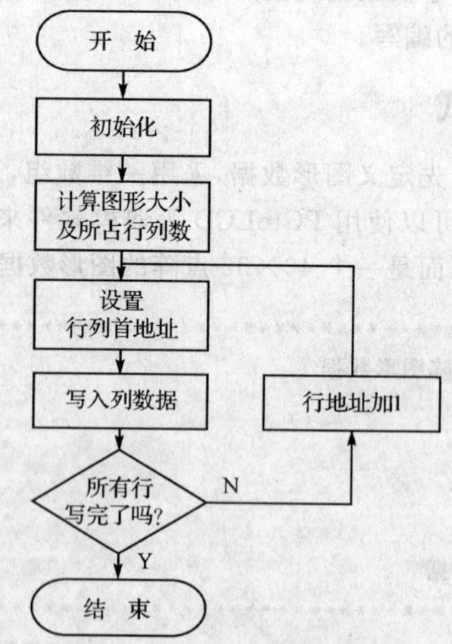

图 9.11 LCD3310 显示图形流程图

9.5.3 程序说明

下面根据流程图编写绘图子函数。

```
/**********************************************************************
函数名称：LCD3310 绘图子函数
全局变量：无
参数说明：X 为行地址，Y 为列地址，* map 为图形数组，Pix_x 为图形宽度，Pix_y 为图形高度
返回说明：无
版    本：1.0
说    明：在任意位置显示自定义图形
**********************************************************************/
void LCD_draw_map(uchar X,uchar Y,uchar * map,
uchar Pix_x,uchar Pix_y)                                    //
{
    uint i,n;
    uchar row;
    if (Pix_y % 8 = = 0) row = Pix_y/8;                     //计算位图所占行数
    else
        row = Pix_y/8 + 1;
    for (n = 0;n<row;n ++ )                                 //按行数逐行写入
    {
        LCD_set_XY(X,Y);                                    //设置行列首地址
        for(i = 0; i<Pix_x; i ++ )                          //按列数取得数据逐一写入
            LCD_write_byte(map[i + n * Pix_x], 1);
        Y ++ ;                                              //1 行写入完成,行数加 1,返回写入下 1 行
    }
}
```

实际使用中，读者直接调用绘图子函数，指定要写入位置的行列首地址，比如左上角 0 行 0 列位置开始写入，则如下调用：

LCD_draw_map(0,0,cepark_bmp,40,32);

在图形的显示中，需要注意的是，程序并不进行越界判断，因此在使用中，必须要保证设置的行列首地址可以完全显示出图形。

9.6 实验总结

通过这一章的介绍，读者对点阵式液晶显示器有了初步的了解，学习了在 LCD3310 上显示 ASCII 字符、中文字符、任意图形，其实质均是基于行寻址方式下的固定数据的写入。在其他类似的点阵液晶显示器中，显示的原理也是一样的，比如不带汉字库的 LCD12232、LCD12864 等液晶显示器。

9.7 课后习题

熟悉 ASCII、中文字符、绘图子函数的应用，通过自己定义图形数据，尝试在屏幕上显示出多个不同大小的图形。

第 10 章

LCD12864 液晶显示器实验

通过第 8 和第 9 章的学习，读者已经对液晶显示器的使用有了初步的了解。LCD1602 只能显示 ASCII 字符和少量自定义的简易图形，LCD3310 虽然解决了这个问题，但是它不带字符字模，必须在程序储存器 ROM 中存放显示字符的字模数据，这样大大占用了程序存储空间。这一章介绍另外一款带字库的 128×64 点阵的液晶显示器的使用，它兼顾前两者的优点，既可以显示图形，又可以显示汉字并且自带了字模数据，大大节约了程序存储空间。

10.1 实验说明

本章以 ST7920 控制芯片组成的 128×64 点阵液晶显示器来讲解它的使用方法，学习在带字库点阵式液晶显示器上显示 ASCII 字符、汉字、自定义图形的编程方法。

10.2 硬件原理详解

图 10.1 是 LCD12864 液晶显示器的硬件组成方框图。

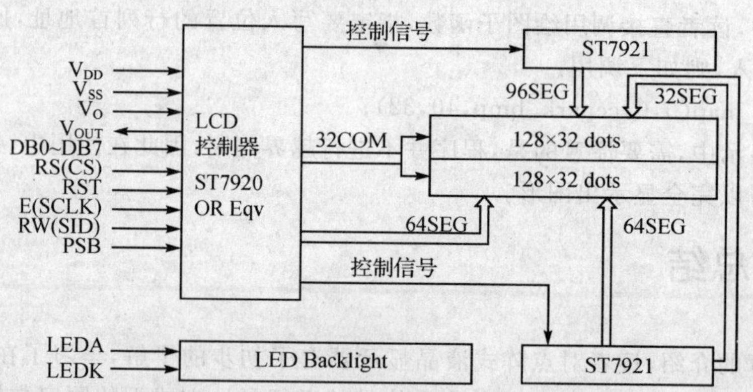

图 10.1 LCD12864 硬件组成方框图

ST7920 内置 ROM(CGROM 和 HCGROM)存储有 8 192 个 16×16 点阵的中文字型以及 126 个 16×8 点阵的 ASCII 字符的字模数据，它用两个字节来提供编码选择，将要显示的字符的编码写到 DDRAM 上，硬件将依照编码自动从 CGROM 中选择将要显示的字型显示在屏幕上。

ST7920 内置 RAM(CGRAM)用于存储用户自定义图形，可提供 4 组 16×16 点阵的空间。

ST7920 内置 RAM(DDRAM)提供 64×2 字节的空间，用于存储显示内容的编码，最多可以控制 4 行 8 字的中文字符或 16 字的 ASCII 字符显示。

ST7920 内置 ICON RAM(IRAM)提供 240 点的 ICON 显示，它由 15 个 IRAM 单元组成，每个单元有 16 位。

ST7920 内置绘图 RAM(GDRAM)提供 64×32 个字节的空间(由扩充指令设定绘图 RAM 地址)，最多可以控制 256×64 点阵的二维绘图缓冲空间，用于显示自定义图形。

综合 LCD1602 和 LCD3310 的优点，在 LCD128×64 液晶屏上显示汉字、ASCII 字符只需要像 LCD1602 一样将字符的编码(ASCII 码或汉字编码)写入 DDRAM 就可以；而显示自定义图形时又可以像 LCD3310 一样，在屏幕上任意位置显示自定义图形。

10.2.1　硬件原理图

LCD128×64 分成 8 位并口传送方式、4 位并口传送方式和 SPI 串行模拟方式 3 种，本实验板上是采用 8 位并口传送方式进行接线，本章中也以 8 位并口传送方式进行讲解。

图 10.2 是 LCD128×64 液晶显示器在实验板上的接线图。

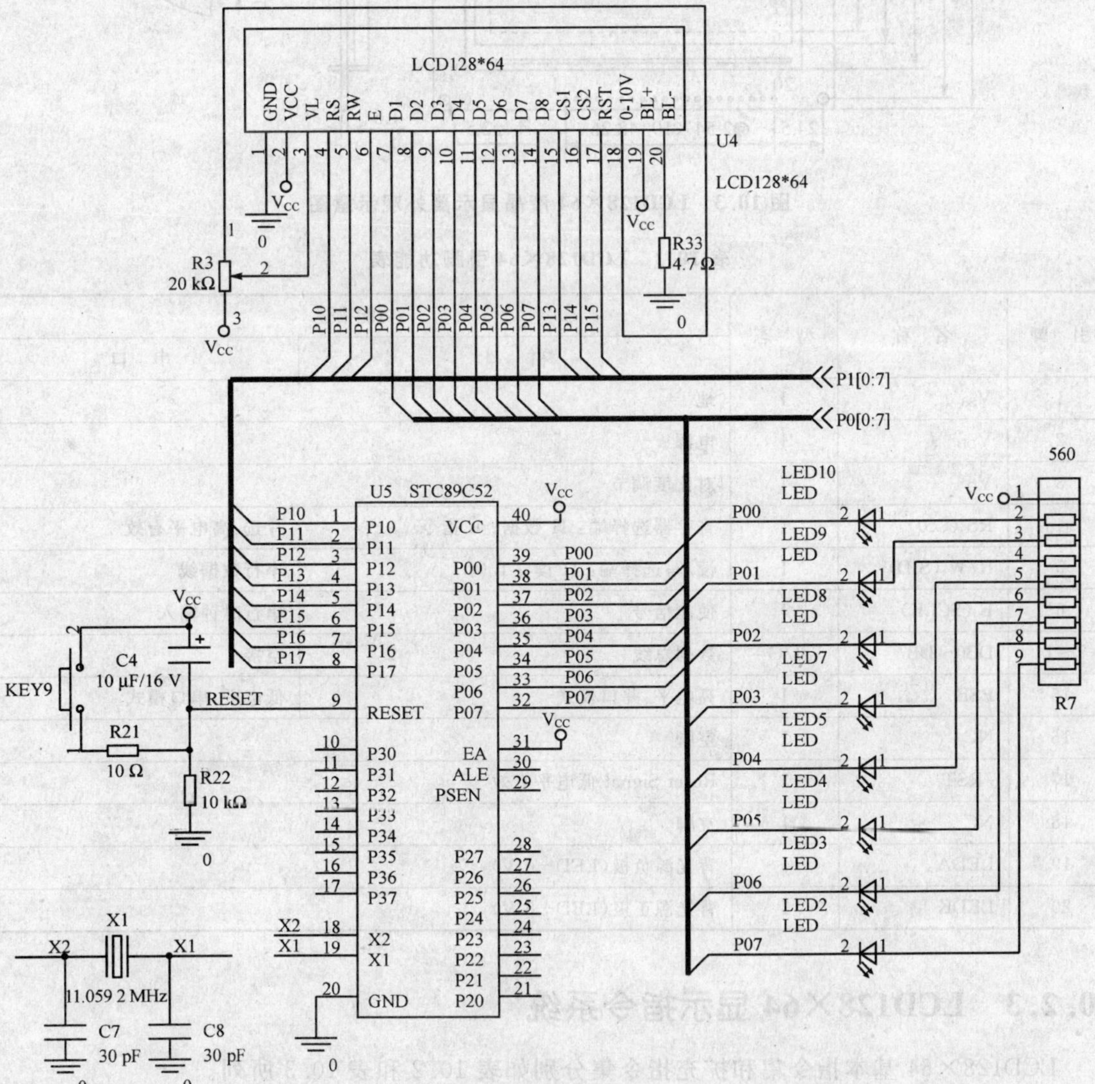

图 10.2　LCD128×64 液晶显示器在实验板上的接线图

10.2.2　LCD128×64 结构及引脚功能

LCD128×64 液晶显示器外观示意图如图 10.3 所示。表 10.1 是 LCD128×64 引脚功能表。

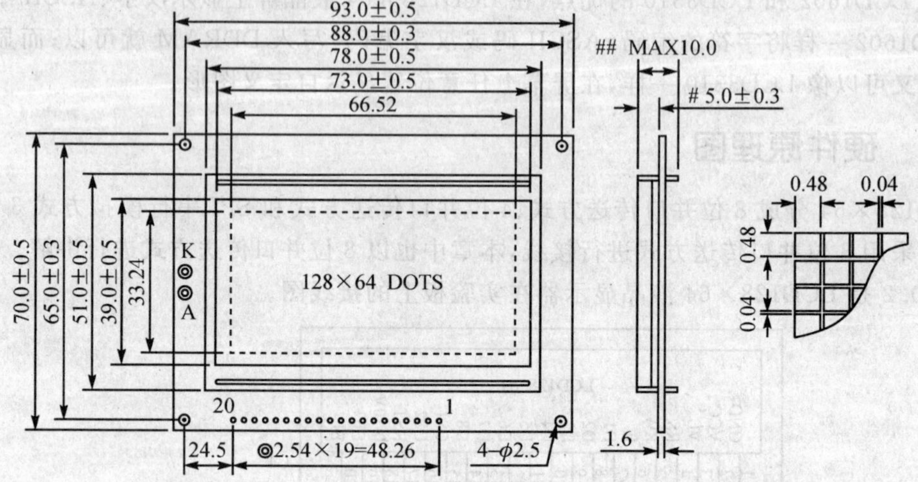

图 10.3　LCD128×64 液晶显示器外观示意图

表 10.1　LCD128×64 引脚功能表

引　脚	名　称	型　态	功能描述	
			并　口	串　口
1	V_{SS}	I	地	
2	V_{DD}	I	电源	
3	V_O	I	对比度调节	
4	RS (CS)	I	寄存器选择端：H 数据；L 指令	片选：高电平有效
5	R/W (SID)	I	读/写选择端：H 读；L 写	串行数据线
6	E (SCLK)	I	使能信号	串行时钟输入
7～14	DB0～DB7	I/O	数据总线	空接
15	PSB	I	高电平：并口模式	低电平：串口模式
16	NC	I	空脚	
17	/RST	I	Reset Signal 低电平有效	
18	NC	I	空脚	
19	LEDA	I	背光源负极(LED－0 V)	
20	LEDK	I	背光源正极(LED＋5 V)	

10.2.3　LCD128×64 显示指令系统

LCD128×64 基本指令集和扩充指令集分别如表 10.2 和表 10.3 所列。

表10.2 LCD128×64 基本指令集(RE=0)

指令	指令码										说明
	RS	RW	DB7	DB6	DB5	DB4	DB3	DB2	DB1	DB0	
清除显示	0	0	0	0	0	0	0	0	0	1	将DDRAM填满“20H”,并且设定DDRAM的地址计数器(AC)到“00H”
地址归位	0	0	0	0	0	0	0	0	1	X	设定DDRAM的地址计数器(AC)到“00H”,并且将游标移到开头原点位置;这个指令并不改变DDRAM的内容
进入点设定	0	0	0	0	0	0	0	1	I/D	S	指定在资料的读取与写入时,设定游标移动方向及指定显示的移位
显示状态开/关	0	0	0	0	0	0	1	D	C	B	D=1:整体显示ON C=1:游标ON B=1:游标位置ON
游标或显示移位控制	0	0	0	0	0	1	S/C	R/L	X	X	设定游标的移动与显示的移位控制位元;这个指令并不改变DDRAM的内容
功能设定	0	0	0	0	1	DL	X	RE	X	X	DL=1(必须设为1) RE=1:扩充指令集动作 RE=0:基本指令集动作
设定CGRAM地址	0	0	0	1	AC5	AC4	AC3	AC2	AC1	AC0	设定CGRAM地址到地址计数器(AC)
设定DDRAM地址	0	0	1	AC6	AC5	AC4	AC3	AC2	AC1	AC0	设定DDRAM地址到地址计数器(AC)
读取忙碌标志(BF)和地址	0	1	BF	AC6	AC5	AC4	AC3	AC2	AC1	AC0	读取忙碌标志(BF)可以确认内部动作是否完成,同时可以读出地址计数器(AC)的值
写资料到RAM	1	0	D7	D6	D5	D4	D3	D2	D1	D0	写入资料到内部的RAM(DDRAM/CGRAM/IRAM/GDRAM)
读出RAM的值	1	1	D7	D6	D5	D4	D3	D2	D1	D0	从内部RAM读取资料(DDRAM/CGRAM/IRAM/GDRAM)

表10.3 LCD128×64 扩充指令集(RE=1)

指令	指令码										说明
	RS	RW	DB7	DB6	DB5	DB4	DB3	DB2	DB1	DB0	
待命模式	0	0	0	0	0	0	0	0	0	1	将DDRAM填满“20H”,并且设定DDRAM的地址计数器(AC)到“00H”
卷动地址或IRAM地址选择	0	0	0	0	0	0	0	0	1	SR	SR=1:允许输入垂直卷动地址 SR=0:允许输入IRAM地址

续表 10.3

指　令	指令码										说　明
	RS	RW	DB7	DB6	DB5	DB4	DB3	DB2	DB1	DB0	
反白选择	0	0	0	0	0	0	0	1	R1	R0	选择 4 行中的任一行作反白显示，并可决定反白与否
睡眠模式	0	0	0	0	0	0	1	SL	X	X	SL=1：脱离睡眠模式 SL=0：进入睡眠模式
扩充功能设定	0	0	0	0	1	1	X	RE	G	0	RE=1：扩充指令集动作 RE=0：基本指令集动作 G=1：绘图显示 ON G=0：绘图显示 OFF
设定 IRAM 地址或卷动地址	0	0	0	1	AC5	AC4	AC3	AC2	AC1	AC0	SR=1：AC5～AC0 为垂直卷动地址 SR=0：AC3～AC0 为 ICON IRAM 地址
设定绘图 RAM 地址	0	0	1	AC6	AC5	AC4	AC3	AC2	AC1	AC0	设定 GDRAM 地址到地址计数器(AC)

细心的读者可能已经发现了，LCD128×64 的指令系统和 LCD1602 的非常相似，不同的只是多了一些图形显示控制方面的指令，其他的像清屏、设定工作方式等基本的指令与 LCD1602 是相同的。同样，对它进行操作的时序也与 LCD1602 相似，下面就通过实例来进行讲解。

10.2.4　LCD128×64 工作时序

图 10.4 和图 10.5 分别 LCD128×64 液晶显示器 8 位并口写操作和读操作时序图。与 LCD1602 液晶显示器 8 位总线工作方式的时序图一样，这里不再详细分析，读者可以参考看一下第 9 章的相关内容。

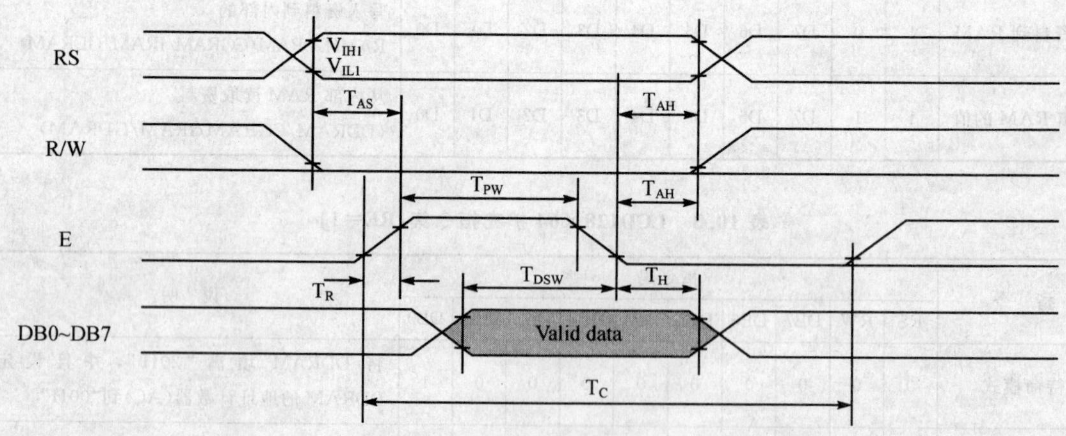

图 10.4　LCD128×64 液晶显示器 8 位并口写操作时序图

4 位并口总线工作方式，8 位的单字节数据被拆分成 2 个 4 位数据分成 2 次进行传送，先传送高 4 位数据再传送低 4 位数据。每次传送时序与 8 位并口总线工作方式相同。4 位并口

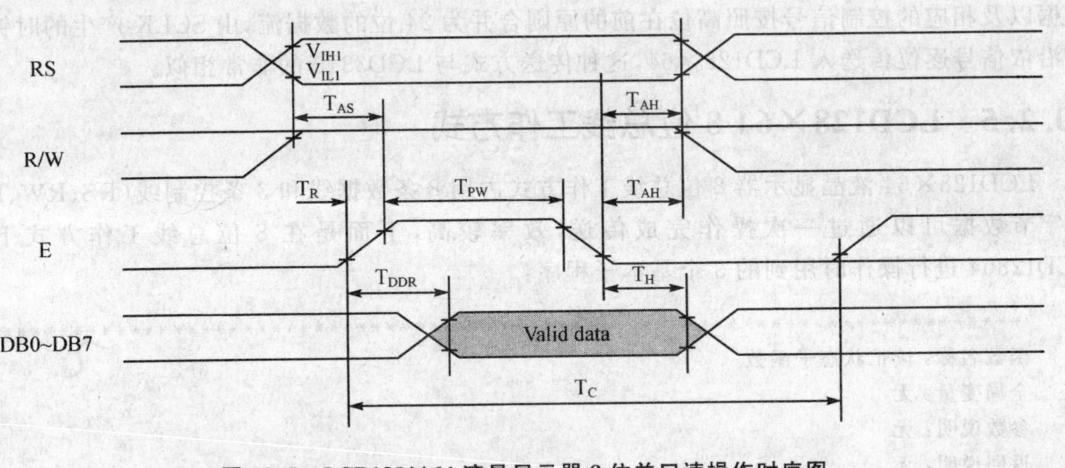

图 10.5　LCD128×64 液晶显示器 8 位并口读操作时序图

读操作时序图如图 10.6 所示。

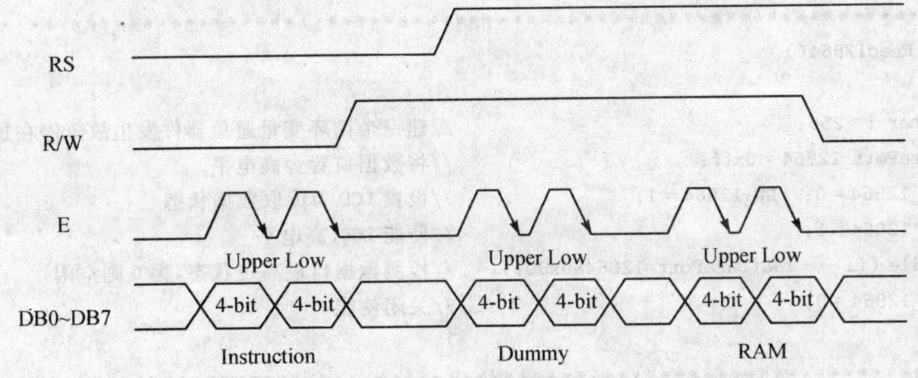

图 10.6　LCD128×64 液晶显示器 4 位并口读操作时序图

LCD128×64 液晶显示器串行通信方式时序图如图 10.7 所示，当采用串行接法时，15 脚 PSB 要接到低电平，数据端 RS、RW、E 复用为串行传送方式的 RS、SCLK、SID 端，其中 CS 为串行片选，用于配合使用多片液晶显示器，SCLK 为串行时钟，SID 为串行数据。每一个指令/

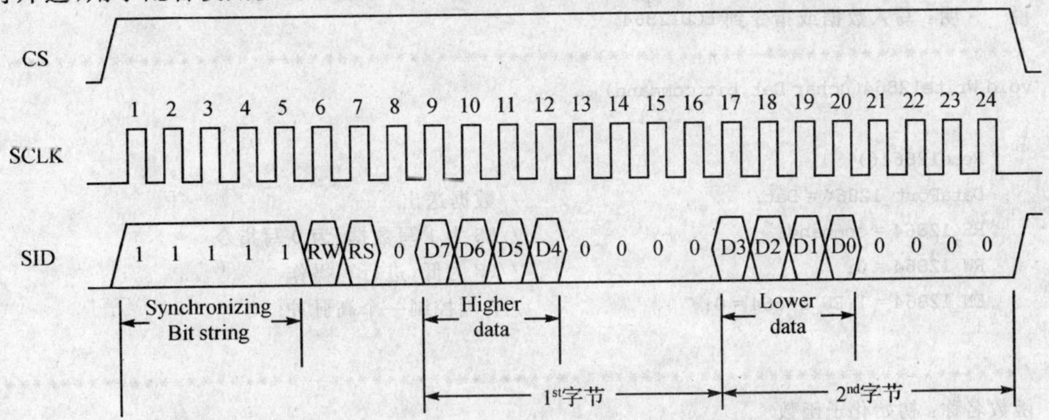

图 10.7　LCD128×64 液晶显示器串行通信方式时序图

数据以及相应的控制信号按照高位在前的原则合并为 24 位的数据流，由 SCLK 产生的时钟上升沿依信号逐位传送入 LCD128×64，这种传送方式与 LCD3310 的非常相似。

10.2.5　LCD128×64 8 位总线工作方式

LCD128×64 液晶显示器 8 位总线工作方式占用 8 条数据线和 3 条控制线(RS、RW、E)，单字节数据可以通过一次操作完成传送，效率较高，下面是在 8 位总线工作方式下对 LCD12864 进行操作时用到的 3 个基本子程序：


```
/**********************************************************************
 函数名称：读忙状态子函数
 全局变量：无
 参数说明：无
 返回说明：无
 版    本：1.0
 说    明：读取 LCD12864 的状态
 **********************************************************************/
void Read12864()
{
  uchar i = 255;                              //建一个循环变量避免器件发生故障停在这里
  DataPort_12864 = 0xff;                      //将数据口置为高电平
  RS_12864 = 0;  RW_12864 = 1;                //设置 LCD 为读取数据状态
  EN_12864 = 1;                               //使能 LCD,高电平
  while ((i--)&&(DataPort_12864&0x80));       //检测数据口最高位状态,为 0 则空闲
  EN_12864 = 0;                               //关闭使能
}
/**********************************************************************
函数名称：写操作子函数
全局变量：无
参数说明：Dat 为待写入数据,command 为写入指令或数据(1 为写数据,0 为写指令)
返回说明：无
版    本：1.0
说    明：写入数据或指令到 LCD12864
**********************************************************************/
void Write12864(uchar Dat,bit command)
{
   Read12864();
   DataPort_12864 = Dat;                      //数据送出
   RS_12864 = command;                        //RS 为 1 写数据、为 0 写指令
   RW_12864 = 0;                              //RW 为低,进行写操作
   EN_12864 = 1;EN_12864 = 0;                 //E 端控制一个高脉冲
}
/**********************************************************************
函数名称：初始化子函数
全局变量：无
参数说明：无
```

```
返回说明：无
版    本：1.0
说    明：对 LCD12864 进行初始化，设置工作模式，开显示
********************************************************************************/
void Init12864()
{
    PSSel = 1;                          //串、并选择置为 1，选择并行通信
    Write12864(0x38,0);                 //8 位点阵方式
    mDelay(10);
    Write12864(0x01,0);                 //清屏
    mDelay(10);
    Write12864(0x0c,0);                 //开显示，光标不显示
}
```

10.2.6　LCD128×64 4 位总线工作方式

LCD128×64 液晶显示器 4 位总线工作方式占用 4 条数据线和 3 条控制线(RS、RW、E)，单字节数据通过两次操作完成传送，效率一般，但与单片机连接可以节约 4 个 I/O 口，下面是在 4 位总线工作方式下对 LCD128×64 进行操作时用到的 3 个基本子程序：

```
/********************************************************************************
函数名称：读忙状态子函数
全局变量：无
参数说明：无
返回说明：无
版    本：1.0
说    明：读取 LCD12864 的状态
********************************************************************************/
void Read12864()
{
    uchar i = 255;                               //建一个循环变量避免器件发生故障停在这里
    DataPort_12864 = 0xff;                       //将数据口置为高电平
    RS_12864 = 0;  RW_12864 = 1;                 //设置 LCD 为读取数据状态
    EN_12864 = 1;                                //使能 LCD，高电平
    while ((i--)&&(DataPort_12864&0x80));        //检测数据口最高位状态，为 0 则空闲
    EN_12864 = 0;                                //关闭使能
}
/********************************************************************************
函数名称：写操作子函数
全局变量：无
参数说明：Dat 为待写入数据，command 为写入指令或数据(1 为写数据，0 为写指令)
返回说明：无
版    本：1.0
说    明：写入数据或指令到 LCD12864
********************************************************************************/
void Write12864(uchar Dat,bit command)
```

```
{
    Read12864();
    DataPort_12864 = Dat;                   //高 4 位数据送出
    RS_12864 = command;                     //RS 为 1 写数据、为 0 写指令
    RW_12864 = 0;                           //RW 为低,进行写操作
    EN_12864 = 1;EN_12864 = 0;              //E 端控制一个高脉冲
                                            //送完高 4 位接着送低 4 位
    DataPort_12864 = Dat<<4;                //低 4 位数据送出
    RS_12864 = command;                     //RS 为 1 写数据、为 0 写指令
    RW_12864 = 0;                           //RW 为低,进行写操作
    EN_12864 = 1;EN_12864 = 0;              //E 端控制一个高脉冲
}

/*******************************************************************************
函数名称：初始化子函数
全局变量：无
参数说明：无
返回说明：无
版    本：1.0
说    明：对 LCD12864 进行初始化,设置工作模式,开显示
*******************************************************************************/
void Init12864()
{
    Write12864(0x28,0);                     //4 位点阵方式
    mDelay(10);
    Write12864(0x01,0);                     //清屏
    mDelay(10);
    Write12864(0x0c,0);                     //开显示,光标不显示
}
```

10.2.7 LCD128×64 串行通信工作方式

LCD128×64 液晶液晶显示器串行通信工作方式下，占用 3 条数据线(CS、SID、SCLK)，单字节数据通过位方式进行传送，效率最低，但与单片机连接仅需要 3 个 I/O 口，下面是在串行通信工作方式下对 LCD128×64 进行操作时用到的 3 个基本子程序：

```
/*******************************************************************************
函数名称：发送字节子函数
全局变量：无
参数说明：Dat 为要发送的数据
返回说明：无
版    本：1.0
说    明：将待发送数据以串行方式发送到 LCD12864
*******************************************************************************/
void SendDat_12864(uchar Dat)
{
```

```
    uchar i;
    for(i = 0;i<8;i ++ )
    {
        SID_12864 = (Dat<<i)&0x80;              //高位在前,选出一位送数据口
        CLK_12864 = 1;CLK_12864 = 0;            //产生一个上升沿信号
    }
}
/**********************************************************************
函数名称:写操作子函数
全局变量:无
参数说明:Dat 为待写入数据,command 为写入指令或数据(1 为写数据,0 为写指令)
返回说明:无
版    本:1.0
说    明:写入数据或指令到 LCD12864
**********************************************************************/
void Write12864(uchar Dat,uchar command)
{
    CS_12864 = 1;                               //CS 片选有效
    SendDat_12864(0xf8|(command<<1));           //发送引导部分
    SendDat_12864(Dat&0xf0);                    //发送数据高 4 位
    SendDat_12864(Dat<<4);                      //发送低 4 位
    CLK_12864 = 0;
    CS_12864 = 0;                               //关闭片选
}
/**********************************************************************
函数名称:初始化子函数
全局变量:无
参数说明:无
返回说明:无
版    本:1.0
说    明:对 LCD12864 进行初始化,设置工作模式,开显示
**********************************************************************/
void Init12864()
{
    PSSel = 0;                                  //选择为串口方式
    RST_12864 = 0; RST_12864 = 1;               //复位模块
    Write12864(0x01,0);                         //清屏
    mDelay(10);
    Write12864(0x0c,0);                         //开显示,光标不显示
}
```

在串行通信工作方式下不需要读忙的子程序,而初始化中,也不需要指定工作方式,当第 15 脚 PSB 端被置为低电平时,即被指定为串行通信方式,串行通信方式下当然不需要设定 8 位或 4 位的工作方式指令。

10.3 字符程序设计

介绍了 LCD128×64 的工作方式和驱动方法，下面通过具体的程序设计实例介绍编程方法。在使用之前，必须对其进行初始化操作，初始化主要是设定其工作模式、清屏等，只需要在加电后进行一次就可以。

在编写字符显示程序之前，读者有必要先了解一下 LCD128×64 的显示方式，在字符显示模式下，屏幕被分为 4 行，每个地址分为高 8 位和低 8 位，ASCII 字符占用 8 位空间，中文字符占用 16 位空间，因此，每行最多可以容纳 16 个 ASCII 字符或 8 个中文字符，其对应的地址如表 10.4 所列。

表 10.4　LCD128×64 液晶显示器字符显示坐标列表

		X坐标															
第 1 行	地　址	80H		81H		82H		83H		84H		85H		86H		87H	
		H	L	H	L	H	L	H	L	H	L	H	L	H	L	H	L
	ASCII 字符	L	C	D	1	2	8	6	4								
	汉 字	液		晶		显		示		器							
第 2 行	地 址	90H		91H		92H		93H		94H		95H		96H		97H	
第 3 行	地 址	88H		89H		8AH		8BH		8CH		8DH		8EH		8FH	
第 4 行	地 址	98H		99H		9AH		9BH		9CH		9DH		9EH		9FH	

显示前先执行指令，将光标定位到相应位置，然后再送出显示字符的 ASCII 码或汉字编码或 CGRAM 自定义图形编码。使用中需要注意的是，中文字符占用的空间必须是从某一地址的高 8 位开始，也就是说不能某一地址的低 8 位到下一地址的高 8 位共 16 位这样来显示中文字符，所以在进行中英字符混排的字符串显示时，要注意汉字的起始位置。

10.3.1 程序流程

图 10.8 为显示字符串的流程图，其显示方法与 LCD1602 一样，下面通过具体程序介绍如何实现。

10.3.2 程序说明

根据图 10.8 所示的流程图和 10.2 节所介绍的子程序，下面给出显示字符的实例程序。

```
/*************************************************************************
函数名称：写入字符串子函数
全局变量：无
参数说明：x 为待写入字符的行地址(0～3)，y 为列地址(0～7)，*p 为待写入字符串的数组
返回说明：无
版    本：1.0
说    明：在任意位置写入字符串或单个字符
*************************************************************************/
```

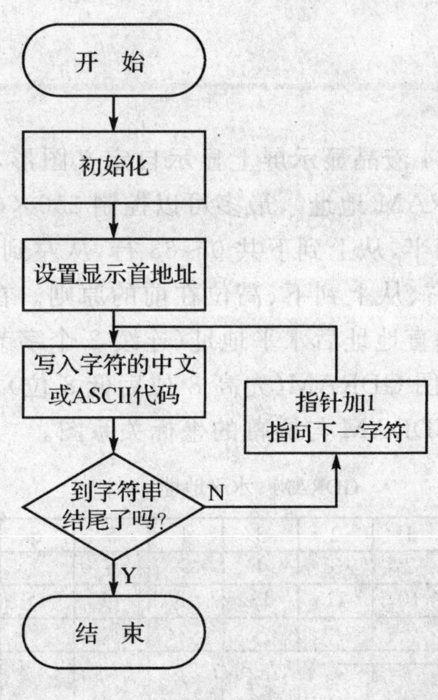

图 10.8　LCD128×64 显示字符流程图

```
void WrString12864(uchar x,uchar y,uchar *p)
{
    if(x==1)x=2;                              //行地址转换
        else if(x==2)x=1;
    Write12864(0x80+8*x+y,0);                 //合并生成坐标地址写入 LCD12864
    while(*p){Write12864(*p,1);p++;}          //写入字符串
}
```

利用上面这个子函数，读者可以在屏幕的任意位置写入单个或多个字符，其应用有两种方式，一种是可以先将字符串定义为一个数组，然后直接引用数组名称，这种方式较适合一次性写入整行字符串或在程序中需要多处进行显示的情况；另一种方式是在写入时用双引号将要显示的字符直接引用，这种方式较适合写入单个字符或在程序中只需要显示一次的情况。下面给出示例程序。

```
uchar code Megs0[]={"12864LCD 测试程序"};          //存放字符串数组

void main()                                       //主函数
{
    Init12864();                                  //初始化
    WrString12864(0,0,Megs0);                     //在 0 行 0 列开始显示字符串 Megs0
WrString12864(1,4,"电子");                         //在 1 行 4 列开始显示中文字符"电子"
WrString12864(2,2,"MCU51");                       //在 2 行 2 列开始显示 ASCII 字符"MCU51"
    while(1);
}
```

10.4 图形程序设计

本小节介绍在 LCD128×64 液晶显示屏上显示自定义图形，ST7920 提供 64×32 个字节的空间(由扩充指令设定绘图 RAM 地址)，最多可以控制 256×64 点阵的二维绘图缓冲空间。绘图 GDRAM 被划分为上下两半，从上到下共 0～63 行，从左到右共 0～7 行，每行 16 位即 2 个字节，写入数据时是从左到右、从上到下、高位在前的原则。在更改绘图 GDRAM 时，由扩充指令设置 GDRAM 地址先垂直地址后水平地址(连续 2 个字节的数据来定义垂直和水平地址)，再 2 个字节的数据写入绘图 GDRAM(先高 8 位后低 8 位)。

图 10.9 是 ST7920 内部 GDRAM 与屏幕的坐标关系图。

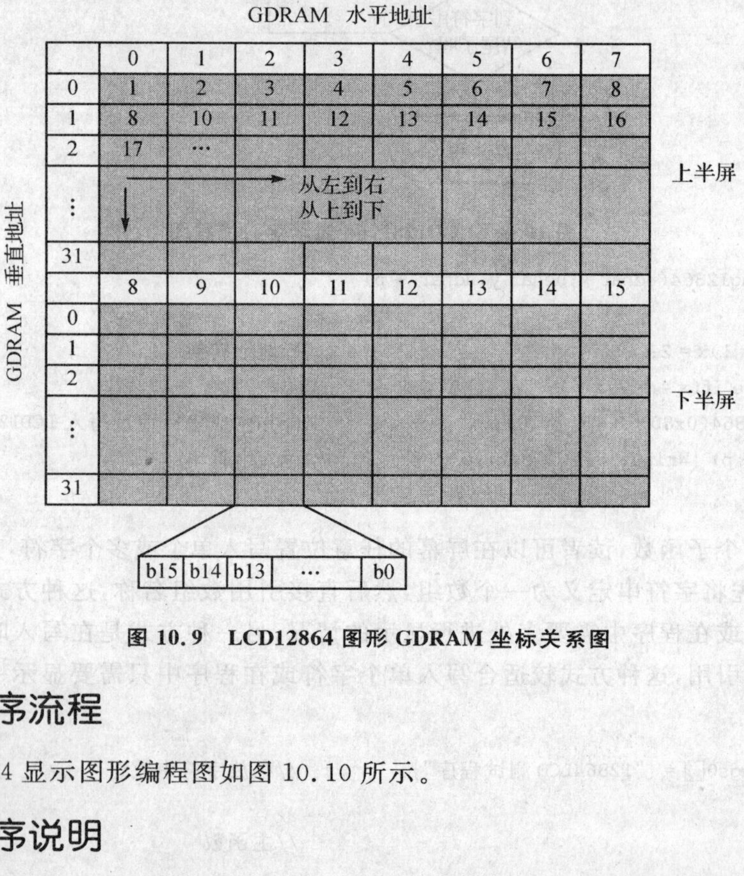

GDRAM 水平地址

GDRAM 垂直地址

	0	1	2	3	4	5	6	7
0	1	2	3	4	5	6	7	8
1	8	10	11	12	13	14	15	16
2	17	…						
⋮								
31								
	8	9	10	11	12	13	14	15
0								
1								
2								
⋮								
31								

从左到右
从上到下

上半屏

下半屏

b15 b14 b13 … b0

图 10.9 LCD12864 图形 GDRAM 坐标关系图

10.4.1 程序流程

LCD128×64 显示图形编程图如图 10.10 所示。

10.4.2 程序说明

根据流程图写一个能在液晶显示器上任意位置显示任意大小图形的子函数。

```
/***********************************************************************
函数名称：子函数
全局变量：无
参数说明：x为行地址(0～31),y为列地址(0～15),*map为图形数组,high为图形高度,wide
         为图形宽度
返回说明：无
版    本：1.0
```

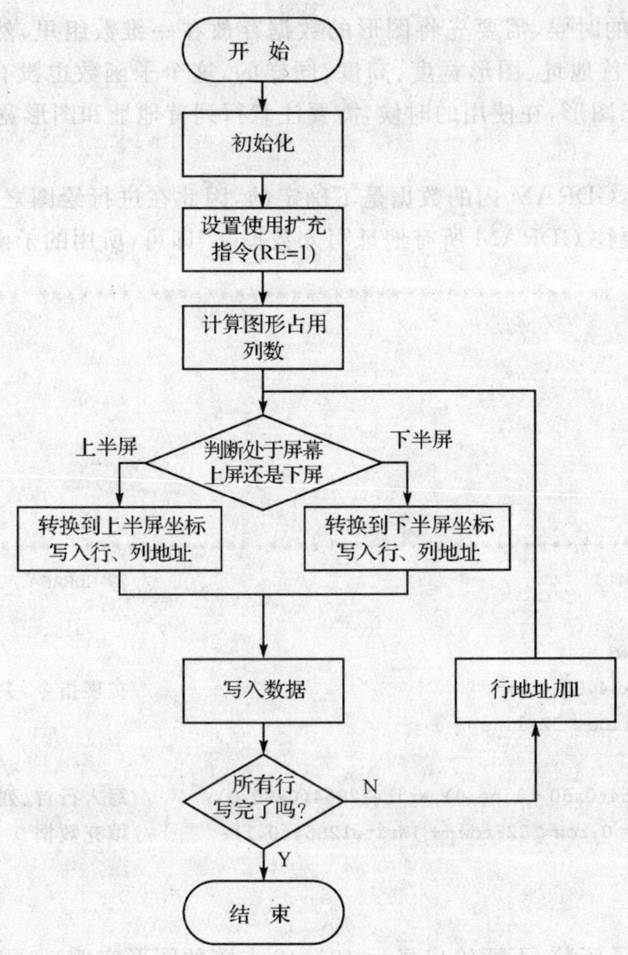

图 10.10 LCD128×64 显示图形流程图

```
说    明：在 LCD12864 任意位置显示任意大小图形
*************************************************************************/
void WrGdram12864(uchar x,uchar y,uchar * map,uchar high,uchar wide)
{
    uchar line,row;
    Write12864(0x36,0);                       //切换到扩充模式,打开图形显示
    if(wide % 8 = = 0)wide = wide/8;
        else wide = wide/8 + 1;               //求出宽度为多少个字节
    for(line = 0;line<high;line ++ )          //逐行写入
        {
        if(x + line>31)                       //上下半屏地址转换,写入
            {Write12864(0x80 + x + line - 32,0);Write12864(0x80 + y + 8,0);}
            else {Write12864(0x80 + x + line,0);Write12864(0x80 + y,0);}
        for(row = 0;row<wide;row ++ )         //根据列宽逐个写入数据
            Write12864(map[line * wide + row],1);
        }
}
```

在使用这个函数的时候，需要先将图形的数据存放在一维数组里，然后在函数里进行调用，指定写入的行、列首地址、图形宽度、高度，同样的，这个子函数也没有进行图形的越界判断，为了能正确显示出图形，在使用的时候，需要注意行列首地址和图形宽高的关系，不要超过屏幕的显示范围。

在加电初始化后，GDRAM 内的数据是不确定的，因此在进行绘图之前，必须对 GDRAM 进行清零操作，只需要往 GDRAM 所有地址写入数据“0”即可，所用的子函数如下：

```
/************************************************************************
函数名称：子函数
全局变量：无
参数说明：无
返回说明：无
版    本：1.0
说    明：
************************************************************************/
void ClrGdram12864()                                    //清 GDRAM
{
    uchar line,row;
    Write12864(0x34,0);                                 //扩展指令，关图形显示
    for(line = 0;line<32;line ++ )
        {
        Write12864(0x80 + line,0),Write12864(0x80,0);   //写入行首、列首地址
        for (row = 0;row<32;row ++ )Write12864(0,1);    //填充数据 0
        }
}
```

应用以上的两个子函数，下面给出显示 48×48 点阵的图形实例。

```
uchar code LogoCepark[] = {                             //48 × 48 图形数据
0x00,0x00,0x00,0x00,0x00,0x00,0x00,0x00,0x1F,0xF8,0x00,0x00,
0x00,0x00,0x7F,0xFF,0x00,0x00,0x00,0x03,0xFF,0xFF,0xC0,0x00,
0x00,0x0F,0xFF,0xFF,0xF0,0x00,0x00,0x1F,0xFF,0xFF,0xFE,0x00,
0x00,0x3F,0xFF,0xFF,0xFF,0x00,0x00,0x7F,0xFF,0xF8,0x07,0x80,
0x00,0xFF,0xFF,0xC0,0x00,0xC0,0x01,0xFF,0xFC,0x00,0x0C,0x00,
0x03,0xFF,0xF0,0x10,0x7F,0x00,0x07,0xFF,0xC0,0xF0,0xFF,0x80,
0x07,0xFF,0x01,0xF0,0xFF,0xC0,0x0F,0xFE,0x07,0xE0,0xFF,0x80,
0x0F,0xFC,0x0F,0xE0,0xFF,0x80,0x1F,0xF0,0x1F,0xC1,0xFF,0x00,
0x1F,0xE0,0x7F,0x81,0xFE,0x04,0x3F,0xC0,0xFF,0x83,0xF8,0x0C,
0x3F,0xC1,0xFF,0x03,0xE0,0x1E,0x3F,0x81,0xFE,0x03,0x00,0x1E,
0x7F,0x03,0xFC,0x00,0x00,0x7E,0x7F,0x07,0xFC,0x00,0x00,0xFF,
0x7E,0x07,0xF8,0x00,0x03,0xFF,0x7E,0x0F,0xF8,0x00,0x1F,0xFF,
0x7C,0x0F,0xF0,0x00,0xFF,0xFF,0x7C,0x0F,0xE0,0x1F,0xFF,0xFF,
0x7C,0x0F,0xE0,0x1F,0xFF,0xFF,0x7C,0x0F,0xC0,0x3F,0xFF,0xFE,
0x3C,0x0F,0xC0,0x3F,0xFF,0xFE,0x3C,0x0F,0x80,0x7F,0xFF,0xFE,
0x3C,0x07,0x00,0x7F,0xFF,0xFE,0x1C,0x07,0x00,0xFF,0x8F,0xFC,
0x1E,0x03,0x00,0xFE,0x0F,0xFC,0x0E,0x03,0xFF,0xF8,0x3F,0xF8,
```

```
0x0F,0x01,0xFF,0xE0,0x7F,0xF8,0x07,0x80,0x3F,0x01,0xFF,0xF0,
0x07,0xE0,0x00,0x07,0xFF,0xF0,0x03,0xF0,0x00,0x1F,0xFF,0xE0,
0x01,0xFF,0x03,0xFF,0xFF,0xC0,0x01,0xFF,0xFF,0xFF,0xFF,0xC0,
0x00,0xFF,0xFF,0xFF,0xFF,0x80,0x00,0x3F,0xFF,0xFF,0xFF,0x00,
0x00,0x1F,0xFF,0xFF,0xFC,0x00,0x00,0x0F,0xFF,0xFF,0xF8,0x00,
0x00,0x03,0xFF,0xFF,0xE0,0x00,0x00,0x00,0xFF,0xFF,0x80,0x00,
0x00,0x00,0x1F,0xFC,0x00,0x00,0x00,0x00,0x00,0x00,0x00,0x00,
};

void main()                                         //主函数
{
    Init12864();                                    //初始化
    ClrGdram12864();                                //清 GDRAM
    WrGdram12864(0,0, LogoCepark,48,48);            //在 0 行 0 列开始显示图形
    while(1);
}
```


10.5　实验总结

通过这一章学习，读者对带字库 LCD128×64 的应用有了初步了解，学习了在 LCD128×64 上显示英文、中文字符以及自定义图形，其使用既兼顾了 LCD1602 字符显示的简便性，又有 LCD3310 自定义图形显示的功能，

10.6　课后习题

利用本章学习的知识，在 LCD128×64 上进行自定义图形、中英文字符混排显示。

第 11 章

温度检测 DS18B20 实验

单总线(1-wire)是 Maxim 全资子公司 Dallas 的一项专有技术。与目前多数标准串行数据通信方式,如 SPI/I²C/MICROWIRE 不同,它采用单根信号线,既传输时钟,又传输数据,而且数据传输是双向的。它具有节省 I/O 口线资源、结构简单、成本低廉、便于总线扩展和维护等诸多优点。

11.1 实验说明

DS18B20 是单总线技术在温度测量上的典型应用芯片,通过对 DS18B20 的学习,熟悉单总线技术,掌握 DS18B20 的使用方法。

11.2 硬件原理详解

11.2.1 DS18B20 引脚、封装及其特性

DS18B20 的封装有多种,其封装以及引脚定义如图 11.1 所示,详细的引脚说明如表 11.1 所列。

表 11.1 DS18B20 引脚详细说明

引脚(8 脚 SOIC)	引脚 TO-92	符 号	说 明
5	1	GND	地
4	2	DQ	单线运用的数据输入/输出引脚漏极开路
3	3	V_{DD}	可选 V_{DD} 引脚

DS18B20 的主要特性如下:

- 独特的单线接口,只需 1 个接口引脚即可通信;
- 每个器件有唯一的 64 位序列号存储在内部存储器中;
- 简单的分布式温度检测应用;
- 无需外部器件;
- 可通过数据线供电;
- 测温范围从-55～+125 ℃,增量值为 0.5 ℃;
- 温度计分辨率有 9～12 位可供选择;
- 最多在 750 ms 内将温度转换为 12 位数字;
- 用户可定义的非易失性的温度告警设置;

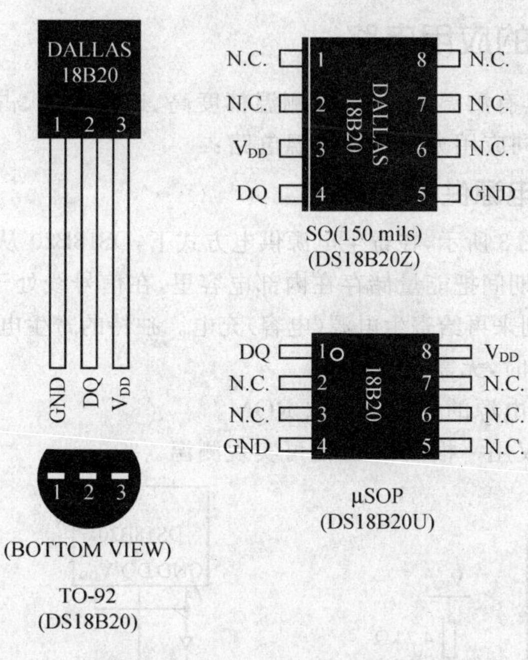

图 11.1　DS18B20 引脚及封装图

- 报警搜索命令可识别超过程序限定温度(温度报警条件)的器件；
- 应用范围包括恒温控制工业系统、消费类产品温度计或任何热敏系统。

11.2.2　DS18B20 内部结构

DS18B20 的内部结构框图如图 11.2 所示。64 位只读存储器储存器件的唯一片序列号。高速暂存器含有两个字节的温度寄存器,这两个寄存器用来存储温度传感器输出的数据。除此之外,高速暂存器提供一个直接的温度报警值寄存器(TH 和 TL),和一个字节的配置寄存器。配置寄存器允许用户将温度的精度设定为 9,10,11 或 12 位。TH,TL 和配置寄存器是非易失性的可擦除程序寄存器(EEPROM),所存储的数据在器件掉电时不会丢失。

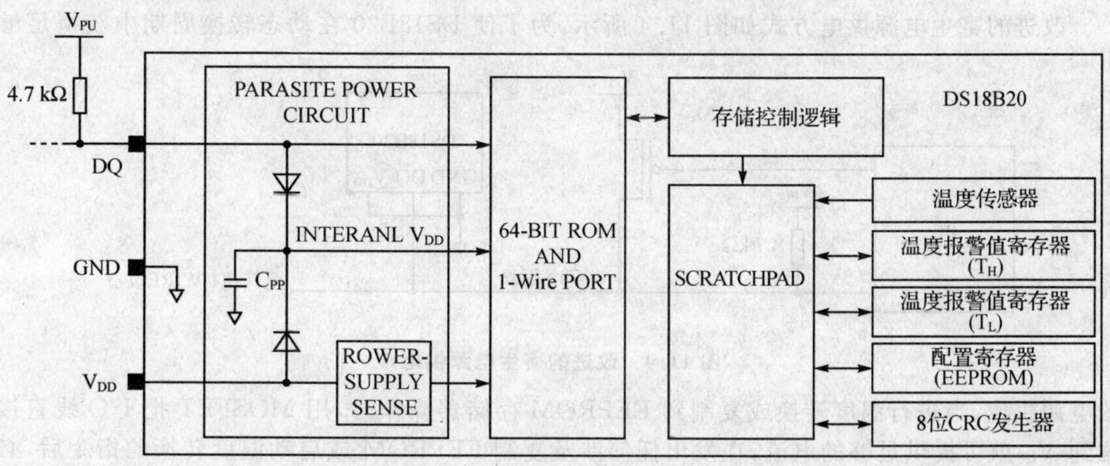

图 11.2　DS18B20 内部框图

11.2.3 DS18B20 的应用电路

DS18B20 测温系统具有测温系统简单、测温精度高、连接方便、占用口线少等优点。下面分别介绍 DS18B20 在不同应用方式下的测温电路：

1. DS18B20 寄生电源供电方式

此方式原理图如图 11.3 所示，在寄生电源供电方式下，DS18B20 从单线信号线上汲取能量：在信号线 DQ 处于高电平期间把能量储存在内部电容里，在信号线处于低电平期间消耗电容上的电能工作，直到高电平到来再给寄生电源（电容）充电。独特的寄生电源方式有 3 个好处：

（1）进行远距离测温时，无需本地电源。

（2）可以在没有常规电源的条件下读取 ROM。

（3）电路更加简洁，仅用一根 I/O 口便可实现测温。

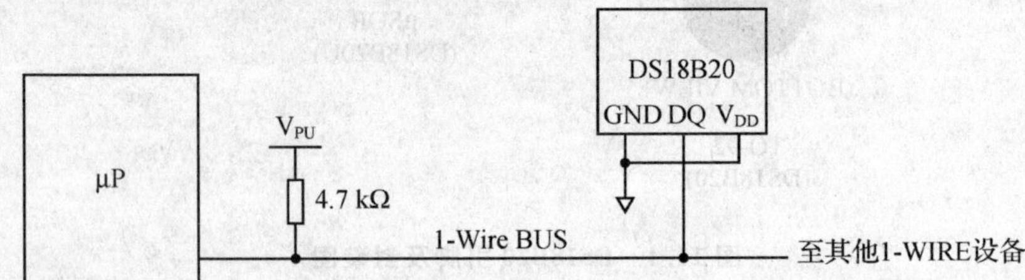

图 11.3 寄生电源供电方式

要想使用 DS18B20 进行精确的温度转换，I/O 线必须保证在温度转换期间提供足够的能量，由于每个 DS18B20 在温度转换期间工作电流达到 1 mA，当几个温度传感器挂在同一根 I/O 线上进行多点测温时，只靠 4.7 kΩ 上拉电阻就无法提供足够的能量，会造成无法转换温度或温度误差极大的问题。因此，图 11.3 电路适于单一温度传感器测温情况下使用，不宜在采用电池供电的系统中使用。使用中电源 V_{CC} 必须保证 5 V 稳定，当电源电压下降时，寄生电源能够汲取的能量也降低，会使温度误差变大。

2. DS18B20 寄生电源强上拉供电方式

改进的寄生电源供电方式如图 11.4 所示，为了使 DS18B20 在动态转换周期中获得足够

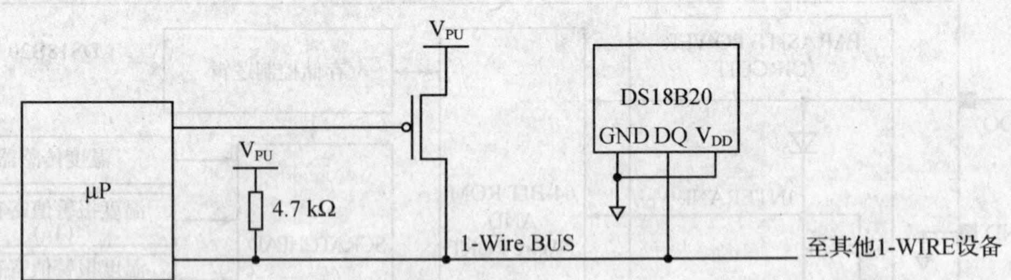

图 11.4 改进的寄生电源供电

的电源供应，当进行温度转换或复制到 EEPROM 存储器操作时，用 MOSFET 把 I/O 线直接拉到 V_{CC} 就可提供足够的电流，在发出任何涉及复制 EEPROM 或启动温度转换的指令后，必须在最多 10 μs 内把 I/O 线转换到强上拉状态。在强上拉方式下可以解决电流供应不足的问题，因此也适合于多点测温应用，缺点就是要多占用一根 I/O 口线进行强上拉切换。

3. DS18B20 的外部电源供电方式

外部电源供电方式如图 11.5 所示，在此方式下，DS18B20 的工作电源由 V_{DD} 引脚接入，此时 I/O 线不需要强上拉，不存在电源电流不足的问题，可以保证转换精度，同时理论上总线可以挂接任意多个 DS18B20 传感器，组成多点测温系统。注意：在外部供电的方式下，DS18B20 的 GND 引脚不能悬空，否则不能转换温度，读取的温度总是 85 ℃。

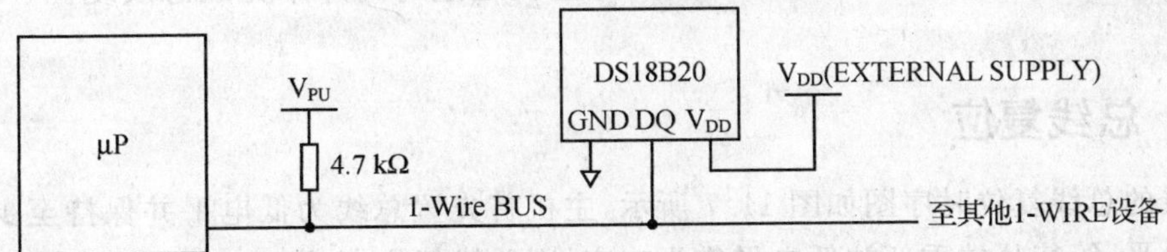

图 11.5　外部供电方式的多点测温电路图

外部电源供电方式是 DS18B20 最佳的工作方式，工作稳定可靠，抗干扰能力强，而且电路也比较简单，可以开发出稳定可靠的多点温度监控系统。

本书所用实验板的硬件连接也采用这种方式，具体电路如图 11.6 所示。图中，DS18B20

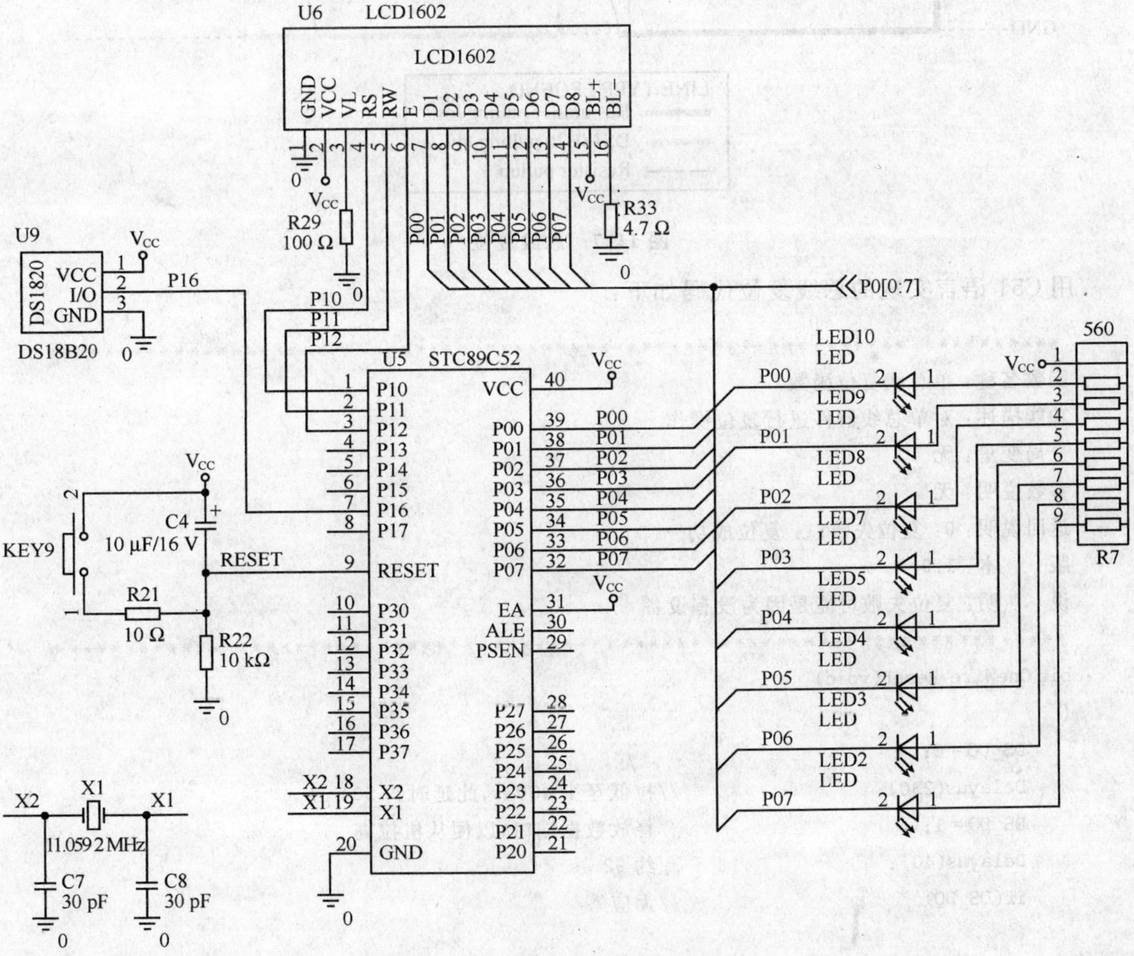

图 11.6　实验板 DS18B20 原理图

的 V_{DD} 引脚接 5 V 外部电源。

11.3 单总线工作时序

单总线通信方式有严格的通信协议，对操作时序要求严格。单总线通过使用时间片(time slots)来对单总线器件进行读出和写入操作，即主机通过时间片来完成总线复位、写数据位、读数据位。

11.3.1 总线复位

单总线的总线复位时序图如图 11.7 所示，主机首先置总线为低电平并保持至少 480 μs，然后拉高电平，等待从端重新拉低电平作为响应，则总线复位完成。

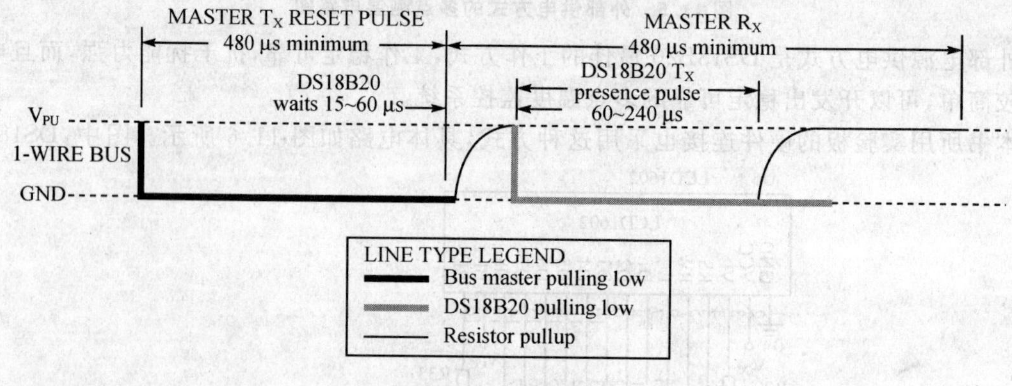

图 11.7 总线复位

用 C51 语言实现的总线复位代码如下：

```
/*************************************************************************************
函数名称：单总线复位函数
功能描述：对单总线器件进行复位操作
全局变量：无
参数说明：无
返回说明：0：复位失败；1：复位成功
版    本：1.0
说    明：复位失败可能是因为没有设备
*************************************************************************************/
bit OneWire_Reset(void)
{
    DS_DQ = 0;
    Delayus(230);                          //拉低至少 480μs，此延时约 504 μs
    DS_DQ = 1;                             //释放数据端口，以便从机拉高
    Delayus(40);                           //约 92 μs
    if(DS_DQ)                              //无应答
    {
        return 0;                          //返回没有应答
```

```
        }
        else                                //有应答
        {
        while(! DS_DQ);                     //等待应答信号完毕
        }
        return 1;
}
```

11.3.2　写数据位

写数据的时序图如图 11.8 所示，当主机把数据线从高逻辑电平拉至低逻辑电平时，产生写时间片。有两种类型的写时间片：写 1 时间片和写 0 时间片。所有时间片必须有最短为 60 μs 的持续期，在各写周期之间必须有最短为 1 μs 的恢复时间。

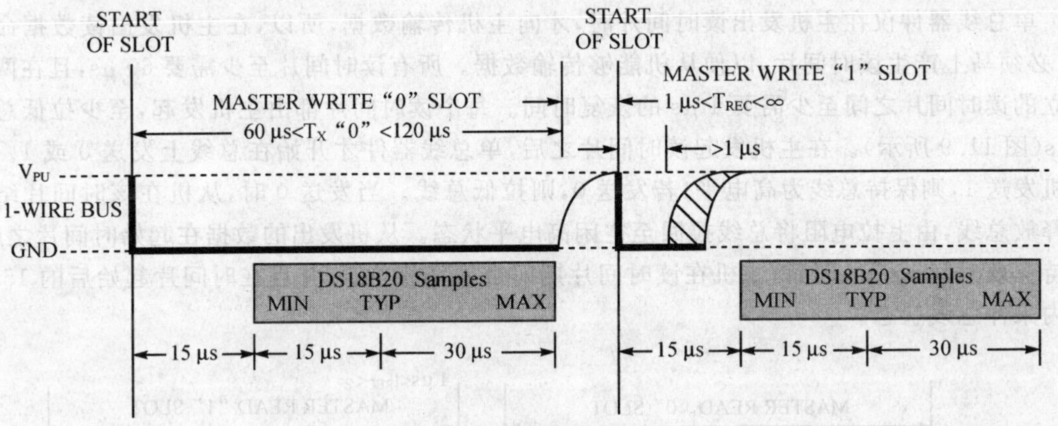

图 11.8　总线写数据位

写数据位过程为：在 I/O 线由高电平变为低电平后，DS18B20 在 15～60 μs 的窗口之间对 I/O 线采样。如果线为高电平，写 1 就发生。如果线为低电平，便发生写 0。

对于主机产生写 1 的情况，数据线必须先被拉至逻辑低电平，在之后的 15 μs 内拉至高电平；对于主机产生写 0 的情况，数据线必须被拉至逻辑低电平且至少保持低电平 60 μs。

使用 C51 描述单总线写入一个字节的代码如下：

```
/*********************************************************************
函数名称：单总线写一字节函数
功能描述：向单总线器件写入一个字节
全局变量：无
参数说明：无
返回说明：无
版    本：1.0
说    明：向单总线器件写入一个字节数据(8 位)
*********************************************************************/
void OneWire_WriteByte(uchar dat)
{
    uchar i;
```

```
    for(i = 8;i>0;i -- )
    {
        DS_DQ = 0;                        //拉低总线
        Delayus(2);                       //保持一段时间
        DS_DQ = dat&0x01;                 //根据数据最低位拉高或拉低总线
        Delayus(25);                      //保持 27μs 不变
        DS_DQ = 1;
        dat>> = 1;
        Delayus(1);
    }
}
```

11.3.3　读数据位

单总线器件仅在主机发出读时间片时，才向主机传输数据，所以，在主机发出读数据命令后，必须马上产生读时间片，以便从机能够传输数据。所有读时间片至少需要 60 μs，且在两次独立的读时间片之间至少需要 1 μs 的恢复时间。每个读时间片都由主机发起，至少拉低总线 1 μs(图 11.9 所示)。在主机发起读时间片之后，单总线器件才开始在总线上发送 0 或 1。若从机发送 1，则保持总线为高电平；若发送 0，则拉低总线。当发送 0 时，从机在该时间片结束后释放总线，由上拉电阻将总线拉回至空闲高电平状态。从机发出的数据在起始时间片之后，保持有效时间 15 μs，因而，主机在读时间片期间必须释放总线，并且在时间片起始后的 15 μs 之内采样总线状态。

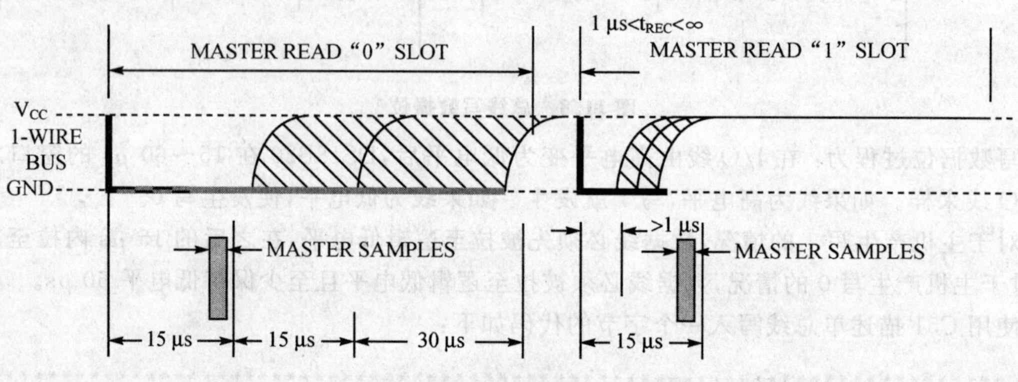

图 11.9　读数据

使用 C51 描述总线读取一字节的代码如下：

```
/**************************************************************************
函数名称：单总线读一字节函数
功能描述：从单总线器件读取一个字节数据
全局变量：无
参数说明：无
返回说明：读取一字节数据
版    本：1.0
说    明：
```

```
*********************************************************************************/
uchar OneWire_ReadByte(void)
{
    uchar i;
    uchar dat = 0;
    for(i = 8;i>0;i-- )
    {
        dat>> = 1;                    //右移一位
        DS_DQ = 0;                    //拉低电平
        Delayus(3);                   //保持约12μs
        DS_DQ = 1;                    //拉高电平
        Delayus(3);                   //延时约12μs进行采样
        if(DS_DQ)
        {
            dat + = 0x80;
        }
        Delayus(18);                  //延时约45μs
    }
    return dat;
}
```

11.4 DS18B20 的操作

11.4.1 初始化

基于单总线上的所有传输过程都是以初始化开始的，初始化过程由主机发出的复位脉冲和从机响应的应答脉冲组成。应答脉冲使主机知道总线上有从机设备，且准备就绪。复位和应答脉冲的时间详见单总线信号部分。

11.4.2 ROM 操作命令

在主机检测到应答脉冲后，就可以发出 ROM 命令。这些命令与各个从机设备的唯一 64 位 ROM 代码相关，允许主机在单总线上连接多个从机设备时，指定操作某个从机设备。这些命令还允许主机能够检测到总线上有多少个从机设备及其设备类型，或者有没有设备处于报警状态。从机设备可能支持 5 种 ROM 命令（实际情况与具体型号有关），每种命令长度为 8 位。主机在发出功能命令之前，必须送出合适的 ROM 命令。下面将简要地介绍各个 ROM 命令的功能，以及在何种情况下使用。

1. 读 ROM(Read ROM)[33H]

该命令仅适用于总线上只有一个从机设备。它允许主机直接读出从机的 64 位 ROM 代码，而无须执行搜索 ROM 过程。如果该命令用于多节点系统，由于每个从机设备都会响应该命令，因此将会发生数据冲突。

2. 匹配 ROM(Match ROM)[55H]

匹配 ROM 命令跟随 64 位 ROM 代码，从而允许主机访问多节点系统中某个指定的从机设备。仅当从机完全匹配 64 位 ROM 代码时，才会响应主机随后发出的功能命令。其他设备将处于等待复位脉冲状态。

3. 跳越 ROM(SKIP ROM)[CCH]

主机能够采用该命令同时访问总线上的所有从机设备，而无须发出任何 ROM 代码信息。例如，主机通过在发出跳越 ROM 命令后跟随转换温度命令[44H]，就可以同时命令总线上所有的 DS18B20 开始转换温度，这样大大节省了主机的时间。值得注意的是，如果跳越 ROM 命令跟随的是读暂存器[BEH]的命令(包括其他读操作命令)，则该命令只能应用于单节点系统，否则由于多个节点都响应该命令而引起数据冲突。

4. 搜索 ROM (Search ROM)[F0H]

当系统初始上电时，主机必须找出总线上所有从机设备的 ROM 代码，这样主机就能够判断出从机的数目和类型。主机通过重复执行搜索 ROM 循环，以找出总线上所有的从机设备。如果总线只有一个从机设备，则可以采用读 ROM 命令来替代搜索 ROM 命令。在每次执行完搜索 ROM 循环后，主机必须返回至命令序列的第一步(初始化)。

5. 报警搜索(Alarm Search)[ECH]

此命令的流程与搜索 ROM 命令相同。但是，仅在最近一次温度测量出现报警的情况下，DS18B20 才对此命令做出响应。报警的条件定义为温度高于 TH 或低于 TL。只要 DS18B20 一上电，报警条件就保持在设置状态，直到另一次温度测量显示出非报警值，或者改变 TH 或 TL 的设置，使得测量值再一次位于允许的范围之内

11.4.3 功能命令

在总线控制器发给所连接的 DS18B20 一条 ROM 命令后，接着就可以发出 DS18B20 支持的某个功能命令。这些命令包括主机写入或读出 DS18B20 暂存器、启动温度转换以及判断从机的供电方式等。DS18B20 的功能命令总结于表 11.2 中。

表 11.2 DS18B20 功能命令表

命 令	描 述	命令代码	发送命令后，单总线上的响应信息	注 释
		温度转换命令		
转换温度	启动温度转换	44H	无	1
		存储器命令		
读暂存器	读全部的暂存器内容，包括 CRC 字节	BEH	DS18B20 传输多达 9 个字节至主机	2
写暂存器	写暂存器第 2、3 和 4 个字节数据(即 T_H，T_L和配置寄存器)	4EH	主机传送 3 个字节数据至 DS18B20	3

续表 11.2

命令	描述	命令代码	发送命令后，单总线上的响应信息	注释
复制暂存器	将暂存器中的 T_H，T_L 配置字节复制到 EEPROM 中	48H	无	1
回读 EEPROM	将 T_H，T_L 和配置字节从 EEPROM 回读至暂存器中	B8H	DS18B20 传送回读状态至主机	
读电源	读取 DS18B20 电源方式	B4H	读取电源状态	

注：

1. 在温度转换和复制暂存器数据至 EEPROM 期间，主机必须在单总线上允许强上拉。并且在此期间，总线上不能进行其他数据传输；
2. 通过发出复位脉冲，主机可在任何时候中断数据传输；
3. TH，TL 和配置寄存器这 3 个字节的写入必须在复位信号发起之前。

下面分别对这些命令做简要介绍：

1. 读暂存存储器(Read Scratchpad)［BEH］

此命令用于读暂存存储器的内容。读出的数据从暂存存储器的字节 0 开始，直至第 9 个字节(字节 8，CRC)被读出为止。如果不想读完所有字节，控制器可以在任何时间发出复位命令来中止读取。暂存存储器的数据组织如表 11.3 所列。

表 11.3　暂存存储器结构表

数据位	8	7	6	5	4	3	2	1	0
含义	CRC	保留	保留	保留	配置寄存器	低温报警值	高温报警值	温度高位	温度低位

其中配置寄存器结构见表 11.4。

表 11.4　配置寄存器结构表

TM	R1	R0	1	1	1	1	1

配置寄存器低 5 位均为“1”，TM 是测试模式位，用于设置 DS18B20 在工作模式还是在测试模式。在 DS18B20 出厂时该位被设置为 0，用户无需改动。R1 和 R0 用来设置分辨率，DS18B20 出厂时被设置为 12 位，具体设置如表 11.5 所列。

表 11.5　温度分辨率设置表

R1	R0	分辨率/bit	温度分辨率/℃	温度转换最大时间/ms
0	0	9	0.5	93.75
0	1	10	0.25	187.5
1	0	11	0.125	375
1	1	12	0.062 5	750

2. 写暂存存储器(Write Scratchpad)［4EH］

这条命令向 DS18B20 的暂存存储器写入数据，共可写入 3 个字节，即报警信息的 TH、TL

和分辨率数据。开始位置在 TH 寄存器(暂存存储器的第 2 个字节),接下来写入 TL 寄存器(暂存存储器的第 3 个字节),最后写入配置寄存器(暂存存储器的第 4 个字节)。数据以最低有效位开始传送。上述 3 个字节的写入必须发生在总线控制器发出复位命令前,否则会中止写入。

3. 复制暂存存储器(Copy Scratchpad)[48H]

此命令把暂存存储器复制入 DS18B20 的 EEPROM 存储器,如果总线主机在此命令之后发出读时间片,那么只要 DS1820 正忙于把暂存存储器复制入 EEPROM,它就会在总线上输出"0",当复制过程完成之后,它将返回"1"。如果由寄生电源供电,总线主机在发出此命令之后必须能立即强制上拉并保持至少 10 ms。

4. 温度变换(Convert T)[44H]

此命令开始温度变换,不需要另外的数据。温度变换执行时,DS18B20 便保持在空闲状态。如果总线主机在此命令之后发出读时间片,那么只要 DS18B20 正忙于进行温度变换,它将在总线上输出"0";当温度变换完成时它便返回"1"。如果由寄生电源供电,那么总线主机在发出此命令之后必须立即强制上拉至少 2 s。

5. 重新调出 EEPROM(Recall EEPROM)[B8H]

此命令把存储在 EEPROM 中温度触发器的值(TH 和 TL)以及配置数据重新调至暂存存储器,这种重新调出的操作在对 DS18B20 上电时也自动发生,因此只要器件一接电,暂存存储器内就有有效的数据可供使用。在此命令发出之后,对于所发出的第一个读数据时间片,器件都将输出其是否处于忙状态的标志("0"=忙,"1"=准备就绪)。

6. 读电源(Read Power Supply)[B4H]

对于在此命令送至 DS18B20 之后所发出的第一个读出数据的时间片,器件都会给出其电源方式的信号:"0"=寄生电源供电,"1"=外部电源供电。

11.4.4 DS18B20 的命令序列

DS18B20 的典型命令序列如下:

第 1 步 初始化;

第 2 步 ROM 命令(跟随需要交换的数据);

第 3 步 功能命令(跟随需要交换的数据)。

每次访问单总线器件必须严格遵守这个命令序列,如果出现序列混乱则单总线器件不会响应主机。但是,这个准则对于搜索 ROM 命令和报警搜索命令例外,在执行两者中任何一条命令之后,主机不能执行其后的功能命令,必须返回至第一步。

以实验板上的 DS18B20 为例,如要执行读取温度设置,首先需要初始化,然后应发送跳过 ROM 命令(CCH),再后发送转换温度命令(44H),待转换完成后,接着再次发送跳过 ROM 命令(CCH),再后发送读取暂存器命令(BEH),接着读取 9 位暂存器数据,数据读取后,发送复位命令,即完成此次温度读取的操作。

11.4.5 DS18B20 的温度数据结构

从 DS18B20 暂存存储器读取数据的前两位为温度数据,数据格式如表 11.6 所列。

表 11.6 DS18B20 温度数据结构表

低位	位 7	位 6	位 5	位 4	位 3	位 2	位 1	位 0
	2^3	2^2	2^1	2^0	2^{-1}	2^{-2}	2^{-3}	2^{-4}
高位	位 15	位 14	位 13	位 12	位 11	位 10	位 9	位 8
	S	S	S	S	S	2^6	2^5	2^4

二进制中的前 5 位(位 11～位 15)是符号位，如果测得的温度大于 0，这 5 位为 0，只要将测到的数值乘于 0.062 5 即可得到实际温度；如果温度小于 0，这 5 位为 1，测到的数值需要取反加 1 再乘于 0.062 5 即可得到实际温度。

例如＋125 ℃的数字输出为 07D0H，＋25.0625 ℃的数字输出为 0191H，－25.0625 ℃的数字输出为 FF6FH，－55 ℃的数字输出为 FC90H。DS18B20 的温度转换具体实现代码如下：

```
/*******************************************************************************
   函数名称：DS18B20 温度转换为字符的函数
   功能描述：将 DS18B20 的温度转换为可在 LCD1602 上显示的数组
   全局变量：DS18B20Rom 温度数据数组和 DS18B20Disp[]显示数组
   参数说明：无
   返回说明：无
   版    本：ver：1.0
   说    明：为适应 LCD1602 函数显示需要，显示数组为 9 位，最后一位为 0x00，表示字符结束。此函数
以分辨率 0.062 5 为例，如使用低分辨率，可精简
*******************************************************************************/
void DS18B20dispTemp(void)
{
    uint Temp = 0;                                          //温度数值
    uint Fraction = 0;                                      //小数部分
    Temp = DS18B20Rom[1];
    Temp = Temp * 256 + DS18B20Rom[0];                      //整合

    if (DS18B20Rom[1]<0xF8)                                 //温度为正温度
    {
        DS18B20Disp[0] =' ';                                //零上温度

    }
    else                                                    //零下温度
    {
        DS18B20Disp[0] = '-';                               //负号
        Temp = ~Temp + 1;
    }
        Fraction = (Temp&0x000F) * 625;                     //取得小数部分
        Temp  =  Temp>>4;                                   //整合，取得温度值的整数部分
```

```
    DS18B20Disp[1] = Temp/100 + 0x30;                          //百位
    if (DS18B20Disp[1] = = 0x30) DS18B20Disp[1] =' ';
    Temp = Temp % 100;
    DS18B20Disp[2] = Temp/10 + 0x30;                           //十位
    if (DS18B20Disp[2] = = 0x30) DS18B20Disp[2] =' ';
    DS18B20Disp[3] = Temp % 10 + 0x30;                         //个位

    DS18B20Disp[4] ='.';                                       //小数点

    DS18B20Disp[5] = Fraction/1000 + 0x30;                     //十分位
    Fraction = Fraction % 1000;
    DS18B20Disp[6] = Fraction/100 + 0x30;                      //百分位
    Fraction = Fraction % 100;
    DS18B20Disp[7] = Fraction/10 + 0x30;                       //千分位
    DS18B20Disp[8] = Fraction % 10 + 0x30;                     //万分位
    DS18B20Disp[9] = 0x00;                                     //结束
}
```

11.5　DS18B20 的温度检测试验

DS18B20 的温度试验流程如下：

(1) 读取 DS18B20 的光刻 ROM 信息：首先读取 DS18B20 的 64 位光刻 ROM 信息并做 CRC－8 校验。如校验通过，则将 64 位 ROM 代码显示在 LCD 上。然后读取其中的产品系列编码，如果为 0x28，则表示此器件为 DS18B20。

(2) 读取 DS18B20 供电信息。

(3) 设置 DS18B20 的分辨率。

(4) 读取 DS18B20 的温度：首先向 DS18B20 发送温度转换命令，延时一段时间后，读取 DS18B20 的暂存器数据，数据经过校验后，将数据转换为温度并显示在 LCD 上。具体实验代码如下：

```
void main(void)
{
    uchar i = 0, temp = 0;
    Init1602();                                                //初始化 LCD1602

    DS18B20ReadRom();                                          //读取 ROM
    if (crc8(DS18B20Rom,7) = = DS18B20Rom[7])                  //CRC 校验读取的 ROM CODE 数据
    {
        if (DS18B20Rom[0] = = 0x28)                            //判断是不是 DS18B20
            WrString1602(0,"Device  is 18B20");
        else
            WrString1602(0,"Device not 18B20");
```

```
        mDelay(4800);


        //将 DS18B20 的 64 位 ROM 显示出来
        WrString1602(0,"18B20's ROM CODE");
        for (i = 0;i<9;i ++ )
        {
            if ((DS18B20Rom[i]/16)>0x09)
                WrByte1602(1,i * 2,  DS18B20Rom[i]/16 + 0x37);
            else
                WrByte1602(1,i * 2,  DS18B20Rom[i]/16 + 0x30);

            if ((DS18B20Rom[i] % 16)>0x09)
                WrByte1602(1,i * 2 + 1,  DS18B20Rom[i] % 16 + 0x37);
            else
                WrByte1602(1,i * 2 + 1,  DS18B20Rom[i] % 16 + 0x30);
        }
        mDelay(4800);
    }

    WrString1602(0,"                ");                    //清屏
    WrString1602(1,"                ");                    //清屏


    if (DS18B20ReadPower())                                //读取电源信息
        WrString1602(0,"POWER IS 1");
    else
        WrString1602(0,"POWER IS 0");
    mDelay(4800);

    DS18B20SetStep(0x7f);                                  //设置分辨率为 0.0625℃

    WrString1602(0,"temperature is  ");

    while(1)
    {
        DS18B20Convert();                                  //开始温度转换
        mDelay(100);
        DS18B20ReadScratchpad();                           //读取暂存器数据
        if (crc8(DS18B20Rom,8) = = DS18B20Rom[8])          //CRC 校验读取的 ROM CODE 数据
        {
            DS18B20dispTemp();                             //转换温度值
            WrString1602(1,DS18B20Disp);                   //显示温度
        }
        else
```

```
            {
                WrString1602(1,"DATA CRC ERROR!!");
            }
        }
    }
```

11.6　实验总结

本次试验介绍了典型的单总线器件 DS18B20,较为全面地介绍单总线系统的硬件结构和命令序列,以及信号方式,使读者可以掌握 DS18B20 的常用操作命令。在实际使用中需要注意对 DS18B20 的读写要严格保证时序。

11.7　课后练习

(1) 读取 DS18B20 温度,保留小数点后 1 位,并作四舍五入。

(2) 设置 DS18B20 的温度分辨率为 9 位,读取温度并显示在数码管上。

第12章 时钟芯片 DS1302 实验

现在流行的串行时钟电路很多，如 DS1302、DS1307、PCF8485 等。这些电路的接口简单、价格低廉、使用方便，被广泛地采用。本章介绍的 DS1302 是 DALLAS 公司生产的具有涓细电流充电能力的实时时钟电路，主要特点是采用串行数据传输，可为掉电保护电源提供可编程的充电功能，并且可以关闭充电功能，采用普通 32.768 kHz 晶振。

12.1 实验说明

通过本节实验让读者了解串行实时时钟芯片的使用，学会使用单片机控制串行时钟芯片的方法。

12.2 硬件原理图详解

12.2.1 硬件原理图

DS1302 与单片机连接的电路图如图 12.1 所示。通过图 12.1 可以看到，DS1302 与单片机的连线只需 3 条，即 SCL(7)、I/O(6)和 RST(5)。接在 CON2 上的备用电池通过 DS1302 的第 8 脚为 DS1302 提供低功耗的电池备份。V_{CC2} 在双电源系统中提供主电源，在这种方式下 V_{CC1} 连接备用电源，当系统没有主电源的情况下，能保持时间信息及数据不丢失。DS1302 由 V_{CC1} 或 V_{CC2} 两者中较大者供电。当 V_{CC2} 大于 V_{CC1} 0.2 V 时，V_{CC2} 给 DS1302 供电。当 V_{CC2} 小于 V_{CC1} 时，DS1302 由 V_{CC1} 供电。

12.2.2 DS1302 的引脚与结构

DS1302 是美国 DALLAS 公司推出的一种高性能、低功耗、带 RAM 的实时时钟电路，它可以对年、月、日、周、时、分、秒进行计时，具有闰年补偿功能，工作电压为 2.5～5.5 V。DS1302 内部有一个 31 B 的用于临时性存放数据的静态 RAM 寄存器。采用三线接口与 CPU 进行同步通信，并可采用突发方式一次传送多个字节的时钟信号或 RAM 数据。DS1302 是 DS1202 的升级产品，与 DS1202 兼容，但增加了主电源/后背电源双电源引脚，同时提供了对后背电源进行涓细电流充电的能力。DS1302 的引脚与内部逻辑图如图 12.2 所示。

DS1302 的具体引脚功能如表 12.1 所列。

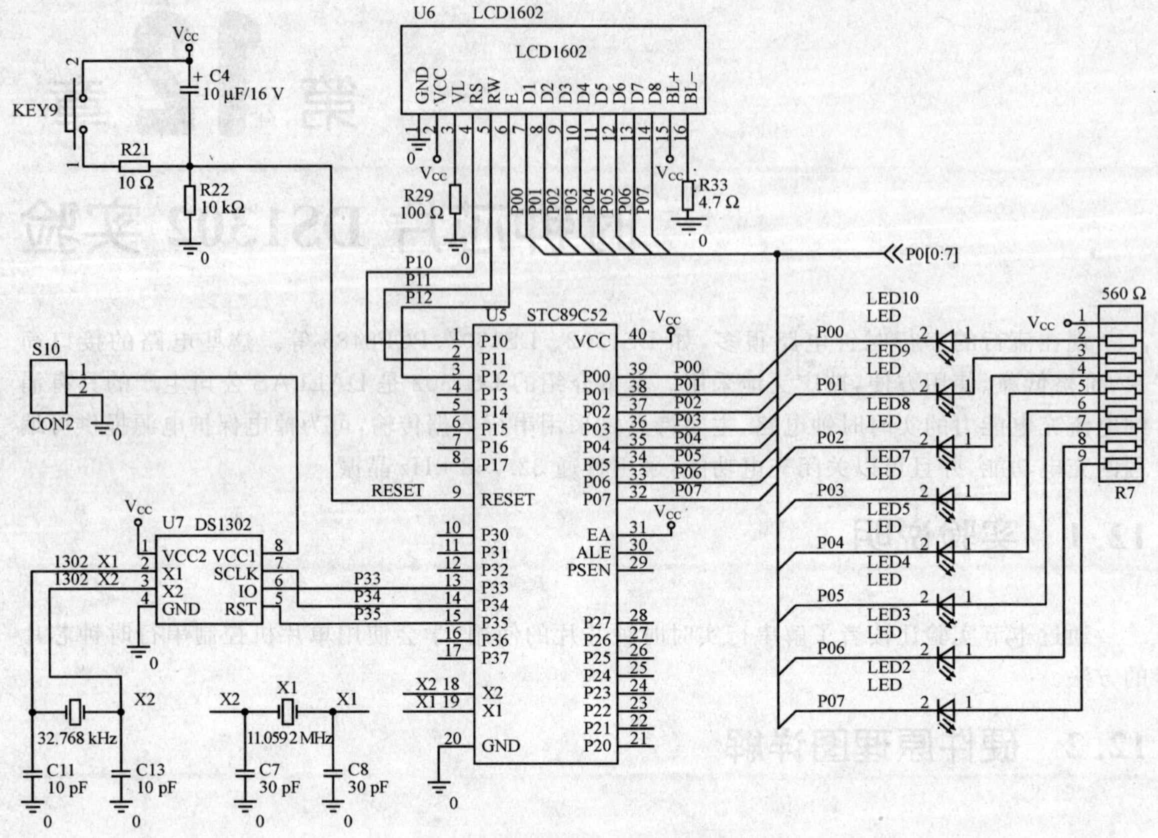

图 12.1　DS1302 与单片机的硬件连接图

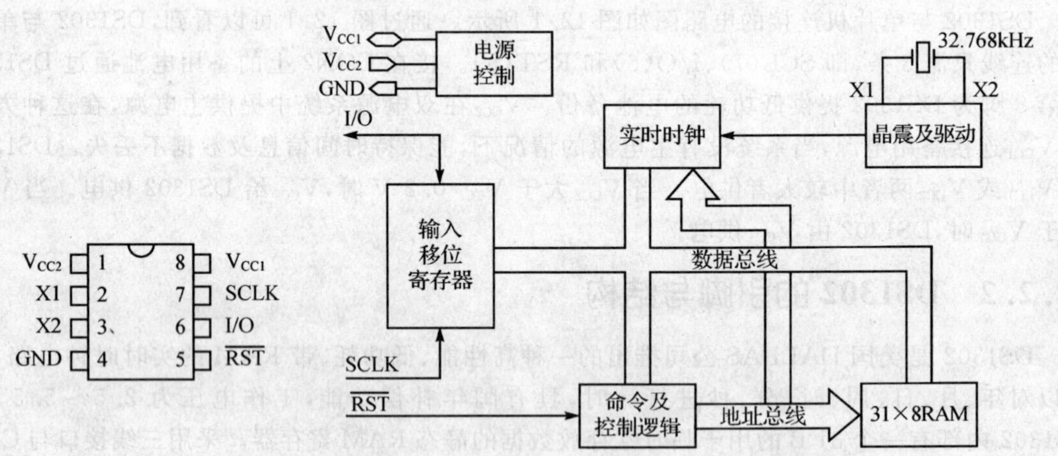

图 12.2　DS1302 引脚及内部逻辑图

表 12.1　DS1302 引脚功能说明

引脚号	引脚名称	功　能
1	V_{CC2}	主电源
2,3	X1,X2	振荡源,外接 32.768 kHz 晶振
4	GND	接地
5	RST	复位/片选端
6	I/O	串行数据输入/输出端(双向)
7	SCLK	串行时钟输入端
8	V_{CC1}	备用电源

12.2.3　DS1302 工作时序

DS1302 的工作时序如图 12.3 所示。从时序图上可以看出 DS1302 是串行驱动方式。通过 I/O 引脚不仅要向寄存器写入控制字,还需要读取相应寄存器的数据。

其中 RST(图 12.3 中的 CE)输入有两种功能：首先,RST 接通控制逻辑,允许地址/命令序列送入移位寄存器;其次,RST 是终止单字节或多字节数据的传送手段。当 RST 为高电平时,所有的数据传送被初始化,允许对 DS1302 进行操作。如果在传送过程中 RST 置为低电平,则会终止此次数据传送,I/O 引脚变为高阻态。上电运行时,在 V_{CC}≥2.5 V 之前,RST 必须保持低电平。只有在 SCLK 为低电平时,才能将 RST 置为高电平。

从时序图 12.3 可看出为了对 DS1302 串行时钟芯片任何数据传送进行初始化,需要将 RST 置为高电平且将 8 位地址和命令信息装入移位寄存器。数据在 SCLK 的上升沿串行输入,前 8 位指定访问地址,命令字装入移位寄存器后,在之后的时钟周期,读操作时输出数据,写操作时输入数据。时钟脉冲的个数在单字节方式下为 8 加 8(8 位地址加 8 位数据),在多字节方式下为 8 加最多达 248 的数据。

在了解了 DS1302 的工作时序后,就可以与 DS1302 通信了,首先要了解 DS1302 的控制命令字节。DS1302 的控制字如表 12.2 所列。

表 12.2　DS1302 控制字

7	6	5	4	3	2	1	0
1	RAM/CK	A4	A3	A2	A1	A0	RD/WR

控制字的最高有效位(位 7)必须是逻辑 1,如果它为 0,则不能把数据写入到 DS1302 中。

位 6：如果为 0,则表示存取日历时钟数据,为 1 表示存取 RAM 数据;

位 5～位 1(A4～A0)：指示操作单元的地址;

位 0(最低有效位)：如为 0,表示要进行写操作,为 1 表示进行读操作。

控制字数据输入从最低位(0 位)开始输出。在控制字指令输入后的下一个 SCLK 时钟上升沿时,数据被写入 DS1302,如果有额外的 SCLK 周期,它们将被忽略。

同样,在紧跟 8 位的控制字指令后的下一个 SCLK 脉冲的下降沿,读出 DS1302 的数据,读出的数据也是从最低位到最高位。需要注意的是,第一个数据位在命令字节的最后一位之

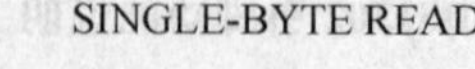

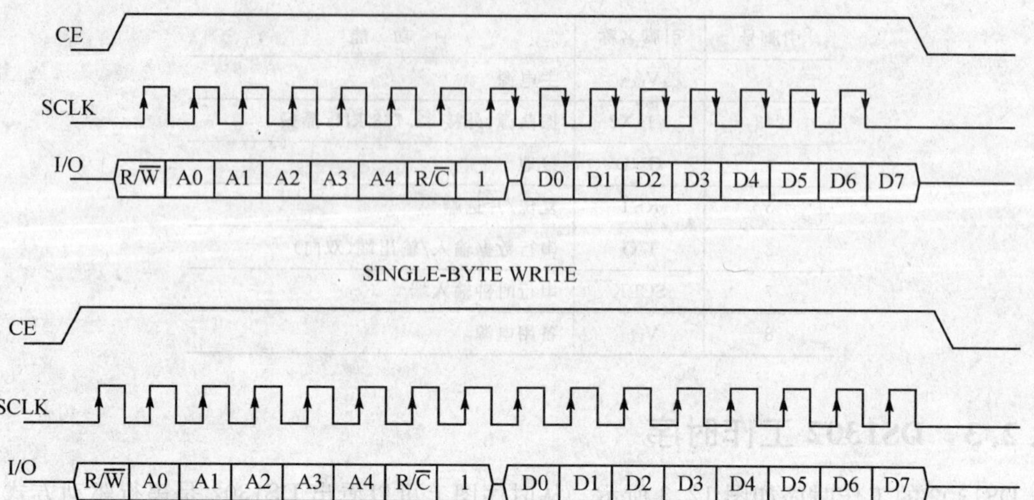

图 12.3　DS1302 工作时序图

后的第一个下降沿输出。只要 RST 保持高电平，如果有额外的 SCLK 周期，将重新发送数据字节，即多字节传送。

12.2.4　DS1302 寄存器

DS1302 具有丰富的日历、时钟寄存器和 RAM 寄存器，具体介绍如下：

1. 日历、时钟寄存器

DS1302 有 12 个寄存器，其中有 7 个寄存器与日历、时钟相关，存放的数据位为 BCD 码形式，其日历、时间寄存器及其控制字见表 12.3 所列。

表 12.3　日历、时钟寄存器与控制字对照表

寄存器名称	7	6	5	4	3	2	1	0
	1	RAM/CK	A4	A3	A2	A1	A0	RD/W
秒寄存器	1	0	0	0	0	0	0	
分寄存器	1	0	0	0	0	0	1	
小时寄存器	1	0	0	0	0	1	0	
日寄存器	1	0	0	0	0	1	1	
月寄存器	1	0	0	0	1	0	0	
星期寄存器	1	0	0	0	1	0	1	
年寄存器	1	0	0	0	1	1	0	
写保护寄存器	1	0	0	0	1	1	1	
慢充电寄存器	1	0	0	0	0	0	0	
时钟突发寄存器	1	0	1	1	1	1	1	

注：最后一位 RD/WR 为 0 表示要进行写操作，为 1 表示进行读操作。

此外，DS1302 还有年份寄存器、控制寄存器、充电寄存器、时钟突发寄存器及与 RAM 相关的寄存器等。时钟突发寄存器可一次性顺序读写除充电寄存器外的所有寄存器内容。表 12.4 为主要寄存器命令字、取值范围以及各位内容对照表。

表 12.4　DS1302 日历、时钟寄存器

寄存器名	命令字		取值范围	各位内容							
	写	读		7	6	5	4	3~0			
秒寄存器	80H	81H	00~59	CH	10SEC			SEC			
分寄存器	82H	83H	00~59	0	10MIN			MIN			
小时寄存器	84H	85H	00~12 00~23	12/24	0	$\frac{10}{AP}$		HR			
日寄存器	86H	87H	01~28, 29,30,31	0	0	10DATE		DATE			
月寄存器	88H	89H	01~12	0	0	0	10M	MONTH			
星期寄存器	8AH	8BH	01~07	0	0	0	0	DAY			
年寄存器	8CH	8DH	01~99	10YEAR				YEAR			
写保护寄存器	8EH	8FH		WP	0	0	0	0			
慢充电寄存器	90H	91H		TCS	TCS	TCS	TCS	DS	DS	RS	RS
时钟突发寄存器	BEH	BFH									

其中有些特殊位说明如下：

- CH：时钟暂停位，当此位设置为 1 时，振荡器停止，DS1302 处于低功耗状态；当此位变为 0 时，时钟开始启动。
- 12/24：12 或 24 小时方式选择位，为 1 时选择 12 小时方式。在 12 小时方式下，位 5 是 AM/PM 选择位，此位为 1 时表示 PM。在 24 小时方式下，位 5 是第 2 个小时位（20~23 时）。
- WP：写保护位，写保护寄存器的 0~6 位始终为 0，在读操作时读出始终为 0。在对时钟或 RAM 进行写操作之前，位 7（WP）必须为 0，当设置为高电平时，为写保护状态，可防止对其他任何寄存器进行写操作。
- TCS：控制慢充电的选择，为了防止偶然因素使 DS1302 充电方式工作，只有 1010 模式才能使慢速充电工作。
- DS：二极管选择位。如果 DS 为 01，那么选择一个二极管；如果 DS 为 10，则选择两个二极管。如果 DS 为 11 或 00，那么充电器被禁止，与 TCS 无关。
- RS：选择连接在 V_{CC2} 与 V_{CC1} 之间的电阻，如果 RS 为 00，那么充电被禁止，与 TCS 无关。充电状态如表 12.5 所示。

表 12.5　充电寄存器状态对照表

TCS	TCS	TCS	TCS	DS	DS	RS	RS	充电状态
X	X	X	X	X	X	0	0	禁止
X	X	X	X	0	0	X	X	禁止
X	X	X	X	1	1	X	X	禁止
1	0	1	0	0	1	0	1	1 个二极管,2K
1	0	1	0	0	1	1	0	1 个二极管,4K
1	0	1	0	0	1	1	1	1 个二极管,8K
1	0	1	0	1	0	0	1	2 个二极管,2K
1	0	1	0	1	0	1	0	2 个二极管,4K
1	0	1	0	1	0	1	1	2 个二极管,8K
0	1	0	1	1	1	0	0	上电后初始状态

2. RAM 寄存器

DS1302 与 RAM 相关的寄存器分为两类：一类是单个 RAM 单元，共 31 个，每个单元为一个 8 位的字节，其命令控制字为 C0H～FDH，其中奇数为读操作，偶数为写操作；另一类为突发方式下的 RAM 寄存器，此方式下可一次性读写所有 RAM 的 31 个字节，命令控制字为 FEH(写)、FFH(读)。RAM 区寄存器与控制字对照表如表 12.6 所列。

表 12.6　RAM 区寄存器与控制对照表

寄存器名称	7	6	5	4	3	2	1	0
	1	RAM/CK	A4	A3	A2	A1	A0	RD/W
RAM0	1	1	0	0	0	0	0	
RAM1	1	1	0	0	0	0	1	
……	……	……	……	……	……	……	……	……
RAM30	1	1	1	1	1	1	0	
RAM 突发	1	1	1	1	1	1	1	

如果命令字节中的寻址位 A0～A4 均为 1，可以把时钟/日历或 RAM 存储器规定为多字节方式。当命令字节为 FFH 或 FEH，可以对片内 31B 的 RAM 进行读/写操作；当命令字节为 BFH 或 BEH 时，可对 8 个时钟/日历寄存器进行读/写操作，在时钟/日历寄存器中的地址 9～31 或 RAM 存储器中的地址 31 均不能使用。在多字节方式中读或写都是从地址 0 的第 0 位开始。

当以多字节方式写时钟/日历寄存器时，必须按传送次序写满 8 个寄存器，即 DS1302 在连续写入时间数据时，必须连续写入 8 个字节的数据；但是，当以多字节方式写 RAM 时，根据发送的要求，数据不必写入所有 31 B。不管是否写入全部 31 B，所写的字节都将传入送至 RAM。

12.3　DS1302 时钟程序设计

12.3.1　DS1302 的底层驱动

从图 12.3 中可以看到，对于 DS1302 的读写操作可以分解为几个步骤，以读操作为例，可以分解为先向 DS1302 写入命令，然后再从 DS1302 读取数据两部分组成，同样写操作是先向 DS1302 写入命令，然后再向 DS1302 写入数据，这样我们就可以将 DS1302 的读写操作分解为 3 个步骤：写命令步骤、写数据步骤、读数据步骤。对于连续读方式实际上就是一个写命令加上多个读数据即可，连续写就是一个写命令加上多个写数据。这 3 个步骤用 C 语言实现分别如下：

```
/**************************************************************************
函数名称：DS1302 写入命令函数
功能描述：将命令写入 DS1302
全局变量：无
参数说明：Command 为要写入的命令
返回说明：
版    本：1.0
其他说明：
**************************************************************************/
void WriteCommand(uchar Command)
{
    uchar i;
    RST = 0;CLK = 0;RST = 1;
    for(i = 8;i>0;i-- )                                //发送命令字
        {
        CLK = 0;
        DP = Command&0x01;                             //取一位送数据口
        CLK = 1;                                       //产生一个上升沿
        Command>> = 1;
        }
}
/**************************************************************************
函数名称：DS1302 写入数据函数
功能描述：将数据写入 DS1302
全局变量：无
参数说明：SendDat 为要写入的数据；
返回说明：
版    本：1.0
其他说明：
**************************************************************************/
void WriteData(uchar SendDat)
{
    uchar i;
```

```
    for(i = 8;i>0;i -- )                                    //发送数值
    {
        CLK = 0;
        DP = SendDat&0x01;
        CLK = 1;
        SendDat>> = 1;
    }
}
/******************************************************************************
函数名称：DS1302 读取数据函数
功能描述：从 DS1302 读取数据
全局变量：无
参数说明：
返回说明：返回读取的一字节数据
版    本：1.0
其他说明：
******************************************************************************/
uchar ReadData(void)
{
    uchar i,RecDat = 0;
    for(i = 0;i<8;i ++ )                                    //读入数值
    {
        CLK = 1;CLK = 0;                                    //产生一个下降沿
        if(DP) RecDat| = 0x01<<i;                           //读入数据
    }
    return(RecDat);                                         //返回数值
}
```

以上 3 个底层函数实现后，DS1302 的各种读写操作就可以用这 3 个函数做组合实现。具体的读写函数如下。

```
/******************************************************************************
函数名称：DS1302 向某地址单字节写函数
功能描述：向某地址写入数据
全局变量：无
参数说明：Command 为地址变量；SendDat 为所送的数据
返回说明：无
版    本：1.0
其他说明：
******************************************************************************/
void WriteByte(uchar Command,uchar SendDat)
{
    WriteCommand(Command);
    WriteData(SendDat);
    RST = 0;
}
```

```
/*********************************************************************
函数名称：DS1302单字节读取某地址数据函数
功能描述：读取某一地址的数据
全局变量：无
参数说明：Command为地址变量
返回说明：返回读取的指定地址数据
版    本：1.0
说    明：
*********************************************************************/
uchar ReadByte(uchar Command)                    //读字节子程序。入口参数：命令字
{
    uchar RecDat = 0;
    WriteCommand(Command);
    RecDat = ReadData();
    RST = 0;
    return(RecDat);                              //返回数值
}
```

12.3.2　DS1302的各种操作

在完成了基础的DS1302读写函数后，即可应用这些基础函数完成DS1302的各种应用操作。根据前面的介绍，DS1302的操作主要有读写保护操作、单字节读写操作、多字节读写操作等，下面将使用以上基本的读写函数实现这些操作。

1. 读写保护操作

当写保护操作寄存器为0时，允许数据写入操作寄存器，当写保护操作寄存器为0x80时，禁止数据写入操作寄存器。注意，写保护不能在多字节传送模式下写入。下面是具体的函数实现：

```
SendByte(0x8EH,0x80)                  //向8EH地址写入0x80H数据，实现禁止写入操作
SendByte(0x8EH,0x00)                  //向8EH地址写入0x00H数据，实现允许写入操作
```

2. 允许时钟启动

由前面所述可知，当CH变为0时，时钟开始启动，因此要进行正常的时钟之前应先使时钟启动，具体的函数实现为：

```
void OscCtrl(bit CtrlDat)             //振荡起动和停止控制，入口参数1起动或0停止
{
    if (CtrlDat) SendBytc(0x80,0x00);
    else SendByte(0x80,0x80);
}
```

3. 单字节传送

通过单字节传送方式，可以单独读取DS1302的秒、分钟、小时、年月等数据，只是地址不同，数据不同。下面是一些具体的实现函数：

```
SendByte(0x80H,0x85)                  //启动时钟，秒为5
```

```
ReadByte(0x81H)                          //读取时间中的秒数据
SendByte(0x82H,0x06)                     //写入分钟数据为 6
SendByte(0x83H)                          //读取分钟数据
```

4. 多字节传送

当命令字节为 BE 或 BF 时,DS1302 工作在多字节传送模式,系统可一次读写 DS1302 的时钟/日历数据,当命令字为 FE 或 FF 时,DS1302 工作在多字节 RAM 传送模式下,31 个 RAM 寄存器从 0 地址开始连续读写从 0 位开始的数据。具体函数实现如下:


```
/*******************************************************************
函数名称:向 DS1302 连续写入数据函数
全局变量:无
参数说明:command 命令,P 发送的数据,length 为字节数
返回说明:无
版    本:1.0
说    明:当写入时间数据时,长度必须为 8 才可以。当写入 RAM 数据时数据长度为 0~31
*******************************************************************/
void DS1302_BustWrite(uchar Command,uchar length, uchar * p)
{
    uchar i;
    WriteCommand(Command);
    for (i = length;i>0;i -- )
    {
        WriteData( * p);
        p ++ ;
    }
    RST = 0;
}
/*******************************************************************
函数名称:从 DS1302 连续读数据函数
全局变量:无
参数说明:command 命令,length 为读取的数据长度,P 为读出后写入的数组指针
返回说明:无
版    本:1.0
说    明:当读取 RAM 数据的时候数据长度为 0~31
*******************************************************************/
void DS1302_BustReadByte(uchar Command, uchar length, uchar * p)
{
    uchar i;
    WriteCommand(Command);
    for(i = length;i>0;i -- )
    {
        // * p = 0;
        * p = ReadData();
        p ++ ;
```

```
    }
    RST = 0;
}
```

需要注意的是：

(1) 每次上电要检查秒寄存器最高位是否为 0，如果不是 0，应该先设置为 0，时钟才能走。

(2) DS1302 在有备用电池的情况下，即使主电源在关闭的情况仍然是走的。

12.3.3 DS1302 的应用演示

下面的例子是一个简单的时钟，例子中将 LCD1602 作为显示，依次演示了允许时钟、写保护的禁止与启用、连续写入时间日期数据、连续读出时间数据、RAM 的读写等。此程序在本书的实验板上通过，具体源程序如下：

```
/************************** DS1302 时钟演示程序 ********************************/
#include <REGX51.H>
#include <intrins.h>
#include <DS1302.H>
#include <comm.h>
#include <LCD1602.H>
#define uchar unsigned char
#define uint unsigned int
uchar DateTime[8] = {0x05,0x02,0x04,0x13,0x06,0x02,0x99,0x00};   //分别为秒、分、时、日、月、
                                                                 //周、年、写保护

void main(void)
{
    uchar i = 0,j = 0;
    uchar ram = 0;
    OscCtrl(1);                                           //允许时钟运行
    Init1602();                                           //初始化 LCD1602
    Buzz(3500);
    WrString1602(0," DS1302 TEST...");                    //显示此次演示的文字说明
    WrString1602(1,"ZHCE 2009 - 02 - 19");
    for (i = 0;i<10;i ++ )
    {
        mDelay(200);
    }
    WriteByte(0x8E,0x00);                                 //禁止写保护
    DS1302_BustWrite(0xbe, 8, DateTime);                  //连续写入时间和日期
    WriteByte(0x8E,0x80);                                 //写保护
    Buzz(4500);
    //下面演示 RAM 的随机读写
    WrString1602(0," RAM READ&WRITE ");
    WrString1602(1,"                ");
    Buzz(4500);
    for (i = 0;i<8;i ++ )
    {
        WriteByte(0x8E,0x00);                             //禁止写保护
```

```
            WriteByte(0xC0 + i * 2,i);                          //在 RAM 中写入值 i
            WriteByte(0x8E,0x80);                               //写保护
            mDelay(200);                                        //短暂延时,以便在 LCD 上观察
            ram = ReadByte(0xC1 + i * 2);                       //读 RAM 中的数据
            WrByte1602(1,i * 2,ram/16 + 0x30);                  //将读出数据显示出来
            WrByte1602(1,i * 2 + 1,ram % 16 + 0x30);
        }
        mDelay(200);
        WrString1602(0,"                ");                     //清屏
        WrString1602(1,"                ");
        Buzz(4500);
        //下面演示连续读取时间
        while(1)
        {
            DS1302_BustReadByte(0xbf, 7, DateTime);             //连续读出时间数据
            WrByte1602(0,3,DateTime[2]/16 + 0x30);              //将读出的数据显示在 LCD 上
            WrByte1602(0,4,DateTime[2] % 16 + 0x30);
            WrByte1602(0,5,':');
            WrByte1602(0,6,DateTime[1]/16 + 0x30);
            WrByte1602(0,7,DateTime[1] % 16 + 0x30);
            WrByte1602(0,8,':');
            WrByte1602(0,9,DateTime[0]/16 + 0x30);
            WrByte1602(0,10,DateTime[0] % 16 + 0x30);
            WrByte1602(1,3,DateTime[6]/16 + 0x30);
            WrByte1602(1,4,DateTime[6] % 16 + 0x30);
            WrByte1602(1,5,'-');
            WrByte1602(1,6,DateTime[4]/16 + 0x30);
            WrByte1602(1,7,DateTime[4] % 16 + 0x30);
            WrByte1602(1,8,'-');
            WrByte1602(1,9,DateTime[3]/16 + 0x30);
            WrByte1602(1,10,DateTime[3] % 16 + 0x30);
        }
    }
```


12.4　实验总结

本实验概括介绍了 DS1302 时钟芯片的特点和基本组成,通过实例详细说明了有关功能的实现方法及具体应用。

12.5　课后练习

(1) 为时钟显示加上周的显示,并设置每秒响铃一次。

(2) 在上面时钟的基础上,为 DS1302 的备用电池启动慢速充电模式。

第13章 I^2C 总线存储器 24C08

I^2C(Inter - Integrated Circuit)总线是一种由 Philips 公司开发的两线式串行总线,用于连接微控制器及其外围设备。I^2C 总线产生于 20 世纪 80 年代,最初为音频和视频设备开发,如今在电视机、服务器等各方面中大量使用。各部分电路连接非常简单,省去了许多 I/O 接口,减少了大量的元器件和连接件,大大降低了成本,简化了电路,提高了可靠性,还可以很方便地增加机器的各种功能。

13.1 实验说明

本章通过对 I^2C 总线及 EEPROM 芯片 24C08 的介绍,熟悉了单片机模拟 I^2C 协议的方法,掌握 24C×× 系列 EEPROM 芯片的使用。

13.2 I^2C 总线介绍

13.2.1 I^2C 总线的基本原理

I^2C 总线是由数据线 SDA 和时钟 SCL 构成的串行总线,可发送和接收数据。在 CPU 与被控 IC 之间、IC 与 IC 之间进行双向传送,最高传送速率 400 kbps。各种被控制电路均并联在这条总线上,就像电话机一样只有拨通各自的号码才能工作,所以每个电路和模块都有唯一的地址,在信息的传输过程中,I^2C 总线上并接的每一模块电路既是主机(或从机),又是发送器(或接收器),这取决于它所要完成的功能。CPU 发出的控制信号分为地址码和控制量两部分,地址码用来选址,即接通需要控制的电路,确定控制的种类;控制量决定该调整的类别(如对比度、亮度等)及需要调整的量。这样,各控制电路虽然挂在同一条总线上,却彼此独立,互不相关。

I^2C 总线最主要的优点是其简单性和有效性。由于接口直接在组件之上,因此 I^2C 总线占用的空间非常小,减少了电路板的空间和芯片引脚的数量,降低了互联成本。总线的长度可高达 25 英尺,并且能够以 10 kbps 的最大传输速率支持 40 个组件。I^2C 总线的另一个优点是,它支持多主控(multi mastering),其中任何能够进行发送和接收的设备都可以成为主控。一个主控能够控制信号的传输和时钟频率。当然,在任何时间点上只能有一个主控。

13.2.2 I²C 协议的基本概念

1. I²C 总线术语的定义

I²C 总线中，各个器件通过串行数据线 SDA 和串行时钟 SCL 线传递信息，每个器件都有一个唯一的地址识别，无论是微控制器、LCD 驱动器、存储器或键盘接口，都可以作为发送器或接收器，例如存储器既可以接收又可以发送数据，除了发送器和接收器外，器件在执行数据传输时也可以被看作是主机或从机（见表 13.1）。主机是初始化总线并产生允许传输时钟信号的器件，此时任何被寻址的器件都被认为是从机。

表 13.1 I²C 总线术语的定义

术 语	描 述
发送器	发送数据到总线的器件
接收器	从总线接收数据的器件
主机	初始化发送、产生时钟信号和终止发送的器件
从机	被主机寻址的器件

I²C 总线是一个多主机的总线，也就是说可以连接多于一个能控制总线的器件到总线，由于主机通常是微控制器。这突出了 I²C 总线的主机－从机和接收器－发送器的关系，应当注意的是这些关系不是一成不变的，由当时数据传输方向决定。传输数据的过程如下：

(1) 假设微控制器 A 要发送信息到微控制器 B：

- 微控制器 A(主机)寻址微控制器 B(从机)。
- 微控制器 A(主机－发送器)发送数据到微控制器 B(从机—接收器)。
- 微控制器 A 终止传输。

(2) 如果微控制器 A 想从微控制器 B 接收信息：

- 微控制器 A(主机)寻址微控制器 B(从机)。
- 微控制器 A(主机—接收器)从微控制器 B(从机—发送器)接收数据。
- 微控制器 A 终止传输。

在 I²C 总线上产生时钟信号通常是主机器件的责任，当在总线上传输数据时，每个主机产生自己的时钟信号，主机发出的总线时钟信号只有在以下的情况才能被改变：慢速的从机器件控制时钟线并延长时钟信号，或者在发生仲裁时被另一个主机改变。

2. 总线空闲状态

SDA 和 SCL 两条信号线都处于高电平，即总线上所有的器件都释放总线，两条信号线各自的上拉电阻把电平拉高。用 C51 具体描述函数如下：

```
/*********************************************************************
函数名称：I2C是否处于空闲状态函数
全局变量：无
参数说明：无
返回说明：返回 1 表示空闲状态，0 表示不是空闲状态
版    本：1.0
```

```
说    明：当时钟 SCL、数据线 SDA 均为高电平表示总线处于空闲状态
*****************************************************************************/
bit I2cFree(void)
{
    if(Sda&Scl)
        return(1);
    else
        return(0);
}
```

3. 数据的有效性

SDA 线上的数据必须在时钟的高电平周期保持稳定，数据线的高或低电平状态只有在 SCL 线的时钟信号是低电平时才能改变，见图 13.1。

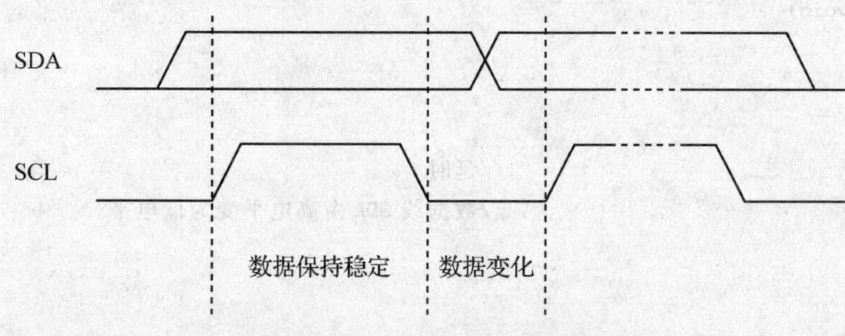

图 13.1　I²C 总线的数据有效性

4. 起始和停止

在 I²C 总线中，起始 S 和停止 P 信号定义如图 13.2 所示。它们的定义分别为：

起始信号：时钟信号 SCL 保持高电平，数据信号 SDA 的电平被拉低(即负跳变)。启动信号必须是跳变信号，而且在建立该信号前必须保证总线处于空闲状态。

停止信号：时钟信号 SCL 保持高电平，数据线被释放，使得 SDA 返回高电平(即正跳变)。停止信号也必须是跳变信号。

起始和停止信号一般由主机产生。总线在起始信号后被认为处于忙状态，在停止信号后的某段时间总线被认为再次处于空闲状态。

如果产生重复起始(Sr)信号而不产生停止信号，总线会一直处于忙的状态。此时的起始信号(S)和重复起始(Sr) 信号在功能上是一样的(见图 13.2)。因此在本书中符号 S 将作为一个通用的术语，既表示起始信号又表示重复起始信号，除非有特别声明的 Sr。

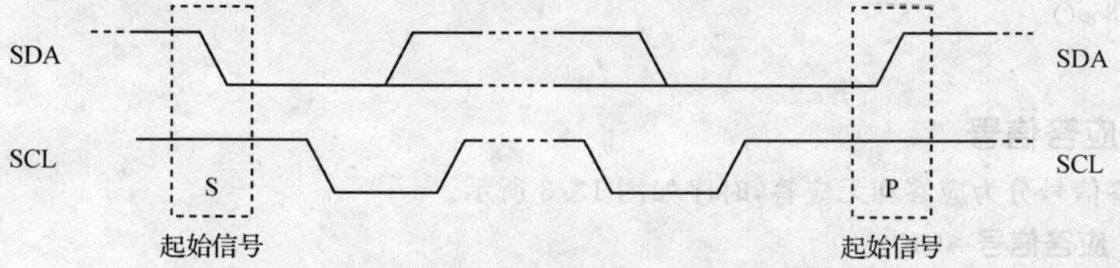

图 13.2　起始和停止信号

如果连接到总线的器件含有 I²C 接口硬件，那么用它们检测起始和停止信号十分简便。但是，没有这种接口的微控制器在每个时钟周期至少要采样 SDA 线两次来判别有没有发生电平切换。

用 C51 模拟 I²C 起始和停止的函数如下：

```
/********************************************************************************
函数名称：I2C 起始信号函数
全局变量：无
参数说明：无
返回说明：无
版    本：1.0
说    明：当时钟 SCL 为高电平时，数据线 SDA 由高电平变为低电平时为起始
********************************************************************************/
void Start(void)
{
  Sda = 1;
  Scl = 1;
  _Nop()                                  //延时
  Sda = 0;                                //数据线 SDA 由高电平变为低电平
  _Nop()
  Scl = 0;
}
/********************************************************************************
函数名称：I2C 通信的停止信号函数
全局变量：无
参数说明：无
返回说明：无
版    本：1.0
说    明：当时钟 SCL 为高电平时，数据线 SDA 由低电平变为高电平时为停止
********************************************************************************/
void Stop(void)
{
  Sda = 0;
  Scl = 1;
  _Nop()                                  //延时
  Sda = 1;                                //数据线 SDA 由低电平变为高电平
  _Nop()
}
```

5. 应答信号

应答信号分为应答和无应答，时序如图 13.3 所示。

(1) 应答信号 ACK

I²C 总线的数据都是以字节(8 位)的方式传送的，发送器每发送一个字节，在时钟的第 9 个脉冲期间释放数据总线，由接收器发送一个 ACK(把数据总线的电平拉低)来表示数据成功

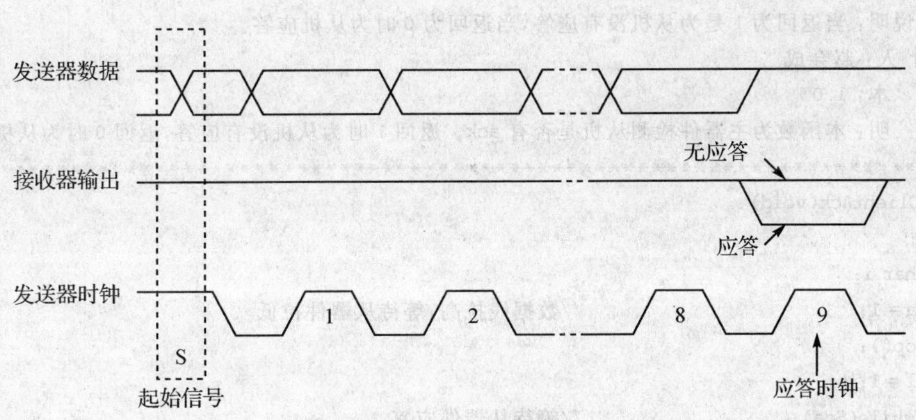

图 13.3 I²C 的响应

接收。

(2) 无应答信号 NACK

在时钟的第 9 个脉冲期间发送器释放数据总线，接收器不拉低数据总线表示一个 NACK，NACK 有两种用途：

- 一般表示接收器未成功接收数据字节；
- 当接收器是主控器时，它收到最后一个字节后，应发送一个 NACK 信号，以通知被控发送器结束数据发送，并释放总线，以便主控接收器发送一个停止信号 STOP。

C51 模拟 I²C 应答的函数如下：

```
/*************************************************************
函数名称：I2C 主应答函数
全局变量：无
参数说明：Sda_Status = 0 为应答，= 1 表示无应答
返回说明：无
版    本：1.0
说    明：I2C 总线的数据都是以字节(8 位)的方式传送的，发送器件每发送一个字节之后，在时钟的
第 9 个脉冲期间释放数据总线，由接收器发送一个应答或不应答。
*************************************************************/
void MasterAck(bit Sda_Status)
{
   Sda = Sda_Status;                    //数据线拉低，表示收到数据，拉高表示不应答.
   //_Nop()
   Scl = 1;
   _Nop()
   Scl = 0;
   Sda = 1;
}
/*************************************************************
函数名称：I2C 检测从应答函数
全局变量：无
参数说明：无
```

```
返回说明：当返回为 1 是为从机没有应答,当返回为 0 时为从机应答。
设 计 人：赵会成
版    本：1.0
说    明：本函数为主器件检测从机是否有 ack。返回 1 时为从机没有应答,返回 0 时为从机应答
************************************************************************************/
bit ClientAck(void)
{
  uchar i;
  Sda = 1;                          //数据线拉高,等待从器件拉低
  _Nop();
  Scl = 1;
   while(Sda)                       //等待从器件应答
   {
      i ++ ;
      if (i>5)                      //如果长时间没有应答,返回出错信息
      {
         Stop();
         return(1);
      }
   }
  Scl = 0;
  return(0);
}
```


6. 发送数据

I^2C 总线发送到 SDA 线上的每个字节必须为 8 位,每次传输可以发送的字节数量不受限制,但每一个字节必须为 8 位,而且每个传送的字节后面必须跟一个应答位(第 9 位)。

依据 I^2C 总线规定,SCL 线呈现高电平期间,SDA 线上的电平必须保持稳定。只有在 SCL 线为低电平期间,SDA 上的电平才允许变化。因此发送数据函数可在 SCL 线为低电平期间将数据赋值给 SDA 线,由于每一个字节必须为 8 位,因此循环 8 次即可将数据传送给从器件,具体函数如下：

```
/************************************************************************************
函数名称：I2C 发送数据函数
全局变量：无
参数说明：Dat 为要求发送的数据
返回说明：无
版    本：1.0
说    明：SCL 线呈现高电平期间,SDA 线上的电平必须保持稳定,低电平表示 0(此时的线电压
为低电压),高电平表示 1(此时的电压由元器件的 VDD 决定)。只有在 SCL 线为低电平期间,SDA
上的电平才允许变化
************************************************************************************/
void Send(uchar Dat)
{
  uchar i;                        //位数控制
```

```
    Scl = 0;                    //数据线电平状态只有在 SCL 是低电平时才能改变
    for (i = 8;i>0;i -- )
      {
        Sda = Dat&0x80;         //给数据线 SDA 赋值,用 0X80 与 Dat 相与,得到最高位
        Scl = 1;
        _Nop()
        Scl = 0;                //产生时钟
        Dat = Dat<<1;           //左移一位
      }
}
```

7. 接收数据

依据 I²C 总线规定,SCL 线呈现高电平期间,SDA 线上的电平必须保持稳定,因此应在 SCL 线为高电平的时候读取 SDA 数据状态。由于单片机为主机,所以由单片机产生时钟信号。I²C 总线每次传输一个字节(8 位),对于 I²C 数据的接收同样也应接收 8 位为一个字节,因此循环 8 次即可接收一个字节,具体函数如下:

```
/*******************************************************************
  函数名称：I2C 读数据函数
  全局变量：无
  参数说明：无
  返回说明：返回读取的节值
  版    本：1.0
  说    明：读一个字节的数据,并返回该字节值
********************************************************************/
  uchar Read(void)
  {
  uchar temp = 0;
  uchar i;
  for (i = 8;i>0;i -- )
    {
      Scl = 1;                  //保持 Scl 为高电平,读取 Sda 数据
      _Nop()
      temp<< = 1;               //把数据左移
  temp = temp|Sda;              //读取数据
      _Nop()
      Scl = 0;                  //将 Scl 为低电平,允许从器件改变 Sda 数据
    }
  return(temp);
  }
```

8. 器件寻址

I²C 总线的寻址过程是：通常在起始条件后的第一个字节决定主机选择哪一个从机。由于很可能在一个系统中有几个 I²C 器件,从机地址的使用可方便选择所需从机。I²C 总线的寻址有 7 位和 10 位寻址方式,10 位方式兼容 7 位方式,这里以 7 位方式介绍。寻址数据格式

如图 13.4 所示。

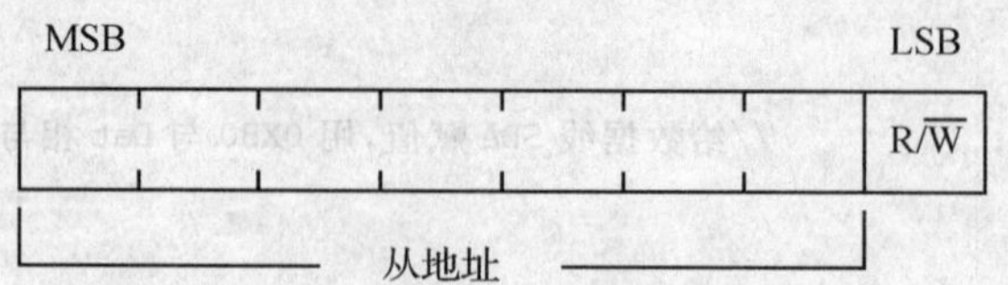

图 13.4　寻址数据格式

从图 13.4 可知，I²C 的从机地址由 8 位组成，第 8 位为 R/W 位。当发送一个地址后，系统中每个器件都在起始条件后将头 7 位与它自己的地址比较，如果一样，器件就会被寻址并响应一个应答信号。从器件 8 位地址的最低位作为读写控制位，1 表示对从器件进行读操作，0 表示对从器件进行写操作。

从机地址由固定部分和可编程部分构成，由于很可能在一个系统中有几个同样的器件，从机地址中的可编程部分可使最大数量的相同器件连接到 I²C 总线上。地址的分配方法有两种：① 含 CPU 的智能器件，地址由软件自己定义，但不能与其他的器件有冲突；② 不含 CPU 的非智能器件，由厂家在器件内部固化，不可改变。

例如，如某器件地址中有 4 个固定位的和 3 个可编程位，那么此器件在同一总线上最多可以连接 8 个。

13.2.3　I²C 总线的数据传输

1. 字节格式

发送到 SDA 线上的每个字节必须为 8 位，每次传输可以发送的字节数量不受限制，每个字节后必须跟一个应答位，如图 13.5 所示。

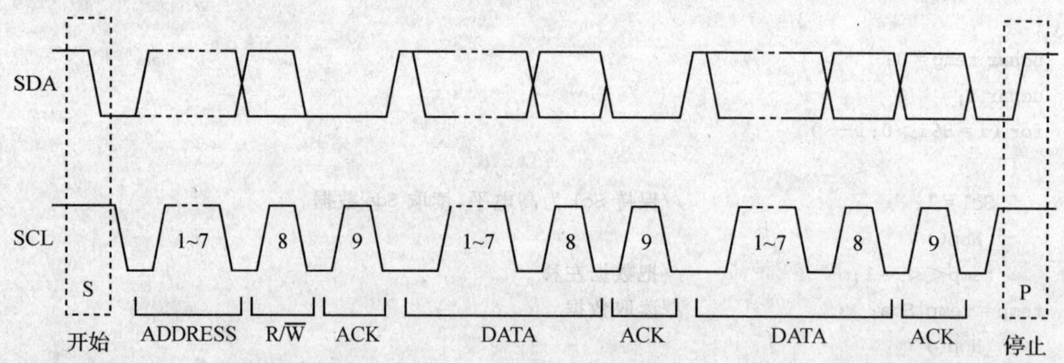

图 13.5　完整的数据传输

I²C 总线的数据传送格式是：在 I²C 总线开始信号后，送出的第一个字节数据用来选择从机地址，其中前 7 位为地址码，第 8 位为读写位(R/W)。方向位为“0”表示发送，即主机把信息发送到所选择的从机；读写位为“1”表示主机读取从机读信息。开始信号后，系统中的各个器件将自己的地址与主机送到总线上的地址进行比较，如果与主机发送到总线上的地址一致，则该器件即为被主机寻址的器件，是接收信息还是发送信息则由第 8 位(R/W)确定。

在 I²C 总线上每次传送的数据字节数不限，但每一个字节必须为 8 位，而且每个传送的字节后面必须跟一个应答位(第 9 位,ACK)。数据的传送过程如图 13.6 所示。每次都是先传最高位,通常从机在接收到每个字节后都会做出响应,即释放 SCL 线返回高电平,准备接收下一个数据字节,主机可继续传送。如果从机正在处理一个实时事件而不能接收数据时,(例如正在处理一个内部中断,在这个中断处理完之前就不能接收 I²C 总线上的数据字节)可以使时钟 SCL 线保持低电平,并使 SDA 保持高电平。主机然后产生一个停止条件终止传输或者产生重复起始条件开始新的传输。

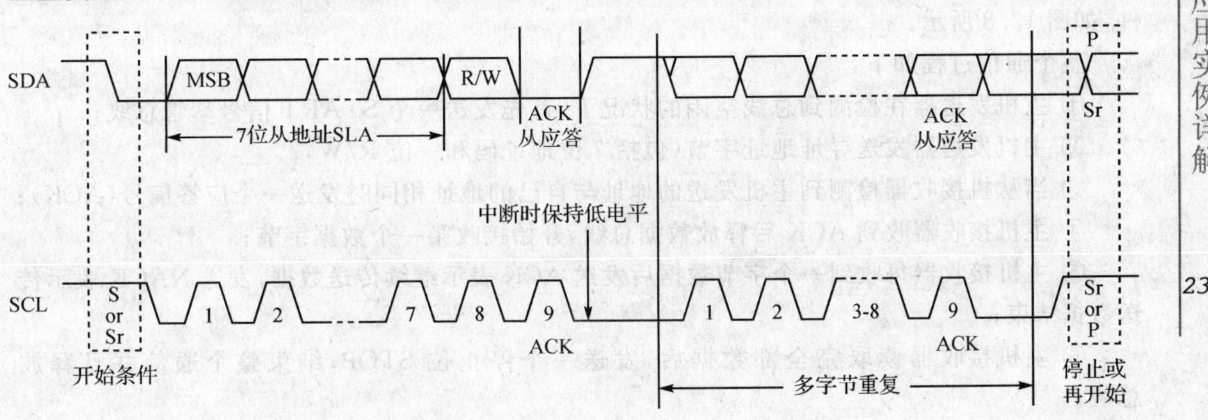

图 13.6　I²C 总线上的数据传送格式

2. I²C 数据传输格式

(1) 主机发送器向从机接收器单方向发送数据

传送数据格式如图 13.7 所示。

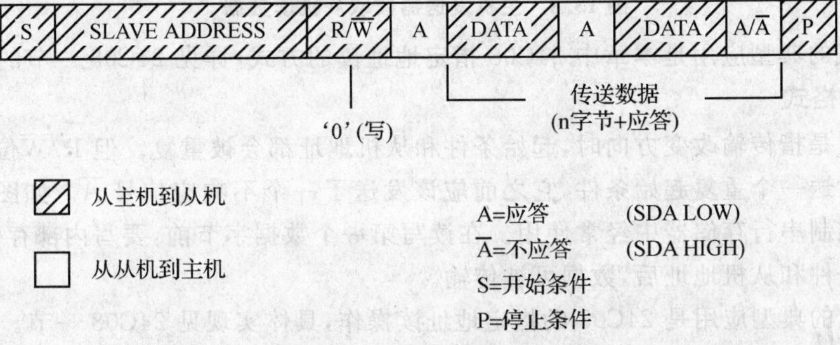

图 13.7　主机发送器向从机接收器发送数据

从上图可以看出主机发送器向从机接收器单方向发送数据的过程如下:

① 主机在检测到总线空闲的状况下,首先发送一个 START 信号掌管总线;

② 主机发送寻址地址字节(包括 7 位地址码和一位 R/$\overline{\text{W}}$);

③ 当从机接收器检测到主机发送器发送的地址与自己的地址相同时发送一个应答信号(ACK);

④ 主机发送器收到 ACK 后开始发送第一个数据字节;

⑤ 从机接收器收到一个数据字节后发送一个 ACK 表示接收到了数据,可以继续传送数据,发送 NACK 表示传送数据结束;

⑥ 主机发送器发送完全部数据后，发送一个停止位 STOP，结束整个通信并且释放总线。

这种方式典型应用是本章中 24C08 的写数据模式，具体函数实现详见 24C08 的字节写函数。

(2) 主机发送器在传输过程中变为主机接收器

在寻址后，主机立即读从机，在第一次响应时，主机发送器变成主机接收器，从机接收器变为从机发送器。第一次应答仍由从机产生。之前发送一个不应答信号 $\overline{A}$ 的主控产生停止条件，如图 13.8 所示。

整个通信过程如下：

① 主机发送器在检测到总线空闲的状况下，首先发送一个 START 信号掌管总线；

② 主机发送器发送寻址地址字节(包括 7 位地址码和一位 R/$\overline{W}$)；

③ 当从机接收器检测到主机发送的地址与自己的地址相同时发送一个应答信号(ACK)；

④ 主机接收器收到 ACK 后释放数据总线，开始接收第一个数据字节；

⑤ 主机接收器每收到一个字节数据后发送 ACK 表示继续传送数据，发送 NACK 表示传送数据结束；

⑥ 主机接收器读取完全部数据后，发送一个停止位 STOP，结束整个通信并且释放总线。

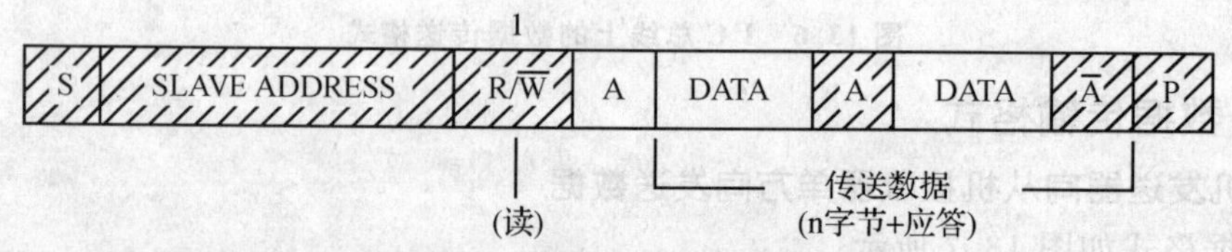

图 13.8 主机发送器读取从机读数据

这种方式的典型应用是本章中 24C08 指定地址读的方式，详见 24C08 一节的介绍。

(3) 复合格式

复合格式是指传输改变方向时，起始条件和从机地址都会被重复。但 R/$\overline{W}$位取反。如果主机接收器发送一个重复起始条件，它之前应该发送了一个不响应信号 $\overline{A}$。如图 13.9 所示。复合格式在控制串行存储器中经常使用。在读写第一个数据字节前，要写内部存储器的位置。在重复起始条件和从机地址后，数据可被传输。

这种方式的典型应用是 24C08 的指定地址读操作，具体实现见 24C08 一节。

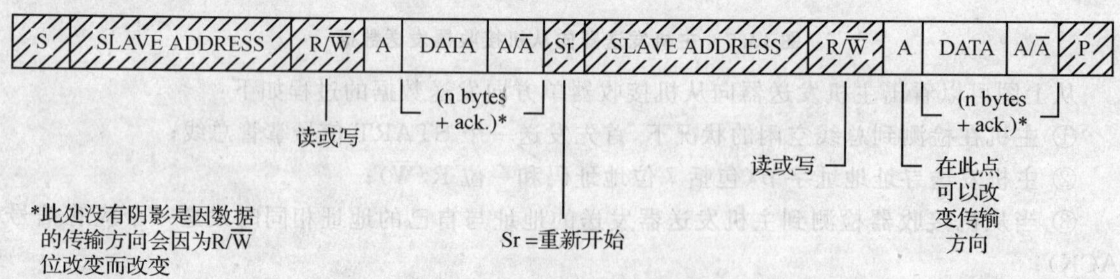

图 13.9 复合传输格式

注意：

① 有些器件读写操作后，相对之前访问的存储单元地址的增加或减少，由具体的器件设计决定。

② 序列中每个字节都跟着一个应答位（A 或 $\overline{A}$）。

③ 起始条件后面紧跟着一个停止条件（即报文为空）是一个无效的格式。

13.3　存储器 24C08

在介绍了 I²C 总线后，我们来看看 I²C 总线在串行 EEPROM 中的具体应用。

24C08 是一个 8 K 位串行 CMOS EEPROM，内部含有 1 024 个 8 位字节。具有如下特性：

- 与 400 kHz I²C 总线兼容。
- 1.8～6.0 V 工作电压范围。
- 低功耗 CMOS 技术。
- 写保护功能，当 WP 为高电平时进入写保护状态。
- 页写缓冲器。
- 自定时擦写周期。
- 1 000 000 编程/擦除周期。
- 可保存数据 100 年。
- 8 脚 DIP、SOIC 或 TSSOP 封装。
- 温度范围包括商业级、工业级和汽车级。

13.3.1　24C08 的引脚及应用原理图

24C08 的引脚和原理图如图 13.10 所示其中：

第 7 脚 WP 为写保护引脚。如果 WP 引脚连接到 V_{CC}，所有的内容都被写保护只能读；当 WP 引脚连接到 V_{SS} 或悬空，允许器件进行正常的读/写操作。在本图中 24C08 的 WP 引脚直接接地，因此 24C08 可被写入。

第 6 脚 SCL 为 24C08 串行时钟输入引脚，用于产生数据发送或接收的时钟，这是一个输入引脚。

第 5 脚 SDA 为串行数据/地址引脚。24C08 的双向串行数据/地址引脚用于器件所有数据的发送或接收。SDA 是一个开漏输出引脚，可与其他开漏输出或集电极开路输出进行线或。

需要注意的是，图中的 I²C 总线没有接上拉电阻，在实际的应用中应接上拉电阻。

24C01/02/04/08/16 的 A0、A1、A2 为器件地址输入端，这些输入端用于多个器件级联时设置器件地址。通过器件地址输入端 A0、A1 和 A2 决定器件地址，可以实现将最多 8 个 24C01 和 24C02 器件，4 个 24C04 器件，2 个 24C08 器件和 1 个 24C16 器件连接到总线上。当这些引脚悬空时默认值为 0（24C01 除外）。

当使用 24C01 或 24C02 时最大可级联 8 个器件，如果只有一个 24C02 被总线寻址，这 3 个地址输入脚 A0、A1、A2 可悬空或连接到 V_{SS}，如果只有一个 24C01 被总线寻址，这 3 个地址

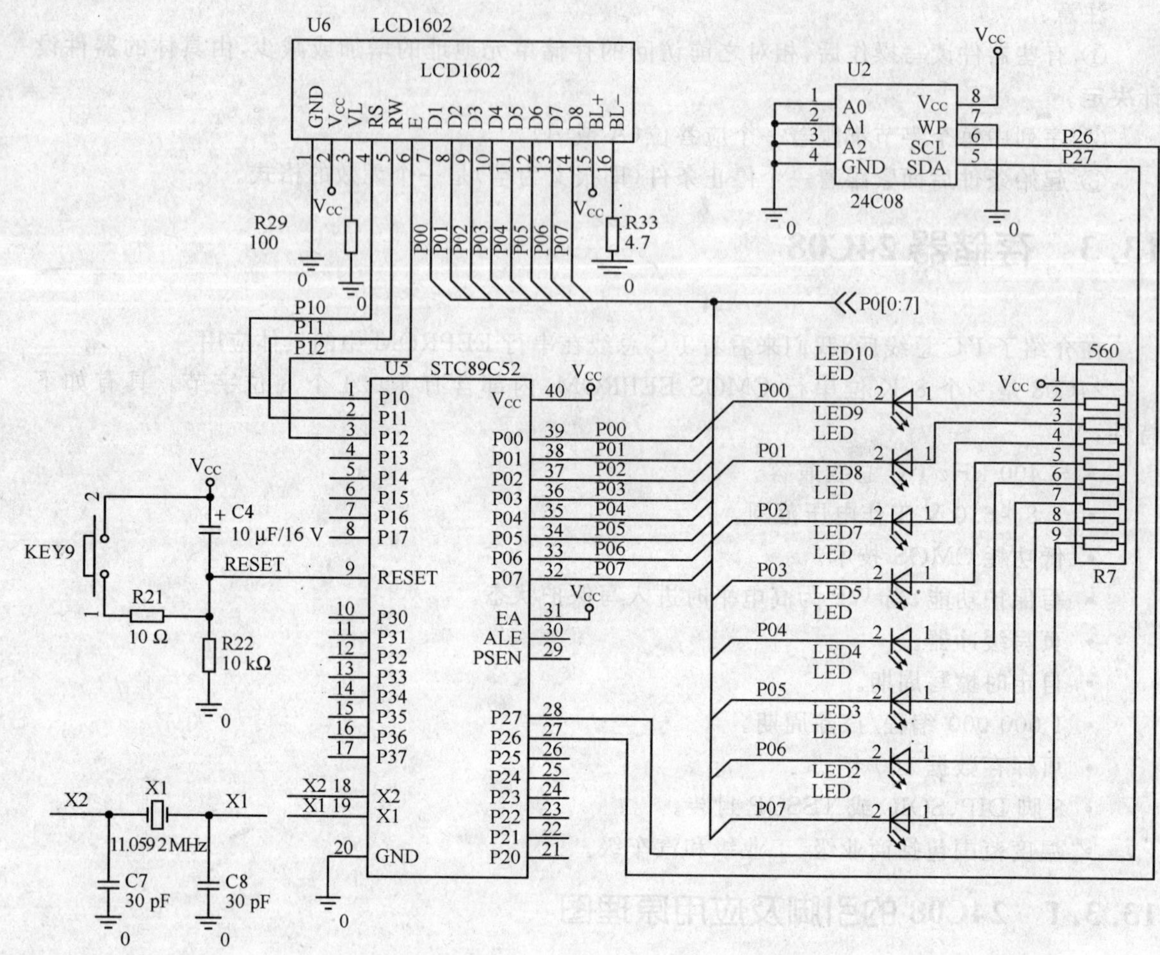

图 13.10 24C08 连接原理图

输入脚 A0、A1、A2 必须连接到 V_{SS}。

当使用 24C04 时最多可连接 4 个器件，该器件仅使用 A1、A2 地址引脚，A0 引脚未用，可以连接到 V_{SS}或悬空。如果只有一个 24C04 被总线寻址，A1 和 A2 引脚可悬空或连接到 V_{SS}。

当使用 24C08 时最多可连接 2 个器件，且仅使用地址引脚 A2，A0、A1 引脚未用，可连接到 V_{SS}或悬空，如果只有一个 24C08 被总线寻址，A2 引脚可悬空或连接到 V_{SS}。

当使用 24C16 时，最多只可连接 1 个器件，所有地址引脚 A0、A1、A2 都未用，引脚可以连接到 V_{SS}或悬空。

将 24 系列 EEPROM 的器件地址和字节地址整理，具体设置如表 13.2(其中 a8、a9、a16 指的是所要操作的数据地址的高位)所示。

从表 13.2 中可以看出，对于 24C01～24C16 的字节地址只需要一个字节即可，但是对 24C32～24C1024 字节地址需要两个字节才可以。

表 13.2 24C 系列寻址地址设置

型 号	器件地址							读 写	字节地址	
	BIT7	BIT6	BIT5	BIT4	BIT3	BIT2	BIT1	BIT0	地址位数	地址范围
24C01	1	0	1	0	A2	A1	A0	R/$\overline{W}$	bit7～bit0	0x00～0x7F
24C02	1	0	1	0	A2	A1	A0	R/$\overline{W}$	bit7～bit0	0x00～0xFF
24C04	1	0	1	0	A2	A1	a8	R/$\overline{W}$	a8,bit7～bit0	0x00～0x1FF
24C08	1	0	1	0	A2	a9	a8	R/$\overline{W}$	a9,a8,bit7～bit0	0x00～0x3FF
24C16	1	0	1	0	a10	a9	a8	R/$\overline{W}$	a10,a9,a8,bit7～bit0	0x00～0x7FF
24C32	1	0	1	0	A2	A1	A0	R/$\overline{W}$	bit15～bit8,bit7～bit0	0x00～0xFFF
24C64	1	0	1	0	A2	A1	A0	R/$\overline{W}$	bit15～bit8,bit7～bit0	0x00～0x1FFF
24C128	1	0	1	0	0	A1	A0	R/$\overline{W}$	bit7～bit0	0x00～0x3FFF
24C256	1	0	1	0	0	A1	A0	R/$\overline{W}$	bit7～bit0	0x00～0x7FFF
24C512	1	0	1	0	0	A1	A0	R/$\overline{W}$	bit7～bit0	0x00～0xFFFF
24C1024	1	0	1	0	0	A1	a16	R/$\overline{W}$	a16,bit15～bit8,bit7～bit0	0x00～0x1FFFF

在图 13.10 所示的原理图中只有一个 24C08 被总线寻址，并做接地处理。因此，实验板上的 24C08 器件地址为 0xa0。

13.3.2 24C08 操作方式

对 24C08 操作分为读操作和写操作，下面分别介绍。

1. 写操作

(1) 字节写

如图 13.11 所示，在字节写模式下，主机发送起始命令和从机地址信息(R/$\overline{W}$ 位置零)给从机；收到从机的应答信号后，主机发送 24C08 的字节地址(即要写入的存储单元地址，对于 24C08 只需要 1 个字节即可)；主机在收到从机的应答后，再发送要写入的数据到被寻址的存储单元；24C08 再次应答并在主机产生停止信号后，开始内部数据的擦写。在内部擦写过程中，24C08 不再应答主器件的任何请求。

S	SALAW	A	字节地址	A	数据	A	P

图 13.11 字节写操作示意

根据上面的分析，C51 语言实现以上操作的函数如下：

```
/*****************************************************************************
函数名称：EEPROM 24C08 单字节写函数
全局变量：无
参数说明：Addr 为存储单元地址，Dat 为写入数据
返回说明：无
版    本：1.0
说    明：对于 24C01～24C16，字节地址只需要 1 个字节即可，但是对 24C32～24C1024 则需要两个字
```

```
节才能够寻址。此函数只是针对 24C08，因此只是传送 1 字节的字节地址
*****************************************************************************/
void ByteWrite24(uint Addr,uchar Dat)
{
    uchar i = 0;
    uchar SLA = 0;
    bit AckPoll = 1;                    //检测写完成
    SLA = ((Addr>>8) * 2)|0xa0;         //取得从器件地址
    Start();                            //发送起动信号
    Send(SLA);                          //发送从器件地址和写指令
    ClientAck();                        //检测从应答
    Send(Addr);                         //发送数据地址
    ClientAck();                        //检测从应答
    Send(Dat);                          //发送数据
    ClientAck();                        //检测从应答
    Stop();                             //发送停止信号
    while(AckPoll)
    {
        Start();                        //发送起动信号
        Send(SLA);                      //发送从器件地址和写指令
        AckPoll = ClientAck();          //检测从应答(没有应答为 1)
        i ++ ;
        if(i>250)                       //如果长时间没有应答，直接退出
        {
            Stop();                     //发送停止信号
            return;
        }
    }
}
```

(2) 页写

24Cxx 系列 EEPROM 为了提高写效率，提供了页写功能，内部有个一页大小的写缓冲 RAM，地址范围从 00 到一页大小，发生写操作时，开始送入的地址对应的页被选中，并将其内容映像到缓冲 RAM，数据从低端地址对应的缓冲 RAM 地址开始修改，超过这个地址范围就回到 00，写完后，就会把开始确定的 EEPROM 页擦除，再把一整页 RAM 数据写入。所有写数据都发生在开始写地址时确定的页上。

假设页容量为 16 B，一页就是从 00 开始按 16 B 分成一个个的页，0 页就是 00～0F，1 页就是 10～1F，2 页就是 20～2F，依次类推，页边界就是 16 B 的整数倍地址。页 RAM 的地址范围为 4 位(00～0F)，写入时高端地址就是页号。发生写操作，开始送入的地址对应的页被锁存，后续不论写多少，都在这个页中，只是一个页内的地址进行加一，超过就归零开始。

例如从 15 开始写 14 个字节，那么开始送入的地址为 15，地址 15 属于 1 号页(第 2 个页)，因此就会锁定在 1 号页上，低端 4 位页内部地址从 15 开始写，到达 1F 时回到 00 再到 02，也就是写在了 15～1F，10～12 上。也就是说，在 1 号页从 01 开始写也只能到 1F，再往 20 写就跑到 00 上去了，这就是写操作的翻转。即使从边界前写两个字节也要分两次写。页是绝对

的，按整页大小排列，不是从开始写入的地址开始算。

读没有页的问题，可以从任意地址开始读取任意大小数据，只是超过整个存储器容量时地址才回卷。但一次性访问的数据长度也不要太大。所以分页的存储器要做好存储器管理，尽量同时读写的数据放在一个页上。

24C08 的页为 16 B，用页写 24C08 可以一次写入 16 B 的数据。24C08 每接收一组数据，数据地址的低 4 位会在内部自动递加。数据地址的高几位不会变化，保持存储器的页地址不变，当内部产生的数据地址达到页边界时，数据地址将会翻转，接下来的数据的写入地址将被置为同一页的最小地址。即如果有超过 16 组数据被送入 24C08，数据地址将回到最先写入的地址，先前写入的数据将被覆盖。

页写操作的启动和字节写一样，不同之处在于传送了一字节数据后并不产生停止信号，而是继续发送其余 15 组数据。每收到一组数据 24C08 都会返回应答信号。主机必须以停止命令来结束页写操作。页写操作如图 13.12 所示。

S	SLAW	A	字节地址	A	数据1	A	数据2	A	…	数据n	A	P

图 13.12 页写操作示意

24C08 的页写模式 C51 实现函数如下：

```
/*************************************************************************
函数名称：EEPROM 24C08 页写函数
全局变量：无
参数说明：Addr 为存储单元地址，Dat 为写入数据
返回说明：无
版    本：1.0
说    明：用页写 24C08 可以一次写入 16 B 的数据。页写操作的启动和字节写一样，不同在于传送了
一字节数据后并不产生停止信号，而是继续发送其余 15 组数据。每收到一组数据 24C08 都会返回应答
信号。主控机必须以停止命令来结束页写操作
*************************************************************************/
void PageWrite24(uint Addr, uchar * Dat)
{
    uchar i = 0;
    uchar SLA = 0;
    bit AckPoll = 1;                        //检测写完成
    SLA = ((Addr>>8) * 2)|0xa0;             //取得从器件地址
    Start();                                //发送起动信号
    Send(SLA);                              //发送从器件地址和写指令
    ClientAck();                            //检测从应答
    Send(Addr);                             //发送数据地址
    ClientAck();                            //检测从应答
    for (i = 16;i>0;i--)                    //发送 16 组数据
    {
        Send( * Dat);                       //发送数值
        ClientAck();                        //检测从应答
        Dat ++ ;
```

```
    }
    Stop();                          //发送停止信号
    i = 0;
    while(AckPoll)
    {
        Start();                     //发送起动信号
        Send(SLA);                   //发送从器件地址和写指令
        AckPoll = ClientAck();       //检测从应答(没有应答为 1)
        i ++ ;
        if(i>250)                    //如果长时间没有应答,直接退出
        {
            return;
        }
    }
}
```


2. 读操作

对 24C08 读操作与写操作除了器件地址中的读/写位被置为“1”外基本相同。共有 3 种读操作：当前地址读、指定地址读和连续读。

(1) 当前地址读

此方式下内部数据地址计数器保留最后一次访问的地址，并自动加 1。也就是说如果上次读/写的操作地址为 N 则立即读的地址从地址 N+1 开始。只要芯片处于上电状态，这个地址在操作运行期间始终有效。在读写操作中，如果从 24C08 的最后一页的最后一个字节(这里对 24C01 为 127，对 24C02 为 255，对 24C04 为 511，对 24C08 为 1023，对 24C16 为 2047)开始读，则读下一个字节时的地址将会翻转到整个 24C08 的最小地址，即 0，且继续输出数据。

24C08 接收到从机地址信号后($R/\overline{W}$位置 1)，它首先发送一个应答信号，然后就会输出当前地址的数据。主机读取数据后，对 24C08 返回不应答信号，并产生一个停止命令，结束此次操作。整个操作过程如图 13.13 所示。

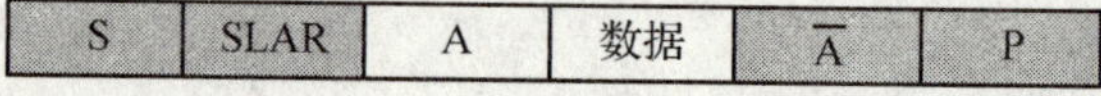

图 13.13 当前地址读操作

C51 实现 24C08 的读当前地址操作实现函数如下：

```
/*********************************************************************************
函数名称：EEPROM 24C08 当前地址读函数
全局变量：无
参数说明：Addr 为器件地址
返回说明：读出数据
版    本：1.0
说    明：内部数据地址计数器保留最后一次访问的地址，并自动加 1。24C08 接收到从机地址信号后
(R/W位置 1)，送一个应答信号，然后输出当前地址的数据。主机件不对 24C08 返回应答信号，而是产生
一个停止命令
*********************************************************************************/
```

```
uchar CurrentRead24(uint Addr)
{
    uchar Dat = 0;
    Start();                                  //发送起动信号
    Send(((Addr>>8) * 2)|0xa0 + 1);           //发送从器件地址和读指令
    ClientAck();                              //检测从应答
    Dat = Read();                             //数据读入
    MasterAck(1);                             //读入结束,产生一个不应答信号
    Stop();                                   //停止
    return(Dat);
}
```

(2) 指定地址读

指定地址读操作允许主机对 EEPROM 寄存器的任意字节进行读操作。主机首先通过发送起始信号、从机地址和想读取的数据地址,执行一个伪写操作,在 24C08 应答之后主机重新发送起始信号和从器件地址,此时 R/$\overline{W}$位置 1(即读操作)。24C08 响应并发送应答信号,然后输出所要求的一个 8 位字节数据,主机读取数据后,发送不应答信号,和一个停止信号,结束此次指定地址读操作。操作过程见图 13.14。

S	SLAW	A	数据地址	A	S	SLAR	A	数据	$\overline{A}$	P

图 13.14 指定地址读操作

C51 实现 24C08 的指定地址读操作函数如下:

```
/**************************************************************************
函数名称: EEPROM 24C08 指定地址读函数
全局变量: 无
参数说明: Addr 为存储单元地址,
返回说明: 读出数据
版    本: 1.0
说    明: 指定地址读操作允许主机对寄存器的任意字节进行读操作。主机首先通过发送起始信号、
从机地址和它想读取的数据地址,执行一个伪写操作,在 24C08 应答之后主机重新发送起始信号和从
机地址,此时 R/W 位置 1。24C08 响应并发送应答信号,然后输出所要求的一个 8 位字节数据。主机不
发送应答信号但产生一个停止信号
**************************************************************************/
uchar RandomRead24(uint Addr)
{
    uchar Dat, SLA;
    SLA = ((Addr>>8) * 2)|0xa0;
    Start();                          //发送起动信号
    Send(SLA);                        //发送从器件地址和写指令
    ClientAck();                      //检测从应答
    Send(Addr);                       //发送数据地址
    ClientAck();                      //检测从应答
    Start();                          //检完应答后马上重启,目的使地址指向当前要读的地址
```

```
    Send(SLA + 1);                    //发送读指令(写指令 + 1 为读指令)
    ClientAck();                      //检测从应答
    Dat = Read();                     //数据读入
    MasterAck(1);                     //读入结束,产生一个不应答信号
    Stop();                           //停止
    return(Dat);
}
```

(3) 连续读

连续读操作可通过立即读或选择性读操作启动,在 24C08 发送完一个 8 位字节数据后,主机产生一个应答信号来响应,告知 24C08 主机要求更多的数据,对应主机产生的应答信号 24C08 将发送一个 8 位字节数据,当主机不发送应答信号而发送停止位时结束此操作。操作示意如图 13.15 所示。

图 13.15　指定地址读操作

24C08 输出的数据依次按顺序输出,24C08 每收到一个应答,数据地址就自动加 1。读操作时地址计数器在 24C08 整个地址内增加,这样整个寄存器区域可在一个读操作内全部读出。当超过存储器的最大地址时(1 023),计数器将翻转到零并继续输出数据字节。连续读操作结束时,主机发送不应答信号,并紧随一个停止命令来结束。

使用 C51 实现 24C08 的连续读操作函数如下:

```
/*****************************************************************************
函数名称:EEPROM 24C08 连续读函数
全局变量:无
参数说明:Addr 为器件地址,Read_count 为读取字节数,dat 为读取的数据指针
返回说明:读出数据
设 计 人:ZHCE
版    本:1.0
说    明:连续读操作可通过立即读或选择性读操作启动,在 24C08 发送完一个 8 位字节数据后,主机
产生一个应答信号来响应,告知 24C08 主机要求更多的数据,24C08 将连续发送 8 位数据,当主机不发
送应答信号而发送停止位时结束此操作
*****************************************************************************/
SequentialRead24(uint Addr, uchar Read_count, uchar * Dat)
{
    uint i;
    Start();                              //发送起动信号
    Send(((Addr>>8) * 2)|0xa0 + 1);       //发送从器件地址和读指令
    ClientAck();                          //检测从应答
    for(i = 0;i<Read_count - 1;i ++ )
    {
        * Dat = Read();                   //数据读入
        Dat ++ ;
        MasterAck(0);                     //读入结束,产生一个应答信号
```

```
    }
    * Dat = Read();                         //数据读入
    MasterAck(1);                           //读入结束,产生一个不应答信号
    Stop();                                 //停止
}
```

13.4　24C08 的存储实验

前面对 I²C 以及 24C08 做了详细的介绍,本节具体实验 24C08 的读写。实验程序中将 24C08 的各种读写情况分为 5 个函数分别实验。现在分别叙述如下:

1. 指定地址读写测试演示函数

函数名称为 void ByteWRDemo(void),这个函数测试了 48 个地址的读写,首先在地址 i 处写入数据 i,然后读取 i 地址的数据,并将写入数据和读出数据显示在 LCD1602 上,如果写入数据和读出数据相等,则显示"OK",如果不相等则显示"Er",并停止在当前位置。

2. 页写测试演示函数

函数名称为 PageWritedemo(void)。这个函数测试了 24C08 的页(16 个字节数据)写方式。首先为 ReadTemp 数组赋值,为了区别,每个数组元素的值均加上 100,赋值完成后,使用页写方式写入 24C08 中。随后依次以指定地址读的方式读出数据,并显示在 LCD1602 上,如显示的数据为 100～115 即正确写入。

3. 连续读演示函数

函数名称为 eqReadDemo(void)。这个函数以演示了 24C08 的连续读。函数中连续读取 16 个数据,并依次显示在 LCD1602 上。由于芯片内部地址计数器记录了最后一次读或写操作后的地址(地址自动加 1),这个地址只要芯片电源供给正常就一直有效。因此连续读数据的地址显示是从地址 17 开始的,因此如果显示数值为 16～31,则表示连续读操作通过。

4. 当前地址读演示

函数名为 CurrRead(void)。这个函数演示 24C08 采用当前地址读方式。函数中连续读取 16 个数据并显示在 LCD1602 上。显示数值为 32～47。和连续读一样,当前地址读的地址是上次连续读地址+1,因此这个函数读取的地址从地址 33 开始。如果显示的数值是 32～47 即表示当前地址读通过。

5. 指定地址读演示函数

函数名为 RandomReadDemo(void)。函数功能为从 0 地址开始连续读取 200 个数据,并显示出来。通过显示的数据也可验证前面部分函数写入的数据是否正确。

具体的试验程序如下:

```
#include <REGX51.H>
#include <i2c.h>
#include <24c08.h>
#include <LCD1602.h>
#define uchar unsigned char
```

```
#define uint unsigned int

uchar ReadTemp[16] = {0,0,0,0,0,0,0,0,0,0,0,0,0,0,0,0};
void Beep(void);                                    //延时并声音提示
void ByteWRDemo(void);                              //指定地址读写测试
void PageWritedemo(void);                           //页写演示
void SeqReadDemo(void);                             //连续读函数
void CurrRead(void);                                //当前读函数
void  RandomReadDemo(void);
main()
{
    Init1602();
    WrString1602(0,"24C08 Testing...");
    Beep();
    ByteWRDemo();
    Beep();
    PageWritedemo();
    Beep();
    SeqReadDemo();
    Beep();
    CurrRead();
    Beep();
    RandomReadDemo();
    WrString1602(0," All  test  ok! ");
    WrString1602(1," Write by ZHCE ");
    while(1);
}
void Beep(void)
{
    P1_7 = 0;
    mDelay(2000);                                   //延时,为了方便观察
    P1_7 = 1;
}
/************************************************************************
函数名称:指定地址读写测试演示函数
全局变量:无
参数说明:无
返回说明:无
设 计 人:ZHCE
版    本:1.0
说    明:这个函数测试了 48 个地址的读写,首先在 i 地址处写入数据 i,然后读取
i 地址的数据,并将写入数据和读出数据显示在 LCD1602 上,如果写入数据和读出数
据相等,则显示"OK",如果不相等则显示"Er",并停止在当前位置。
************************************************************************/
void ByteWRDemo(void)
```

```
{
    uchar i,t;
    WrString1602(0," ByteWrite DEMO ");
    WrString1602(1,"wr:     read:    ");
    for (i = 0;i<48;i ++ )
    {
        ByteWrite24(i, i);                      //向 24C08 以字节方式写入数据

        WrByte1602(1,3,i/100 % 10 + 0x30);      //显示写入的数据
        WrByte1602(1,4,i/10 % 10 + 0x30);
        WrByte1602(1,5,i % 10 + 0x30);

        t = RandomRead24(i);                    //以指定地址方式读取地址 i 的数据
        WrByte1602(1,12,t/100 % 10 + 0x30);
        WrByte1602(1,13,t/10 % 10 + 0x30);
        WrByte1602(1,14,t % 10 + 0x30);

        if (i!= t)                              //显示错误
        {
            WrByte1602(1,14,'E');
            WrByte1602(1,15,'r');
            while(1);
        }
        mDelay(400);                            //延时,为了方便观察
    }
    WrString1602(1,"Test RandW/R OK!");
}
/*********************************************************************
函数名称:页写测试演示函数
全局变量:无
参数说明:无
返回说明:无
设 计 人:ZHCE
版    本:1.0
说    明:这个函数测试了 24C08 一页(16 个字节数据)写方式。首先为 ReadTemp
数组赋值,为了区别,每个数组元素的值均加上 100,赋值完成后,使用页写方式
写入 24C08 中。随后依次以指定地址读的方式读出数据,并显示在 LCD1602 上,如
果看到的数据为 100~115 即为正确写入
*********************************************************************/
void PageWritedemo(void)
{
    uchar i,t;
    WrString1602(0,"PageWrite  DEMO    ");
    WrString1602(1,"PageWrite          ");
    for (i = 0;i<16;i ++ )                      //在数组中写入 16 个数据
```

```
    {
        ReadTemp[i] = 100 + i;
    }
    PageWrite24(0, ReadTemp);                        //以页写的方式写入
    WrString1602(1,"add       data      ");
    for (i = 0;i<16;i ++ )                           //依次读出 16 个数据,并显示
    {
        t = RandomRead24(i);
        WrByte1602(1,4,i/100 % 10 + 0x30);
        WrByte1602(1,5,i/10 % 10 + 0x30);
        WrByte1602(1,6,i % 10 + 0x30);

        WrByte1602(1,10,t/100 % 10 + 0x30);
        WrByte1602(1,11,t/10 % 10 + 0x30);
        WrByte1602(1,12,t % 10 + 0x30);

        if (t!  = i + 100)                           //显示错误
        {
            WrByte1602(1,14,'E');
            WrByte1602(1,15,'r');
            while(1);
        }

        mDelay(600);//延时,为了方便观察
    }
    WrString1602(1,"Test PageWrit OK");
}
/*******************************************************************************
函数名称:连续读演示函数
全局变量:无
参数说明:无
返回说明:无
设 计 人:ZHCE
版    本:1.0
说    明:本函数演示了 24C08 的连续读。函数中连续读取 16 个数据,并依次显
示在 LCD1602 上。由于芯片内部地址计数器记录了最后一次读或写操作后的地址
(地址自动加 1),这个地址只要芯片电源供给正常就一直有效。因此连续读数据
的地址显示是从地址 17 开始的,显示的数值为 16~31。如果显示正常,则表示
连续读操作通过
*******************************************************************************/
void SeqReadDemo(void)
{
    uchar i;
    WrString1602(0,"  SeqRead DEMO   ");
    WrString1602(1,"add      data    ");
```

```
    SequentialRead24(0, 16, ReadTemp);            //连续读 16 个数据,将数据写入数组 ReadTemp 中
    for (i = 0;i<16;i ++ )                         //将读出的数据依次显示出来
    {
        WrByte1602(1,4,i/100 % 10 + 0x30);
        WrByte1602(1,5,i/10 % 10 + 0x30);
        WrByte1602(1,6,i % 10 + 0x30);

        WrByte1602(1,13,ReadTemp[i]/100 % 10 + 0x30);
        WrByte1602(1,14,ReadTemp[i]/10 % 10 + 0x30);
        WrByte1602(1,15,ReadTemp[i] % 10 + 0x30);
        mDelay(700);//延时,为了方便观察
    }
    WrString1602(1,"Test SeqRead OK!");
}
/ **************************************************************************
函数名称:当前地址读演示函数
全局变量:无
参数说明:无
返回说明:无
设 计 人:ZHCE
版    本:1.0
说    明:这个演示函数 24C08 采用当前地址读方式。函数中连续读取 16 个数据并显
示在 LCD1602 上。和连续读一样,当前地址读的地址是上次连续读地址 + 1,因此这个函
数读取的地址是从地址 33 开始的。如果显示的数值是 32~47 即表示当前地址读通过
**************************************************************************/
void CurrRead(void)
{
    uchar i,t;
    WrString1602(0,"  CurrRead DEMO ");
    WrString1602(1,"add     data     ");
    for (i = 0;i<16;i ++ )                         //依次读当前地址的数据 16 个,并显示出来
    {
        t = CurrentRead24(i);
        WrByte1602(1,4,i/100 % 10 + 0x30);
        WrByte1602(1,5,i/10 % 10 + 0x30);
        WrByte1602(1,6,i % 10 + 0x30);

        WrByte1602(1,13,t/100 % 10 + 0x30);
        WrByte1602(1,14,t/10 % 10 + 0x30);
        WrByte1602(1,15,t % 10 + 0x30);
        mDelay(700);                               //延时,为了方便观察
    }
    WrString1602(1,"Test CurrRead OK");
}
/ **************************************************************************
```

```
函数名称：指定地址读演示函数
全局变量：无
参数说明：无
返回说明：无
设 计 人：ZHCE
版    本：1.0
说    明：这个演示函数 24C08 采用指定地址读方式。函数中连续读取 200 个数据并显
示在 LCD1602 上
****************************************************************************/
void  RandomReadDemo(void)
{
    uchar i,t;
    WrString1602(0,"RandomRead  DEMO");
    WrString1602(1,"add      data     ");
    for (i = 0;i<200;i ++)
    {
        t = RandomRead24(i);
        WrByte1602(1,4,i/100 % 10 + 0x30);
        WrByte1602(1,5,i/10 % 10 + 0x30);
        WrByte1602(1,6,i % 10 + 0x30);

        WrByte1602(1,13,t/100 % 10 + 0x30);
        WrByte1602(1,14,t/10 % 10 + 0x30);
        WrByte1602(1,15,t % 10 + 0x30);
        mDelay(700);                              //延时,为了方便观察
    }
    WrString1602(1,"Test RandRead OK");
}
```

13.5 实验总结

本实验通过对 EEPROM 芯片 24C08 的读写演示，读者应掌握 I²C 通信的基本原理，掌握 51 单片机作为主机模拟 I²C 通信的方法；掌握串行 EEPROM 芯片的硬件使用和软件读写的方法。

13.6 课后习题

（1）查看 24C01 的资料，完成 EEPROM 芯片 24C01 的读写操作。

（2）查阅 24C64 芯片的相关资料，完成 24C64 芯片的读写操作。

第 14 章

A/D 转换 ADC0832 实验

在单片机的实时测量和智能化仪表等系统中，常需要将检测的连续变化的模拟量如温度、压力、流量、速度等转换为数字量。单片机对这些数字量进行处理后再对控制对象进行控制。本章就以常见的 ADC0832 为例，使大家了解串行 A/D 的使用。

14.1 实验说明

通过对 ADC0832 的学习，了解 A/D 转换的基础知识，掌握单片机对串行 A/D 转换芯片 ADC0832 的控制方法。

14.2 硬件原理图详解

14.2.1 ADC0832 简介

ADC0832 是美国国家半导体公司生产的一种逐次逼近型、8 位分辨率、双通道 A/D 转换芯片。由于它体积小，兼容性强，性价比高而深受单片机爱好者及企业欢迎，有很高的普及率。学习并使用 ADC0832 可使读者了解 A/D 转换器的原理，有助于单片机技术水平的提高。

ADC0832 为 8 位分辨率 A/D 转换芯片，其最高分辨可达 256 级，可以适应一般的模拟量转换要求。其内部电压输入与参考电压复用，使得芯片的模拟电压输入在 0～5 V。芯片转换时间仅为 32 μs，具有双数据输出可作为数据校验，以减少数据误差，转换速度快且稳定性能强。独立的芯片使能输入，使多器件挂接和处理器控制变的更加方便。通过 DI 数据输入端，可以轻易的实现通道功能的选择。

ADC0832 具有以下特点：

- 8 位分辨率；
- 双通道 A/D 转换；
- 输入输出电平与 TTL/CMOS 相兼容；
- 5 V 电源供电时输入电压在 0～5 V 之间；
- 工作频率为 250 kHz，转换时间为 32 μs；
- 一般功耗仅为 15 mW。

14.2.2 ADC0832 引脚及硬件连接

ADC0832 有 8 脚 DIP、SOP 型两种封装，引脚定义如图 14.1 所示。各引脚功能如表 14.1 所列。

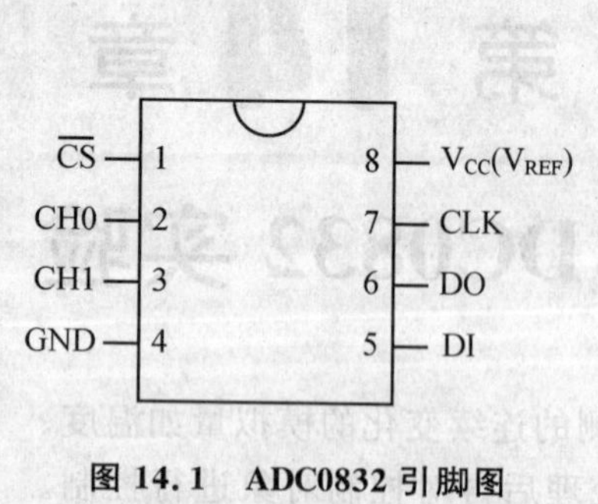

图 14.1 ADC0832 引脚图

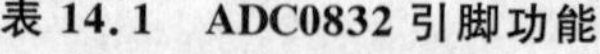

表 14.1 ADC0832 引脚功能

引 脚	名 称	功能说明
1	$\overline{CS}$	片选使能,低电平芯片使能
2	CH0	模拟输入通道 0,或作为 IN+/-使用
3	CH1	模拟输入通道 1,或作为 IN+/-使用
4	GND	芯片参考 0 电位(地)
5	DI	数据信号输入,选择通道控制
6	DO	数据信号输出,转换数据输出
7	CLK	芯片时钟输入
8	Vcc/REF	电源输入及参考电压输入(复用)

实验板中 ADC0832 与单片机的连接如图 14.2 所示。

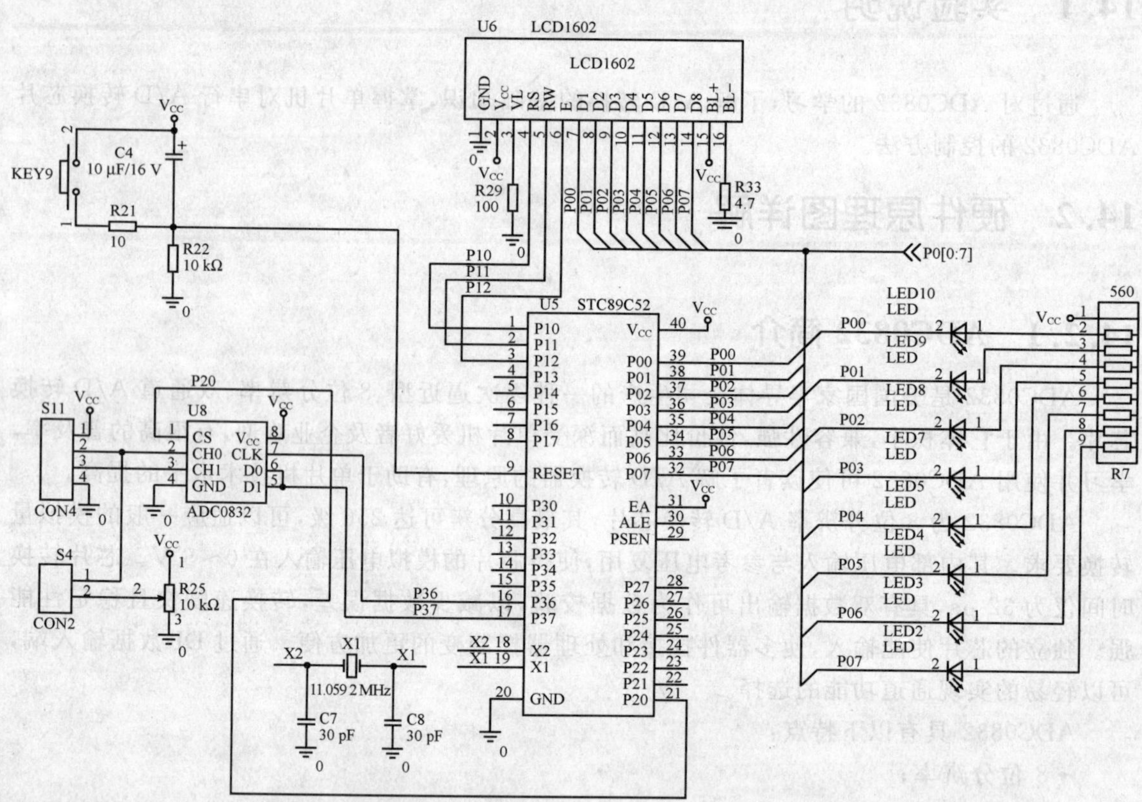

图 14.2 单片机与 ADC0832 的连接原理图

从图 14.2 所示的原理图可以看到,P2.0 为片选线,P3.6 为时钟线,P3.7 为数据输入输出线,与 ADC0832 的 5、6 引脚相连。试验板通过调整可变电阻 R25 可改变 ADC0832 的 CH0 的输入电压。

14.2.3 ADC0832 的工作时序

ADC0832 的数据传输采用串行方式,具体的时序图如图 14.3 所示。

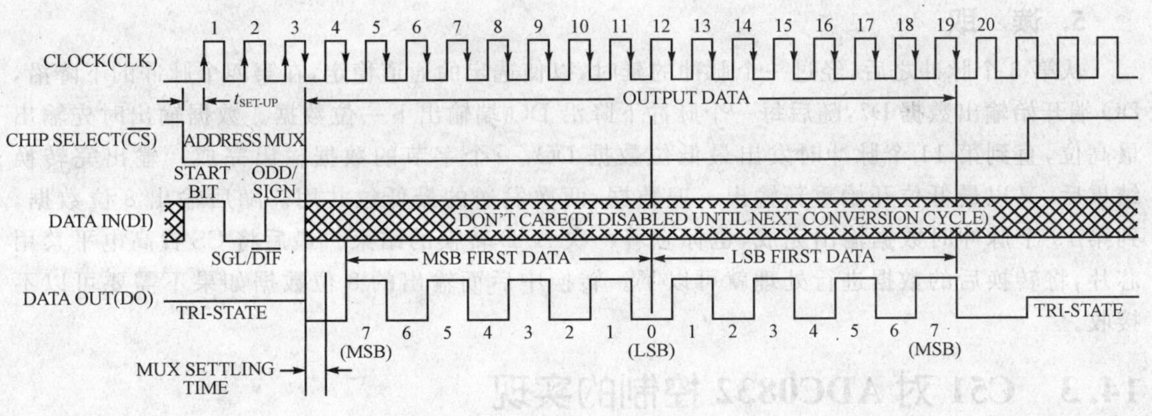

图 14.3　ADC0832 时序图

从图 14.3 所示的时序图可以分析通过单片机控制 ADC0832 的过程如下：

1. 片　选

当 ADC0832 的$\overline{CS}$输入端为高电平时芯片禁用，CLK 和 DO/DI 的电平可任意。需要进行 A/D 转换时，须先将$\overline{CS}$使能端置于低电平并且保持低电平直到转换完全结束，当输出完成后，$\overline{CS}$置为高，内部寄存器清零。如进行另一次转换，$\overline{CS}$必须再次由高到低的变化。

2. 起　始

在$\overline{CS}$置于低电平后，紧接着 DI 电平变为高电平，并在时钟的上升沿保持高电平，表示启动位。

3. 输入配置

ADC0832 的输入通道配置在起始完成后的两位就是通道配置位，均为上升沿有效。第一位 0 表示单通道差分输入，1 表示双通道单极性输入，第二位表示单通道差分输入时的极性选择或者表示双通道单极性输入时的通道选择，具体见表 14.2。

表 14.2　ADC0832 输入配置表

输入格式	配置位		选择通道号	
	CH0	CH1	CH0	CH1
差分	L	L	+	−
	L	H	−	+
单端	H	L	+	
	H	H		+

4. 数据转换

当起始位和两位配置位移入移位寄存器后转换便开始。即从第三个脉冲的下降沿开始转换，同时 DI 转为高阻状态，DO 端脱离高阻状态，为数据输出做准备。由此可见，ADC0832 的 DI 端只是在多路器寻址时被检测，此时 DO 端为高阻态，在转换过程中，DO 脱离高阻态，此时 DI 端和多路器是关断的。因此 DI 和 DO 可以连接在一起。

5. 读　取

从第 3 个脉冲之后，经过一个脉冲的延时，以使选定的通道稳定，在第四个脉冲的下降沿，DO 端开始输出数据 D7，随后每一个脉冲下降沿 DO 端输出下一位数据。数据输出时先输出最高位，直到第 11 个脉冲时发出最低位数据 DO，一个字节的数据输出完成。输出完转换结果后，又以最低位开始重新输出一遍数据，两次发送的最低位共用。随后输出 8 位数据，到第 19 个脉冲时数据输出完成，也标志着一次 A/D 转换的结束。最后将 CS 置高电平禁用芯片，将转换后的数据进行处理就可以了。转换中后面输出的 8 位数据如果不需要可以不接收。

14.3　C51 对 ADC0832 控制的实现

C51 语言实现对 ADC0832 的控制比较简单，严格按照图 14.3 所示的时序图即可完成，下面先给出如图 14.4 所示的程序流程图。

14.3.1　程序流程及其程序实现

下面对应流程图图 14.4 给出在 C51 中的实现程序。

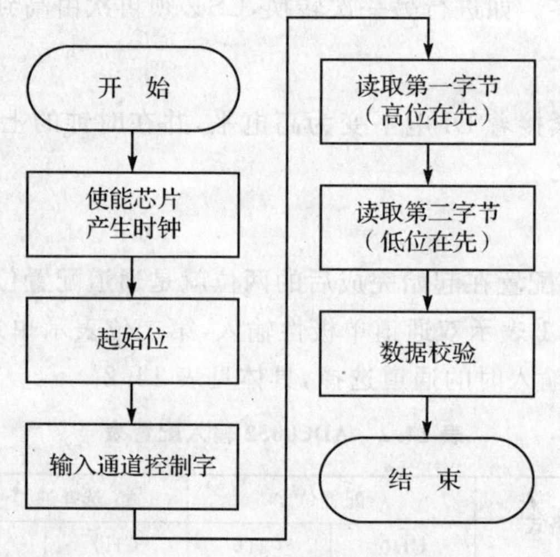

图 14-4　流程图

首先看芯片使能和时钟的产生，芯片的使能就是片选 CS 由高电平变为低电平，起始位就是 DI 变为高电平，用 C51 实现代码为：

```
ADC_CS = 1;                    //片选禁止
ADC_CLK = 0;                   //时钟置零
ADC_CS = 0;                    //芯片使能，可以对 ADC0832 操作
ADC_DI = 1;                    //起始位
ADC_CLK = 1;                   //时钟置 1，产生上升沿
ADC_CLK = 0;
```

接下来就是输入通道控制，程序如下：其中 ch 为输入通道及其类型选择数据。

```
ADC_DI = (ch&0x02);              //端口输入方式选择,0 为差分方式,1 为单通道方式
ADC_CLK = 1;                     //时钟置 1,产生上升沿
ADC_CLK = 0;
ADC_DI = (ch&0x01);              //通道选择设置
ADC_CLK = 1;
ADC_CLK = 0;
```

接下来延时一小段时间后,开始读取数据,首先读取第一字节数据,这一组数据高位在前,在读取完第一字节数据后,紧接着读取第二字节数据,这一字节数据是低位在前,且最低位与前一字节的最低位共用。后一字节在实际中如可以不用读取,这里只是演示如何读取这两字节的数据,并做了数据的校验。具体程序如下:

```
for(i = 0;i<8;i ++ )      //读出前 8 位数据,高位在前
{
      ADC_CLK = 1;
      ADC_CLK = 0;
      dat<< = 1;
      if(ADC_DO)  dat ++;
}
if(ADC_DO) dat2| = 0x80;
for(i = 7;i>0;i -- )                  //读出后 8 位数据,低位在前
{
         ADC_CLK = 1;
         ADC_CLK = 0;
         dat2>> = 1;
         if(ADC_DO) dat2| = 0x80;

}
ADC_CS = 1;
if (dat = = dat2)    return dat;
else return 0xff;
```

数据读取完成后,将片选$\overline{CS}$置高,即完成了整个的读取过程。

14.3.2　ADC0832 程序转换实验

这个实验使用 LCD1602 作为数据显示器,程序中分别读取通道 0 和通道 1 在单端输入和差分输入时的不同数值,并显示在 LCD1602 上。主函数部分实验代码如下:

```
main()
{
    uchar dat;
    Init1602();
    WrString1602(0,"ADC0832 Testing");
    while(1)
    {
        mDelay(100);                      //一段延时
        dat0 = ReadAdc(2);                //读取通道 0 单端输入时的数据
```

```
        mDelay(100);
        dat1 = ReadAdc(3);              //读取通道 1 单端输入时的数据
        mDelay(100);
        dat2 = ReadAdc(0);              //读取差分输入时,通道 0 为 + ,通道 1 为 - 时的数据
        mDelay(100);
        dat3 = ReadAdc(1);              //读取差分输入时,通道 0 为 - ,通道 1 为 + 时的数据

        display(0,dat0);                //显示在 LCD 上
        display(4,dat1);                //显示在 LCD 上
        display(8,dat2);                //显示在 LCD 上
        display(12,dat3);               //显示在 LCD 上
    }
}
```


14.4　实验总结

通过本章的实验,读者应掌握 ADC0832 的单端输入和差分输入的数据读取方法。需要注意的是 ADC0832 的工作频率为 250 kHz,具体应用时程序应注意时钟频率匹配问题。

14.5　课后习题

将上面 A/D 转换的数据显示改为电压值显示。

第15章

红外遥控解码实验

红外线遥控是目前使用最广泛的一种通信和遥控手段。由于红外线遥控装置具有体积小、功耗低、功能强、成本低等特点，因而继彩电、录像机之后，在录音机、音响设备、空调机以及玩具等其他小型电器装置上也纷纷采用红外线遥控。工业设备中，在高压、辐射、有毒气体、粉尘等环境下，采用红外线遥控不仅完全可靠而且能有效地隔离电气干扰。

15.1 实验说明

利用51单片机的中断系统，编写程序对uPD6221/6222芯片编码的红外信号进行解码，并在实验板上显示出解码值。

15.2 硬件原理详解

红外通信是利用950 nm近红外波段的红外线作为传递信息的媒体，发送端采用脉时调制(PPM)方式，将二进制数字信号调制成某一频率的脉冲，并驱动红外发射管以光脉冲形式发送出去，接收端将接收到的光脉冲转换成电信号，再经过放大、滤波等处理后送给解调电路进行解调，还原成二进制数字信号输出。基本工作原理方式框图如图15.1所示。

(a) 红外发射原理方框图

(b) 红外接收原理方框图

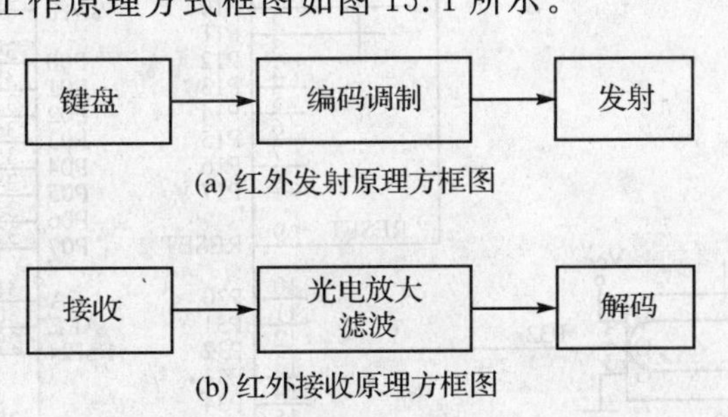

图 15.1 红外通信工作原理方框图

51单片机不具备接收红外信号的能力，因此，我们采用外接元器件来解决这个问题，图15.2是常见的几种红外接收元件。

图15.2左边是单一的红外接收二极管，只起到接收红外信号的作用，而中间和右边的是一体化的红外接收器，一体化红外线接收器是一种集红外线接收和放大于一体，不需要任何外接元件，只需要接上工作电源，就能完成从红外线信号接收到输出与TTL电平兼容的信号，而体积和普通的塑封三极管大小一样，它适合于各种红外线遥控和红外线数据传输。在实验板上，我们利用一体化的红外线接收器来完成红外信号的接收，并接入51单片机对信号进行解码处理，红外线遥控的编程方式多种多样，本章以uPD6221/6222芯片的编码方式来讲解红外解码的过程。

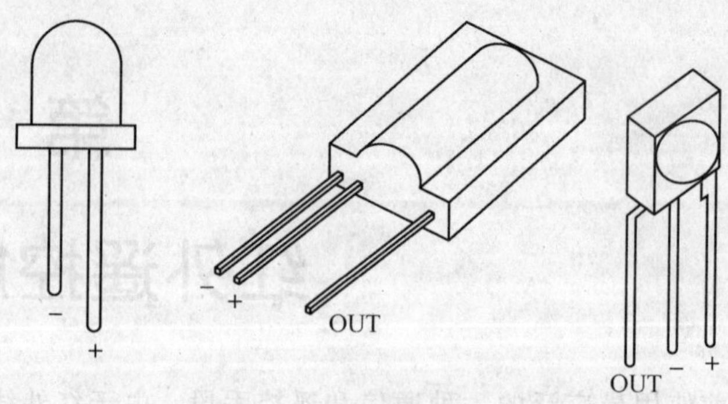

图 15.2　红外接收元器件

15.2.1　硬件原理图

红外解码原理图如图 15.3 所示。一体化红外线接收器 IR1 输出端被接在 51 单片机的 P32(外部中断 0)引脚上,这一引脚又是外部中断的输入脚,LCD1602 用于显示红外解码值。

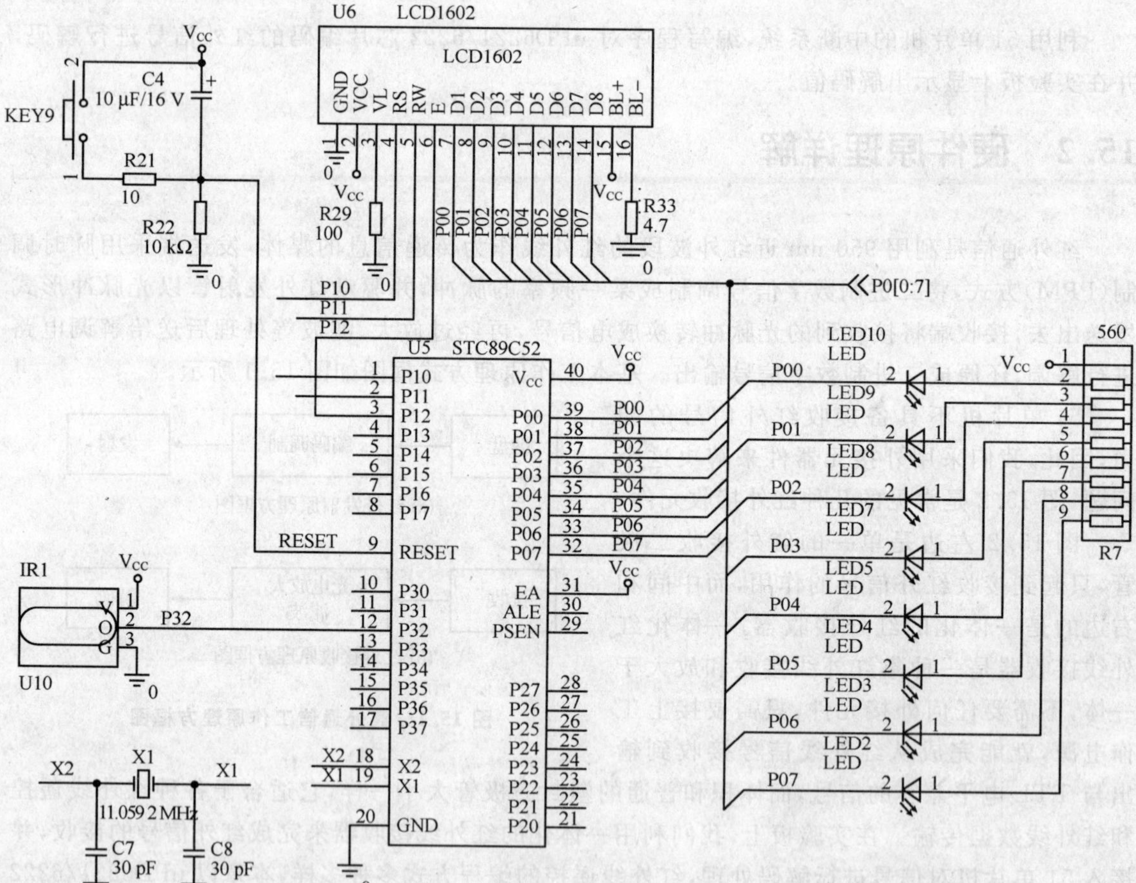

图 15.3　红外解码原理图

15.2.2　红外编解码基础知识

uPD6221 是 NEC 公司生产的专用于红外遥控的编码芯片，其工作电压低（1.8～3.5 V），采用 PPM 编码方式，每组数据中包含 16 位地址码和 8 位数据码，按键数可达到 32 键（uPD6221）或 64 键（uPD6222），在家用电器上应用相当广泛，下面先了解一下其编码特点。

uPD6221 所发射的一帧码含有一个引导码，16 位的用户编码和 8 位的键数据码、键数据码的反码也同时被传送。码型结构如图 15.4（a）所示，引导码由一个 9ms 的载波波形和 4.5 ms 的关断时间构成，它作为随后发射的码的引导，这样当接收系统是由微处理器构成的时候，能更有效地处理码的接收与检测及其他各项控制之间的时序关系。编码采用脉冲位置调制方式（PPM）。利用脉冲之间的时间间隔来区分“0”和“1”。每次 8 位的码被传送之后，它们的反码也被传送，在接收端通过校验可以知道编码是否被正确传送，减少了系统的误码率。

当一个键按下超过 36 ms，振荡器使芯片激活，如果这个键按下且延迟大约 108 ms，这 108 ms 发射代码由一个起始码 9 ms，一个结果码 4.5 ms，低 8 位地址码 9～18 ms，高 8 位地址码 9～18 ms。如果键按下超过 108 ms 仍未松开，接下来发射的连发码将仅由起始码 9 ms 和结束码 2.5 ms 组成，如图 15.4（b）、（c）所示。

图 15.4（d）所示是 uPD6221 中对数据 0 和 1 的表示方法，其中数据 0 由 0.56 ms 低电平和 0.56 ms 的高电平组成，数据 1 由 0.56 ms 的低电平和 1.69 ms 的高电平组成，由此可见，两种波形均以 0.56 ms 的低电平开始，而根据靠跟着的高电平长度不同来区分数据 0 或 1。

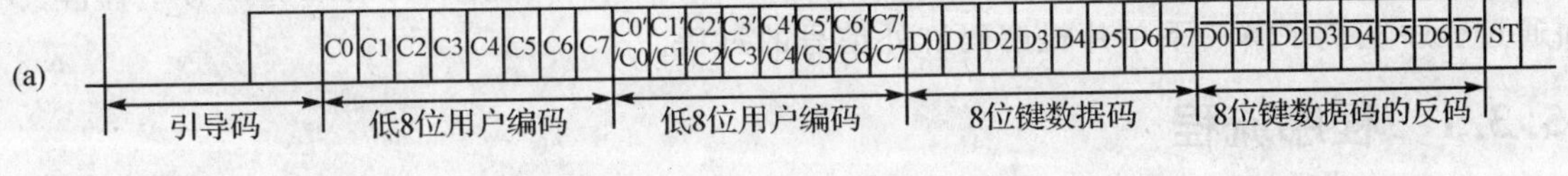

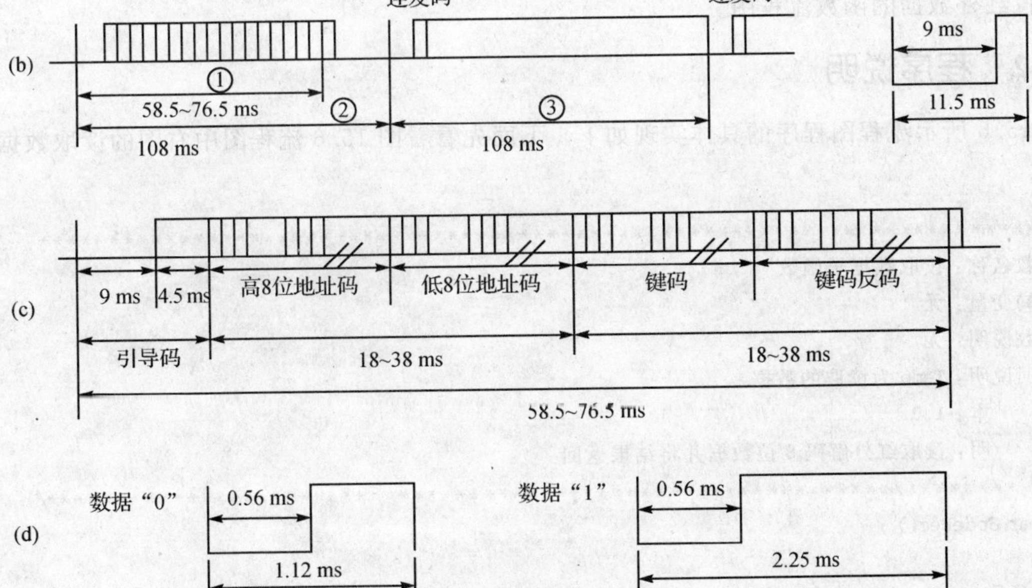

图 15.4　uPD6221 波形图

15.2.3 单片机解红外码方法

一体化红外线接收器接收并处理好的数字信号被接入51单片机的P3.2引脚(外部中断输入端),利用单片机来进行解码的关键是如何识别0和1从位的定义,根据15.2.2小节的分析,可以发现0或1均以0.56 ms的低电平开始,不同的是高电平的宽度不同,0为0.56 ms,1为1.68 ms,所以必须根据高电平的宽度区别0和1。从0.56 ms低电平过后开始延时0.56 ms以后,若读到的电平为低说明该位为0,反之则为1,为了可靠起见,延时必须比0.56 ms长些但又不能超过1.12 ms,否则如果该位为0,读到的已是下一位的高电平,因此取1.12 ms+0.56 ms/2=0.84 ms最为可靠,一般取0.84 ms左右均可,如图15.5所示。

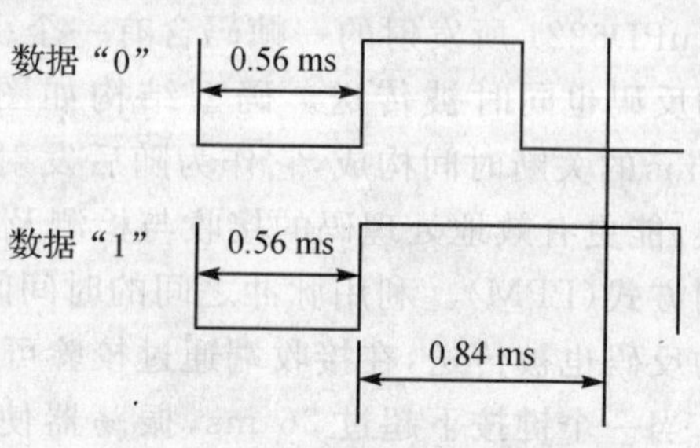

图15.5 单片机读取红外信号

15.3 红外读码遥控实验

1.5.2小节介绍了中断系统的基本知识,在红外解码中,通过中断系统对红外信号进行检测,采用中断方式进行检测可以大大提高单片机的执行效率,也使解码的准确性有了保障,下面通过程序实例了解一下单片机解码红外信号的过程。

15.3.1 程序流程

图15.6流程图中,左图为主函数流程图,中间为红外信号中断处理子函数流程图,右边为读取8位红外数据的函数流程图。

15.3.2 程序说明

图15.6所示流程图程序的具体实现如下。下面先看看图15.6流程图中右图的读取数据子函数。

```
/*********************************************************************
函数名称：读取数据子函数
全局变量：无
参数说明：无
返回说明：Temp为读取的数据
版    本：1.0
说    明：读取红外解码8位数据并将结果返回
*********************************************************************/
uchar CodeRec()
{
uchar i,j;
uchar Temp = 0;
for(i = 0;i<8;i ++)                     //循环8次,每次读入1个位码
```

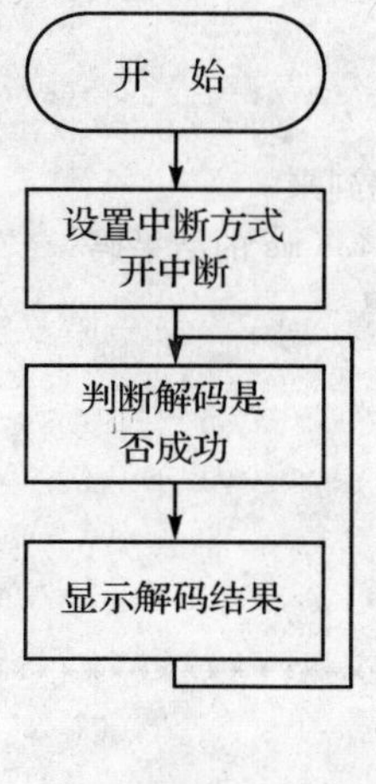

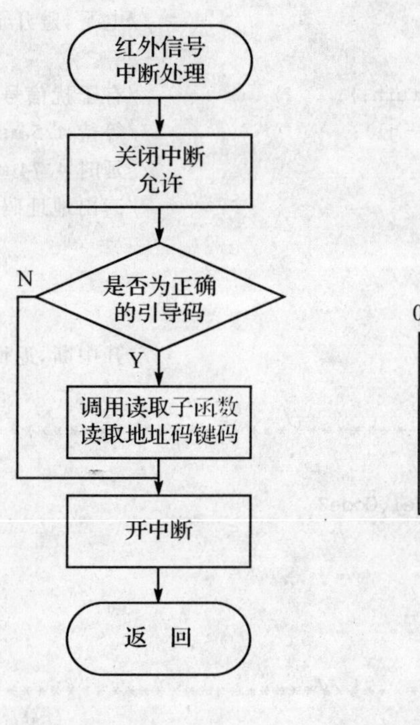

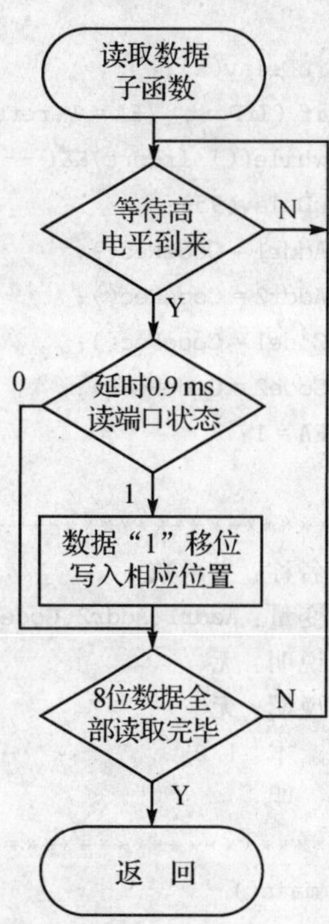

图 15.6　单片机红外解码程序流程图

```
        {
        j = 255;while((! IrPort)&&(j -- ));                   //等待每 1 数据位的高电平到来
        uDelay(18);                                            //延时 900 μs 再读取状态
        if(IrPort = = 1)                                       //为高就是信号 1,数值移位保存到相应位置
            {Temp| = 0x1<<i;
            j = 255;while(IrPort&&(j -- ));                   //等待低电平到来,进入下一位数据识别
            }
        }
return(Temp);                                                  //返回检测到的数据
}
/ ***************************************************************************
函数名称：红外信号中断处理子函数
全局变量：Addr1、Addr2、Code1、Code2
参数说明：无
返回说明：无
版　　本：1.0
说　　明：读取红外解码数据存放在相应变量中
***************************************************************************/
void Decode() interrupt 0
{
uchar i;uint j = 1000;
EA = 0;                                                        //关中断
for(i = 0;i<70;i ++ )                                          //延时循环检测引导码 9 ms 低电平中是否有高
```

```
                                          //电平,避开干扰信号
   {uDelay(2);
   if (IrPort) {EA = 1;return;};      }   //有干扰信号,退出
   while((! IrPort)&&( -- j));            //等待 4.5 ms 结果码到来
   uDelay(95);                            //延时 4.74 ms 避开 4.5 ms 的结果码
   Addr1 = CodeRec();                     //读出地址码、数据码
   Addr2 = CodeRec();
   Code1 = CodeRec();
   Code2 = CodeRec();
   EA = 1;                                //开中断,返回
}
/*************************************************************************
函数名称：主函数
全局变量：Addr1、Addr2、Code1、Code2
参数说明：无
返回说明：无
版    本：1.0
说    明：
*************************************************************************/
void main()
{
IT0 = 1;                                  //设置中断模式
EX0 = 1;
EA = 1;
while(1)
  {
   if((Code1^Code2) = = 0xff)             //校验解码是否正确
      {Display();                         //调用显示子函数显示解码结果
      Addr1 = 0;                          //清理所有数据为下次解码作准备
      Addr2 = 0;
      Code1 = 0;
      Code2 = 0;
      }
  }
}
```

15.4　实验总结

通过本章学习,读者对红外信号解码有了初步认识,红外信号编码方式多种多样,但基本解码思路都大致相同,关键在于根据编码波形正确解读出 0 或 1 数据信号。

15.5　课后习题

应用本章学习的知识,写一个根据红外按键信号不同显示数值加减的程序。

第16章 PS/2键盘接口

对读者来说，最常见的PS/2设备就是电脑键盘和鼠标了，它由IBM开发并于1987年推出PS/2键盘接口标准。现在，市面上的键盘均遵循PS/2标准，只是功能不同而已。它是人们计算机系统必备的输入设备。本章将讲解PS/2键盘与电脑的通信协议。

16.1 实验说明

本次实验主要是使读者了解PS/2键盘的协议，掌握使用单片机作为主机，读取键盘数据、向键盘发送数据和命令的方法。

16.2 PS/2接口硬件

16.2.1 接口简介

PS/2硬件接口为6脚mini-DIN连接器，连接器形状及引脚定义如表16.1所示。其中只有4个脚有意义，它们分别是Clock(时钟脚)、Data(数据脚)、+5 V(电源脚)和Ground(电源地)。在PS/2键盘与PC的物理连接上只要保证这4根线一一对应就可以了。PS/2键盘靠PC的PS/2端口提供+5V电源，另外两个脚Clock(时钟脚)和Data数据脚都是集电极开路的，所以必须接大阻值的上拉电阻。它们平时保持高电平，有输出时才被拉到低电平，之后自动上浮到高电平。

表16.1 PS/2接口定义

插 头	插 座	引脚定义	
5 6 / 3 4 / 1 2	6 5 / 4 3 / 2 1	1—Data	1—数据脚
		2—Not Implemented	2—空引脚
		3— Ground	3—电源地
		4 — +5 V	4—+5 V电源
		5 — Clock	5—时钟引脚
		6 — Not Implemented	6—空引脚

本次PS/2按键实验的原理图如图16.1所示，键盘的时钟引脚接单片机的外部中断P3.3口，数据脚接单片机的P3.4口。键盘与单片机公用5 V电源。

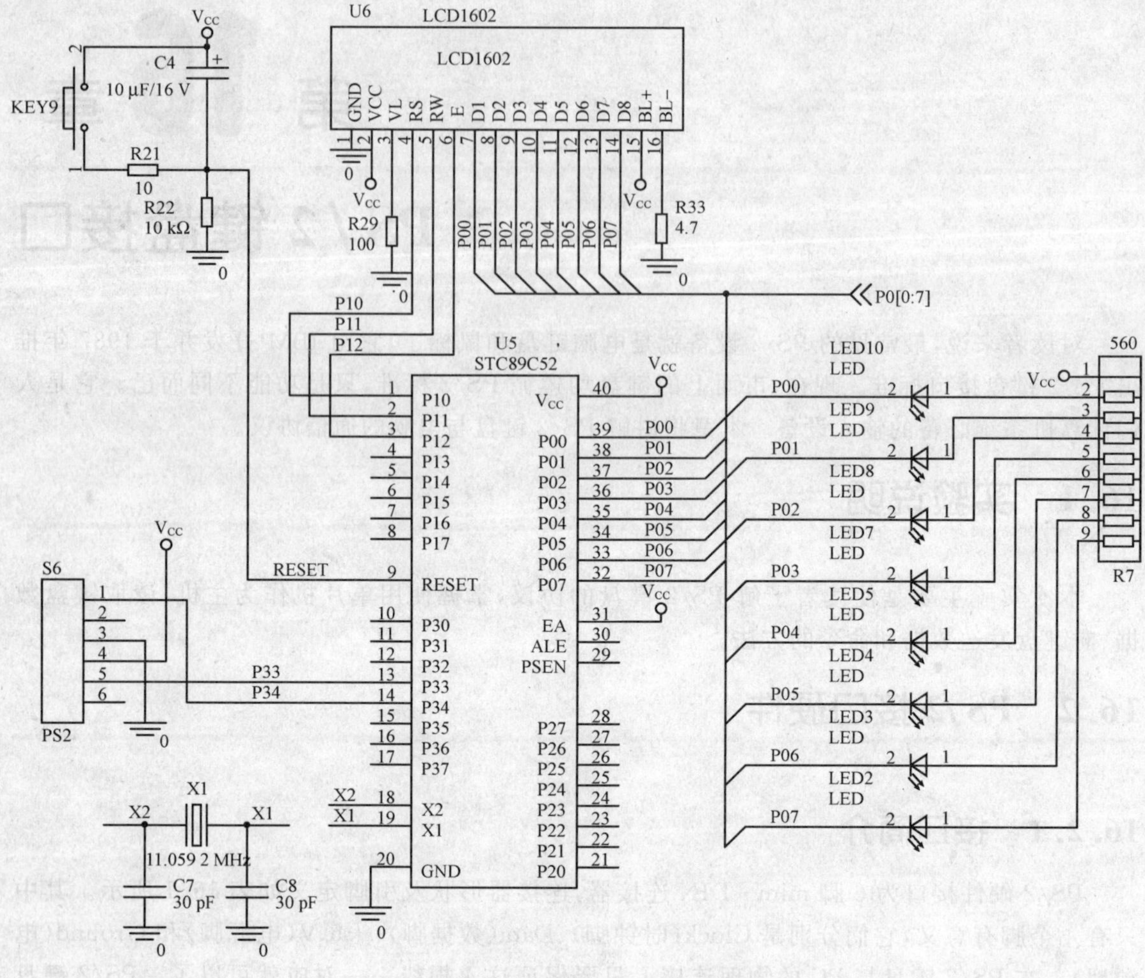

图 16.1　实验板硬件原理图

16.2.2　通信协议简介

PS/2 鼠标和键盘履行一种双向同步串行协议，换句话说每次数据线上发送一位数据，并且每在时钟线上发一个脉冲就被读入。键盘/鼠标可以发送数据到主机，而主机也可以发送数据到设备，但主机总是在总线上有优先权。它可以在任何时候抑制来自于键盘/鼠标的通信，只要把时钟拉低即可。通信的两端通过 Clock(时钟脚)同步，并通过 Data(数据脚)交换数据。任何一方如果想抑制另外一方通信时，只需要把 Clock(时钟脚)拉到低电平。如果是 PC 和 PS/2 键盘间的通信，则 PC 必须做主机，也就是说，PC 可以抑制 PS/2 键盘发送数据，而 PS/2 键盘则不会抑制 PC 发送数据。一般两设备间传输数据的最大时钟频率是 33 kHz，大多数 PS/2 设备工作在 10～20 kHz。推荐值在 15 kHz 左右，也就是说，Clock(时钟脚)高、低电平的持续时间都为 40μs。每一数据帧包由以下几部分构成：

- 1 个起始位，总是为 0；
- 8 个数据位，低位在前；
- 1 个校验位，奇校验；

- 1 个停止位，总是为 1。

如果数据位中包含偶数个 1，校验位就会置 1；如果数据位中包含奇数个 1，校验位就会置 0，数据位中 1 的个数加上校验位总为奇数，这就是奇校验，用来错误检测。

当主机发送数据给键盘/鼠标时，设备回送一个握手信号来应答数据包已经收到，这个信号不会出现在设备发送数据到主机的过程中。

1. 设备到主机的通信过程

在 PS/2 中主机数据和时钟线都是集电极开路结构，正常时保持高电平，当键盘或鼠标等待发送数据时，它首先检查时钟并确认它是否是高电平，如果不是，那么是主机抑制了通信，设备必须将要发送的数据缓冲，直到重新获得总线的控制权再发送。键盘有 16 B 的缓冲区，而鼠标的缓冲区仅存储最后一个要发送的数据包。不管怎样，设备必须遵守每帧包含 11 位的串行协议。协议的时序图如图 16.2 所示。

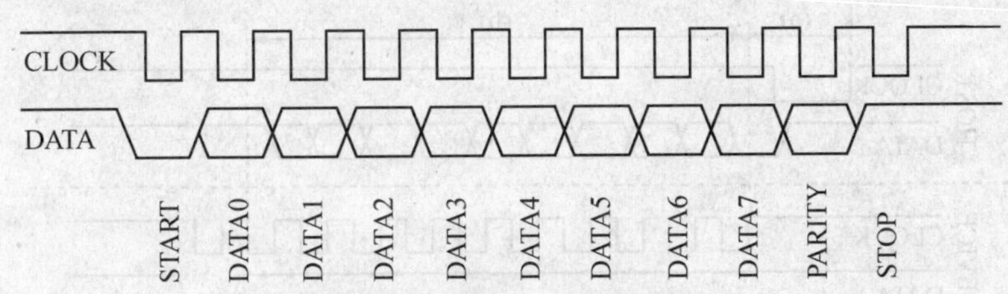

图 16.2 设备到主机通信时序图

在设备到主机的通信过程中，每位在时钟的下降沿被主机读入，时钟频率为 10～16.7 kHz。从时钟脉冲的上升沿到一个数据变化的时间至少要有 5 μs，数据变化到时钟脉冲的下降沿的时间至少要有 5 μs 并且不大于 25 μs，这个时间非常重要，必须严格遵循！主机可以在第 11 个时钟脉冲停止位之前把时钟线拉低，这样可迫使设备放弃发送当前字节，这种情况一般不会发生。在停止位发送后，设备在发送下个数据帧前至少应该等待 50 ms，用于主机处理接收的数据，主机在处理接收到的数据时拉低时钟线以抑制设备的数据发送，主机在收到每个数据帧后通常自动做这个动作，在主机释放抑制后，设备仍要等 50 ms 后再发送数据。

图 16.3 为"A"按键的传输过程。

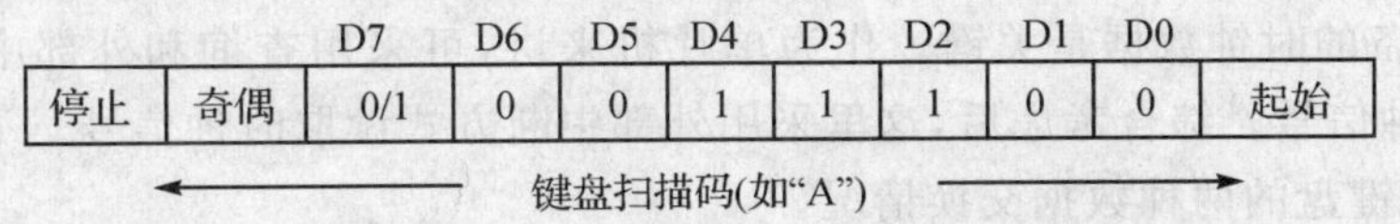

图 16.3 按键"A"的数据传输过程

2. 主机到设备的通信

主机到设备的通信与设备到主机的通信过程有些不同，由于 PS/2 设备总是产生时钟信号。因此如果主机要发送数据，它必须首先把时钟和数据线设置为请求发送状态，即：首先通过下拉时钟线至少 100 μs 来抑制通信，然后下拉数据线请求发送，再释放时钟线。

此时设备应在不超过 10 ms 的间隔内检查这个状态，当设备检测到这个状态后，它将开始产生时钟信号，从第 1 个时钟周期的低电平起主机开始发送数据，并在时钟脉冲的上升沿输入 8 个数据位和一个停止位并锁存，主机仅当时钟线为低的时候改变数据线，数据在时钟脉冲的上升沿被锁存，这点与设备到主机通信的过程正好相反，在停止位发送后，设备要应答接收到的字节就把数据线拉低并产生最后一个时钟脉冲。如果主机在第 11 个时钟脉冲后不释放数据线，设备将继续产生时钟脉冲直到数据线被释放，然后设备将产生一个错误。主机也可以终止数据传送，方法是在第 11 个时钟脉冲应答位前下拉时钟线至少 100 μs。

当设备产生应答信号时要注意应答位时序的改变，此时数据改变发生在时钟线为高的时候，不同于其他 11 位是发生在时钟线为低的时候，如图 16.4 所示。在主机最初把数据线拉低后，设备开始产生时钟脉冲的时间(即图 16.4 中的 a)必须不大于 15 ms，数据包被发送的时间(即图 16.4 中的 b)必须不大于 2 ms，如果这两个条件不满足，主机将产生一个错误。主机数据包收到后，为了处理数据应立刻把时钟线拉低来抑制通信，如果主机发送的命令要求有一个回应，这个回应必须在主机释放时钟线后 20 ms 之内被收到，如果没有收到，则主机产生一个错误。在设备到主机通信的情况中，时钟改变后的 5 μs 内不应该发生数据改变的情况。

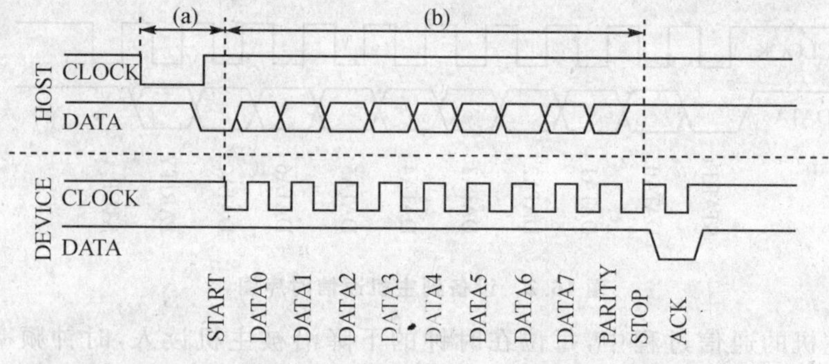

图 16.4 主机到设备时序图

16.3 单片机识别 PS/2 键盘方法

在初步了解了 PS/2 协议后，这一节以 PS/2 键盘为例，讲解单片机作为主机如何识别 PS/2 设备发送来的数据以及如何控制 PS/2 设备。

从图 16.4 可以看到，只有得到 PS/2 设备发送的时钟才能得到 PS/2 发送的数据，因此如何读取 PS/2 设备的时钟数据是关键。作为单片机来讲，可采用查询和外部中断的方式得到 PS/2 设备的时钟信号。综合考虑后，这里采用外部中断方式读取时钟信号。下面分别介绍单片机做主机时与键盘的两种数据交换情况。

1. 读取 PS/2 键盘的数据

采用中断方式接收来自键盘的数据时，外部中断采用下降沿触发方式，进入中断后，首先对中断次数进行累加，然后根据进入中断的次数进行相应的判断。如果是第一个脉冲引起的中断时，根据 PS/2 协议，数据线应该为低，如果不为低，则表示此次中断不是起始位，则将此次中断的计数清零，重新查找起始位，如果为低，则表示找到了起始位。同时将奇校验位变量置 1。

根据 PS/2 协议，第 2 至 9 个脉冲时，键盘发送键值数据，因此在第 2 至 9 个脉冲期间进行解码。解码的方式为每次中断后，将键盘数据变量(Key_Data)右移 1 位，如果数据线为高，则将 Key_Data 高位置 1，这样即可得到键盘发送的数据。在此期间，同时要进行数据的校验位计算，由于 PS/2 数据为奇校验方式，即数据中 1 的总数应该为奇数。程序中已在第一次中断时将奇校验位变量置 1，在此处当遇到数据线为高时，将奇校验位变量取反，这样即当遇到奇数个"1"时，奇校验位变量为 0，当遇到偶数个"1"时，奇校验位变量为 1，从而实现了奇校验。

在接下来的第 10 位脉冲为奇校验位，如果奇校验位变量与数据线值相等，则表示校验正确，否则此次数据为错误数据，将放弃此次数据。

协议的最后一位（即第 11 个脉冲）为停止位，此时根据协议规则，数据线应该为高，如果不为高，则表示此次数据错误，应放弃此次数据。如果此次数据正确，则将数据接收正确的位变量 DispFlag 置 1，以通知其他函数对得到的数据进行处理。图 16.5 为上面所述读取数据流程的流程图。

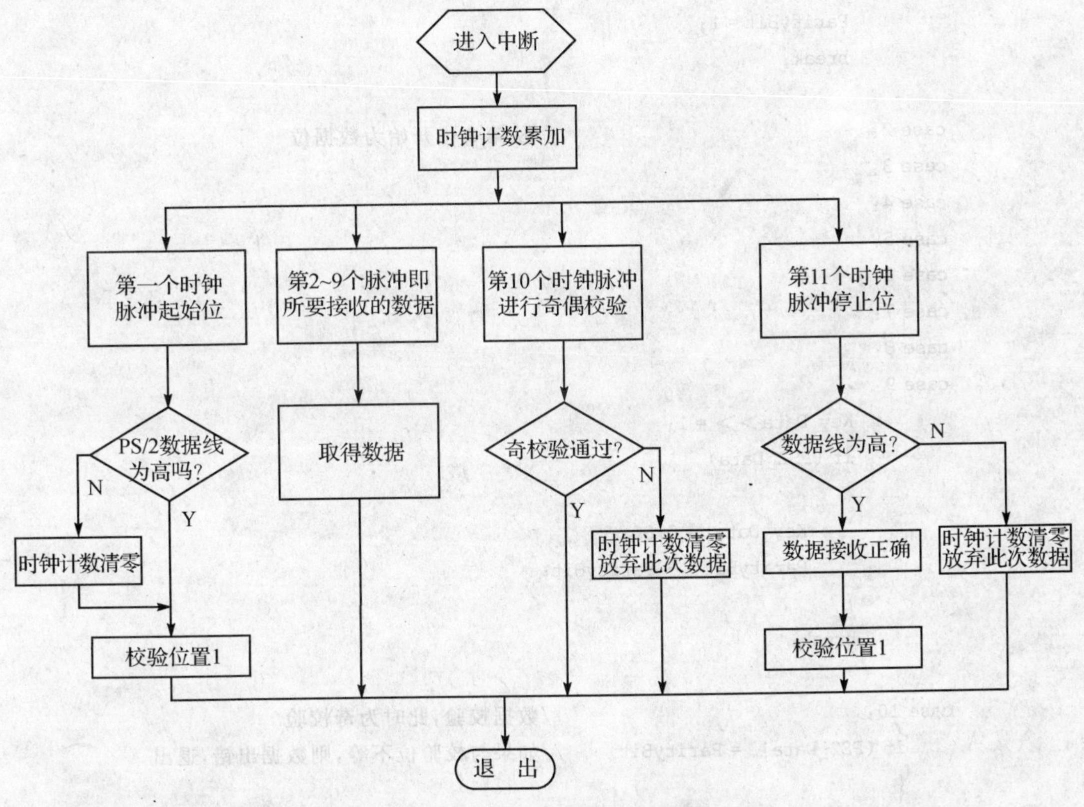

图 16.5　中断接收键盘数据流程图

上述解码思想用 C 语言具体描述为：

```
/******************************************************************************
函数名称：PS/2 键盘中断服务程序
全局变量：Key_Count：时钟中断次数计数，Key_Count 键盘数据，ParityBit 校验位
          DispFlag：接收到正确数据，可以显示处理标志
参数说明：无
返回说明：DispFlag 和 Key_Count
版    本：1.0
说    明：利用定时中断读取 PS/2 按键数据
******************************************************************************/
```

```
void Keyboard() interrupt 2 using 2
{
    Key_Count ++ ;
    switch(Key_Count)
    {
     case 1:        if (PS2_Data)                  //起始位时,数据位为低,如果不是 0,则不是起始位
                    {
                        Key_Count = 0;
                    }
                    ParityBit = 1;
                    break;

     case 2:                                       //从第 2 位开始为数据位
     case 3:
     case 4:
     case 5:
     case 6:
     case 7:
     case 8:
     case 9:
                    Key_Data>> = 1;
                    if (PS2_Data)
                    {
                        Key_Data| = 0x80;
                        ParityBit = ~ParityBit;
                    }
                    break;
     case 10:                                      //数据校验,此时为奇校验
          if (PS2_Data! = ParityBit)               //如果与校验位不等,则数据出错,退出
          {
              Key_Data = 0;
              Key_Count = 0;
          }
          break;

     case 11:                                      //停止位
          Key_Count = 0;
          if (PS2_Data)                            //正确时,数据线为高,如果不是,则数据放弃
          {
              DispFlag = 1;                        //接收到正确数据
          }
          else                                     //错误时,放弃此次数据
```

```
        {
            DispFlag = 0;
            Key_Data = 0;
        }
        break;

    default:
        break;
    }
}
```

2. 单片机向 PS/2 键盘发送数据

由前面的协议可知，PS/2 协议中 HOST 主机并不产生时钟，而是利用设备产生的时钟传送数据。总的流程是首先主机向键盘发送请求数据发送状态，设备产生时钟，主机开始发送 8 位数据和一位校验位，紧接着键盘设备向主机发送停止位和应答位。整个通信过程完成。主机到设备的通信过程可以理解为以下步骤：

① 把时钟线拉低至少 100 μs；
② 把数据线拉低；
③ 释放数据线；
④ 等待设备把时钟线拉低；
⑤ 设置/复位数据线发送第一个数据位；
⑥ 等待设备把时钟拉高；
⑦ 等待设备把时钟拉低；
⑧ 重复⑤～⑦步，发送剩下的 7 个数据位和校验位；
⑨ 释放数据线；
⑩ 等待设备把数据线拉低；
⑪ 等待设备把时钟线拉低；
⑫ 等待设备释放数据线和时钟线。

具体的实现函数如下所示：

```
/*******************************************************************
函数名称：主机向 PS/2 设备发送数据函数
全局变量：无
参数说明：dat 为发送数据
返回说明：成功返回 0,失败返回 1
版    本：1.0
说    明：
*******************************************************************/
bit PS2_Host2Device(uchar Dat)
{
    uint i = 0;
    uchar j = 0;                    //
    bit CheckBit = 1;               //校验位
```

```
    EA = 0;
    PS2_CLK   = 1;
    PS2_Data = 1;
    while(! PS2_CLK)                      //等待时钟线为高
    {
        i++;
        if (i>1400) return(1);            //假如等候时间超过 15 ms,就退出
    }
    i = 0;
    PS2_CLK = 0;                          //拉低时钟线
    mDelay(100);                          //拉低时钟线 100μs
    PS2_Data = 0;                         //拉低数据线
    PS2_CLK   = 1;                        //释放时钟线

    while(PS2_CLK)                        //等待设备把时钟线拉低
    {
        i++;
        if (i>1400)     return(1);  //假如等候时间超过 15 ms,就退出
    }
    PS2_Data = 1;                         //释放数据线

    for (j = 8;j>0;j--)                   //循环 8 次,输出数据
    {
        while(PS2_CLK);                   //等待设备将时钟线拉低
        if(Dat&0x01)
        {
            PS2_Data = 1;                 //送出数据
            CheckBit = ~CheckBit;
        }
        else
        {
            PS2_Data = 0;                 //送出数据
        }

        while(! PS2_CLK);                 //等待设备将时钟线拉高
        Dat>> = 1;
    }
    //发送校验位
    while(PS2_CLK);                       //等待设备将时钟线拉低
    PS2_Data = CheckBit;                  //送出校验位,奇校验
    while(! PS2_CLK);                     //等待设备将时钟线拉高

    //发送停止位
    while(PS2_CLK);                       //等待设备将时钟线拉低
    PS2_Data = 1;
```

```
    while(! PS2_CLK);                    //等待设备将时钟线拉高

    PS2_Data = 1;                        //释放数据线
    while(PS2_Data);                     //等待设备将数据线拉低

    while(PS2_CLK);                      //等待设备将时钟线拉低

    while(! PS2_CLK);                    //等待设备将时钟线拉高

    while(! PS2_Data);                   //等待设备将数据线拉高

    EA = 1;
    return(0);
}
```

3. 键盘的初始化

主机可以通过向 PS/2 键盘发送命令来对键盘进行设置或者获得键盘的状态等操作。每发送一个字节,主机都会从键盘获得一个应答 0xFA("重发 resend"和"回应 echo"命令例外)。下面简要介绍驱动程序在键盘初始化过程中所用的指令(详细键盘命令集见参考文献):

0xED:主机在本命令后跟随发送一个参数字节,用于指示键盘上 num lock, caps lock, scroll lock led 的状态;

0xF3:主机在这条命令后跟随发送一个字节参数来定义键盘击打的速率和延时;

0xF4:用于在当主机发送 0xF5 禁止键盘后,重新使能键盘。

平时使用的键盘一般是接在计算机上的,当计算机启动后必须进行初始化键盘工作。

键盘初始化的基本流程为:

① 上电后,接收键盘上电自检通过信号 0xAA,或者自检出错信号 0xFC,单片机接收为 0xAA 则进入下一步,否则进行出错处理。

② 关 LED 指示,单片机发送 0xED,然后接收键盘回应 0xFA,接着发送 0x00 接收 0xFA。

③ 设置机打延时和速率:单片机发送 0xF3,接收 0xFA,发送 0x00(250 ms,2.0 cps),接收 0xFA。

④ 检查 LED,发送 0xED,接收 0xFA,发送 0x07(开所有 LED),接收 0xFA。发送 0xED,接收 0xFA,发送 0x00(关 LED),接收 0xFA。

⑤ 允许键盘,发送 0xF4,接收 0xFA。

本实验中单片机做主机,有些步骤做了省略,实践证明,键盘能够正常的初始化,使用正常。

具体的函数实现如下:

```
/*********************************************************************
  函数名称:主机初始化 PS/2 键盘
  全局变量:无
  参数说明:KeyLed 为键盘灯数据,Rate 为击键速率
```

```
返回说明：正确返回 0,错误返回 1
版　　本：1.0
说　　明：发送键盘灯点亮命令和数据,没有做容错处理
*************************************************************************/
bit KeyBoardInit(uchar KeyLed, uchar Rate)
{
    PS2_Host2Device(0xED);                              //发送键盘灯点亮命令
    while (! DispFlag);
        if (Key_Data = = 0xFA)
    {
        Key_Data = 0;
        DispFlag = 0;
        PS2_Host2Device(KeyLed);                        //关闭全部键盘灯
        while (! DispFlag);
        if (Key_Data = = 0xFA)
        {
            Key_Data = 0;
            DispFlag = 0;
        }
        else
        {
            return(1);                                  //返回错误
        }
    }
    else
    {
        Key_Data = 0;
        DispFlag = 0;
        return(1);                                      //返回错误
    }

    PS2_Host2Device(0xF3);                              //发送击键速率命令
    while (! DispFlag);
        if (Key_Data = = 0xFA)
    {
        Key_Data = 0;
        DispFlag = 0;
        PS2_Host2Device(Rate);                          //设置击键速率为 30
    }

    while (! DispFlag);
        if (Key_Data = = 0xFA)
    {
```

```
            Key_Data = 0;
            DispFlag = 0;
        }
}
```

16.4 键盘的编码和解码

16.4.1 PS/2 键盘的编码

如果读者拆装过键盘，就会发现键盘内安装了一个大型的按键矩阵，它们的状态是由安装在电路板上的键盘编码器来监视的，编码器会监视某一个时刻内有什么键被按下、放开或主机是否发来了信号等。最初的键盘是IBM用Intel的8048芯片制作编码器的，而主机内的控制器则使用8042芯片，现在已有很多兼容的编码器芯片如8049，HT82K628A，EM83050H。键盘控制器更多的会整合到主机板的芯片组中去。编码器的作用就是监视键盘的事件把它转化为扫描码，并以数据帧的方式传送到主机。

从XT到现代的键盘，一共发展了3套扫描码，第1套扫描码集是原始的XT扫描码集，绝大部分现在的键盘已不在支持。表16.2和表16.3就是现在最常用第2套扫描码集，现在PC使用的PS/2键盘都默认采用第2套扫描码集。第3套扫描码集为可选的PS/2扫描码集，但很少被使用。

扫描码根据不同的事件可以分为通码和断码。通码(make code)就是指键被按下时所要发送的扫描码，断码(break code)则是键被放开时所要发送的扫描码。当一个键被按下或持续按住时，键盘会将该键的通码发送给主机；而当一个键被释放时，键盘会将该键的断码发送给主机。

根据键盘按键扫描码的不同可将按键分为如下几类：

第1类按键，通码为1 B，断码为0xF0＋通码形式，如A键，其通码为0x1C，断码为0xF0 0x1C。

第2类按键，通码为2 B，通码为0xE0＋0xXX形式，断码为0xE0＋0xF0＋0xXX形式。如right ctrl键，其通码为0xE0 0x14，断码为0xE0 0xF0 0x14。

第3类特殊按键有2个，print screen键通码为0xE0 0x12 0xE0 0x7C，断码为0xE0 0xF0 0x7C 0xE0 0xF0 0x12；pause键通码为0xE1 0x14 0x77 0xE1 0xF0 0x14 0xF0 0x77，断码为空。

在驱动程序设计中，可根据这样的分类来对不同的按键进行不同处理。

表16.2 第2套键盘扫描码

KEY	MAKE	BREAK	KEY	MAKE	BREAK	KEY	MAKE	BREAK
A	1C	F0,1C	9	46	F0,46	[	54	FO,54
B	32	F0,32	`	0E	F0,0E	INSERT	E0,70	E0,F0,70
C	21	F0,21	—	4E	F0,4E	HOME	E0,6C	E0,F0,6C
D	23	F0,23	=	55	FO,55	PG UP	E0,7D	E0,F0,7D

续表 16.2

KEY	MAKE	BREAK	KEY	MAKE	BREAK	KEY	MAKE	BREAK
E	24	F0,24	\	5D	F0,5D	DELETE	E0,71	E0,F0,71
F	2B	F0,2B	BKSP	66	F0,66	END	E0,69	E0,F0,69
G	34	F0,34	SPACE	29	F0,29	PG DN	E0,7A	E0,F0,7A
H	33	F0,33	TAB	0D	F0,0D	U ARROW	E0,75	E0,F0,75
I	43	F0,43	CAPS	58	F0,58	L ARROW	E0,6B	E0,F0,6B
J	3B	F0,3B	L SHFT	12	FO,12	D ARROW	E0,72	E0,F0,72
K	42	F0,42	L CTRL	14	FO,14	R ARROW	E0,74	E0,F0,74
L	4B	F0,4B	L GUI	E0,1F	E0,F0,1F	NUM	77	F0,77
M	3A	F0,3A	L ALT	11	F0,11	KP /	E0,4A	E0,F0,4A
N	31	F0,31	R SHFT	59	F0,59	KP *	7C	F0,7C
O	44	F0,44	R CTRL	E0,14	E0,F0,14	KP −	7B	F0,7B
P	4D	F0,4D	R GUI	E0,27	E0,F0,27	KP +	79	F0,79
Q	15	F0,15	R ALT	E0,11	E0,F0,11	KP EN	E0,5A	E0,F0,5A
R	2D	F0,2D	APPS	E0,2F	E0,F0,2F	KP .	71	F0,71
S	1B	F0,1B	ENTER	5A	F0,5A	KP 0	70	F0,70
T	2C	F0,2C	ESC	76	F0,76	KP 1	69	F0,69
U	3C	F0,3C	F1	05	F0,05	KP 2	72	F0,72
V	2A	F0,2A	F2	06	F0,06	KP 3	7A	F0,7A
W	1D	F0,1D	F3	04	F0,04	KP 4	6B	F0,6B
X	22	F0,22	F4	0C	F0,0C	KP 5	73	F0,73
Y	35	F0,35	F5	03	F0,03	KP 6	74	F0,74
Z	1A	F0,1A	F6	0B	F0,0B	KP 7	6C	F0,6C
0	45	F0,45	F7	83	F0,83	KP 8	75	F0,75
1	16	F0,16	F8	0A	F0,0A	KP 9	7D	F0,7D
2	1E	F0,1E	F9	01	F0,01	]	5B	F0,5B
3	26	F0,26	F10	09	F0,09	;	4C	F0,4C
4	25	F0,25	F11	78	F0,78	'	52	F0,52
5	2E	F0,2E	F12	07	F0,07	,	41	F0,41
6	36	F0,36	PRNT SCRN	E0,12, E0,7C	E0,F0,7C, E0, F0,12	.	49	F0,49
7	3D	F0,3D	SCROLL	7E	F0,7E	/	4A	F0,4A
8	3E	F0,3E	PAUSE	E1,14,77,E1, F0,14, F0,77	−NONE−			

表 16.3 ACPI 和 Windows 多媒体扫描码

Key	Make Code	Break Code
Power	E0, 37	E0, F0, 37
Sleep	E0, 3F	E0, F0, 3F
Wake	E0, 5E	E0, F0, 5E
Next Track	E0, 4D	E0, F0, 4D
Previous Track	E0, 15	E0, F0, 15
Stop	E0, 3B	E0, F0, 3B
Play/Pause	E0, 34	E0, F0, 34
Mute	E0, 23	E0, F0, 23
Volume Up	E0, 32	E0, F0, 32
Volume Down	E0, 21	E0, F0, 21
Media Select	E0, 50	E0, F0, 50
E-Mail	E0, 48	E0, F0, 48
Calculator	E0, 2B	E0, F0, 2B
My Computer	E0, 40	E0,F0,40
WWW Search	E0, 10	E0,F0,10
WWW Home	E0, 3A	E0,F0,3A
WWW Back	E0, 38	E0,F0,38
WWW Forward	E0, 30	E0,F0,30
WWW Stop	E0, 28	E0,F0,28
WWW Refresh	E0, 20	E0,F0,20
WWW Favorites	E0, 18	E0,F0,18

如何知道按下一个或多个键时所产生的扫描码值呢？例如按下了左 Shift＋A 键时，这时键盘会发送什么样的扫描码呢？要知道组合键的扫描码，就需要知道整个击键的过程。左 Shift＋A 键的击键过程为：先按下左 Shift 键，再按下 A 键，释放 A 键，释放左 Shift 键，这些时间段内分别产生了左 Shift 的通码(12H)，A 的通码(1CH)，A 的断码(F0H,1CH)，Shift 断码(F0H,12H)，查表后可以得出产生了 12H,1CH,F0H,1CH,F0H,12H 这一连串的扫描码，这些都是遵循 PS/2 通信协议从键盘发向主机的数据。下面的程序可在 LCD1602 上显示所按按键的键值，以验证上面的分析(源程序可在随书光盘中看到)。

```
main()
{

    uchar i = 0;
    uchar ASC = 0;
    SysInit();
    WrString1602(0,"   PS2 KeyBoard   ");
    WrString1602(1,"cepark.com ZHCE ");
```

```
    Delay(2000);
    KeyBoardInit(0x07,0x1f);
    Delay(2000);
    WrByte1602(2,1,0x20);                //清屏
    while(1)
    {
        if (DispFlag)
        {
            if (i>=30)
            {
                i=0;
                WrByte1602(2,1,0x20);    //清屏
            }
            WrByte1602(i/15,i%15,HexTab[Key_Data/16]);
            WrByte1602(i/15,i%15+1,HexTab[Key_Data%16]);
            i=i+3;
            DispFlag=0;
        }
    }
}
```

16.4.2 PS/2 键盘的解码

知道键盘发送的扫描码后，读者可能更想知道如何得到对应的按键？通过观察，表16.2和表16.3扫描码集中扫描码与对应的ASCII码都是没有规律可寻，无法用一个简单的计算公式解析。要根据按键的扫描码得出所按的是什么键，采用查表方法方便可行。

通过观察，仍可以找出一些规律，即第一类按键的断码前均有一个0xFO，因此用单片机解码时，在程序中可以根据每个断码前一字节为FOH去判断当前的键是否释放，对于Shift、CTRL等功能键都可以在程序中用标志位去进行处理。本节以Shift键为例，解释一下取得按键ASCII码的过程。程序中定义了一个59×3的数组，数组中定义了所按按键的扫描码、没有按Shift键的ASCII码以及按下Shift键的ASCII，下面为部分数据。

```
uchar code SCanCode2ASCII[59][3] = {
0x1C,    'a',    'A',
0x32,    'b',    'B',
0x21,    'c',    'C',
…        …       …
0x1A,    'z',    'Z',
0x45,    '0',    ')',
0x16,    '1',    '!',
0x1E,    '2',    '@',
0x26,    '3',    '#',
0x25,    '4',    '$',
0x2E,    '5',    '%',
0x36,    '6',    '^',
```

```
0x3D,    '7',    '&',
```

程序解码思路为：检测得到的扫描码中是否有 0xF0，如果有 0xF0，则表示按键弹起，此时为按键弹起状态，后面的数据不作处理，如果不是 0xFO，则表示按键为正在按下状态，根据 Shift 键是否按下，查表取得所按按键的 ASCII 码。具体流程图见图 16.6。

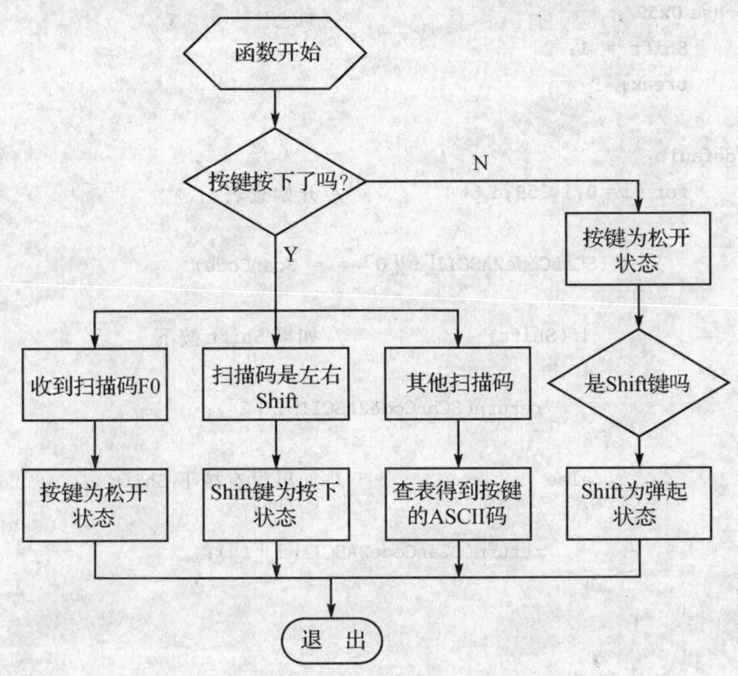

图 16.6　解析键盘 ASCII 码流程图

根据上面的流程图思想，用 C51 实现代码如下：

```
/*******************************************************************************
函数名称：PS/2 键盘解码函数
全局变量：Key_UP：按键按下标志，shift：shift 按键按下标志
参数说明：ScanCode：键盘的扫描码
返回说明：返回所按按键的 ASCII 码，如果不是 ASCII 码(例如一些功能键等)，则不处理，返回值为 100
版    本：1.0
说    明：注意：如 Shift + G 为 12H 34H F0H 34H F0H 12H，也就是说 Shift 的通码 + G
的通码 + Shift 的断码 + G 的断码。
当键松开时不处理断码，如 G 34H F0H 34H 那么第 2 个 34H 不会被处理
*******************************************************************************/
uchar KeyBoard_Decode(uchar ScanCode)
{
    uchar i;

    if (! Key_UP)                                    //当键盘松开时
    {
        switch (ScanCode)
        {
```

```
            case 0xF0 :                        //当收到 0xF0,Key_UP 置 1 表示断码开始
                Key_UP = 1;
                break;

            case 0x12 :                        //左 Shift
            case 0x59 :                        //右 Shift
                Shift = 1;
                break;

            default:
                for (i = 0;i<59;i ++ )         //开始查表
                {
                    if (SCanCode2ASCII[i][0] = = ScanCode)
                    {
                        if(Shift)              //如果 Shift 按下
                        {
                            return(SCanCode2ASCII[i][2]);
                        }
                        else                   //如果没有按下 Shift
                        {
                            return(SCanCode2ASCII[i][1]);
                        }
                    }
                }
                return(100);
                break;
        }
    }
    else
    {
        Key_UP = 0;
        if ((ScanCode = = 0x12)||(ScanCode = = 0x59))
        {
            Shift = 0;
        }
    }
    Key_Data = 0;
    return(100);
}
```

16.4.3 键盘按键的显示

本次实验的显示输出器件为 LCD1602，实验中将在 LCD1602 上显示所按的按键，具体的函数为：

```
main()
```

```
{
    uchar i = 0;
    uchar ASC = 0;
    SysInit();
    WrString1602(0,"  PS2 KeyBoard   ");
    WrString1602(1,"cepark.com ZHCE ");
    Delay(2000);
    KeyBoardInit(0x07,0x1f);
    Delay(2000);
    WrByte1602(2,1,0x20);                          //清屏
    while(1)
    {
        if (DispFlag)
        {
            if (i>= 30)
            {
                i = 0;
                WrByte1602(2,1,0x20);              //清屏
            }

            ASC = KeyBoard_Decode(Key_Data);
            if (ASC! = 100)
            {
                WrByte1602(i/15,i % 15,ASC);
                i = i + 1;
            }
            DispFlag = 0;
        }
    }
}
```

16.5　实验总结

在单片机系统中，经常使用的键盘都是专用键盘。这类键盘都是单独设计制作的，成本高，连线多，且可靠性不高。这些问题在那些要求键盘按键较多的应用系统中显得更加突出。与此相比，在 PC 系统中广泛使用的 PS/2 键盘具有价格低、通用可靠，且使用的连线少(仅使用 2 根信号线)的特点，并可满足多数系统的要求。因此，在单片机系统中应用 PS/2 键盘是一种很好的选择。

16.6　课后练习

尝试将普通的 104 键盘上的非 ASCII 码键显示出来。

第17章

STC单片机内部EEPROM实验

单片机运行时的数据都存在于RAM(随机存储器)中,掉电后RAM中的数据是无法保留的,怎样使数据在掉电后不丢失?这就需要使用EEPROM或Flash ROM等存储器来实现。传统的单片机系统一般是在片外扩展存储器,单片机与存储器之间通过IIC或SPI等接口来进行数据通信。这样不仅会增加开发成本,同时在程序开发上也要花更多的心思。现在一些新型的单片机内置了EEPROM,这样就节省了片外资源,使用起来也更加方便。

17.1 实验说明

本实验以STC89C52RC为例,介绍STC内置EEPROM的读写以及擦除操作。

17.2 EEPROM介绍

EEPROM是电可擦除的、可编程的ROM。Flash是存储器技术的最新发展。Flash和EEPROM技术十分类似,是EEPROM的变种。它们的主要差别是:Flash一次只能擦除一个块,而不是一字节一字节地擦除。典型的块大小为256 B～16 KB。Flash容量可以做得很大,且价格适中。Flash比EEPROM流行得多,并且还迅速地取代了很多ROM、PROM和EPROM。

STC单片机中内置了EEPROM(实际是采用IAP技术读写内部Flash来实现EEPROM)。IA就是“在应用编程”的意思,即在程序运行时程序存储器可由程序自身进行擦写。正因为有了IAP,才使单片机可以将数据写入到程序存储器中,使得数据如同烧入的程序一样,掉电不丢失。当然写入数据的区域与程序存储区要分开来,以免程序遭到破坏。

下面就详细介绍STC单片机内置EEPROM及其使用方法。

17.2.1 STC89C52内部EEPROM资源

STC各型号单片机内置EEPROM的容量各有不同,STC89C52RC内部的EEPROM分配如下表17.1所示。

表17.1 STC89C52RC单片机内部可用Data Flash(EEPROM)的地址

第一扇区		第二扇区		第三扇区		第四扇区	
起始地址	结束地址	起始地址	结束地址	起始地址	结束地址	起始地址	结束地址
2000H	21FFH	2200H	23FFH	2400H	25FFH	2600H	27FFH

续表 17.1

第五扇区		第六扇区		第七扇区		第八扇区	
起始地址	结束地址	起始地址	结束地址	起始地址	结束地址	起始地址	结束地址
2800H	29FFH	2A00H	2BFFH	2C00H	2DFFH	2E00H	2FFFH

STC单片机利用了ISP/IAP技术实现EEPROM，单片机中扩展了必要的寄存器，这些扩展寄存器如表17.2所列。

表 17.2　ISP/IAP 特殊功能寄存器

寄存器	地　址	名　称	7	6	5	4	3	2	1	0	默认值
ISP_DATA	E2h	数据寄存器									1111,1111
ISP_ADDRH	E3h	地址寄存器高位									0000,0000
ISP_ADDRL	E4h	地址寄存器低位									0000,0000
ISP_CMD	E5h	命令寄存器	—	—	—	—	—	MS2	MS1	MS0	xxxx,x000
ISP_TRIG	E6h	命令触发寄存器									xxxx,xxxx
ISP_CONTR	E7h	控制寄存器	ISPEN	SWBS	SWRST	—	—	WT2	WT1	WT0	000x,x000

下面分别对这些寄存器进行必要的说明。

ISP_DATA：ISP/IAP操作时的数据寄存器。ISP/IAP从Flash读出的数据放在此处，向Flash写的数据也需放在此处

ISP_CMD：ISP/IAP操作时的命令模式寄存器，须命令触发寄存器触发方可生效。其中高5位为保留位，只有低3位可供选择，具体命令选择如表17.3所列。

表 17.3　ISP_CMD 命令寄存器功能

命令选择			说　明
B2	B1	B0	
0	0	0	Standby 待机模式，无 ISP 操作
0	0	1	对 Flash 数据区进行读操作
0	1	0	对 Flash 数据区进行编程操作
0	1	1	对 Flash 数据区进行扇区擦除操作

ISP可以对用户应用程序区/数据Flash区（EEPROM）进行字节读/字节编程/扇区擦除；程序在用户应用程序区时，仅可以对数据Flash区（EEPROM）进行字节读/字节编程/扇区擦除。

ISP_TRIG：ISP/IAP操作时的命令触发寄存器。

当ISPEN（ISP_CONTR.7）＝1时，对ISP_TRIG先写入46H，再写入B9H，ISP/IAP命令才会生效。

ISP_CONTR：ISP/IAP控制寄存器。其设置见表17.4所示，各位的功能说明如下。

表17.4 ISP/IAP控制寄存器功能

B7	B6	B5	B4	B3	B2	B1	B0	Reset Value
ISPEN	SWBS	SWRST	—	—	WT2	WT1	WT0	000x,x000

ISPEN：ISP/IAP功能允许位。0：禁止ISP/IAP编程改变Flash,1：允许编程改变Flash。

SWBS：软件选择从用户主程序区启动(0),还是从ISP程序区启动(1)。

SWRST：0：不操作；1：产生软件系统复位,硬件自动清零。

ISP_CONTR中的SWBS与SWRST两个功能位可以实现单片机的软件启动,并启动到ISP区或用户程序区。例如：

从用户应用程序区(AP区)软件复位并切换到ISP程序区开始执行程序,则用下列指令即可：

MOV ISP_CONTR，#01100000B ;SWBS = 1(选择ISP区)，SWRST = 1(软复位)

从ISP程序区软件复位并切换到用户应用程序区(AP区)开始执行程序,则用下列指令即可：

MOV ISP_CONTR，#00100000B ;SWBS = 0(选择AP区)，SWRST = 1(软复位)

用IAP向Flash中读写数据需要一定的读写时间,读写数据命令发出后,要等待一段时间才可以读写成功。这个等待时间就是由WT2、WT1、WT0与晶体振荡器频率决定的。具体时间见表17.5。

表17.5 EEPROM读写时间表

设置等待时间			CPU等待时间(机器周期)			
WT2	WT1	WT0	读	写	扇区擦除	系统时钟
0	1	1	6	30	5 471	5 MHz
0	1	0	11	60	10 942	10 MHz
0	0	1	22	120	21 885	20 MHz
0	0	0	43	240	43 769	40 MHz

在了解了STC单片机针对内部EEPROM扩充特殊寄存器的功能后,下面讲解如何用C51实现对其读写操作。

17.2.2 STC89C52内部EEPROM读写方法

STC89C52RC内部EEPROM的读写主要分为按字节读、按字节写、扇区删除操作。这些操作都会用到ISP/IAP的打开和关闭以及触发操作,下面分别介绍。

1. ISP/IAP允许

在对内部EEPROM进行操作前,必须打开ISP/IAP功能。打开ISP/IAP后首先关中断,此时各中断请求会被挂起,最新的D版本不需要关中断。关闭中断后,接着送入ISP_CONTR寄存器数据,数据最高位ISPEN为1,才可允许对ISP/IAP操作,ISP_CONTR低3位为等待时间设定,根据所用时钟频率设定,实验板使用的11.0592 MHz的晶振,因此等待时间可按 20 MHz 设定，即 WT2/WT1/WT0 为“001”。综合起来，送入 ISP_CONTR 寄存器的数据为 0x81；送入 0x81 后，允许对 ISP/IAP 操作，具体实现函数如下：

```
/*************************************************************************
函数名称：ISP/IAP 打开函数
全局变量：无
参数说明：无
返回说明：无
设 计 人：ZHCE
版    本：1.0
说    明：打开 ISP/IAP 后，为防止中断影响，应暂时关闭中断功能
*************************************************************************/
void ISP_IAP_enable(void)
{
    EA      =     0;                          /*关中断*/
    ISP_CONTR =    ISP_CONTR | 0x81;          /*ISPEN=1 写入硬件延时*/
}
```

2. ISP/IAP 关闭

对内部 EEPROM 操作完成后，必须关闭 ISP/IAP 功能。即送入 ISP_CONTR 寄存器数据的最高位 ISPEN 为 0。同时将命令触发寄存器清零，并允许中断。具体实现函数如下：

```
/*************************************************************************
函数名称：关闭 ISP/IAP 功能
全局变量：无
参数说明：无
返回说明：无
设 计 人：ZHCE
版    本：1.0
说    明：
*************************************************************************/
void ISP_IAP_disable(void)
{
    ISP_CONTR     =    ISP_CONTR & 0x7f;      /*ISPEN = 0*/
    ISP_TRIG      =    0x00;
    EA            =    1;                     /*开中断*/
}
```

3. 触 发

发送允许 ISP/IAP 后，必须对 ISP_TRIG 先写入 46H，再写入 B9H，ISP/IAP 命令才会生效。实现函数如下：

```
/*************************************************************************
函数名称：触发函数
全局变量：无
参数说明：无
```

```
返回说明：无
设 计 人：ZHCE
版    本：1.0
说    明：
****************************************************************************/
void ISP_IAP_Trig(void)
{
    ISP_IAP_enable();                       /*打开 ISP/IAP 功能*/
    ISP_TRIG     =     0x46;               /*触发 ISP_IAP 命令字节 1*/
    ISP_TRIG     =     0xb9;               /*触发 ISP_IAP 命令字节 2*/
    _nop_();
}
```

4. 字节读

读某字节数据的流程为：先对地址寄存器赋值，接着写入读命令 0x01，然后触发执行，触发执行后禁止 ISP/IAP 操作，此时将读到的 ISP_DATA 寄存器的数据即为所指定地址的存储数据。具体实现函数如下：

```
/****************************************************************************
函数名称：字节读函数
全局变量：无
参数说明：addr：所要读取的地址
返回说明：读取到的数据
设 计 人：ZHCE
版    本：1.0
说    明：
****************************************************************************/
uchar byte_read(uint addr)
{
    ISP_ADDRH = addr >> 8;                 /*地址赋值*/
    ISP_ADDRL = addr;

    ISP_CMD    = 0x01;                     /*写入读命令*/

    ISP_IAP_Trig();                        /*触发执行*/
    ISP_IAP_disable();                     /*关闭 ISP,IAP 功能*/

    return (ISP_DATA);                     /*返回读到的数据*/
}
```

5. 扇区擦除

STC 单片机内部的 EEPROM 实际为 Flash，要对某地址进行写操作时，应先对这个地址所在的整个扇区进行擦除操作，然后才可将数据正确写入指定地址。扇区擦除的命令为 0x03。具体的实现函数如下：

```
/*********************************************************************************
函数名称：扇区擦除
全局变量：无
参数说明：sector_addr：扇区地址
返回说明：无
版    本：1.0
说    明：
*********************************************************************************/
void SectorErase(uint sector_addr)
{
    ISP_ADDRH = (sector_addr & 0xfe00)>>8;
    ISP_ADDRL = sector_addr;

    ISP_CMD    = 0x03;                        /*擦除命令 3*/

    ISP_IAP_Trig();                           /*触发执行*/
    ISP_IAP_disable();                        /*关闭 ISP,IAP 功能*/

}
```

6. 字节写

字节写与字节读类似，不同的是写入 ISP_CMD 寄存器的是 0x02，另外需要向 ISP_DATA 寄存器中写入所要写入的数据。具体实现函数如下：

```
/*********************************************************************************
函数名称：字节写
全局变量：无
参数说明：addr：写入地址，dat：写入数据
返回说明：无
版    本：1.0
说    明：
*********************************************************************************/
void byte_write(uint addr, uchar dat)
{
    ISP_ADDRH =     addr >>8;                        /*取地址*/
    ISP_ADDRL =     addr;

    ISP_CMD   = 0x02;                                /*写命令 2*/
    ISP_DATA = dat;                                  /*写入数据准备*/

    ISP_IAP_Trig();                                  /*触发执行*/
    ISP_IAP_disable();                               /*关闭 IAP 功能*/
}
```

17.2.3　STC89C52 EEPROM 读写实验

在介绍了 STC89C52RC EEPROM 的读写方法后，为加深印象做如下实验用以验证：

实验中用 LED 数码管作为显示器，实验过程中，首先擦除 0x2000 扇区的数据，然后对 0x2000 扇区全部 256 个地址进行先写入后读出校验，如果读出与写入数据不同，则蜂鸣器报警。然后将 0x2200 扇区全部擦除，并依次写入数值 i，由于 byte_write 函数中写入的数据定义为字符型，因此在写入第 256 个数据后重新从 0 写入。接下来的测试是读取 0x2200 扇区的全部数据，显示数据应该是 0～255。

具体演示代码如下：

```
void main(void)
{
    uint i;
    uchar dat;
    mDelay(255);
    BEEP = 1;

    SectorErase(0x2000);                          //擦除 0x2000 扇区数据
    for (i = 0;i<255;i ++ )
    {
        byte_write(0x2000 + i, i);                //写入数据 i
        ISP_DATA = 0;
        dat = byte_read(0x2000 + i);              //读出数据
        Hex2Bcd(dat);                             //转换数据
        Display(100);                             //显示数据
        if (dat!  = i)                            //如果出错，蜂鸣器警报
        {
            BEEP = 0;
        }
    }

    SectorErase(0x2200);                          //擦除 0x2200 扇区数据
    for (i = 0;i<512;i ++ )                       //整个扇区写入数据
    {
        byte_write(0x2200 + i, i);
        ISP_DATA = 0;
    }

    for (i = 0;i<512;i ++ )                       //读出整个扇区的数据
    {
        ISP_DATA = 0;
        dat = byte_read(0x2200 + i);
        Hex2Bcd(dat);
        Display(200);
    }

    while(1) ;
}
```

17.3　实验总结

通过本次实验，读者应掌握 STC 系列单片机内部 EEPROM 的特性及其使用方法，充分利用 STC 提供的内部资源，可减少单片机外围器件数量。

17.4　课后练习

(1) 完成指定地址的写入并校验函数。

(2) 用 LCD1602 作显示，实验 STC89C52RC 内部 EEPROM 的读写演示。

第 18 章

串口通信试验

8051 单片机内部备有串行通信接口，只要外加信号电平转换 IC 便可以完成与计算机 RS-232 的串行通信传输。通过与计算机的连接，可以实现数据收集或自动控制等。

18.1 实验说明

单片机内部串行接口的基础知识在第 1 章已经做了比较详细的解释，本章主要通过实验来讲解串行通信的软件实现方法。通过这些实验，熟悉单片机串行通信的软件设计方法，了解单片机与计算机通信的硬件电路。

18.2 硬件原理详解

18.2.1 硬件原理图

实验板上的单片机与计算机串行接口的原理图如图 18.1 所示。

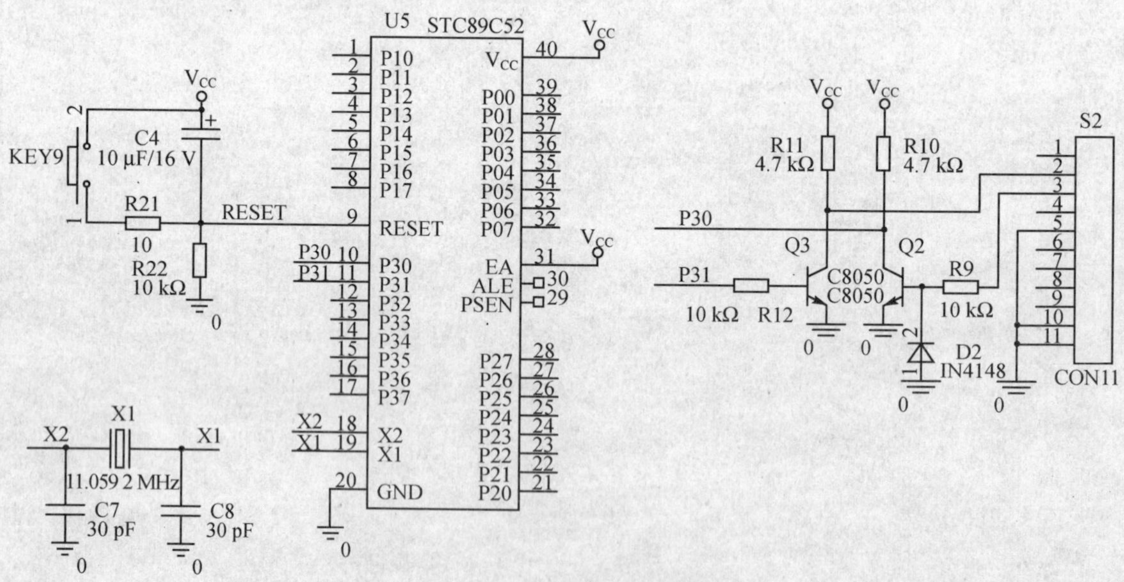

图 18.1 单片机与串口通信原理图

18.2.2 串口通信电路工作原理

实验板上的单片机与计算机串行接口电路没有采用常见的串口电平转换IC(MAX232等),而是采用两个三极管实现了串口电平的转换。实验表明本电路在波特率为115 200没问题,可以全双工方式,同时收发无干扰。

18.3 串口和计算机通信实验

单片机与计算机通信要涉及上位机的串口通信软件,现在这类串口通信软件比较多,读者可以在网上找到,本书使用宏晶科技STC-ISP软件中的串口调试助手。单片机串口通信程序的具体实现如下:

18.3.1 程序设计方法

第1章介绍了串行通信接口的相关寄存器等,本节用C语言设计串行传输通信程序。串行数据传送主要有串口的初始化、传送数据以及接收数据过程,现在分别介绍如下:

1. 初始化串行通信端口

在使用串行通信之前,首先要初始化串行通信接口,初始化串行通信接口主要是设定串行通信的波特率、数据位数,有没有校验位和停止位。这里以波特率为9 600 bps,传输8位数据,没有校验位,1个停止位为例,介绍如何初始化串行通信接口。

步骤1:设定控制寄存器SCON

以通信模式1作为数据传输,并允许接收,则SCON寄存器设定为0x50,用C语言表示为:SCON=0x50。

步骤2:设定定时器1工作模式

这里使用定时器1,工作模式为2,自动重新装载数值,则TMOD寄存器的数值为0x20,用C语言表示为:TMOD=0x20。

步骤3:设定波特率

在方式1及方式3操作下的波特率设定由内部计数器1来控制,计数器的工作模式一共有4种,方式0~方式3。因为方式2为自动重装入初值的8位定时器/计数器模式,所以用它来做波特率发生器最恰当。在方式2的计时模式下,使用的计数器寄存器为TL1,而TH1则是在做自动载入计时值设定的,定时器T1作为波特率发生器,其公式如下:

$$\text{波特率}=2^{\mathrm{SMOD}}\div 32\times(\text{定时器 T1 溢出率})=\frac{2^{\mathrm{SMOD}}}{32}\times\frac{f_{\mathrm{osc}}}{12\times(256-\mathrm{TH1})}$$

设计时先定出波特率再求TH1的值,将上式加以整理得:

$$\mathrm{TH1}=256-\frac{2^{\mathrm{SMOD}}\times f_{\mathrm{osc}}}{384\times\text{波特率}}$$

例如单片机使用11.059 2 MHz晶振时,如果设定串行通信的波特率为9 600 bps,SMOD设为0,则可求得TH1为:

$$\mathrm{TH1}=256-\frac{11\ 059\ 200}{384\times 9\ 600}=253$$

实验板的晶振为 11.059 2 MHz(当时钟频率选用 11.059 2 MHz 时,容易获得标准的波特率,所以很多单片机系统选用这个看起来“怪”的晶振就是这个道理。),这里设定的波特率为 9 600 bps,如果 SMOD 为 1 时,定时器 1 为 253,即 TH1 为 253。如果 SMOD 为 0,定时器 1 为 250。这里设定 SMOD 为 1,C 语言表示为：TH1＝0xFD。

步骤 4：启动定时器 1

启动定时器 1,即可产生波特率时钟,因此将 TCON 寄存器的位 6 设定为 1,即 TR1 为 1 即可,用 C 语言表示为：TR1＝1。

将上述步骤合并,即为串行通信的初始化函数。

```
/**************************************************************************************
函数名称：串口初始化函数
全局变量：无
参数说明：无
返回说明：无
版    本：1.0
说    明：初始化串口,波特率为 9 600 bps
**************************************************************************************/
void InitCom(void)                           //初始化串口
{
    SCON = 0x50;                             //0101 0000B,工作方式 1,8 位 UART,波特率可变,允许接收
    TMOD = 0x20;                             //T1 工作于方式 2
    TH1 = 250;                               //T1 计数初值
    PCON = 0x80;                             //SMOD 置 1,双倍速率
    RI = 0;TI = 0;
    TR1 = 1;                                 //定时器 1 开始计数
}
```

2. 发送数据

8051 单片机在完成串行端口的初始化工作后即可进行数据的传送。在 TI＝0 时,发送电路就自动将 SBUF 的数据加上起始位和停止位后依次发出,发送完一帧数据后,由单片机硬件将 TI 变为 1,同时自动让 TXD 保持为逻辑高电平,表示串行数据已经传送完毕,可以再送出下一笔数据。因此程序中只要判断 TI 位为 1,即可认为数据传送完毕。将 TI 位清零即可再次传送。具体实现函数如下：

```
/**************************************************************************************
函数名称：串口传送数据函数
全局变量：无
参数说明：dat 为所传送的数据
返回说明：无
版    本：1.0
说    明：
**************************************************************************************/
void ComOut(uchar dat)                       //向串口发送数据
{
```

```
    SBUF = dat;                          //发送数据送缓冲
    while(! TI);                         //若 TI = 0 表示未传完,需等待
    TI = 0;
}
```

3. 接收数据

8051单片机在串口接收数据时,串行口采样 RXD 引脚,当采样到1至0的跳变时,确认是开始位0,就开始接收一帧数据。当 RI=0 时,8位数据进入接收寄存器,并且由硬件置位中断标志 RI。因此在接收数据时,应先用软件将 RI 清零。接收数据可以采用查询的方式也可以采用中断方式进行接收。下面分别介绍。

(1) 查询方式接收

所谓的查询方式就是不断的检查 RI 位,如果 RI=0 表示数据未接收完,直到 RI=1 后,读取 SBUF 缓冲器的数据即可。具体函数实现如下:

```
/****************************************************************************
函数名称:串口接收数据函数
全局变量:无
参数说明:无
返回说明:返回接收到的数据
版    本:1.0
说    明:串行数据接收函数
****************************************************************************/
uchar ComReceive(void)
{
    while(RI = = 0);                     //若 RI = 0 表示未接收,需等待
    RI = 0;                              //接收完后清除,换下一数据
    return(SBUF);                        //把所接收的数据返回
}
```

(2) 中断方式接收

8051单片机系统本身有串口中断寄存器,当发送器将串行缓冲器中的数据传送出去后,便置位 TI,而当接收器收到完整的一个字节数据后将数据放入串行缓冲器,也会设定 RI 标志,在执行中断服务程序时,并不会将工作标志清除,而是用软件将工作标志清零。下面为采用中断接收串行数据的具体函数。

```
/****************************************************************************
函数名称:串口接收中断函数
全局变量:CN:接收的数据
参数说明:无
返回说明:
版    本:1.0
说    明:利用串口中断,接收数据的函数
****************************************************************************/
void ComINT() interrupt 4 using 1
{
```

```
        if(RI)                                  //判断是否接收完,接收完成后,由硬件置 RI 位
        {
            CN = SBUF;                          //读入缓冲区
            RI = 0;                             //清标志
            Recdat = 1;                         //有数据,建立标志
        }
}
```

18.3.2　实验程序说明

为了加深对串行数据接收发送的理解,这里做一个简单的实验,主要实现接收来自计算机发送的数据,接收后返回计算机,并将接收到的数据显示在 LED 数码管上。具体实验程序的流程见图 18.2。

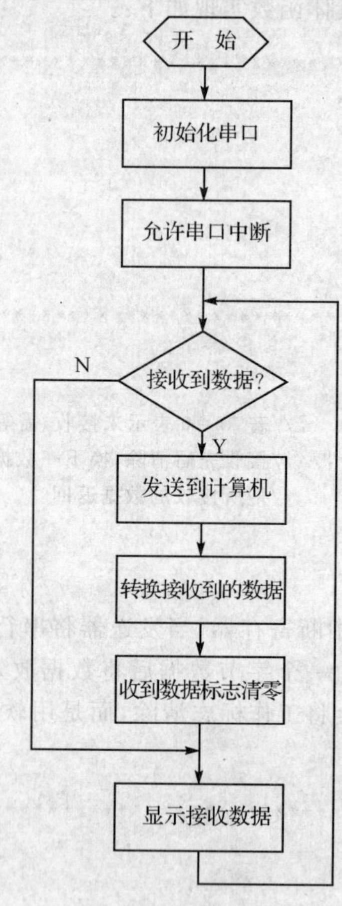

图 18.2　流程图

实验程序的具体代码如下:

```
void main()
{
    uDelay(255);                                //开机延时一段时间
    InitCom();                                  //初始化串口,波特率为 9 600 bps
```

```
    EA = 1;                    //允许中断
    ES = 1;                    //允许串口中断
    while(1)
    {
        if(Recdat)             //收到数据
        {
            ComOut(CN);        //将数据返回上位机
            Hex2Bcd();         //数据转换
            Recdat = 0;        //接收数据清零
        }
        Display(2);            //显示接收到的数据
    }
}
```

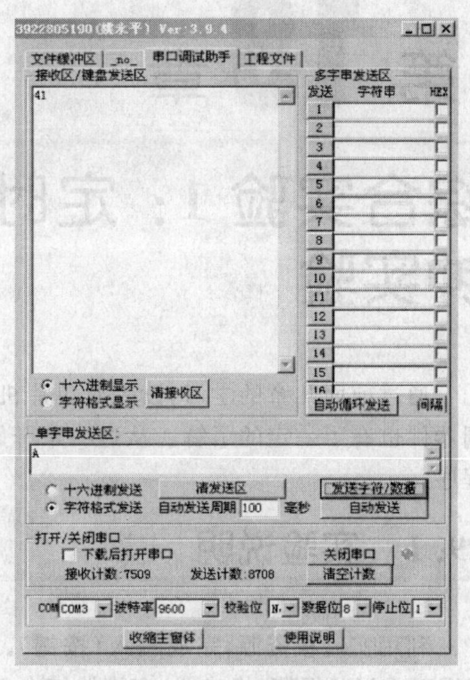

图 18.3　试验结果

将上述程序正确编译后，烧写进单片机，在计算机的串口调试助手中设置串口波特率为9 600，校验位为 none，数据位 8，停止位为 1。在单字符串发送区输入字符，点击发送后，实验板上立即显示所输入字符或数据的十六进制值，串口调试助手的接收区也收到发送的数据。具体实验结果如图 18.3 所示。

18.4　实验总结

通过本次实验，读者应深入了解 8051 单片机串行传输的原理。熟悉串行数据传输的程序编写方法。串口通信可搭建单片机到计算机之间数据传输的桥梁，在人机交互中有着广泛的应用。

18.5　课后习题

设计一个交互环境，上位机输入字符“B”，实验板的蜂鸣器报警，输入字符“N”，蜂鸣器停止报警。

第19章

综合实验1：定时器全功能LCD1602时钟实验

通过前面几章的学习，读者对单片机已经有了较深入的了解，对于如何利用单片机控制外围器件也有了一定的了解。从这一章开始将通过实例介绍编写具有一定实用价值的综合实验程序。

19.1 实验说明

利用实验板资源，完成输入(按键)、控制(MCU)、计时(DS1302)、显示(LCD1602)、存储(EEPROM)、报警(蜂鸣器)多模块综合编程，实现具有定时功能的时钟实验。

19.2 硬件原理详解

实验板上的DS1302负责计时，时钟信号由单片机读出后经过处理送往LCD1602显示时间值，同时，单片机负责检测按键状态，根据输入状态，对时间进行调整、对定时时间进行调整等操作，并将定时时间值存储在STC的EEPROM中，在定时时间到达时，控制蜂鸣器发出声音等。

19.2.1 硬件原理图

定时器全功能LCD1602时钟硬件图如图19.1所示。

19.2.2 程序设计要点

前12章已经分块介绍了如何控制各部分器件的工作，这里不再逐一说明，应用模块化的设计方法，对元器件的控制直接引用前几章的程序，这一章的编程重点是设计一个程序架构，统一协调各个器件模块的工作。整个程序大致划分为以下几个模块：按键、计时、显示、响应、读取/存储、设置等，下面将逐一进行讲解。

在这几大模块中，设置属于较复杂的模块，它的功能相当于建立一个人机交互的操作界面，读取器件当前的状态反馈给操作者，同时读取操作者输入的指令将数据送往不同的器件，最终完成设置工作。前几章没有涉及这方面的内容，这章将重点讲述。

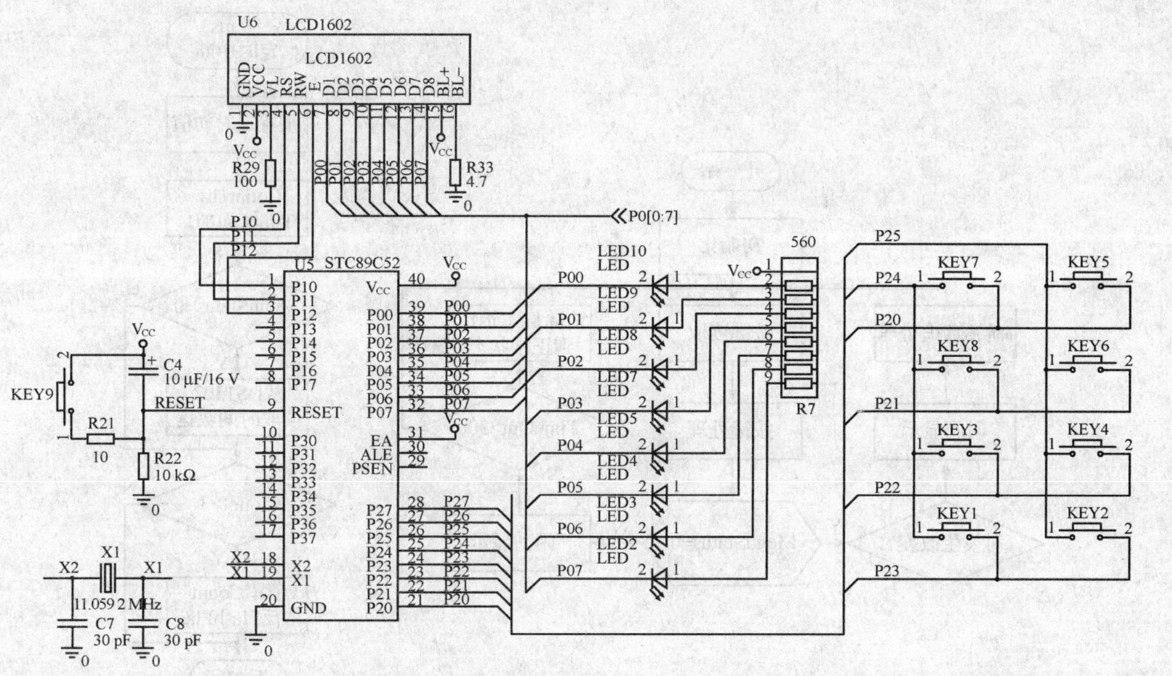

图 19.1　定时器全功能 LCD1602 时钟硬件图

19.3　时钟设计实验

通过图 19.2 所示的时钟程序主流程图，读者先对整个程序架构有初步的了解，后面再逐一介绍。

图 19.2 所示的程序主流程图包括循环主程序和中断处理子函数。其中各模块功能如下：

初始化：各元器件初始化，如 LCD1602 初始化指令、向 LCD1602 写入自定义图形数据、读取保存在 STC EEPROM 中的闹铃数据、设定中断参数等。

按键读取：读取按键 KeySet 和 KeyChg 是否被按下，判断按键按下的状态，将结果转换成数值存放在 KeyValue 中。

按键处理：根据 KeyValue 的值判断是否有按键被按下，如果有则根据按键值和当前的菜单状态变量 MenuStauts 的值进行相应的处理。

更新显示时间：在 MenuStatus 的值为 0 即非设置状态下，当秒发生变化时，更新一次 LCD1602 上显示的时间值。

闹铃检测与处理：在 MenuStatus 的值为 0 即非设置状态下，当秒值为 0 时，对预设的闹铃时间与当前时间进行一次对比，当到达闹铃时间时，将闹铃标志位 AlarmFlag 写为 1 并调用闹铃响应程序产生闹铃，当闹铃时间达到 3 min 或有任意按键被按下时，清除闹铃标志位，关闭闹铃。

闪动显示：在 MenuStatus 的值不为 0 即设置状态下，根据闪动标志 FlashFlag 的状态，在 LCD1602 相应的位置上重复写入数值/空格，达到闪动数值的效果，用于指示当前设置的数值。超时参数 TimeOut 的值大于 300 时，清除 MenuStatus 的值，退出到正常状态。

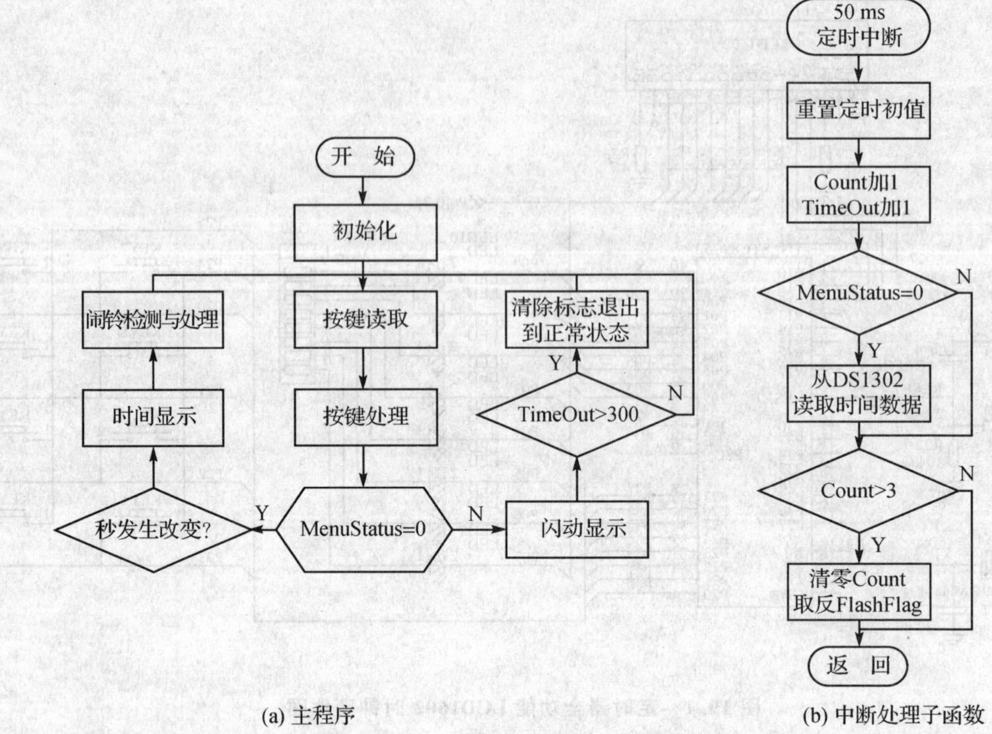

(a) 主程序　　(b) 中断处理子函数

图 19.2　时钟程序主流程图

定时中断：产生 50 ms 定时中断，计数器 Count 自加 1、超时参数 TimeOut 自加 1，计数器 Count 数值大于 3 时（50 ms×4＝0.2 s），清零并且取反一次闪动标志 FlashFlag。在 MenuStatus 值为 0 即非设置状态下，读取 DS1302 的时间值，将结果存放在变量 Year、Month、Day、Week、Hour、Minute、Sec 中。

19.3.1　按键读取

按键是人机交互操作过程中实现输入、接收操作者指令的部分。本程序我们用两个按键 3 个状态来完成所有的输入功能，其中 KeySet 按键包含两种状态，长按和短按，按下按键在 1 s内放开的定义为短按，超过 1 s 的定义为长按。而 KeyChg 仅有短按一种状态。

图 19.3 是按键模块流程图，首先检测两个按键是否有被按下的，如果有则做消抖处理，然后再检测按键是否有按下，如果有则分别对两个按键做独立的检测，并将结果存放在 KeyValue 中返回。KeyValue 的值分为 0、1、2、3 共 4 个值，0 表示没有按键，1 表示检测到 KeySet 键有长按，2 表示 KeySet 键有短按，3 表示 KeyChg 键有短按。每执行一次按键读取得到一次结果，在按键处理子函数中，根据 KeyValue 值处理完毕后，要将 KeyValue 清零以准备下一次按键读取。

下面给出按键读取 C 语言程序实现。

```
/**************************************************************************
函数名称：按键读取子函数
全局变量：KeyValue
```

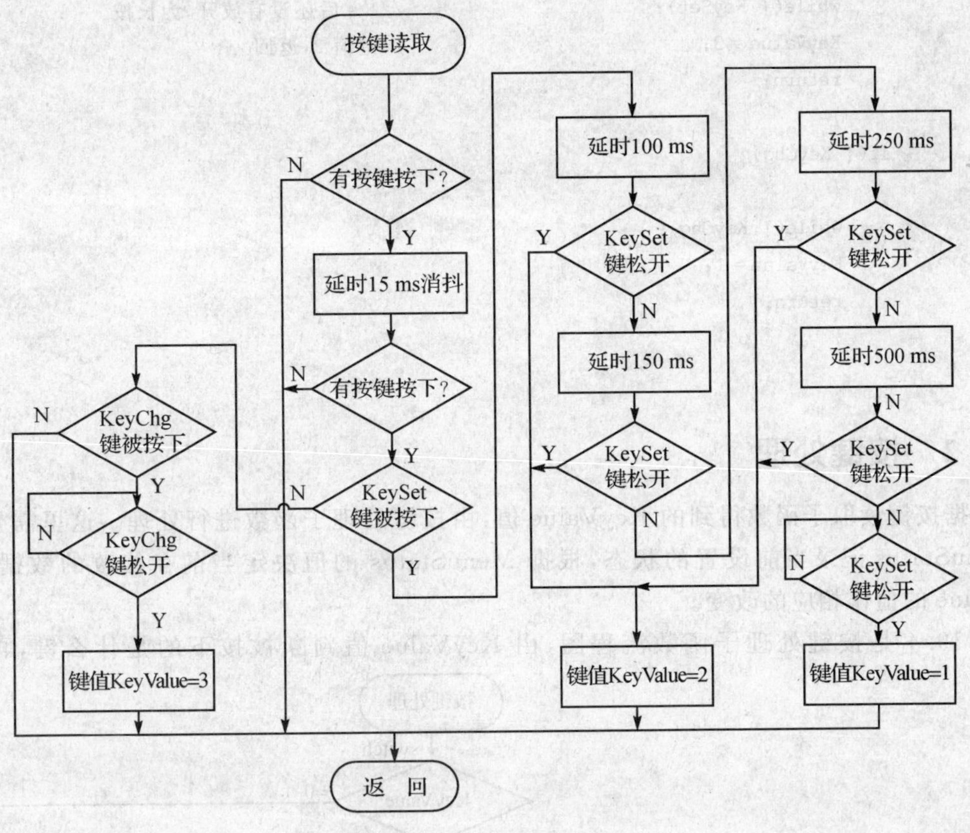

图 19.3　按键读取子函数流程图

参数说明：无

返回说明：无

版　　本：1.0

说　　明：读取按键状态，将结果保存在 KeyValue 中

```
*******************************************************************************/
void KeyRead()
{
    if(KeySet&&KeyChg)return;                     //无按键，返回
    mDelay(30);                                   //延时 15 ms，消抖，再检测
    if(KeySet&&KeyChg)return;
        if(! KeySet)                              //分别对两个按键进行检测
            {
            mDelay(200);                          //延时后再检测
            if(KeySet) {KeyValue = 2;return;}     //按键放开，为短按，键值 2，返回
            mDelay(300);
            if(KeySet) {KeyValue = 2;return;}
            mDelay(500);
            if(KeySet) {KeyValue = 2;return;}
            mDelay(1000);
            if(KeySet) {KeyValue = 2;return;}
```

```
            while(! KeySet);                          //1 s后还没有放开,为长按
            KeyValue = 3;                             //键值 3,返回
            return;
            }
        if(! KeyChg)
            {
            while(! KeyChg);
            KeyValue = 1;
            return;
            }
    }
```

19.3.2 按键处理

根据按键读取子函数得到的 KeyValue 值,由按键处理子函数进行处理。这里需要用变量 MenuStatus 记录当前设置的状态,根据 MenuStatus 的值决定当前在修改的数据,根据 KeyValue 的值作相应的改变。

图 19.4 是按键处理子函数流程图,由 KeyValue 值判断被按下的是什么键,再根据

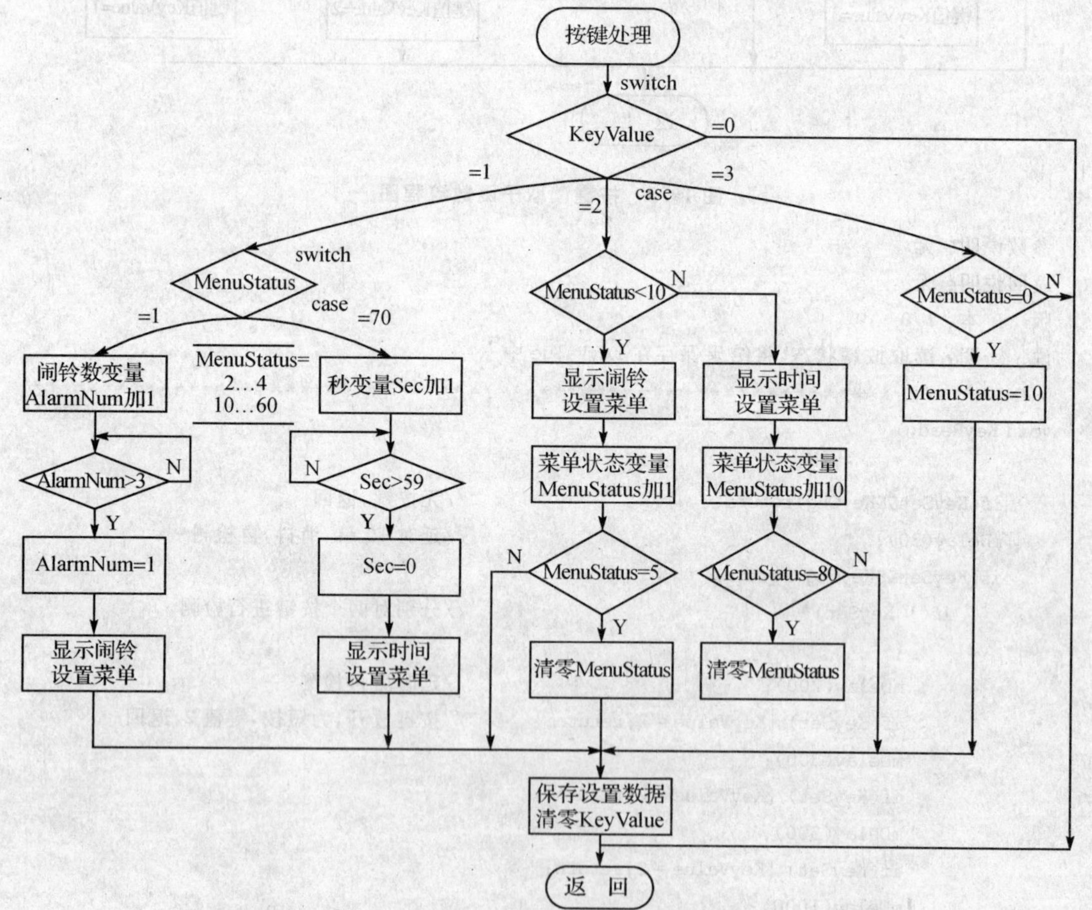

图 19.4　按键处理子函数流程图

MenuStatus 值判断当前处于什么设置状态，改变相应的数值或改变设置项等。MenuStatus 的取值为 0、1、2、3、4、10、20……70，当其取值为 0 时，表示处理正常状态，每一个不为 0 的取值代表一个设置项目，取值为 1～4 时，表示处于闹铃设置状态，取值为 10～70 时，表示处于时间设置状态。根据 MenuStatus 的数值，调出不同数据，更改其数值，在退出设置状态时，对修改好的数值进行保存，时间数据写回到 DS1302 中，闹铃数据写回到 STC EEPROM 中。

下面给出按键处理的 C 语言程序实现。

```
/*************************************************************************
函数名称：按键处理子函数
全局变量：KeyValue、MenuStatus
参数说明：无
返回说明：无
版　　本：1.0
说　　明：根据 KeyValue 和 MenuStatus 数值，改变相应数据。
*************************************************************************/
void KeyProc()
{
    uchar Dat;
    if(! KeyValue)return;
    TimeOut = 0;                              //有按键，清菜单计时
    Beep = 1;                                 //有按键，清除闹铃
    AlarmFlag = 0;
    switch(KeyValue)                          //根据键值分支处理
    {
        case 2:                               //在各设置状态下转换
            if(MenuStatus<10)                 //MenuStatus 小于 10，(1～4)为闹铃设置状态
            {
                DisplayAlarm();               //设置过程中显示闹铃时间
                MenuStatus ++ ;
                if(MenuStatus = = 5)MenuStatus = 0;
            }
            else                              //MenuStatus 不小于 10 为时间设置状态
            {
                DisplayTime();                //设置过程中显示时间
                MenuStatus + = 10;
                if(MenuStatus = = 80)MenuStatus = 0;
            }
            break;
        case 3:                               //进入时间设置
            if(! MenuStatus)MenuStatus = 10;  //在正常显示状态下进入时间设置菜单
            break;
        case 1:                               //改变当前设置数值
            switch(MenuStatus)                //判断所处设置状态，改变相应位置数值
            {
                case 0:
```

```
        break;
    case 1:                              //设置闹铃数
        AlarmNum ++ ;
        if(AlarmNum>3)AlarmNum = 1;
        DisplayAlarm();                  //显示当前闹钟时间值
        break;
    case 2:                              //设置闹铃小时
        Dat = Bcd2Hex(AlarmTime[(AlarmNum - 1) * 3]);     //转换成十六进制
        Dat ++ ;
        if(Dat>23)Dat = 0;               //数值越界判断
        AlarmTime[(AlarmNum - 1) * 3] = Hex2Bcd(Dat);     //转成十进制
        break;
    case 3:                              //设置闹铃分钟
        Dat = Bcd2Hex(AlarmTime[(AlarmNum - 1) * 3 + 1]);
        Dat ++ ;
        if(Dat>59)Dat = 0;
        AlarmTime[(AlarmNum - 1) * 3 + 1] = Hex2Bcd(Dat);
        break;
    case 4:                              //设置闹铃开关
        Dat = AlarmTime[(AlarmNum - 1) * 3 + 2];
        Dat = ! Dat;
        AlarmTime[(AlarmNum - 1) * 3 + 2] = Dat;
        break;
    case 10:                             //设置时间年
        Dat = Bcd2Hex(Year);             //转换成十六进制
        Dat ++ ;
        if(Dat>99)Dat = 0;
        Year = Hex2Bcd(Dat);             //转成十进制
        break;
    case 20:                             //设置时间月
        Dat = Bcd2Hex(Month);
        Dat ++ ;
        if(Dat>12)Dat = 1;
        Month = Hex2Bcd(Dat);
        break;
    case 30:                             //设置时间日
        Dat = Bcd2Hex(Day);              //转换成十六进制
        Dat ++ ;
        if(Dat>DayCalc())                //计算每月最大天数并做越界判断
            Dat = 1;
        Day = Hex2Bcd(Dat);              //转成十进制
        break;
    case 40:                             //设置时间星期
        Dat = Week;
        Dat ++ ;
```

```
                    if(Dat>7)Dat = 1;
                    Week = Dat;
                    break;
                case 50:                              //设置时间小时
                    Dat = Bcd2Hex(Hour);
                    Dat ++ ;
                    if(Dat>23)Dat = 0;
                    Hour = Hex2Bcd(Dat);
                    break;
                case 60:                              //设置时间分钟
                    Dat = Bcd2Hex(Minute);
                    Dat ++ ;
                    if(Dat>59)Dat = 0;
                    Minute = Hex2Bcd(Dat);
                    break;
                case 70:                              //设置时间秒
                    Dat = Bcd2Hex(Sec);
                    Dat ++ ;
                    if(Dat>59)Dat = 0;
                    Sec = Hex2Bcd(Dat);
                    break;
            }
            break;
    }
    if(! MenuStatus){ClockLogo();DisplayTime();} //退出时重新显示正常时间
        else if(MenuStatus>5)SaveTo1302();       //进行时间设置时保存时间
            else SaveAlarmTime();                //保存闹铃时间设置
    KeyValue = 0;
}
```

程序中，调用了两个子函数 Bcd2Hex 和 Hex2Bcd 进行数据格式的转换，这是因为 DS1302 的数据格式是 8421 的 BCD 格式，要对数值进行操作，必须先将数值转换成十六进制，由 Bcd2Hex 子函数来完成，相应的，Hex2Bcd 子函数功能则是将十六进制格式的数据转换成 BCD 格式。

在日期设置中，Day 的设置调用子函数 DayCalc 用于计算当月最大的天数，DS1302 对于写入的数值并不做越界的判断，比如输入 2 月 30 日这样的日期，DS1302 并不会报错，所以必须在程序中人为加以判断，避免错误的数据回写到 DS1302 中。DayCalc 子函数采用查表方式，查出每个月对应的最大天数，其中 2 月有 28 天或 29 天两种情况，这个需要根据年份计算出来。

程序中，AlarmTime[]数组用于存储闹铃时间和开关状态，其存放的顺序是闹铃 1 小时、闹铃 1 分钟、闹铃 1 开关、闹铃 2 小时……。共有 3 个闹铃 9 个数据，在设置过程中，通过运算读取相应位置数据。退出设置状态时，数据被写入 STC EEPROM 中，防止掉电数据丢失，并在下次开机时读取。

19.3.3　时间显示

正常运行状态下，中断子函数中由 TimeRead 子函数每 50 ms 从 DS1302 中读取时间数据，读取的数值存放在变量 Year、Month、Day、Week、Hour、Minute、Sec 中，程序判断当秒发生变化时，由时间显示子函数 DisplayTime 更新 LCD1602 上显示的时间，程序比较简单，这里不再提供流程图，下面是读取时间和显示时间的两个子函数。

```
/*************************************************************************
函数名称：读取 DS1302 时间子函数
全局变量：Year、Month、Day、Week、Hour、Minute、Sec
参数说明：无
返回说明：无
版    本：1.0
说    明：读取 DS1302 中年月日星期时分秒数据
*************************************************************************/
void TimeRead()
{
    Year = ReadByte(0x8d);
    Month = ReadByte(0x89);
    Day = ReadByte(0x87);
    Week = ReadByte(0x8b);
    Hour = ReadByte(0x85);
    Minute = ReadByte(0x83);
    Sec = ReadByte(0x81);
}
/*************************************************************************
函数名称：显示时间子函数
全局变量：Year、Month、Day、Week、Hour、Minute、Sec
参数说明：无
返回说明：无
版    本：1.0
说    明：将年月日星期时分秒数据在 LCD1602 上显示
*************************************************************************/
void DisplayTime()
{
    WrByte1602(0,4,Year/16 + 0x30);      //BCD 拆分后转换成 ASCII 码送到 LCD1602 显示
    WrByte1602(0,5,Year % 16 + 0x30);
    WrByte1602(0,7,Month/16 + 0x30);
    WrByte1602(0,8,Month % 16 + 0x30);
    WrByte1602(0,10,Day/16 + 0x30);
    WrByte1602(0,11,Day % 16 + 0x30);
    WrByte1602(0,13,Week + 0x30);
    WrByte1602(1,4,Hour/16 + 0x30);
    WrByte1602(1,5,Hour % 16 + 0x30);
    WrByte1602(1,7,Minute/16 + 0x30);
```

```
    WrByte1602(1,8,Minute % 16 + 0x30);
    WrByte1602(1,10,Sec/16 + 0x30);
    WrByte1602(1,11,Sec % 16 + 0x30);
}
```

19.3.4　闪动显示

闪动显示部分用于在设置时间、闹铃时，闪动相应的设置位，指示当前正在设置的数据，本程序采用循环改变 LCD1602 上显示数值和空格的方法来实现闪动，这个功能由 DispFlash 子函数来实现，在中断子函数中，Count 计数器自加 1 操作用于记录时间，当达到 0.2 s 时，取反一次闪动标志位 FlashFlag，在 DispFlash 子函数中，根据 MenuStauts 的值判断出设置的数据，然后根据 FlashFlag 的值显示数值或空格，从而达到"闪动"的效果。

图 19.5 是闪动显示子函数的流程图，根据 MenuStatus 的数值判断当前设置的数据，然后将数值送入变量 Dat 中，该数据在 LCD1602 上显示的位置地址行、列分别送入 Addr1、Addr2 中，然后判断当前是否在设置闹铃开关（MenuStatus＝4），如果是就显示闹铃开关的两种不同的自定义图形，然后再判断是否是在设置闹铃数或星期（MenuStatus＝1 或 40），如果是就只闪动显示一位，其他年月日时分秒则要闪动显示两个位。

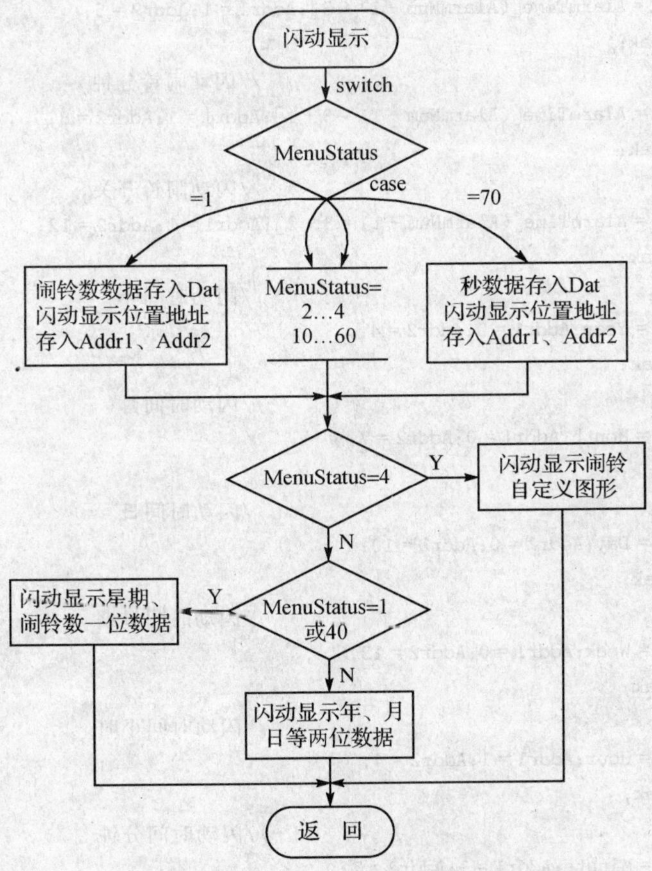

图 19.5　闪动显示子函数流程图

下面是闪动显示子函数的C语言实现。

```
/*************************************************************************
函数名称：闪动显示子函数
全局变量：无
参数说明：无
返回说明：无
版    本：1.0
说    明：
*************************************************************************/
void DispFlash()
{
    uchar Dat,Addr1,Addr2;                    //临时变量用于存储数据和显示地址
    switch(MenuStatus)                         //根据菜单标志 MenuSatus 的值进行分支处理
     {
      case 1:                                  //闪动闹铃数
           Dat = AlarmNum;Addr1 = 0;Addr2 = 13;   //闹铃数据、显示的地址存入
           break;
      case 2:                                  //闪动闹铃小时
           Dat = AlarmTime[(AlarmNum - 1) * 3];Addr1 = 1;Addr2 = 5;
           break;
      case 3:                                  //闪动闹铃分钟
           Dat = AlarmTime[(AlarmNum - 1) * 3 + 1];Addr1 = 1;Addr2 = 8;
           break;
      case 4:                                  //闪动闹铃开关
           Dat = AlarmTime[(AlarmNum - 1) * 3 + 2];Addr1 = 1;Addr2 = 12;
           break;
      case 10:                                 //闪动时间年
           Dat = Year;Addr1 = 0;Addr2 = 4;
           break;
      case 20:                                 //闪动时间月
           Dat = Month;Addr1 = 0;Addr2 = 7;
           break;
      case 30:                                 //闪动时间日
           Dat = Day;Addr1 = 0;Addr2 = 10;
           break;
      case 40:                                 //闪动时间星期
           Dat = Week;Addr1 = 0;Addr2 = 13;
           break;
      case 50:                                 //闪动时间小时
           Dat = Hour;Addr1 = 1;Addr2 = 4;
           break;
      case 60:                                 //闪动时间分钟
           Dat = Minute;Addr1 = 1;Addr2 = 7;
           break;
      case 70:                                 //闪动时间秒
```

```
            Dat = Sec;Addr1 = 1;Addr2 = 10;
            break;
        }
    if(MenuStatus = = 4)                              //处理自定义闹钟图形闪动
        {
            if(FlashFlag)WrByte1602(Addr1,Addr2,Dat);  //根据闪动标志位写入不同内容
                else WrByte1602(Addr1,Addr2,'-');
        }
    else if((MenuStatus = = 40)||(MenuStatus = = 1))  //处理星期或闹钟数闪动(1 位闪)
        {
            if(FlashFlag)WrByte1602(Addr1,Addr2,Dat + 0x30);
                else WrByte1602(Addr1,Addr2,'-');
        }
    else                                              //处理非星期闪动(2 位闪)
        {
        if(FlashFlag)
            {WrByte1602(Addr1,Addr2,Dat/16 + 0x30);
            WrByte1602(Addr1,Addr2 + 1,Dat % 16 + 0x30);}
        else {WrByte1602(Addr1,Addr2,'-');
            WrByte1602(Addr1,Addr2 + 1,'-');}
        }
}
```

19.3.5 闹铃判断与响应

闹铃检测子函数 AlarmCheck 根据闹铃开关状态来判断当前时间与闹铃设置时间是否一致，当相同时，将闹铃标志位 AlarmFlag 置位，并将闹铃超时计数器清零，开始计算闹铃时间，闹铃响应子函数 AlarmRespond 负责将蜂鸣器控制端口取反，并且判断是否到达计时值，到达则清除闹铃标志退出闹铃状态。这两个子函数相对简单，这里不再提供流程图。程序如下：

```
/*************************************************************************
函数名称：闹铃检测子函数
全局变量：AlarmTime[]、Hour、Minuter、AlarmFlag、TimeOut
参数说明：无
返回说明：无
版    本：1.0
说    明：判断闹铃时间是否到达，置位闹铃标志和清零超时计数器
*************************************************************************/
void AlarmCheck()
{
    if(AlarmTime[2])                            //检测闹铃是否生效
        {
        if((AlarmTime[0] = = Hour)&&(AlarmTime[1] = = Minute))
            {AlarmFlag = 1;TimeOut = 0;}        //到达闹铃时间，设置闹铃标志位，清零超时计数器
        }
```

```
    if(AlarmTime[5])
        {
        if((AlarmTime[3] = = Hour)&&(AlarmTime[4] = = Minute))
            {AlarmFlag = 1;TimeOut = 0;}
        }
    if(AlarmTime[8])
        {
        if((AlarmTime[6] = = Hour)&&(AlarmTime[7] = = Minute))
            {AlarmFlag = 1;TimeOut = 0;}
        }
}

/**************************************************************************
函数名称：闹铃响应子函数
全局变量：TimeOut、AlarmFlag
参数说明：无
返回说明：无
版    本：1.0
说    明：检测闹铃标志位产生闹铃，在超时时清除标志位退出闹铃状态
**************************************************************************/
void AlarmRespond()
{
    Beep = ! Beep;                      //改变蜂鸣器，产生闹铃
    if(TimeOut>3600)                    //闹铃时间 3 600 * 0.05 s = 180 s
        {AlarmFlag = 0;Beep = 1;}       //超时停止闹，清零标志位，退出闹铃状态
}
```

19.3.6　数据存储与读取

这部分由 3 个子函数组成，分别是 SaveTo1302、SaveAlarmTime、LoadAlarmTime，其中 SaveTo1302 负责将设置的时间数据写入到 DS1302，这一过程在设置时间完成后退出正常状态时执行一次，SaveAlarmTime 负责将设置的闹铃数据写入 STC EEPROM 中，这一过程在设置闹铃完成后退出到正常状态时执行一次，而 LoadAlarmTime 则是从 STC EEPROM 中读取闹铃数据，并对读取的数据进行越界判断，超出范围的则被置为默认值，这一过程只在开机初始化时执行一次。这一部分相对简单，不再画出流程图，程序如下：

```
/**************************************************************************
函数名称：保存时间数据子函数
全局变量：Year、Month、Day、Week、Hour、Minute、Sec
参数说明：无
返回说明：无
版    本：1.0
说    明：将设置的时间数据写入 DS1302
**************************************************************************/
void SaveTo1302()
```

```
{
    SendByte(0x8e,0x00);                          //关闭 DS1302 写保护
    SendByte(0x8c,Year);                          //写入数据
    SendByte(0x88,Month);
    SendByte(0x86,Day);
    SendByte(0x8a,Week);
    SendByte(0x84,Hour);
    SendByte(0x82,Minute);
    SendByte(0x80,Sec);
    SendByte(0x8e,0x80);                          //打开 DS1302 写保护
}

/*************************************************************************
函数名称：保存闹铃数据子函数
全局变量：AlarmTime[]
参数说明：无
返回说明：无
版    本：1.0
说    明：将设置的闹铃数据写入 STC EEPROM
*************************************************************************/
void SaveAlarmTime()
{
    uchar i;
    EEPROMErase(0x2000);
    for(i = 0;i<9;i ++ )EEPROMWrite(0x2000 + i,AlarmTime[i]);
}

/*************************************************************************
函数名称：读取闹铃数据子函数
全局变量：AlarmTime[]
参数说明：无
返回说明：无
版    本：1.0
说    明：从 STC EEPROM 中读取闹铃数据
*************************************************************************/
void LoadAlarmTime()
{
    uchar i;
    for(i = 0;i<9;i ++ )AlarmTime[i] = EEPROMRead(0x2000 + i);
    if(AlarmTime[0]>23)AlarmTime[0] = 0;    //对读取的数据进行判断
    if(AlarmTime[1]>59)AlarmTime[1] = 0;
    if(AlarmTime[2]>1)AlarmTime[2] = 0;
    if(AlarmTime[3]>23)AlarmTime[3] = 0;
    if(AlarmTime[4]>59)AlarmTime[4] = 0;
    if(AlarmTime[5]>1)AlarmTime[5] = 0;
```

```
    if(AlarmTime[6]>23)AlarmTime[6] = 0;
    if(AlarmTime[7]>59)AlarmTime[7] = 0;
    if(AlarmTime[8]>1)AlarmTime[8] = 0;
}
```

19.4　实验总结

通过本章介绍，读者对综合应用程序的编写有了初步认识，综合应用程序与单器件控制程序有很大差别，在综合应用中，程序的重点难点更集中在如何建立整个程序的完整架构，对多种器件进行统一调度和规划、指挥各个器件协调工作、编写人机交互操作界面等。

19.5　课后习题

利用学习过的红外遥控知识，为本章的时钟程序增加红外遥控功能。提示：可以利用中断解码红外信号，然后转化成标准的 KeyValue 值即可实现遥控功能。

第 20 章

综合实验 2：红外遥控万年历实验

第 19 章介绍了一个带闹铃功能的电子钟程序，使读者对综合应用编程有了初步的了解，这一章继续深入学习，为这一时钟加入农历、红外遥控功能。

20.1 实验说明

在第 19 章时钟程序的基础上，更换显示屏为 LCD12864 以显示更多的信息，添加农历显示功能、红外遥控输入功能。

20.2 硬件原理详解

实验板上的 DS1302 负责计时，时钟信号由单片机控制读出后经过处理送往 LCD12864 显示，同时，单片机负责检测按键状态、红外解码，并根据输入状态对时间进行调整、对定时时间进行调整等操作，将定时时间值存储在 STC 的 EEPROM 中，在定时时间到达时，控制蜂鸣器发出声音等，采用查表方式及计算根据当前公历日期计算出农历日期。

20.2.1 硬件原理图

LCD12864 万年历原理图如图 20.1 所示。

20.2.2 程序设计要点

本章程序是在上一章时钟程序的基础上进行改写，增加农历显示功能，增加红外遥控功能并使用 LCD12864 进行显示。因此，程序结构并没有太多的改动。这里要注意是因为显示屏，由 LCD1602 换成 LCD12864，所以显示内容要重新改写，设置菜单等要重新改写，其他的可以直接套用上一章的程序。由于需要进行公历到农历日期的推算，所以这一章需要解决公历到农历的推算算法，本章将着重讲解这一推算过程，结合第 15 章红外解码的内容，本章不再重复讲述红外解码过程，而直接引用第 15 章已有的解码子函数完成这项工作。

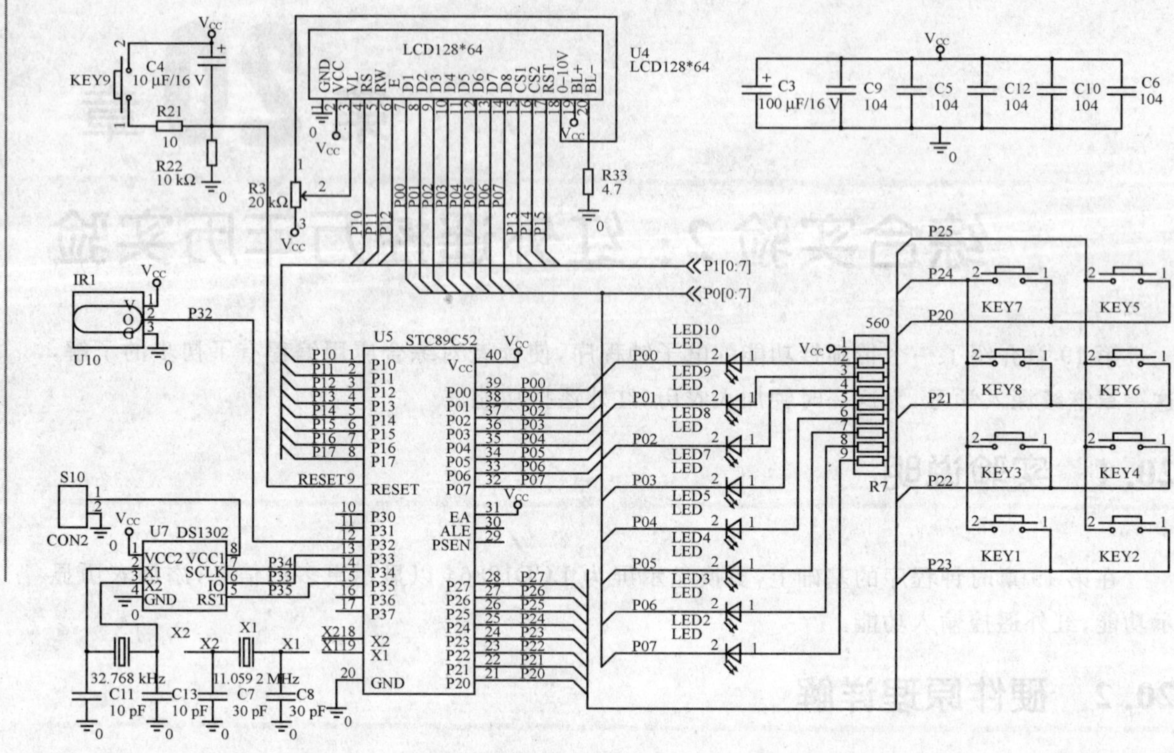

图 20.1　LCD12864 万年历原理图

20.3　公历到农历转换

公历是全世界通用的历法，以地球绕太阳一周为一年，一年 365 天分为 12 个月，1、3、5、7、8、10、12 月为 31 天，2 月为 28 天，其余月份为 30 天。事实上地球绕太阳一周共 365 天 5 小时 48 分 46 秒，比公历一年多出 5 小时 48 分 46 秒。为使年误差不累积，公历年用闰年法来消除年误差，每年多出 5 小时 48 分 46 秒，这样 4 年就累计多出 23 小时 15 分 4 秒，接近 1 天，天文学家就规定每 4 年有一个闰年，把 2 月由 28 天改为 29 天。凡是公历年代能被 4 整除的那一年就是闰年。但是这样一来每 4 年又少了 44 分 56 秒，为了更准确地计时，天文学家又规定凡能被 100 整除的年份只有能被 400 整除才是闰年，即每 400 年要减掉 3 个闰年，经过这样处理后，实际上每 400 年的误差只有 2 小时 53 分 20 秒，已相当准确了。

农历与公历不同，农历把月亮绕地球一周作为一月，因为月亮绕地球一周不是一整天，所以农历把月分为大月和小月，大月 30 天小月 29 天，通过设置大小月使农历日始终和月亮与地球的位置相对应，为了使农历的年份与公历年相对应，农历通过设置闰月的办法使它的平均年长度与公历年相等，农历是中国传统文化的代表之一并与农业生产联系密切，中国人民特别是广大农民十分熟悉并喜爱农历。

公历与农历是我国目前并存的两种历法，各有其固有的规律，农历与月球的运行相对应，其影响因素多，它的大小月和闰月与天体运行有关，计算十分复杂且每年都不一致，因此要用单片机实现公历与农历的转换用查表法是最方便实用的办法。

20.3.1 公历到农历转换的基本原理

实现公历与农历的转换一般采用查表法，按日查表是速度最快的方法，但 51 单片机寻址能力有限不可能采用按日查表的方法，除按日查外还可以通过按月查表和按年查表的方法，再通过适当的计算来确定公历日所对应的农历日期。本章采用的是按年查表法，最大限度地减少了表格所占的程序空间。

对农历月来说，大月为 30 天小月为 29 天，这是固定不变的，这样就可用 1 个 bit 位来表示大小月信息。农历一年如有闰月为 13 个月，否则是 12 个月，所以一年需要用 13 个 bit 来表示。闰月在农历年中所在的月份并不固定，大部分闰月分布在农历 2～8 月，但也有少量年份在 9 月以后，所以要表示闰月的信息至少要 4bit，在这里用 4bit 的值来表示闰月的月份值，为 0 表示本年没有闰月。有了以上信息还不足以判断公历日对应的农历日，因为还需要一个参照日，这里选用农历正月初一（春节）所对应的公历日期作参照日。公历日最大为 31 日，需要用 5bit 来表示，而春节所在的月份不是 1 月就是 2 月，用 1bit 就够了，考虑到表达方便这里用 2bit 来表示春节月的值，直接表示月份，这样一年的农历信息只用 3 个字节就全部包括了。如图 20.2 所示，所需要的年份按格式要求制作出数据，一年占 3 个字节数据，存放在数组中以备程序查用，本章程序只记录 1901～2099 年信息。

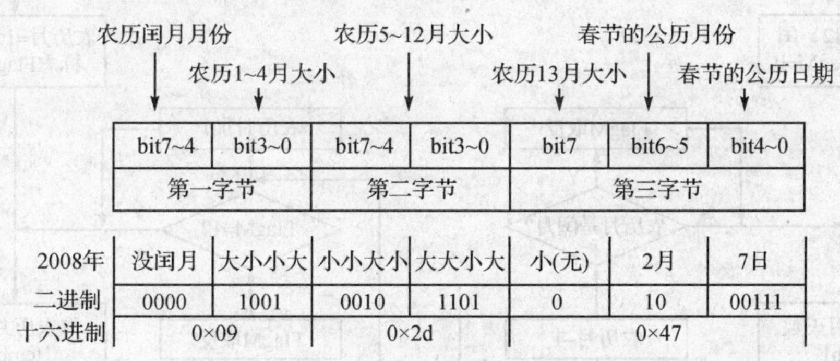

图 20.2 农历年信息格式

计算公历日对应的农历日期的方法：先计算出公历日离当年元旦的天数，然后查表取得当年的春节日期，计算出春节离元旦的天数，二者相减即可算出公历日离春节的天数。以后只要根据大小月和闰月信息，减一月天数调整一月农历月份，即可推算出公历日所对应的农历日期。如公历日不到春节日期，农历年要比公历年小一年，农历大小月取前一年的信息，农历月从 12 月向前推算。公历日是非常有规律的，所以公历日所对应的星期可以通过计算直接得到，理论上公元 0 年 1 月 1 日为星期日，只要求得公历日离公元 0 年 1 月 1 日的天数，除 7 后的余数就是星期。为了简化计算采用月校正法，根据公历的年月日可直接计算出星期天，其算法是日期年份所过闰年数、月校正数之和除 7 的余数就是星期，余数为 0 时即为星期日。但如果是在闰年又不到 3 月份，上述之和要减一天再除 7，其 1～12 月的校正数据为 6、2、2、5、0、3、5、1、4、6、2、4。在本章中采用 1 个字节表示年份，闰年数也只计算 1900 年以后的闰年数，所以实际校正数据采用的是 0、3、3、6、1、4、6、2、5、0、3、5。

介绍了推算的方法后，下面通过程序来具体看看如何实现。

20.3.2　公历到农历转换程序流程

公历到农历转换的程序流程图如图 20.3 所示。

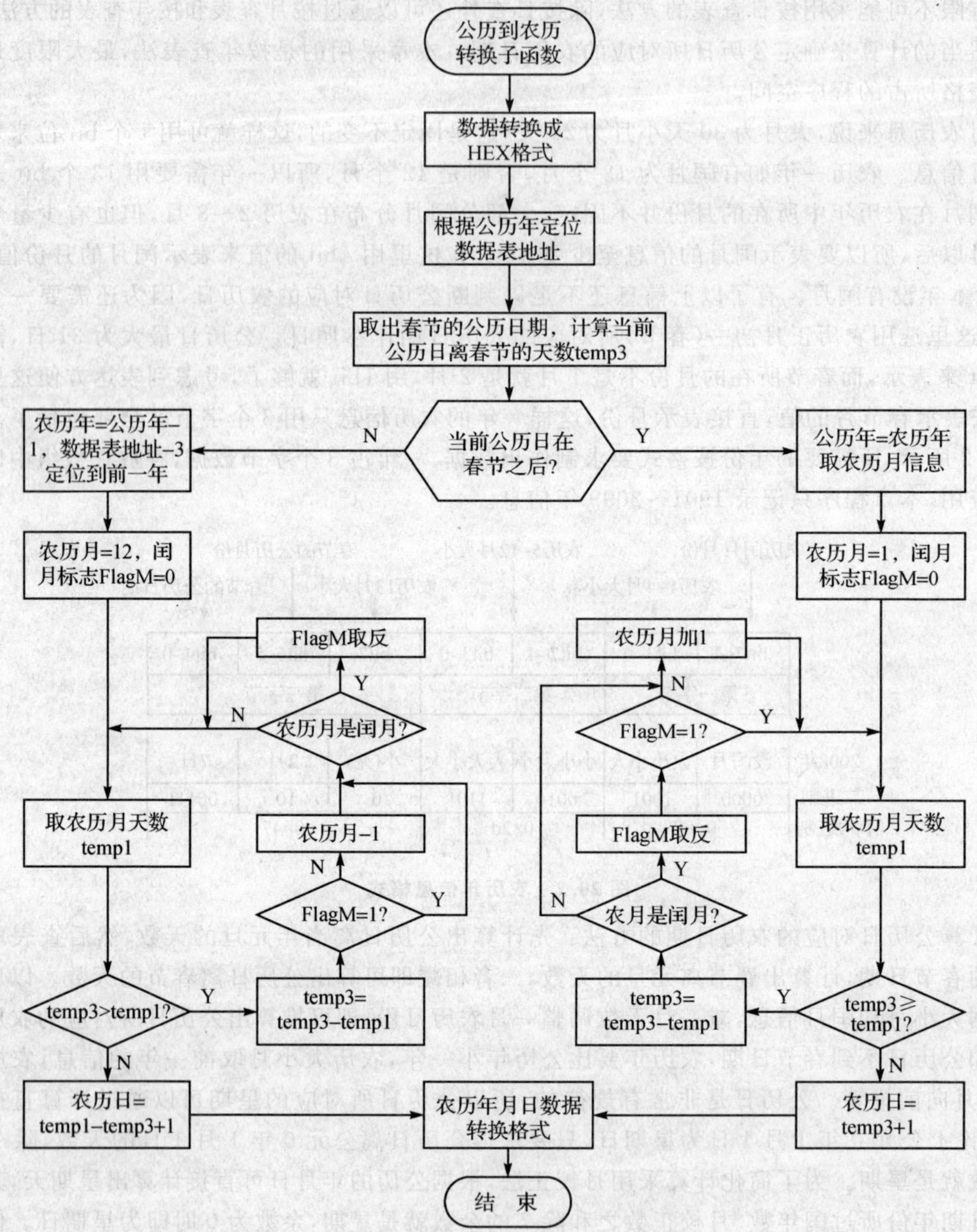

图 20.3　公历到农历转换程序流程图

20.3.3 公历转换农历程序说明

```
/*************************************************************************
函数名称：公历转换农历子函数
全局变量：CenturySun,YearSun,MonthSun,DaySun,
        CenturyMoon,YearMoon,MonthMoon,DayMoon
参数说明：参数格式为 BCD 格式
返回说明：无
版    本：1.0
说    明：根据公历世纪、年、月、日转换成农历世纪、年、月、日
*************************************************************************/
void ConverSunToMoon(bit C,uchar Year,uchar Month,uchar Day)
{
    uchar temp1,temp2,temp3,MonthP;                    //临时变量
    uint temp4,TableAddr;
    bit Flag,FlagM;
    Year = Bcd2Hex(Year);                              //BCD 转 HEX 先把数据转换为十六进制
    Month = Bcd2Hex(Month);
    Day = Bcd2Hex(Day);
    if(C) {TableAddr = (Year - 1) * 3;}                //定位数据表地址
        else {TableAddr = (Year + 100 - 1) * 3;}
    temp1 = (YearTable[TableAddr + 2]&0x60)>>5;        //取当年春节所在的公历月份
    temp2 = YearTable[TableAddr + 2]&0x1f;             //取当年春节所在的公历日
    if(temp1 = = 1){temp3 = temp2 - 1;}                //计算当年春年离当年元旦的天数
        else{temp3 = temp2 + 31 - 1;}
    if (Month<10){temp4 = DayTable1[Month - 1] + Day - 1;}
        else{temp4 = DayTable2[Month - 10] + Day - 1;}
    if ((Month>2)&&(Year % 4 = = 0))                   //如果公历月大于 2 月并且该年的 2 月为闰
                                                       //月，天数加 1
        {temp4 + = 1;}
    if (temp4> = temp3)                                //公历日在春节后或就是春节当日使用下面代
                                                       //码进行运算
        {
        temp4 - = temp3;
        Month = 1;
        MonthP = 1;                                    //MonthP 为月份指向
        Flag = GetMoonDay(MonthP,TableAddr);           //检查农历月大小，大月返回 1，小月返回 0
        FlagM = 0;                                     //闰月标志，0 为没有
        if(Flag) temp1 = 30;                           //大月 30 天
            else temp1 = 29;                           //小月 29 天
        temp2 = (YearTable[TableAddr]&0xf0)>>4;        //从数据表中取该年的闰月月份
        while(temp4> = temp1)                          //逐月计算天数
            {
            temp4 - = temp1;
```

```
            MonthP + = 1;
            if(Month = = temp2)                            //当前月为闰月
                {
                FlagM = ~FlagM;                            //取反闰月标志位
                if(! FlagM)Month + = 1;
                }
                else Month + = 1;
            Flag = GetMoonDay(MonthP,TableAddr);
            if(Flag) temp1 = 30;                           //大月 30 天
                else temp1 = 29;                           //小月 29 天
            }
        Day = temp4 + 1;
        }
    else
        {                                                  //公历日在春节前使用下面代码进行运算
        temp3 - = temp4;
        if (Year) Year - = 1;                              //当前年 - 1
            else {Year = 99;C = 1;}                        //当前年为 00 年,改为 99 年
        TableAddr - = 3;                                   //表地址 - 3 取前一年数据
        Month = 12;                                        //月份为 12 月
        temp2 = (YearTable[TableAddr]&0xf0)>>4;            //取闰月数据
        if (temp2)MonthP = 13;                             //有闰月,指向 13 月
            else MonthP = 12;                              //无闰月
        FlagM = 0;                                         //闰月标志清零
        Flag = GetMoonDay(MonthP,TableAddr);               //取本月大小
        if(Flag) temp1 = 30;                               //大月 30 天,小月 29 天
            else temp1 = 29;
        while(temp3>temp1)
            {
            temp3 - = temp1;
            MonthP - = 1;
            if(! FlagM)Month - = 1;
            if(Month = = temp2) FlagM = ~FlagM;
            Flag = GetMoonDay(MonthP,TableAddr);
            if(Flag) temp1 = 30;
                else temp1 = 29;
            }
        Day = temp1 - temp3 + 1;
        }
    CenturyMoon = C;                                       //HEX 转 BCD,运算结束后,把数据转换为 BCD 格式
    YearMoon = Hex2Bcd(Year);
    MonthMoon = Hex2Bcd(Month);
    DayMoon = Hex2Bcd(Day);
}
```

20.4　红外遥控

本章程序是在上一章程序的基础上进行修改的，按键实现的调整功能基本一样，本章程序需要增加红外遥控功能，由于原程序在按键处理上采用标准键值，因此增加红外遥控功能相对较为容易。由 KeyRead()和 KeyProc()两个子函数组成按键读取和处理，采用中间变量 KeyValue 来传递键值，按键被按下后，转换成为标准键值保存在 KeyValue 中，当值为 1、2、3 时分别代表了 Chg 键短按、Set 键短按、Set 键长按。因此只要增加一段红外解码程序，并按照遥控器按键键值转化成为标准的 1、2、3 值保存在 KeyValue 中，相当于 Chg、Set 键被按下，即可解决红外遥控的问题。

但以上方法只能增加与原按键相同的功能，在对数值进行设置时还是很不方便，比如分钟设置就有 0～59，采用加 1 操作比较费时，而红外遥控器上还有 0～9 数字键，如果能实现在数值设置时直接输入数值，比如输入数字“23”时可以先按“2”再按“3”，这样就比只能进行加 1 操作会使设置过程更加简单，只需要两次按键即可以实现。因此，我们给 KeyValue 增加一个状态，当 KeyValue 取值为 4，代表是红外数字键被按下，而按下的数字键，第一次按下的值保存在 IrkeyValue1 中，第二次按下的键值保存在 IrKeyValue2 中，最后合并处理保存在 IrKeyValue 中。对 KeyProc()子函数进行修改，增加判断 KeyValue 为 4 时进行数据的直接处理，这样就可以实现了数值的直接输入，大大提高设置的效率。

20.4.1　红外遥控流程图

红外遥控流程如图 20.4 所示。

20.4.2　红外遥控程序

```
/*****************************************************************************
函数名称：红外遥控解码子函数
全局变量：KeyValue、IrKeyValue1、IrKeyValue2、IrKeyVaue
参数说明：
返回说明：无
版　　本：1.0
说　　明：解码出按键值并根据键值转换成标准键值保存在 KeyValue，数字值保存在 IrKeyValue
*****************************************************************************/
void Decode() interrupt 0
{
    uchar i;uint j = 1000;
    uchar IrAddr1,IrAddr2,IrCodeValue,IrCodeAntiValue;
    EA = 0;                                   //先关中断
    for(i = 0;i<70;i ++ )                     //延时 7 000 μs 循环检测是否有高电平，避免干扰信号
        {
        uDelay(2);
        if (IrPort) {EA = 1;return;};
        }
```

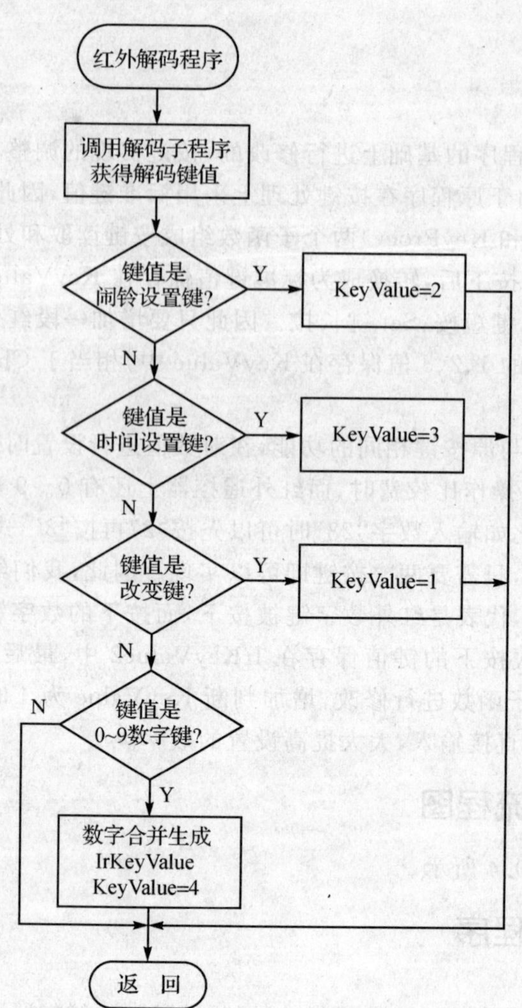

图 20.4　红外遥控流程图

```
while((! IrPort)&&( -- j));                    //等待高电平避开 9 ms 低电平引导脉冲
uDelay(95);                                     //延时 4.74 ms 避开 4.5 ms 的结果码
IrAddr1 = CodeRec();                            //读出码值
IrAddr2 = CodeRec();
IrCodeValue = CodeRec();
IrCodeAntiValue = CodeRec();
if((IrCodeValue^IrCodeAntiValue) = = 0xff)                  //码与补码异或判断是否正确
{
    if(IrCodeValue = = IrKeyValueAlarmSet){KeyValue = 2;}
        else if(IrCodeValue = = IrKeyValueTimeSet)KeyValue = 3;
            else if(IrCodeValue = = IrKeyValueChg)KeyValue = 1;
                else                                        //键值在 0~9 范围内
    if((IrCodeValue> = IrKeyValueNo0)&&(IrCodeValue< = IrKeyValueNo9))
                {
                IrKeyValue1 = IrKeyValue2;                  //数据向左移位
```

```
                IrKeyValue2 = IrCodeValue - IrKeyValueNo0;   //减去偏移量
                IrKeyValue = IrKeyValue1 * 10 + IrKeyValue2;   //合并生成数据
                KeyValue = 4;                        //键值为 4 代表 0～9 数字键被按下
                }
        }
    EA = 1;
}
```

20.5　实验总结

本章实验在上一章的基础上，增加了万年历的公历转农历算法，增加了红外遥控功能，并将显示屏更换为 LCD12864 较上一章实验又整合了更多的内容，读者学习本章时，应着重理解在处理按键和红外遥控按键时采用的标准键值传送方法，这种方法给不同模块程序实现同一功能的整合带来很大的方便，在以后章节的学习中会更多的应用这一方法。

20.6　课后习题

通过 LCD12864 图文并排的方式，为本章介绍的万年历显示更多的信息，比如对应不同的农历年，开辟一个小图形窗口，显示出相对应的十二生肖图形。

第21章

综合实验3：单片机演奏实验

第7章介绍了蜂鸣器的工作原理，并且应用单片机驱动蜂鸣器发出不同频率的声音，做了电子琴实验。这一章将继续对单片机驱动蜂鸣器发声做进一步的学习，利用单片机编程演奏大家较为熟悉的《生日快乐歌》歌来学习程序的编写。

21.1 实验说明

利用实验板编写程序，控制蜂鸣器按乐曲要求发出不同频率、不同长短的声音，达到演奏乐曲的效果。

21.2 硬件原理详解

本章是单片机按乐曲进行演奏，与第7章的单片机电子琴既有相似之处，又有不同之处。相似之处是两者都是由单片机驱动蜂鸣器发出不同频率的声音，不同之处是电子琴中，发什么频率的声音、发声多长是由按键来决定的，而这里则由乐曲本身来决定，并完全由程序负责实现。所以本章的实验硬件较为简单，只需要最简的单片机系统再加蜂鸣器驱动电路即可实现。

21.2.1 硬件原理图

蜂鸣器演奏实验原理图如图21.1所示。实验板中，单片机P1.7脚输出接Q1基极，通过控制Q1导通或截止来控制蜂鸣器上是否有电流，从而控制蜂鸣器是否发声。

21.2.2 蜂鸣器演奏歌曲

通过第7章的学习，读者已经知道驱动无源蜂鸣器发出频率、持续时间不同的声音，就可以达到单片机控制演奏歌曲的目的。一般说来，单片机演奏音乐基本都是单音频率，因为单片机的I/O端口只能输出高电平或低电平，相当于方波信号，它虽然谐波很丰富，但不包含足够幅度的谐波频率，也就是说不能像电子琴那样能奏出多种音色的声音，这就是单片机演奏歌曲听起来声音单调的原因。因此用单片机演奏歌曲只需搞清楚两个概念“音调”和“节拍”。音调表示一个音符该唱的频率，节拍表示一个音符该唱多长时间，下面先介绍音乐方面的基础知识。

音调的确定在第7章中已经详细讲解过，这里就不再重复。对于一个音符，确定了它的发音频率后，就要确定这个音符发音要发多长时间，也就是节拍，在一张乐谱中经常会看到这样

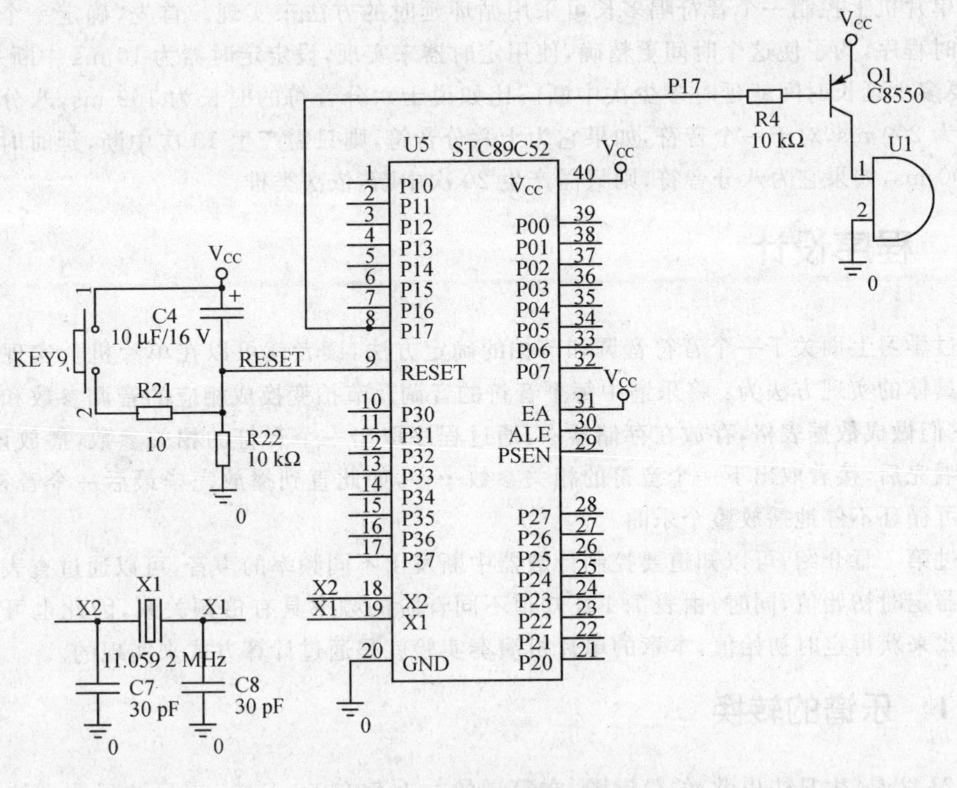

图 21.1　蜂鸣器演奏实验原理图

的表达式，如 $1=C\frac{4}{4}$、$1=G\frac{3}{4}$……等，这里 1＝C、1＝G 表示乐谱的曲调，和前面所谈的音调有很大的关联，$\frac{4}{4}$、$\frac{3}{4}$就是用来表示节拍的。以$\frac{3}{4}$为例加以说明，它表示乐谱中以四分音符为节拍，每一小结有三拍。比如：

1＝0 3/4

| 1　2　3　4　5　6 |

其中 1、2 为一拍，3、4、5 为一拍，6 为一拍共三拍。1、2 的时长为四分音符的一半，即为八分音符长，3、4 的时长为八分音符的一半，即为十六分音符长，5 的时长为四分音符的一半，即为八分音符长，6 的时长为四分音符长。一拍到底该唱多长呢？一般说来，如果乐曲没有特殊说明，一拍的时长大约为 400～500 ms。以一拍的时长为 400 ms 为例，则当以四分音符为节拍时，四分音符的时长就为 400 ms，八分音符的时长就为 200 ms，十六分音符的时长就为 100 ms。

音乐中较为常见的还有连音、顿音、符点等，连音就是乐谱上用连线连起来的音，它是用连线来标记的，表示连线内不同音高的音要奏的连贯，即中间不需要停顿。顿音是用三角符标记在音符的上面，在演奏或表演上要表现得短促而又轻巧有弹性。符点就是记在音符右边的小圆点，表示增加前面音符时值的一半，带符点的音符叫符点音符。

在单片机上控制一个音符唱多长可采用循环延时的方法来实现。首先，确定一个基本时长的延时程序，为了使这个时间更精确，使用定时器来实现，设定定时器为10 ms中断一次，那么，需要多少延长时间就延时多少次中断。比如说十六分音符的时长为100 ms，八分音符的时长就为200 ms，对于一个音符，如果它为十六分音符，则只需产生10次中断，延时时间就刚好是100 ms，如果它为八分音符，则只需产生20次中断，依次类推。

21.3 程序设计

通过学习上面关于一个音符音调和节拍的确定方法，读者就可以在单片机上实现演奏音乐了。具体的实现方法为：将乐谱中每个音符的音调及节拍变换成相应的音调参数和节拍参数，将它们做成数据表格，存放在存储器中，通过程序取出一个音符的相关参数，播放该音符，该音符唱完后，接着取出下一个音符的相关参数……，如此直到播放完毕最后一个音符，根据需要也可循环不停地播放整个乐曲。

通过第7章介绍，可以知道要控制计数器中断发出不同频率的声音，可以通过查表方式获得计数器定时初始值，同时，由表7.1还知道不同音阶的频率具有倍频关系，因此也可以通过计算方式来获得定时初始值，本章的单片机演奏实验就是通过计算方式来实现的。

21.3.1 乐谱的转换

图21.2是《生日快乐歌》的简谱图，在简谱的左上角有1＝F $\frac{3}{4}$，表示该乐曲在演奏的时候，"1"(即"C")这个音符需要演奏成"F"调，其他的音符则按此平移。$\frac{3}{4}$则表示这首乐曲每1小节有3拍，每拍是四分音符长度，一般大约400～500 ms。在编写程序中，定义数组用于存

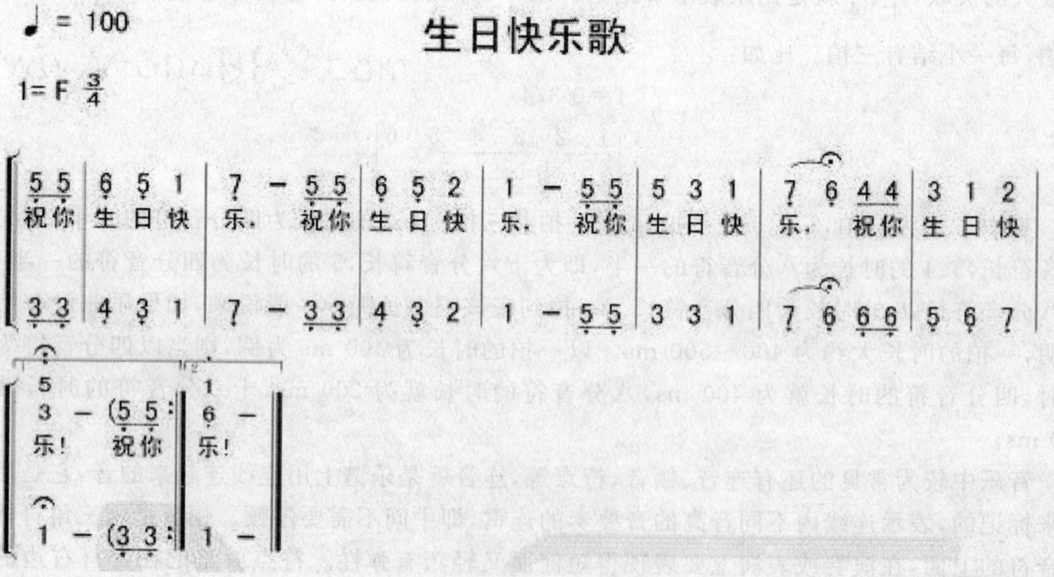

♩= 100

生日快乐歌

1= F $\frac{3}{4}$

5 5 | 6 5 1 | 7 - 5 5 | 6 5 2 | 1 - 5 5 | 5 3 1 | 7 6 4 4 | 3 1 2 |
祝你 生日快 乐。祝你 生日快 乐。祝你 生日快 乐。祝你 生日快

3 3 | 4 3 1 | 7 - 3 3 | 4 3 2 | 1 - 5 5 | 3 3 1 | 7 6 6 6 | 5 6 7 |

5/3 - (5 5 :| 1/6 - ||
乐！ 祝你 乐！

1 - (3 3 :| 1 - ||

图21.2 《生日快乐歌》简谱图

放乐曲的信息，用2个字节来表示，第1个存储音调信息，第2个存储音长信息，而以两个字节均为0表示乐曲信息数组的结尾。其格式如下：

uchar code MusicName{音调，音长，音调，音长，…，0,0}；

其中，音调由3位数字组成，每个字节最大值为十进制数255，则：取其个位表示1～7这7个音符；十位表示音符所在的音区：1-低音，2-中音，3-高音；百位表示这个音符是否要升半音：0-不升，1-升半音。

音长也由3位数字组成：个位表示音符的时值，其对应关系如表21.1所列。

表21.1 音符时值对应表

数值	0	1	2	3	4	5	6
几分音符	1	2	4	8	16	32	64

十位表示音符的演奏效果(0～2)： 0-普通，1-连音，2-顿音；

百位是符点位：0-无符点，1-有符点。

数据存放格式并不是固定的，可以随写程序人的喜好而改变，根据这个设定好的格式来看看怎么样将《生日快乐歌》简谱转变为数据，如表21.2所列。

表21.2 简谱转换成数据格式

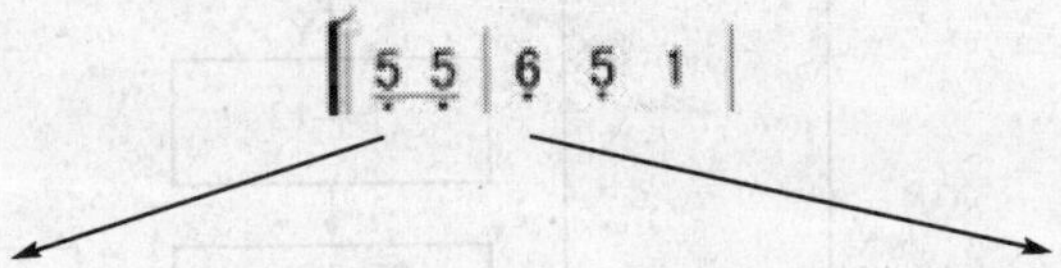

音调			音长			音调			音长		
百位	十位	个位	百位	十位	个位	百位	十位	个位	百位	十位	个位
不升	低音	音符	无符点	普通	8分音	不升	低音	音符	无符点	普通	4分音
0	1	5	0	0	3	0	1	6	0	0	2
0x0F			0x03			0x10			0x02		

表21.2是《生日快乐歌》开头两小节的基本两个音符转换成数据的示例，通过这种转换格式，将整首歌曲转换成如下数据：

```
uchar code MusicHappyBirthday[] = {
0x0F,0x03, 0x0F,0x03, 0x10,0x02, 0x0F,0x02, 0x15,0x02, 0x11,0x01, 0x0F,0x03,
0x0F,0x03, 0x10,0x02, 0x0F,0x02, 0x16,0x02, 0x15,0x01, 0x0F,0x03, 0x0F,0x03,
0x19,0x02, 0x17,0x02, 0x15,0x02, 0x11,0x0C, 0x10,0x02, 0x18,0x03, 0x18,0x03,
0x17,0x02, 0x15,0x02, 0x16,0x02, 0x17,0x01, 0x0F,0x03, 0x0F,0x03, 0x10,0x02,
0x0F,0x02, 0x15,0x02, 0x11,0x01, 0x0F,0x03, 0x0F,0x03, 0x10,0x02, 0x0F,0x02,
0x16,0x02, 0x15,0x01, 0x0F,0x03, 0x0F,0x03, 0x19,0x02, 0x17,0x02, 0x15,0x02,
0x11,0x0C, 0x10,0x02, 0x18,0x03, 0x18,0x03, 0x17,0x02, 0x15,0x02, 0x16,0x02,
0x10,0x01, 0x00,0x00 };
```

21.3.2 程序流程

图 21.3(a)是程序主流程图，图(b)是主流程中根据音乐参数生成新的频率表的流程图。从表 7.1 知道，高、中、低音的音符频率存在倍频关系，因此只要知道其中 12 个音符的频率就可以根据这种倍频关系来推算其他音符的频率，本程序采用运算的方式来实现。

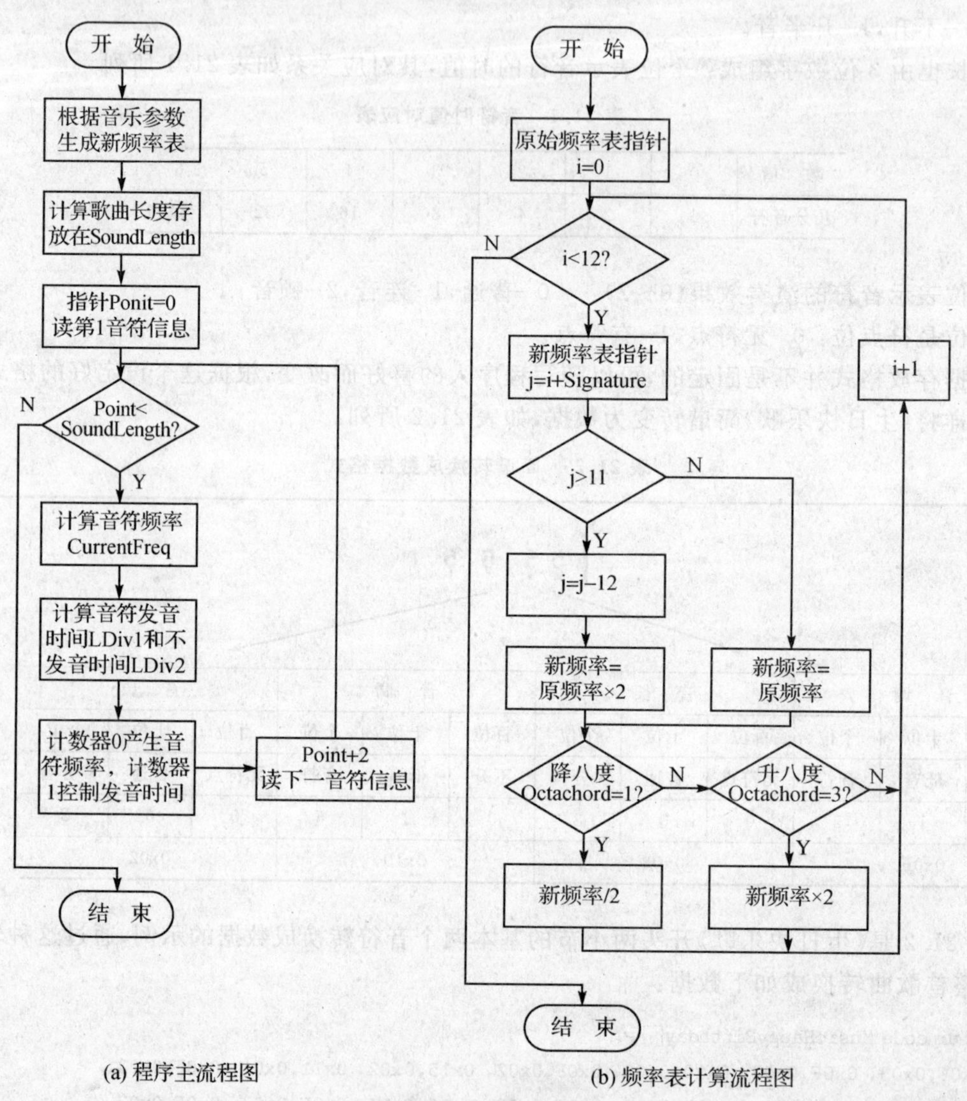

(a) 程序主流程图

(b) 频率表计算流程图

图 21.3 程序主流程图及频率表计算流程图

图 21.4 及图 21.5 是计算音符发音时间流程图、控制发音流程图及计算音符频率流程图，均是图 21.3 中程序主流程图的细化，可以根据流程图配合程序实例进行学习，更有利于对程序的了解。

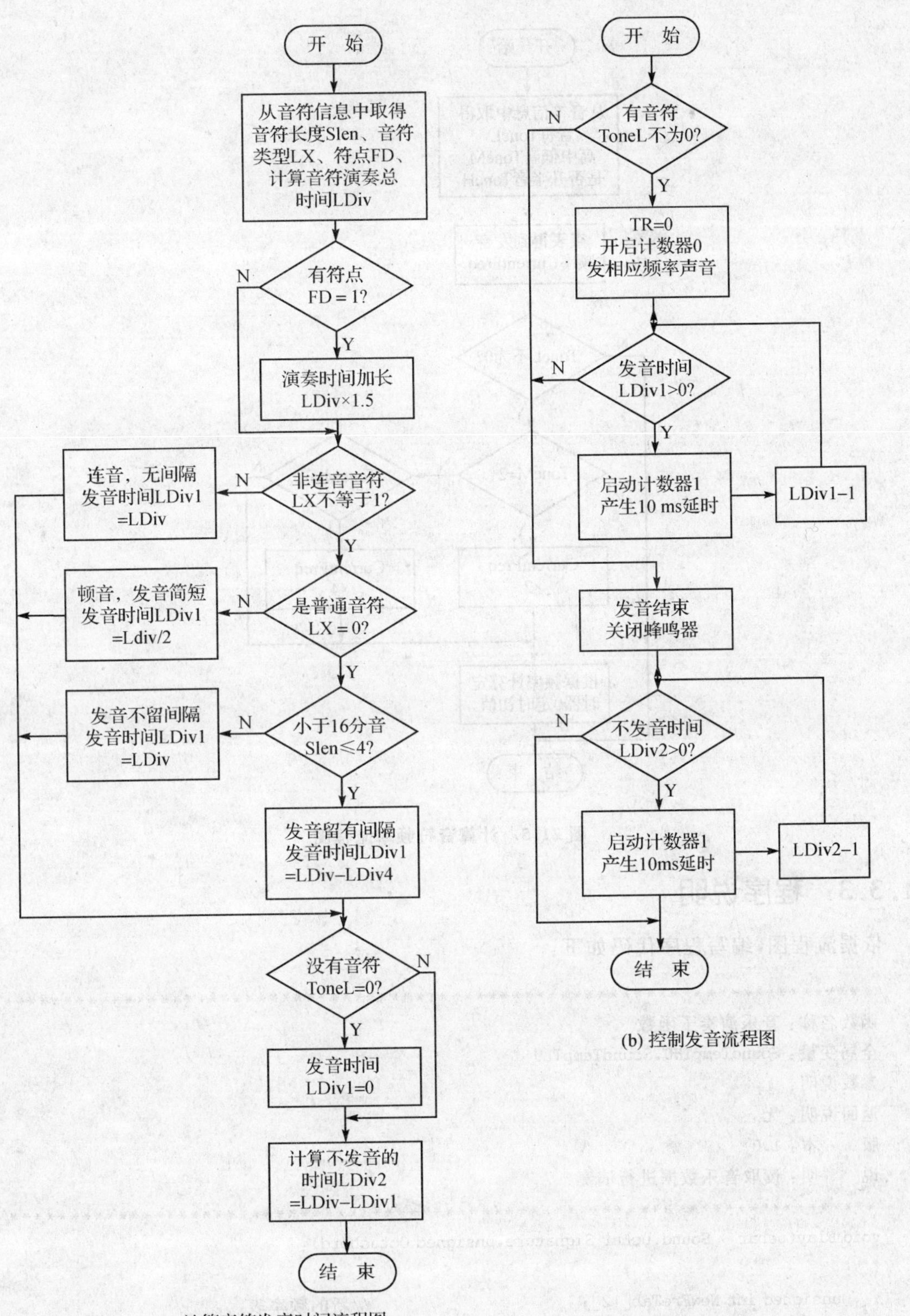

(a) 计算音符发音时间流程图

(b) 控制发音流程图

图 21.4 计算音符发音时间流程图及控制发音流程图

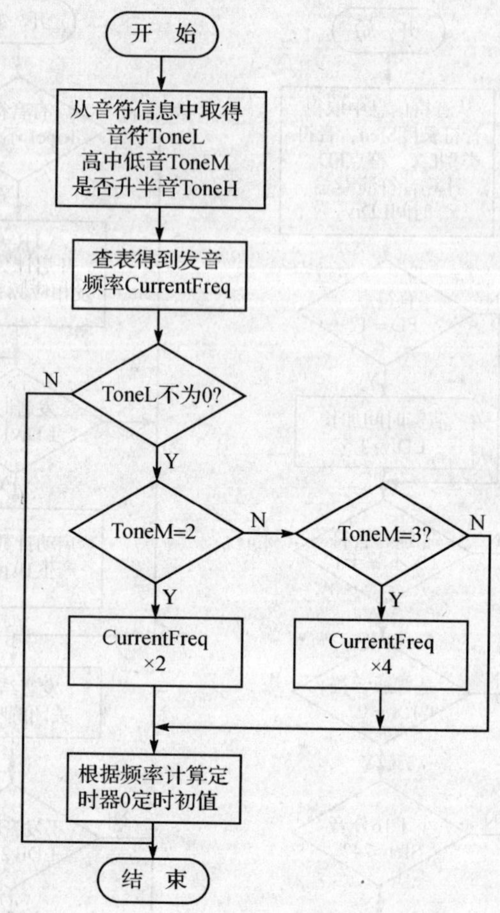

图21.5 计算音符频率流程图

21.3.3 程序说明

依据流程图，编写程序代码如下：

```
/************************************************************************
函数名称：音乐演奏子函数
全局变量：SoundTempTH0,SoundTempTL0
参数说明：无
返回说明：无
版    本：1.0
说    明：读取音乐数据进行演奏
************************************************************************/
void Play(uchar * Sound,uchar Signature,unsigned Octachord)
{
    unsigned int NewFreTab[12];                          //新的频率表
    uchar i,j;                                           //循环体用的临时变量
    unsigned int
Point,LDiv,LDiv0,LDiv1,LDiv2,LDiv4,CurrentFreq,TempT,SoundLength;
```

```
uchar Tone,Length,ToneL,ToneH,ToneM,SLen,LX,FD;
//音调,长度,音符,高低音,是否升半音,音符长,音符类型,符点
for(i = 0;i<12;i ++ )                              //根据调号及升降八度来生成新的频率表
    {
    j = i + Signature;
    if(j > 11)
        {
        j = j - 12;                                //超过 12,即八度音,频率加倍
        NewFreTab[i] = FreTab[j] * 2;              //运算出新频率值存入新频率表
        }
    else
        NewFreTab[i] = FreTab[j];

    if(Octachord = = 1)                            //降八度,频率减半
        NewFreTab[i]>> = 1;
    else if(Octachord = = 3)                       //升八度,频率加倍
        NewFreTab[i]<< = 1;
    }
SoundLength = 0;
while(Sound[SoundLength] ! = 0x00)                 //计算歌曲长度
    {
    SoundLength + = 2;
    }
Point = 0;                                         //演奏指针,指向当前演奏的音调
Tone   = Sound[Point];
Length = Sound[Point + 1];                         //读出第一个音符和它时时值
LDiv0 = Speed;                                     //1 分音符的长度(几个 10 ms),修改此值可
                                                   //以改变歌曲快慢
LDiv4 = LDiv0/4;                                   //4 分音符的长度,大约 400～600 ms
LDiv4 = LDiv4 - LDiv4 * SoundSpace;                //普通音最长间隔标准,SoundSpace 是每个
                                                   //音之间不发音的时间
TR0    = 0;                                        //设置计数允许位
TR1    = 1;
while(Point < SoundLength)                         //演奏指针未到歌曲末时循环
    {
                                                   //以下计算音符的演奏频率
    ToneL = Tone % 10;                             //计算出音符
    ToneM = Tone/10 % 10;                          //计算出高中低音
    ToneH = Tone/100;                              //计算出是否升半
    CurrentFreq = NewFreTab[SignTab[ToneL - 1] + ToneH];    //查出对应音符的频率
    if(ToneL! = 0)
        {
        if (ToneM = = 2) CurrentFreq << = 1;       //中音,频率 * 2
        if (ToneM = = 3) CurrentFreq << = 2;       //高音,频率 * 4
        TempT = 65535 - (50000/CurrentFreq) * 10;      //计算计数器初值
```

```
        SoundTempTH0 = TempT/256;
        SoundTempTL0 = TempT % 256;
        TH0 = SoundTempTH0;
        TL0 = SoundTempTL0 + 12;                    //加 12,对中断延时进行补偿
        }
    //以下处理音符是普通、连音或顿音,计算其演奏、间隔时间
    SLen = LengthTab[Length % 10];                  //算出是几分音符
    LX = Length/10 % 10;                            //算出音符类型(0 普通 1 连音 2 顿音)
    FD = Length/100;                                //是否有符点,0 无 1 有
    LDiv = LDiv0/SLen;                              //算出音符演奏的长度(多少个 10 ms)
    if (FD = = 1)                                   //有符点,符点演奏长度为 1.5 倍
        LDiv = LDiv + LDiv/2;
    if(LX! = 1)
        if(LX = = 0)                                //算出普通音符的演奏长度
            if (SLen< = 4)
                LDiv1 = LDiv - LDiv4;               //LDiv4 是不发音的长度,普通音要稍有间隔
            else
                LDiv1 = LDiv * SoundSpace;
        else
            LDiv1 = LDiv/2;                         //算出顿音的演奏长度,顿音要短促跳跃
    else
        LDiv1 = LDiv;                               //连音,无间隔
    if(ToneL = = 0) LDiv1 = 0;                      //ToneL = 0,无音符,全程无音
        LDiv2 = LDiv - LDiv1;                       //算出不发音的长度
      if (ToneL! = 0)                               //有音符时演奏
        {
        TR0 = 1;                                    //开启计数器 0,发相应频率声音
        for(i = LDiv1;i>0;i -- )                    //发规定长度的音,演奏多个 10 ms
            {
            TH1 = SoundTempTH1;                     //重置 10 ms 计数中断初值
            TL1 = SoundTempTL1;
            while(TF1 = = 0);                       //等待计数器 1 发生 10 ms 计数中断
            TF1 = 0;                                //清中断标志位重新再计数 10 ms
            }
        }
        TR0 = 0; BeepIO = 1;                        //发音结束,停止计数器 0 计数、关闭蜂鸣器
        for(i = LDiv2;i>0;i -- )                    //不发音的长度
            {
            TH1 = SoundTempTH1;                     //重置 10 ms 计数中断初值
            TL1 = SoundTempTL1;
            while(TF1 = = 0);                       //等待计数器 1 发生 10 ms 计数中断
            TF1 = 0;
            }
    Point + = 2;                                    //指针 + 2 指向一下音符
    Tone = Sound[Point];                            //读取下一音符信息
```

```
            Length = Sound[Point + 1];
          }
      BeepIO = 1;                                   //全部结束后,关闭蜂鸣器退出
  }
```

21.4　实验总结

通过本章学习,读者对单片机控制蜂鸣器发声有了更深入的了解,初步学习了将其他类型知识(乐曲)转换成用程序来表达。

21.5　课后习题

学习编写其他歌典数据,让程序演奏出不同的乐曲。

第22章

综合实验4：基于PC键盘的英文打字机

在单片机系统中使用的PS/2键盘具有价格低、通用可靠、使用的连线少等，可满足多数系统的要求。因此，在单片机系统中应用PS/2键盘是一种很好的选择。本实验就是一个PC键盘的应用示例。

22.1 实验说明

本实验为一综合性实验，目的是使大家学会将PC键盘与LCD12864综合使用的方法。

22.2 硬件原理详解

本实验中PC键盘为输入设备，LCD12864为显示输出设备。实验中利用外部中断1读取PC键盘发送的数据，经单片机处理数据并译码后将所按按键显示在LCD12864上。

22.2.1 硬件原理图

英文打字机的硬件原理图如图22.1所示。

22.2.2 程序设计要点

本章在第16章的基础上做了加强，显示设备由LCD1602改为LCD12864，对PC按键的处理也做了加强。通过对键盘的CapsLock键、回退键、删除键以及光标键进行处理，实现了在LCD12864上进行简单文字处理的功能。

在显示上采用面积更大的LCD12864液晶显示屏，驱动芯片为ST7920，此芯片专为汉字显示设计，即光标为两个英文字符的宽度，但是如果直接在光标位置显示英文，就会出现字符之间间隔一个英文字符宽度的问题。为此，本实验中采用每输入一个按键，就显示所在行整行数据的方法来解决此问题。

本实验可编辑区域为3行，每行可显示16个英文字母，因此程序中设置了一个含有48个元素的数组，作为编辑的存储区，编辑过程中，只是改变数组中元素的数值即可，同时也为显示提供了方便。

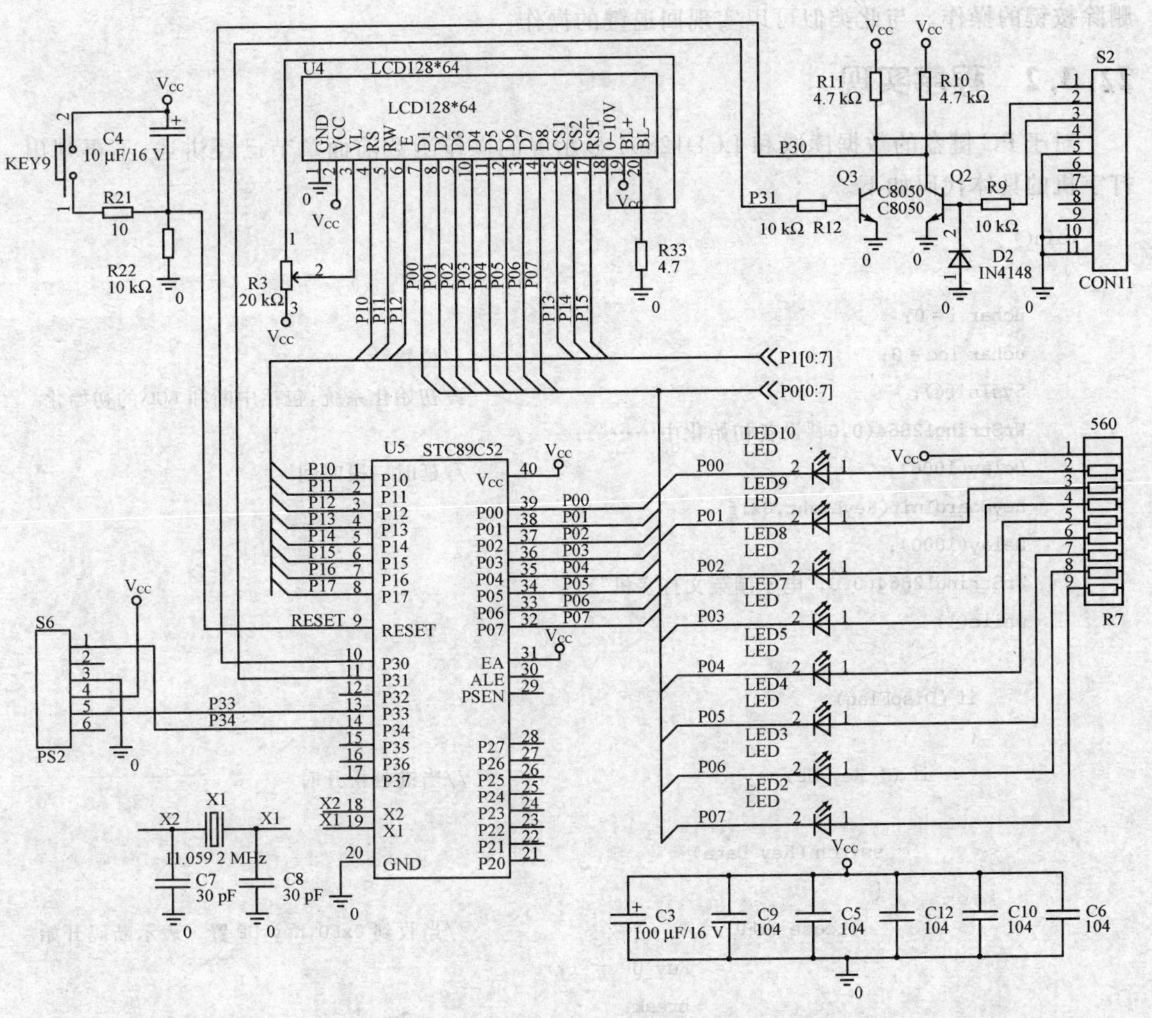

图 22.1　英文打字机的硬件原理图

22.3　英文打字机设计实验

22.3.1　实现思路

一个真正的英文打字机的功能很多，本实验只是部分完成一个打字机的功能，主要目的是如何综合 PS/2 键盘的输入和 LCD12864 的显示功能。实验只使用了主键盘区的按键。本实验的英文打字机主要完成了英文字母、数字、标点符号的显示；删除键删除当前字符；回退键删除光标前字符等功能。

程序的实现思路为：LCD12864 文字处理区为 3 行，总共 48 个字符位置，将要显示的数据设置为一个 48 个元素的数组 Edit[48]，通过数组操作完成基本的打字机功能。例如对删除键的操作就是把光标后面的数组元素值复制到光标位置，依次类推，将后面数组元素的值复制到前一位置，最后一位用空格填充。全部数据移位完成后，将全部数组显示出来，这样就完成了删除按键的操作。与此类似可以实现回退键的操作。

22.3.2　程序实现

对于 PC 键盘的数据读取和 LCD12864 显示屏的操作函数前面章节已经讲述，不再列出。打字机的具体代码如下。

```
main()
{
    uchar i = 0;
    uchar loc = 0;                                //位置
    SysInit();                                    //初始化系统，包括中断和 LCD 的初始化
    WrString12864(0,0,"设备初始化中……");
    Delay(1000);                                  //延时一段时间
    KeyBoardInit(KeyLight,0x1f);
    Delay(1000);
    WrString12864(0,0,"电子园英文打字机");
    while(1)
    {
        if (DispFlag)
        {
            if (! Key_UP)                         //当键盘松开时
            {
                switch (Key_Data)
                {
                    case 0xF0 :                   //当收到 0xF0，Key_UP 置 1 表示断码开始
                            Key_UP = 1;
                            break;

                    case 0x12 :                   //左 SHIFT
                    case 0x59 :                   //右 SHIFT
                            Shift = 1;
                            break;

                    case 0x58 :                   //Caps Lock 大写锁定键
                            CapsLock = ～CapsLock;
                            KeyBoardLight(KeyLight);
                            break;

                    case 0x77 :                   //Num Lock 小键盘数字键锁定
                            NumLock = ～NumLock;
                            KeyBoardLight(KeyLight);
                            break;
                    case 0x7E :                   //Scroll Lock 滚动锁定键
```

```
                ScrLock = ~ScrLock;
                KeyBoardLight(KeyLight);
                break;
        case 0x75 :                                 //上光标键
                loc = loc - 17;
                if (loc>0xed) loc = 0;
                break;
        case 0x72 :                                 //下光标键
                loc = loc + 15;
                if (loc>MAXstr) loc = 0;
                break;
        case 0x6B :                                 //左光标键
                loc -- ;
                if (loc>0xfe) loc = 0;      //当 0 再减 1 后就是 0xFF
                break;

        case 0x74 :                                 //右光标键
                loc ++ ;
                if (loc>MAXstr) loc = 0;
                break;
        case 0x66 :                                 //回退键
                MoveStr(loc - 1,1);
                   loc -- ;
                if (loc>0xfe) loc = 0;      //当 0 再减 1 后就是 0xFF
                WrString12864(1,0,&Edit[0]);
                WrString12864(2,0,&Edit[16]);
                WrString12864(3,0,&Edit[32]);
                break;
        case 0x71 :                                 //删除键
                   MoveStr(loc,1);
                   WrString12864(1,0,&Edit[0]);
                WrString12864(2,0,&Edit[16]);
                WrString12864(3,0,&Edit[32]);
                break;

        default:
                for (i = 0;i<62;i ++ )              //开始查表
                {
                    if (SCanCode2ASCII[i][0] = = Key_Data)
                    {
                        if (loc>MAXstr)     loc = 0;
                        //if (loc<0)     loc = 0;
```

```
                                    if(Shift)  //如果 Shift 按下
                                    {
                                        if ((CapsLock)&&(i<26))      //假如大写锁定
                                            Edit[loc] = SCanCode2ASCII[i][1];
                                                //输出小写英文字符
                                        else
                                            Edit[loc] = SCanCode2ASCII[i][2];
                                                //输出大写英文字符
                                    }
                                    else     //如果没有按下 Shift
                                    {
                                        if ((CapsLock)&&(i<26))      //假如大写锁定
                                            Edit[loc] = SCanCode2ASCII[i][2];
                                                //输出大写英文字符
                                        else
                                            Edit[loc] = SCanCode2ASCII[i][1];
                                                //输出小写英文字符
                                    }
                                    WrString12864(loc/16 + 1,0,&Edit[loc/16 * 16]);
                                    loc = loc + 1;
                                    break;
                                }
                            }
                        break;
                }
            }
            else
            {
                Key_UP = 0;
                if ((Key_Data = = 0x12)||(Key_Data = = 0x59))
                {
                    Shift = 0;
                }
            }
            Key_Data = 0;
            DispFlag = 0;
        }
    }
}
```

22.4　实验总结

本实验的重点是对打字机的处理，整合了 PC 键盘的 PS/2 协议、LCD12864 显示屏的读写操作等。打字机编辑区数据采用数组作为缓冲区，通过对数组的操作，实现了简易打字机的功能。

22.5　课后习题

(1) 实现打字机回车功能。

(2) 将打字机的 PC 键盘操作扩充到数字小键盘。

第23章 综合实验5：简易电压数据采集系统

随着新技术的发展，计算机的计算速度越来越快，存储空间越来越大，现在很多的数据显示、计算以及数据存储等都通过计算机完成。本章以一个简易的电压数据采集为例，使读者了解将单片机采集的数据传送到上位机的方法。

23.1 实验说明

本实验是对第14章和第18章的综合，主要实现由单片机组成的下位机和计算机的上位机通信，以实现电压数据采集。

23.2 硬件电路原理

本实验的硬件电路见图23.1，图中A/D转换采用实验板上的ADC0832，ADC0832已经

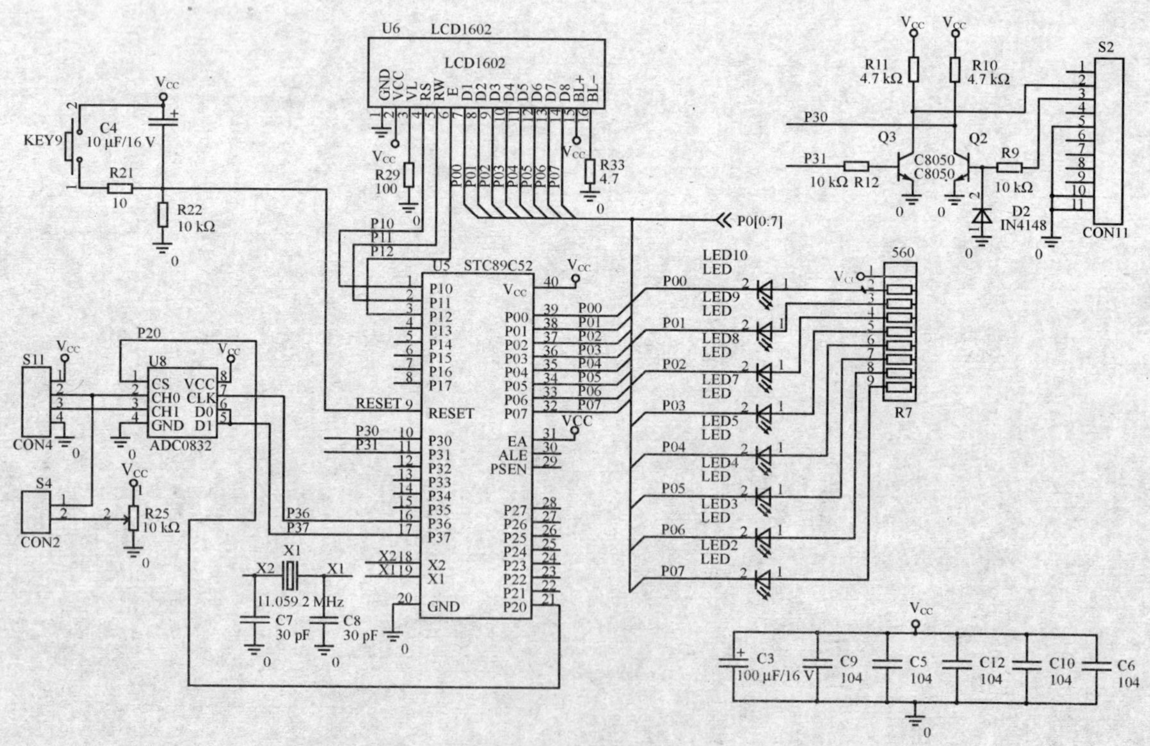

图23.1 硬件电路

在第14章讲述过，这里不再阐述。A/D转换的数据经过串口传送到上位机，并在上位机上将采集到的数据以曲线的方式显示出来。

23.3 数据通信协议设计

数据通信协议亦称数据通信控制协议，是为保证数据通信网中通信双方能有效、可靠通信而规定的一系列约定。这些约定包括数据的格式、顺序、速率、数据传输的确认或拒收、差错检测、重传控制和询问等操作。数据通信协议分两类：一类称为基本型通信控制协议，用于以字符为基本单位的数据传输；另一类称为高级链路控制协议，用于以比特为基本单位的数据传输。

基本型协议使用于简单的低速通信系统，传输速度一般不高，通信为异步/同步半双工方式。本实验的通信协议采用基本型协议，并进行了简化。实验中协议可分为下位机的发送和接收协议，现分别介绍如下：

1. 下位机发送协议

下位机向上位机发送数据的协议格式为：数据帧头＋通道1数据＋通道2数据。

本实验中下位机要不断的向上位机传送数据，由于下位机向上位机传送的数据中涉及0x00～0xFF中所有的数据，因此数据帧头应与所传送的数据区别开，为简便起见，设定数据帧头为两位，即为0x00 0xFF，这两个数与传送数据相同的机会比较小，且为两位，上位机比较好识别。具体数据通信格式见表23.1。

表23.1 下位机发送协议格式说明

字节位置	含 义	数 据
1,2	帧头	0x00 0xFF
3	通道1数据	0～0xFF
4	通道2数据	0～0xFF

2. 下位机接收协议

下位机接收上位机所发送的数据通信结构为：数据帧头＋命令＋采样数据间隔时间。

本系统中，上位机可向下位机发送命令，命令有开始传送数据和停止数据传送命令，并可扩充，命令后为采样数据间隔数据，采样间隔时间以50 ms为单位，具体命令格式含义见表23.2。

表23.2 下位机接收数据协议表

字节位置	含 义	数据范围	说 明
1,2	帧头	0xAA 0xAA	
3	命令数据	0x01	开始传送数据
		0x02	停止传送数据
4	采样时间间隔	0x01～0xff	采样时间间隔，为50ms的倍数

有了数据通信协议后，就可以分别设计上位机和下位机程序，23.4 节主要介绍下位机的程序设计。

23.4 程序设计

23.4.1 主函数程序设计

主函数程序主要处理来自上位机的命令，并将采集到的数据发送到上位机。数据采用定时长数据采集，每次采集两个通道的电压数据。实验中所用的晶振为 11.059 2 MHz，定时器 0 每 50 ms 中断一次，中断后将数据采集发送标志置 1，主程序在采集数据标志为 1 时，采集数据并发送给上位机。主函数中还有命令处理部分，当接收到来自上位机的命令后，命令处理部分进行解释，当命令为 0x01 时，允许定时中断 0，进行数据采集发送，当命令为 0x02 时，关闭定时中断 0，终止数据的采集发送。主函数的流程图如图 23.2 所示。

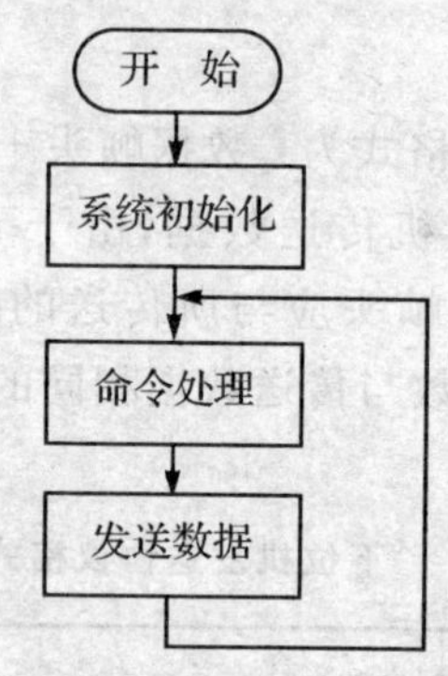

图 23.2 主函数流程图

具体程序清单如下：

```
main()
{
    systeminit();                                  //系统初始化
    while(1)
    {
        //命令处理
        if(command! = 0x00)                        //假如有新的命令
        {
            if (command = = 0x01)                  //开始采集数据命令
            {
                TR0 = 1;                           //允许中断
            }
            if (command = = 0x02)                  //停止采集数据命令
            {
                TR0 = 0;                           //禁止中断
            }
            command = 0;                           //命令执行后，清除命令
```

```
}

//数据发送
if (Send_Flag)
{
    Send_Flag = 0;                      //数据发送标志清零
    send_char_com(0x00);                //发送数据头
    send_char_com(0xFF);
    send_char_com(ReadAdc(2));          //发送通道 1 数据
    send_char_com(ReadAdc(3));          //发送通道 2 数据
}
}
}
```


23.4.2　串口中断接收设计

串行中断函数主要处理来自上位机的数据，从数据中分离出命令数据和采样时间间隔数据。具体流程如图 23.3 所示。

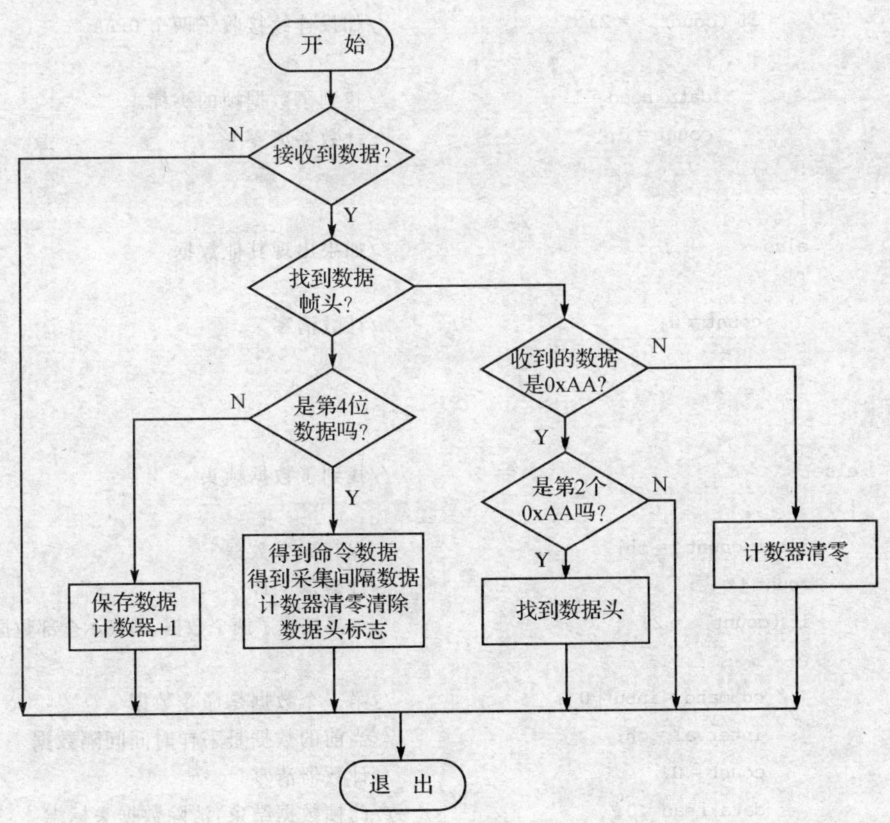

图 23.3　串行中断数据处理流程图

根据图 23.3 所示的流程图，编写串行中断函数代码如下：

```
/*****************************************************************
串口接收中断函数
*****************************************************************/
void serial () interrupt 4 using 3
{
    uchar ch;
    if(RI)
    {
        RI = 0;
        ch = SBUF;
        if(! data_head)                         //数据头标志没有找到
        {
            if (ch = = 0xaa)                    //如果接收到的数据是 0xAA
            {
                inbuf[count] = ch;              //保存接收的数据
                count ++ ;                      //接收计数器 + 1
                if (count> = 2)                 //如果连续接收了两个 0xAA
                {
                    data_head = 1;              //找到了数据帧的头标志
                    count = 0;                  //计数器清零
                }
            }
            else                                //如果出现其他数据
            {
                count = 0;                      //计数清零
            }

        }
        else                                    //找到了数据帧头
        {
            inbuf[count] = ch;                  //保存命令数据
            count ++ ;                          //计数器 + 1
            if (count> = 2)                     //如果接收了两个数据,则表示全部数据接收完毕
            {
                command = inbuf[0];             //第一个数据是命令数据
                interval = ch;                  //当前的数据是采样时间间隔数据
                count = 0;                      //计数器清零
                data_head = 0;                  //此帧数据结束,清除数据头标志
            }
        }
    }
}
```

23.5　上位机简介

本系统的上位机软件在本书配套光盘中，运行效果见图 23.4。程序运行后首先选择正确的串口并打开。串口正确打开后，单击开始采集按钮后，可以看到 ADC0832 两个通道的电压变化。其中采样时间设置为 50 ms 的倍数，可根据需要选择多长时间采集一次数据。

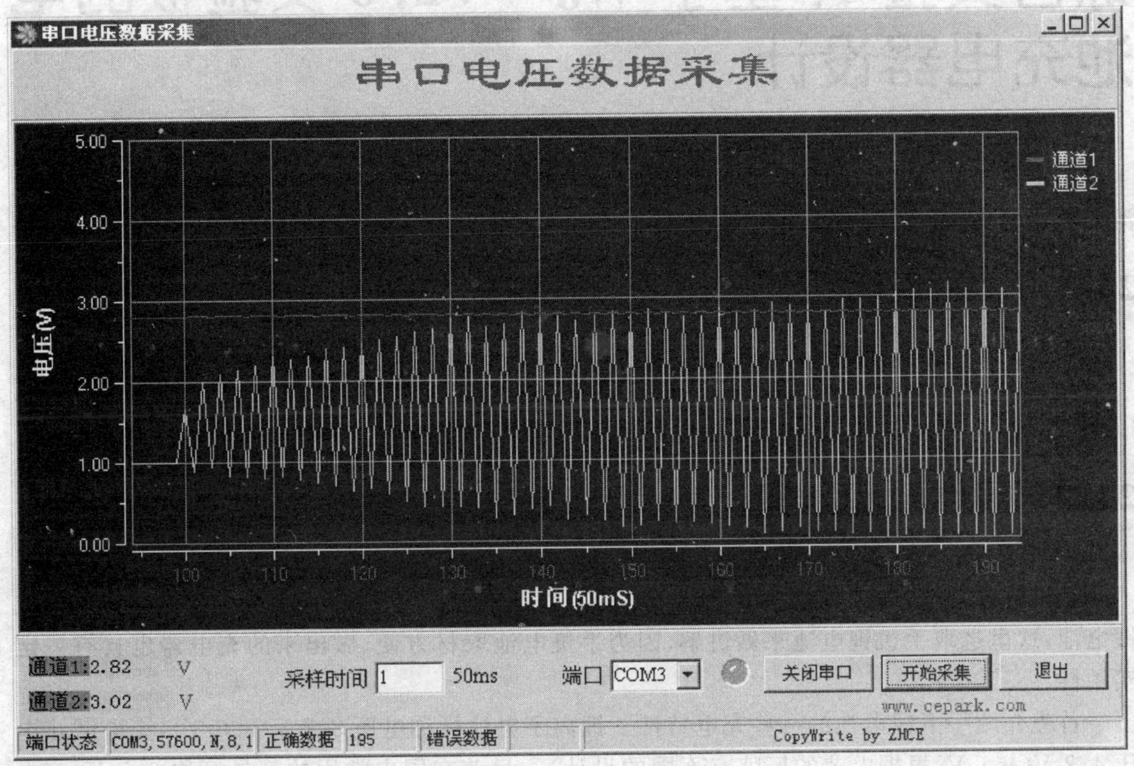

图 23.4　上位机界面

23.6　实验总结

通过本实验，读者加深了对串行通信、定时中断、A/D 数据转换的认识，了解了数据帧的基本概念，熟悉将不同功能单元组合应用的技巧。

23.7　课后习题

(1) 将晶振更换为 22.118 4 MHz 后，实现以上全部功能。

(2) 尝试将数据帧加上异或校验传送。

(3) 分析本章用到的通信协议什么情况下会出现数据传输错误。自己设计一种协议，实验无差错数据传输。

第 24 章

综合实验 6：基于 WJ－V2.0 实验板的电池充电器设计

本章在 WJ－V2.0 实验板的硬件基础上，增加了简单充电器控制电路，配合程序来实现电池充电器的功能。

24.1 实验说明

利用实验板的硬件资源，ADC0832 负责 A/D 电压采样，检测被充电电池电压值，LCD1602 负责显示状态，充电器控制电路负责控制开/关充电。

24.2 硬件原理详解

在讲解原理前，先来介绍一下电池充电的一些基本知识，目前市面上较多的是镍镉电池或锂电池，这里选取手机锂电池来做讲解，因为手机电池取材方便，做出来的充电器也具有一定实用性。

首先介绍一下锂电池的一些充电特性。锂离子电池标称电压 3.7 V(3.6 V)，充电截止电压 4.2 V(4.1 V，根据电芯的厂牌有不同的设计)。目前在国内常用的都是标称 3.7 V，充电截止电压为 4.2 V 的，后面就只针对这一种电池来说明。

按照 GB/T18287 2000 规范，对锂电充电的过程是：首先恒流充电，即电流恒定，而电池电压随着充电过程逐步升高，当电池端电压达到 4.2 V(4.1 V)，改恒流充电为恒压充电，即电压一定，电流根据电芯的饱和程度，随着充电过程的继续而逐步减小，当减小到 0.01 C 时，认为充电终止(C 是以电池标称容量对照电流的一种表示方法，如电池是 1 000 mAh 的容量，1 C 就是充电电流 1 000 ma，注意是 ma 而不是 mAh，0.01 C 就是 10 ma。)。在充电达到 4.2 V 后，改为限压充电，目的是为了消除电池内阻的影响，这是因为当电池使用时间较长后，内阻增大，这样在充电电流较大时，内阻上的压降也较大，造成电池端电压达到 4.2 V，但实际上并没有充满。

实际上，市面上的充电器多数只是限压型，也就是充电截止电压被限定在 4.2 V，然后随着电池电压的升高，充电电流逐步减少，直至电池电压最终达到 4.2 V 为止。这在使用上并不会影响锂电池的寿命，因为采取 1 C 或 0.5 C 或 0.1 C 的充电电流都是可以的，只是充电时间的差异，影响锂电使用寿命的主要是放电截止电压和充电截止电压，即不能过放电或过充电。本章要介绍的充电器也是限压型。

24.2.1　硬件原理图

图 24.1 是利用实验板扩展成充电器的电路图，其中 Q1、R23～R27、C9、C10 在实验板上是没有的，需要读者另外制作，通过实验板的扩展口连接到实验板中。

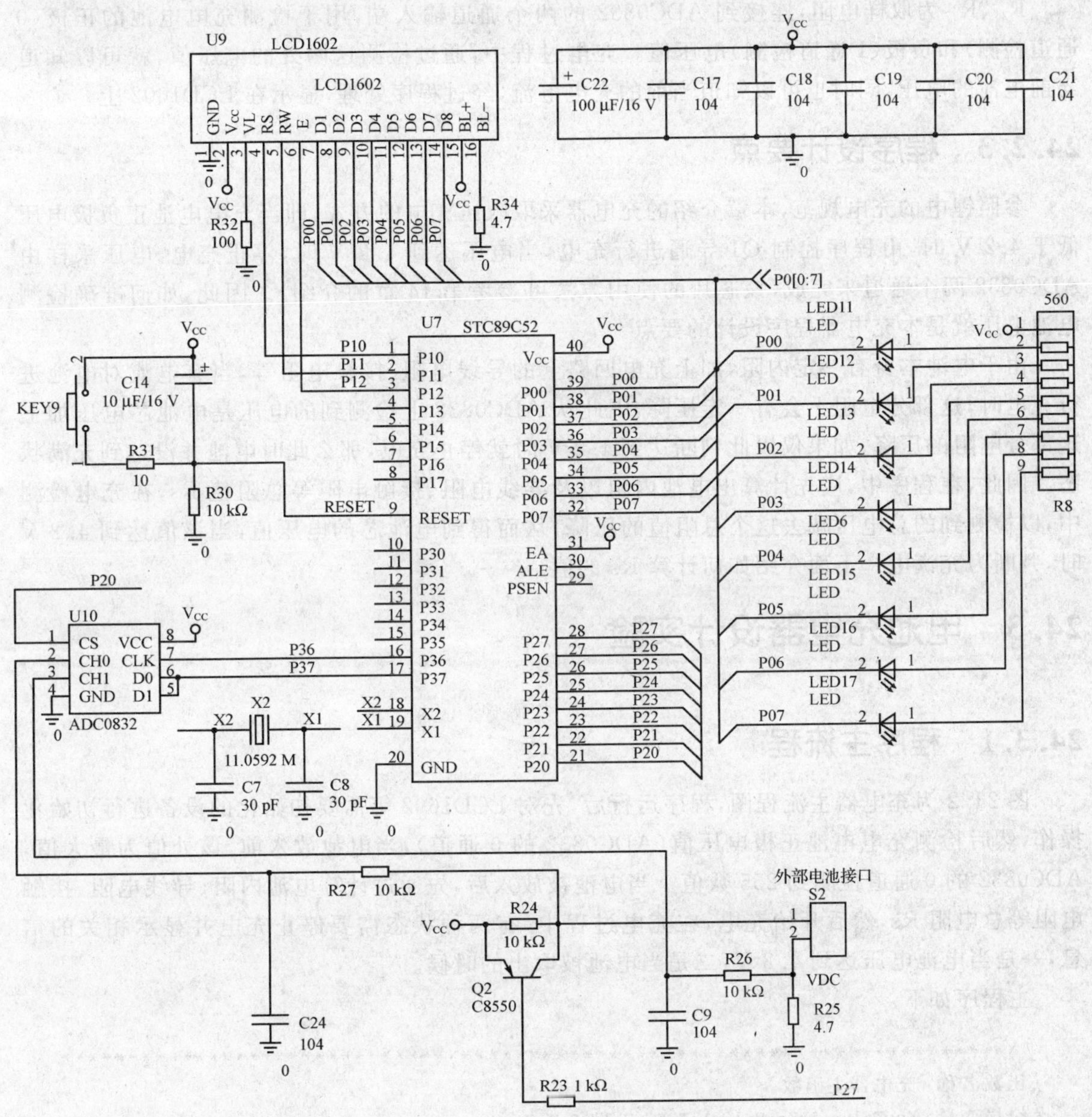

图 24.1　电池充电器硬件原理图

24.2.2　硬件设计原理

Q1 是控制电池充电的开关，其基极接在单片机 P2.7 口上，当 P2.7 口为低电平时，Q1 导通，电流经电池（接在 S1 上）、R25 对电池进行充电，当 P27 为高电平时，Q1 截止，充电结束。R25 为限流电阻，改变它的大小可以改变充电电流的大小，考虑到实验板的供电取自电脑的

USB 接口，它可以提供的电流最大为 500 ma，去除实验板本身消耗的电流，可以提供的充电电流大约只有 400 ma。因此，我们取 R25 阻值为 4.7 Ω，最大充电电流大约可以达到 230 ma。可由以下公式计算获得最大充电电流：

$$(V_{usb}-V_{电池}-V_{ce})/R_{25}=(5-3.6-0.3)/4.7=0.234\ A$$

R_{26}、R_{27} 为取样电阻，连接到 ADC0832 的两个通道输入端，用于检测充电电池的正极(0 通道检测)和负极(1 通道检测)电压值。充电过程中，通过检测这两处的电压值，就可以知道当前电池的电压，同时也可以知道当前的充电电流，经过程序处理，显示在 LCD1602 上。

24.2.3 程序设计要点

参照锂电的充电规范，本章介绍的充电器采取限压充电的方式，即当充电电池正负极电压低于 4.2 V 时，由程序控制 Q1 导通进行充电，当电压达到 4.2 V 时，停止充电，电压采样由 ADC0832 两个通道来完成(该芯片的使用方法可参考第 14 章的介绍)。因此，如何准确检测电池电压就是本充电器程序设计的要点。

由于电池本身有一定内阻，加上充电回路上的导线电阻、接触电阻等，当有电流对电池进行充电时，这部分电阻上会有一定压降，因此从 ADC0832 上检测到的电压是电池芯电压加上这部分电阻的压降，如果仅以此判断达到 4.2 V 时就停止充电，那么此时电池并没达到充满状态。因此，在程序中，应先计算出电池内阻以及导线电阻、接触电阻等总阻值 Rs，在充电检测中，以检测到的总电压减去这个总阻值的压降，从而得到电池芯的电压值，当该值达到 4.2 V 时，判断为充满电。下面介绍如何计算 Rs 的值。

24.3 电池充电器设计实验

24.3.1 程序主流程

图 24.2 为充电器主流程图，程序运行后，先对 LCD1602 等需要初始化的设备进行初始化操作，然后检测充电电池正极电压值(ADC0832 的 0 通道)，当电池放入前，该处值为最大值，ADC0832 的 0 通道检测到 255 数值。当电池被放入后，先通过计算电池内阻、导线电阻、接触电阻等总电阻 Rs，然后开始充电，在充电过程中，有两种状态需要停止充电并显示相关的信息，一是当电池电压达到 4.2 V，二是当电池被取出的时候。

主程序如下：

```
/**********************************************************************
函数名称：充电器主函数
全局变量：KeyValue、IrKeyValue1、IrKeyValue2、IrKeyVaue
参数说明：
返回说明：无
版    本：1.0
说    明：解码出按键值并根据键值转换成标准键值保存在 KeyValue，数字值保存在 IrKeyValue
**********************************************************************/
void main(void)
{
```

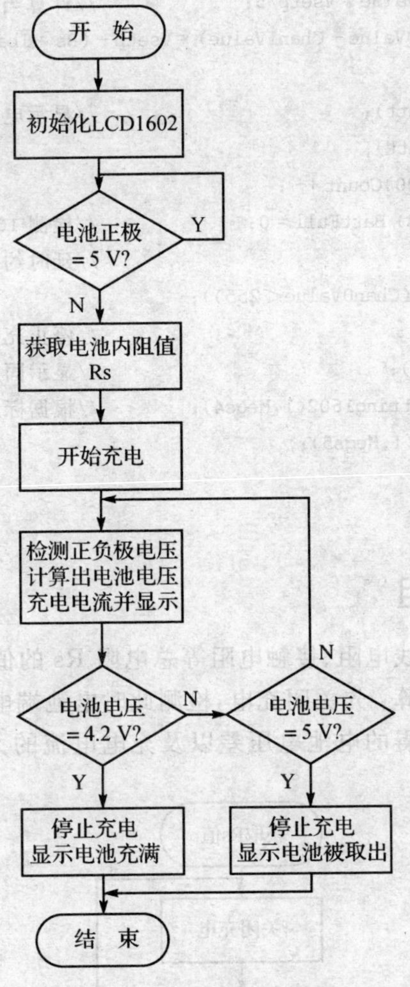

图 24.2 充电器主流程图

```
uchar Count;
uint Vbatt,Ibatt;                          //充电电池电压、充电电流
mDelay(1000);                              //开机延时待设备稳定
Init1602();
WrString1602(0,Megs0);                     //显示固定的信息
WrString1602(1,Megs1);
while(GetValue0832(0) = = 255);            //获取电池正极电压,判断是否为 5 V
mDelay(2000);                              //延时,待设备稳定
BattFull = 1;                              //电池充满标志位,0 为充满
GetRs();                                   //获取电池内阻值
WrString1602(0,Megs2);                     //显示固定的信息
WrString1602(1,Megs3);
do
    {
        Chan0Value = GetValue0832(0);      //获取电池正极电压
        Chan1Value = GetValue0832(1);
```

```
            Ibatt = Chan1Value * Vsetp/5;                    //计算当前充电电流
            Vbatt = (Chan0Value - Chan1Value) * Vsetp - (Rs * Ibatt);    //计算电池电压

            DispBattV(Vbatt);                                //显示电压,电流
            DispBattI(Ibatt);
            if(Vbatt>4200)Count ++ ;
            if(Count>100) BattFull = 0;                      //检测 100 次超过 4.2 V 则判断为充满
            mDelay(2000);                                    //延时约 1 s 后再次检测
        }while(BattFull&&(Chan0Value<255));
    Ch = 1;                                                  //停止充电
    {WrString1602(0,Megs0);                                  //显示固定信息
    if(Chan1Value)      WrString1602(1,Megs4);               //根据标志位显示充满或没电池
        else WrString1602(1,Megs5);}
    while(1);
}
```


24.3.2　获取电池内阻

为准确计算电池内阻、导线电阻、接触电阻等总电阻 Rs 的值，在电池放入的时候，通过检测 10 次取平均值的方法来计算：先关闭充电，检测此时电池端电压值，再打开充电，检测充电时电池上的端电压值，通过获得的电池电压差以及充电电流的大小可计算出 Rs 的值。程序流程图如图 24.3 所示。

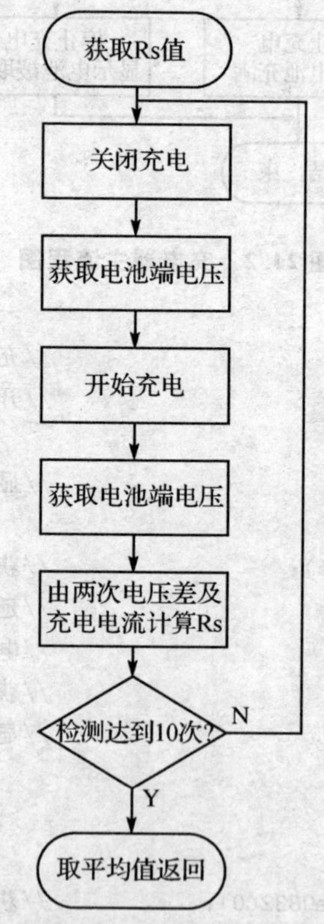

图 24.3　获取 Rs 值流程图

下面是获取 Rs 值的子函数。

```
/****************************************************************************
函数名称：获取 Rs 值的子函数
全局变量：Rs
参数说明：
返回说明：无
版　　本：1.0
说　　明：计算出电池内阻、导线电阻、接触电阻等总电阻 Rs 的 10 次平均值
****************************************************************************/
void GetRs()
{
    uchar i,temp1;float temp2 = 0;
    for(i = 0;i<10;i ++ )
    {
        Ch = 1;
        mDelay(500);                                     //延时 0.25 s
        temp1 = GetValue0832(0);                         //取得未充电前电压值
        Ch = 0;                                          //开始充电
        mDelay(500);                                     //延时待电流稳定
        Chan0Value = GetValue0832(0);                    //取得此时正极电压值
        Chan1Value = GetValue0832(1);                    //取得此时负极电压值
        Rs = (Chan0Value - Chan1Value - temp1) * 5/Chan1Value;   //计算出电池及电线上内阻
        temp2 + = Rs;
    }
    Rs = temp2/10;                                       //取 10 次平均值为内阻值
}
```

24.3.3 计算电压电流及显示

在程序中，电池电压的计算是通过 ADC0832 两个通道检测的电压差再减去 Rs 上的压降得到的，而充电电流值则是由电池负极对地电压值（ADC08632 的 1 通道上检测到的电压值）除以电阻 R25 得到。计算较为简单，读者可以通过阅读程序进行了解，LCD1602 的使用请参照第 8 章的内容，这里不再详细说明，只给出两个显示子函数供参考。

```
/****************************************************************************
函数名称：电池电压显示子函数
全局变量：无
参数说明：
返回说明：无
版　　本：1.0
说　　明：将计算的电池电压值拆分后在 LCD1602 上进行显示
****************************************************************************/
void DispBattV(uint dat)
{
    WrByte1602(0,1,dat/1000 + 0x30);                     //拆分个、十、百、千位进行显示
```

```
    WrByte1602(0,3,dat/100 % 10 + 0x30);
    WrByte1602(0,4,dat % 100/10 + 0x30);
    WrByte1602(0,5,dat % 10 + 0x30);
}
/ **********************************************************************
函数名称：电池充电电流值显示子函数
全局变量：无
参数说明：
返回说明：无
版    本：1.0
说    明：将计算的电池充电电流值拆分后在 LCD1602 上进行显示
**********************************************************************/
void DispBattI(uint dat)
{
    WrByte1602(0,9,dat/1000 + 0x30);                    //拆分个、十、百、千位进行显示
    WrByte1602(0,11,dat/100 % 10 + 0x30);
    WrByte1602(0,12,dat % 100/10 + 0x30);
    WrByte1602(0,13,dat % 10 + 0x30);
}
```

24.4　实验总结

通过本章学习，读者应对充电器编程有了初步了解，在实际应用中，针对不同的充电电池，有不同的充电方法和检测方法。例如镍氢电池（NI-MH）使用的-DELTA V 方法（电池充电时，电压刚开始时是比较快的上升，之后缓慢上升，等到充满的时候，电压又开始快速下降，只是下降的幅度不是很大）来检测电池是否充满，这种检测方法无须做内阻的测定，读者可以通过修改程序来实际测试不同类型电池的充电。同时，在成熟的充电器产品中，除了对电池做充满判断外，还在接入电池前做电压过低检测，另外，大多数还有超时检测，即无论电池电压充到多少，只要充电时间达到一定时间均认为是充满，这些检测读者均可以自行添加。

24.5　课后习题

修改程序使本章的充电器程序适合充各种不同电压值的电池，有能力的读者可以查阅相关-DELTA V 检测方法的资料，做一个适合镍氢电池（NI-MH）使用、采取-DELTA V 检测方法的充电器。

第 25 章

综合实验 7：步进电机驱动

步进电机可以对旋转角度和转动速度进行高精度控制。步进电机作为控制执行元件，是机电一体化的关键产品之一，广泛应用在各种自动化控制系统和精密机械等领域。随着微电子和计算机技术的发展，步进电机的需求量与日俱增，在国民经济各领域都有应用。

25.1 实验说明

本实验对步进电机工作原理作了概要介绍，对步进电机的控制原理、控制方式和驱动方发作了详细说明，并给出了采用 8051 单片机控制步进电机的具体实现方法。

25.2 步进电机介绍

步进电机是纯粹的数字控制电动机，它将电脉冲信号转变为角位移，即给一个脉冲，步进电机就转一个角度，因此非常适合单片机控制。在非超载情况下，电机的转速、停止位置只取决于脉冲信号的频率和脉冲数，而不受负载变化的影响。同时步进电机只有周期性误差而无积累误差，具有精度高、控制和机械结构简单的优点。

25.2.1 步进电机的特点

(1) 步进电机的角位移与输入脉冲数严格成正比。因此，当转一圈后，没有累计误差，具有良好的跟随性。

(2) 由步进电机与驱动电路组成的开环数控系统，既简单廉价，又非常可靠。同时它也可以与角度反馈环节组成高性能的闭环数控系统。

(3) 步进电机的动态响应快，易于启动，转向与转速易于控制。

(4) 速度可在相当宽的范围内平稳调整，低速下仍能获得较大转矩，因此一般可以不用减速器而直接驱动负载。

(5) 步进电机只能通过脉冲电源供电才能运行，不能使用交流电源和直流电源。

(6) 步进电机存在振荡和失步现象，必须对控制系统和机械负载采取相应的措施。

常见的步进电机分 3 种：永磁式(PM)，反应式(VR)和混合式(HB)。永磁式步进电机一般为两相，转矩和体积较小，步进角一般为 7.5°或 15°；反应式步进电机一般为三相，可实现大转矩输出，步进角一般为 1.5°，但噪声和振动都较大；在欧美等发达国家 20 世纪 80 年代已被淘汰；混合式步进电机混合了永磁式和反应式的优点，它又分为两相和五相：两相步进角一般为 1.8°，而五相步进角一般为 0.72°。这种步进电机的应用最为广泛。

本实验所用步进电机为四相步进电机，采用单极性直流电源供电。只要对步进电机的各相绕组按合适的时序通电，就能使步进电机步进转动。图 25.1 是该四相反应式步进电机工作原理示意图。从图中可以看出，电机共有 4 组线圈，4 组线圈的一端连在一起引出，另一端单独引出，这样一共有 5 根引出线。要使步进电机转动，只要轮流给各引出端与公共端通电即可。

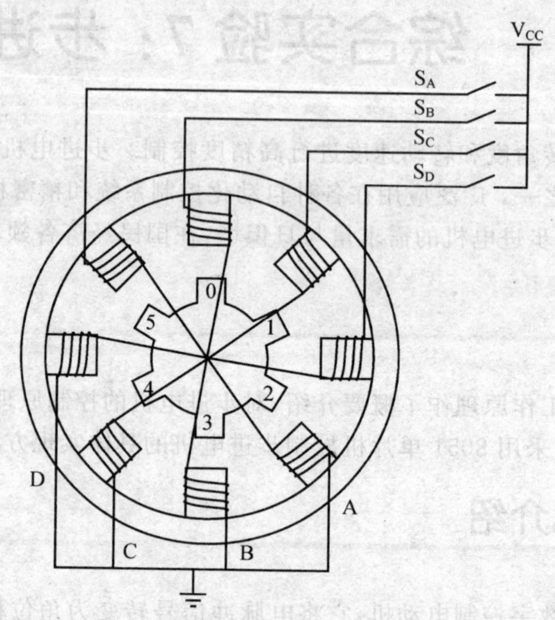

图 25.1　四相步进电机示意图

25.2.2　步进电机的工作方式

如果通过单片机按顺序给绕组施加有序的脉冲电流，就可以控制电机转动，从而实现数字→角度的转换。转动角度的大小与施加的脉冲数成正比，转动的速度与脉冲频率成正比，而转动方向则与脉冲的顺序有关。以四相步进电机为例，电流脉冲的施加共有 3 种方式。

1. 单相四拍方式(按单相绕组施加电流脉冲)

开始时，开关 SB 接通电源，SA、SC、SD 断开，B 相磁极和转子 0、3 号齿对齐，同时，转子的 1、4 号齿就和 C、D 相绕组磁极产生错齿，2、5 号齿就和 D、A 相绕组磁极产生错齿。

当开关 SC 接通电源，SB、SA、SD 断开时，由于 C 相绕组的磁力线和 1、4 号齿之间磁力线的作用，使转子转动，1、4 号齿和 C 相绕组的磁极对齐。而 0、3 号齿和 A、B 相绕组产生错齿，2、5 号齿就和 A、D 相绕组磁极产生错齿。依次类推，A、B、C、D 四相绕组轮流供电，则转子会沿着 A、B、C、D 方向转动。改变四相绕组供电的顺序即可控制正反转。即：

→A →B →C →D 正转；

→A →D →C →B 反转。

时序图如图 25.2 所示。

2. 双相四拍方式(按双相绕组施加电流脉冲)

A、B、C、D 四相绕组轮流供电顺序为：

→AB →BC →CD →DA 正转；

→AD →DC →CB →BA 反转。

具体时序图如图 25.3 所示。

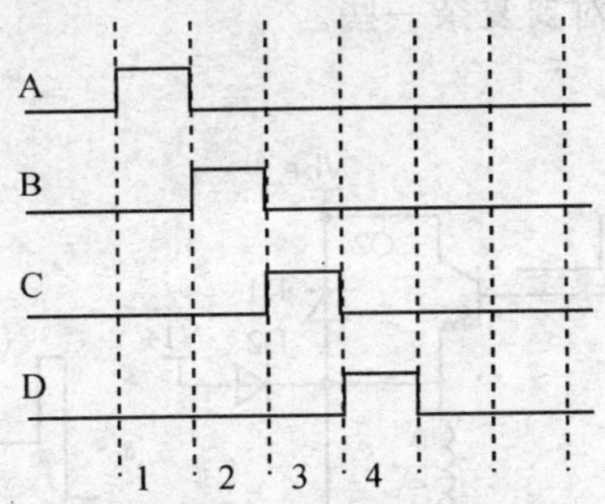

图 25.2　单项四拍方式时序图

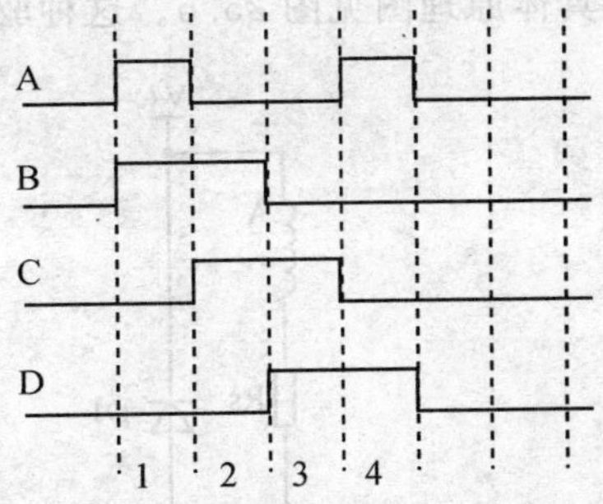

图 25.3　双相四拍方式时序图

与单相四拍方式相比，双相四拍方式的步距角相等，但转动力矩大。

3. 四相八拍方式(单相绕组和双相绕组交替施加电流脉冲)

→A →AB →B →BC →C →CA 正转；

→A →AC →C →CB →B →BA 反转。

具体时序图如图 25.4 所示。

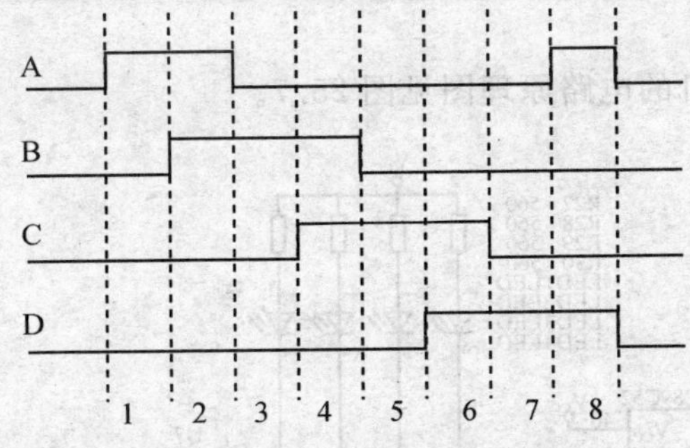

图 25.4　四相八拍方式时序图

四相八拍工作方式的步距角是单相四拍与双相四拍的一半，因此，四相八拍工作方式既可以保持较高的转动力矩又可以提高控制精度。在四相八拍方式下，步进电机转动平稳柔和，但在同样的运行角度与速度下，四相八拍驱动脉冲的频率需提高 1 倍，对驱动开关管的开关特性要求较高。

25.3　步进电机的驱动方式

步进电机常用的驱动方式是全电压驱动，即在电机移步与锁步时都加载额定电压。实现电路如图 25.5 所示。为了防止电机过流及改善驱动特性，需加限流电阻。由于步进电机锁步时，限流电阻要消耗掉大量的能量，故限流电阻要有较大的功率容量，并且开关管也要有较高的负载能力。

步进电机的另一种驱动方式是高低压驱动，即在电机移步时，加额定或超过额定值的电压，以便在较大的电流驱动下，使电机快速移步；而在锁步时，则加低于额定值的电压，只让电机绕组流过锁步所需的电流值。这样，既可以减少限流电阻的功率消耗，又可以提高电机的运行速度，具体原理图见图 25.6。这种驱动方式的电路相对要复杂一些。

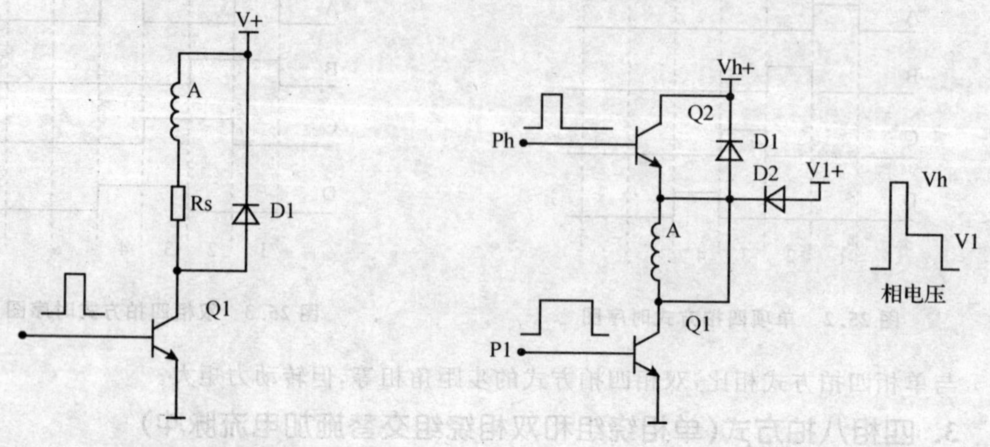

图 25.5　全电压驱动方式原理图　　图 25.6　高低压驱动方式原理图

25.4　步进电机驱动的硬件原理图

本实验中控制步进电机的电路原理图见图 25.7。

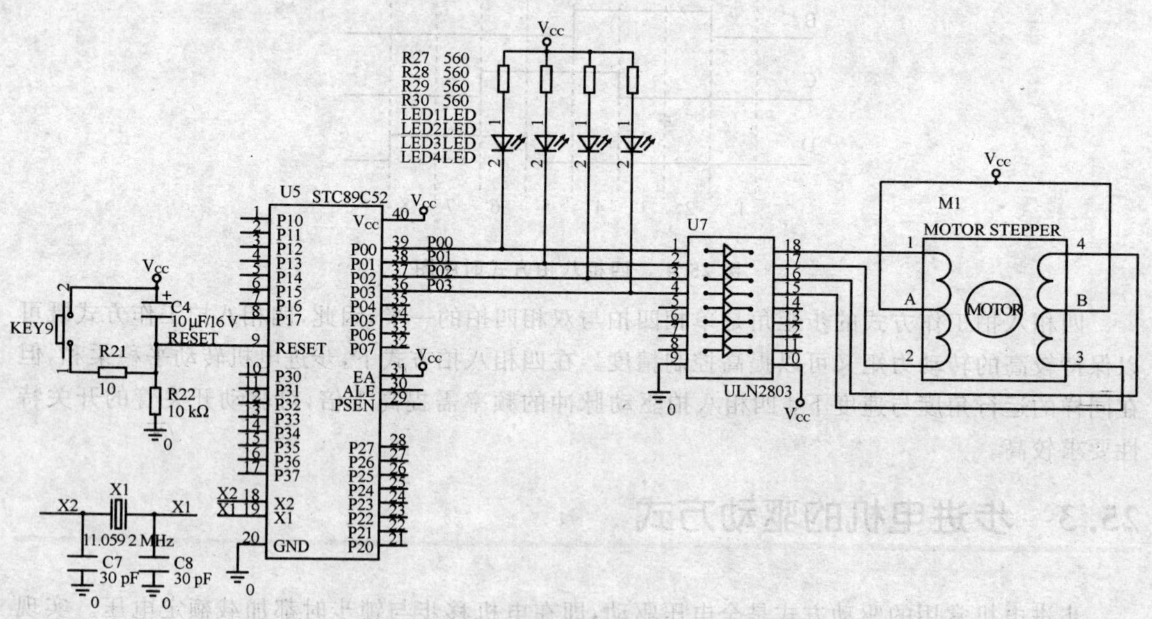

图 25.7　单片机驱动步进电机原理图

图 25.7 中步进电机的驱动方式是全电压驱动。单片机 STC89C52RC 控制脉冲从 P1 口的 P1.4～P1.7 输出，ULN2003 为达林顿管阵列 IC，用来扩展单片机的驱动能力，驱动步进电

机的各相绕组。通过单片机内软件的控制，可使步进电机分别作正转、反转、加速、减速和停止等动作。图中 M1 为步进电机。STC89C52RC 选用频率 11.0592 MHz 的晶振，便于与上位机通信。

25.5　单片机驱动步进电机的实现

25.5.1　步进电机的方向控制

驱动脉冲的分配可以使用硬件方法，即用脉冲分配器实现。现在，脉冲分配器已经标准化、芯片化，市场上可以买到。但硬件方法结构复杂，成本也较高。

步进电机控制（包括控制脉冲的产生和分配）也可以使用软件方法，即用单片机实现。下面给出具体的使用单片机以软件方式驱动步进电机的实现方法。

脉冲分配器功能由软件方法实现的流程图如图 25.8 所示。单片机的 P1.0～P1.3 并行输出，驱动四相反应式步进电机。如电机以四相八拍方式工作，正转时的相状态是：A→AB→B→BC→C→CD→D→DA→A，对应的口线状态为（口线为 0 表示导通）1110→1100→1101→1001→1011→0011→0111→0110→1110。为了实现脉冲分配器功能，可在单片机的存储空间存放一张表与上述八拍口线状态相对应，即状态表。经整理得到四相八拍状态表如表 25.1 所列。

表 25.1　四相八拍状态表

拍序	通电相	口线状态		正转序	反转序
0	A	11111110B	(0FEH)	↓	↑
1	AB	11111100B	(0FCH)		
2	B	11111101B	(0FDH)		
3	BC	11111001B	(0F9H)		
4	C	11111011B	(0FBH)		
5	CD	11110011B	(0F3H)		
6	D	11110111B	(0F7H)		
7	DA	11110110B	(0F6H)		

控制系统根据应用要求，电机每走一步，拍序加一（正转）或拍序减一（反转）。然后通过拍序查状态表得出相状态（即口线状态），并将其送到相应输出口即可实现控制要求。

从表 25.1 中可以看到，四相八拍状态表中已经含有单相四拍和双相四拍方式，即拍序 0－2－4－6 即为单相四拍方式，拍序 1－3－5－7 即为双相四拍方式。

25.5.2　步进电机的速度控制

步进电机的速度控制实际上就是控制拍与拍之间的时间间隔，当时间间隔小的时候，速度就快，时间间隔越大，速度就越慢。

25.5.3　软件驱动步进电机的实现

通过上面的分析，可画出如图 25.8 所示的步进电机驱动流程图。

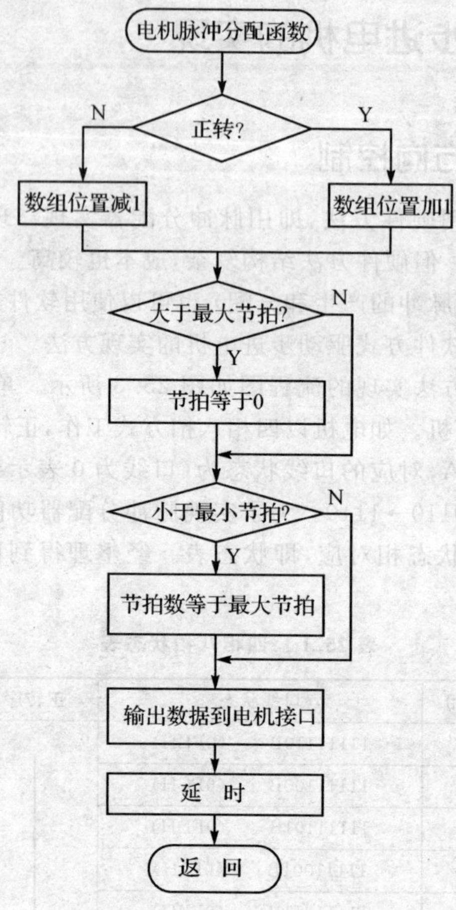

图 25.8　步进电机驱动流程图

通过流程图，可以方便地写出单片机控制步进电机的驱动程序。函数 DriveMoto 中的参数 cw、step、speed 分别用来控制步进电机的转动方向、转动步距和速度。具体函数如下：

```
/*******************************************************************************
函数名称：步进电机正转函数 DriveMoto(bit cw,uint step,uint speed)
全局变量：无
参数说明：cw 为步进电机正反转方向，step 为步距，speed 为速度
返回说明：返回步进电机最后的位置
设 计 人：ZHCE
版    本：1.0
*******************************************************************************/
uchar DriveMoto(bit cw, uchar startpos, uint step, uint speed)
{
    uint i = 0;
    for(i = 0;i<step;i ++ )
```

```
    {
        if (cw)     startpos ++ ;     else     startpos -- ;

        if     (startpos = = 0xff)     startpos = 7;
        if     (startpos>7)            startpos = 0;

        P0 = StepMoto[startpos];                    //将数组中的数据送往 P0
        Delay(speed);                               //延时
    }
    return(startpos);
}
```

此函数的返回值为步进电机的最后位置，即执行完此函数后步进电机所在的拍序。此返回值用来解决以下问题：假设步进电机先执行了正转 5 步的动作，此时拍序的位置为 5，即 CD 相通电。如果再正转 3 步，按表 25.1 的拍序 0 至拍序 7 方式供电的话，就会先执行拍序 0，再执行拍序 1，再执行拍序 2……，但是从拍序 5 到拍序 0 的过程就会产生步进电机的跳动。函数的返回值就正好解决了此问题，返回值记住了上次电机转动的拍序位置，下次再有转动指令时，均以上次位置为起始位置，这样就不会出现上面的问题了。

25.6　步进电机驱动实验

本次实验将第 18 章的串口知识与本章的步进电机知识相结合，实现计算机对步进电机进行简单控制。上位机软件界面如图 25.9 所示。使用时首先设置好串口号和波特率，波特率为 19 200。

上位机对下位机的的协议如表 25.2 所示，其中转速值越大，速度越慢。随着速度的不断提高，可以观察到步进电机的失步现象。下位机在执行完上位机的指令后，会发送“OK”字符给上位机，上位机在接收到“OK”字符后，便认为下位机完成此次指令，方可进行下一次的数据发送。

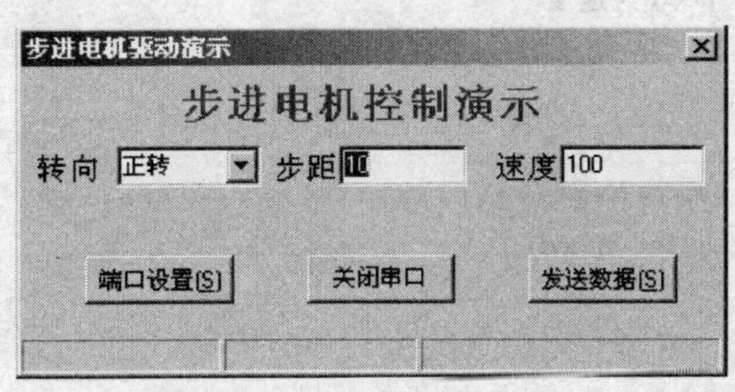

图 25.9　步进电机上位机软件

表 25.2　下位机发送协议格式说明

字节位置	含　义	数　据
1,2	帧头	0x00 0xFF
3—3	步距	取值范围为 0～65 535
5—6	转速	取值范围为 0～65 535

完整的下位机代码如下：

```
/*****************************************
程序编号:
程序说明: 步进电机的延时方式驱动
```

```
*****************************************/
#include <REGX51.H>                                      //声明包含文件
#include <serial.h>

#define uchar unsigned char
#define uint  unsigned int

/*以下为步进电机的口线状态数据*/
uchar StepMoto[] = {0xFE,0XFC,0XFD,0XF9,0XFB,0XF3,0XF7,0XF6};


unsigned char inbuf[6];                                  //输入缓冲区
bit data_head = 0, Send_Flag = 0;                        //数据帧头标志;发送数据标志
bit data_stat = 0;                                       //从串口接收到的数据处理状态
uchar count;                                             //接收数据帧长度计数器;
uint moto_cw = 0, moto_step = 0, moto_speed = 20;        //电机转向;电机步距;电机转速
uchar last_pos = 0;                                      //电机上次位置

/*延时函数*/
void Delay(uint t)
{
        uint i,j;
        for(i = 0;i<t;i ++ )
         {
            for(j = 0;j<10;j ++ );
         }
}
/***************************************************************************
函数名称：步进电机正转函数 DriveMoto(bit cw,uint step,uint speed)
全局变量：无
参数说明：cw 为步进电机正反转方向,step 为步距,speed 为速度
返回说明：无
设 计 人：ZHCE
版    本：1.0
***************************************************************************/
uchar DriveMoto(bit cw, uchar startpos, uint step, uint speed)
{
    uint i = 0;

    for(i = 0;i<step;i ++ )
    {
        if (cw)    startpos ++ ;    else    startpos -- ;

        if    (startpos = = 0xff)    startpos = 7;
        if    (startpos>7)          startpos = 0;
```

```
        P0 = StepMoto[startpos];                          //将数组中的数据送往 P0
        //send_char_com(startpos);
        //send_char_com(P0);
        Delay(speed);                                     //延时
    }
    return(startpos);
}
/ * 主函数 * /
main()                                                    //主函数开始
{
    unsigned char i = 0;
    init_serialcomm();
    while(1)                                              //无穷循环
    {
        if(data_stat)                                     //如果接收到新的命令数据
        {
            last_pos = DriveMoto(moto_cw,last_pos,moto_step,moto_speed);
            send_char_com('o');
            send_char_com('k');
            data_stat = 0;
        }
    }
}
/ *************************************************************
串口接收中断函数
************************************************************* /
void serial () interrupt 4 using 3
{
    uchar ch;
    if(RI)
    {
        RI  =  0;
        ch = SBUF;
        if(! data_head)                                   //数据头标志没有找到
        {
            if (ch = = 0xaa)                              //如果接收到的数据是 0xAA
            {
                inbuf[count] = ch;                        //保存接收的数据
                count ++ ;                                //接收计数器 + 1
                if (count> = 2)                           //如果连续接收了两个 0xAA
                {
                    data_head = 1;                        //找到了数据帧的头标志
                    count = 0;                            //计数器清零
                }
            }
```

```
            else                                        //如果出现其他数据
            {
                count = 0;                              //计数清零
            }
        }
        else                                            //找到了数据帧头
        {
            inbuf[count] = ch;                          //保存命令数据
            count ++ ;                                  //计数器 + 1
            if (count> = 5)                             //如果接收了 5 个数据,则表示全部
                                                        //数据接收完毕
            {
                moto_cw = inbuf[0];                     //第一个数据是电机方向
                moto_step = inbuf[1] * 256 + inbuf[2];  //第 2 个和第 3 个数据是电机步距
                moto_speed = inbuf[3] * 256 + ch;       //第 3 个和第 4 个数据是电机转速
                data_stat = 1;                          //接收到数据
                count = 0;                              //计数器清零
                data_head = 0;                          //此帧数据结束,清除数据头标志
            }
        }
    }
}
```

25.7　实验总结

至此,一个简单的步进电机的控制演示实验就完成了,通过本次实验,读者对串行通信、步进电机的基本原理和软件控制方法等加深了认识,熟悉了将不同的功能单元组合应用的方法。

25.8　课后习题

(1) 使用单相四拍方式控制步进电机。

(2) 采用定时器方法,对步进电机转速进行控制。

(3) 将步进电机本次位置写入 EEPROM 中,实现断电后步进电机的位置记忆功能。

第 26 章

综合实验 8：驱动 16×16LED 显示屏

LED 显示屏广泛应用在银行、交通等与人们密切相关的日常生活中，具有安装方便，亮度高等优点，例如户内外公共场所广告宣传、机场车站旅客引导信息、交通信号灯、景观照明等方面都有具体应用。

26.1 实验说明

本章从 16×16LED 显示屏的结构、显示原理入手，引导读者学习 LED 显示屏动态显示的原理、硬件电路的设计及软件算法。

26.2 硬件原理及设计

26.2.1 LED 显示屏简介

LED 显示屏是利用发光二极管的发光特性来显示文字、图形、图像、动画、行情、视频、录像信号等各种信息的显示屏幕。它由大量发光二极管按矩阵均匀排列组成，每个 LED 就是一个像素点。利用不同色彩的 LED 可显示不同颜色的图像及文字。常见的颜色有红色、绿色、黄色。

LED 显示屏其像素单元为主动发光，具有亮度高、视角广、工作电压低、功耗小、寿命长、耐冲击和性能稳定等优点。

LED 电子显示屏的分类

1. 按颜色分类

单基色显示屏：单一颜色(红色、绿色等)。

双基色显示屏：红和绿双基色，256 级灰度、可以显示 65 536 种颜色。

全彩色显示屏：红、绿、蓝三基色，256 级灰度的全彩色显示屏可以显示1 600多万种颜色。

2. 按显示器件分类

LED 数码显示屏：显示器件为 7 段码数码管，适于制作时钟屏、利率屏等显示数字的电子显示屏。

LED 点阵图文显示屏：显示器件是由许多均匀排列的发光二极管组成的点阵显示模块，

适于播放文字、图像等信息。

3. 按使用场合分类

室内显示屏：发光点较小，一般 Φ3～Φ8 mm，显示面积一般零点几至十几平方米。

室外显示屏：面积一般几十平方米至几百平方米，亮度高，可在阳光下工作，具有防风、防雨、防水功能。

大型的 LED 显示屏由若干个 LED 点阵显示器模块组成，LED 点阵模块以发光二极管为像素，它用高亮度发光二极管芯阵列组合后，用环氧树脂和塑模封装而成。这种一体化封装的点阵 LED 模块，具有高亮度、引脚少、视角大、寿命长、耐湿、耐冷热、耐腐蚀等特点。LED 点阵规模常见的有 4×4、4×8、5×7、5×8、8×8、16×16 等。

本章使用的 LED 点阵为 16×16（即有 16 行和 16 列）的红色点阵，型号为 LM－2256。图 26.1 为 LM－2256 单色 LED16×16 点阵显示器的外型规格及内部电路结构。

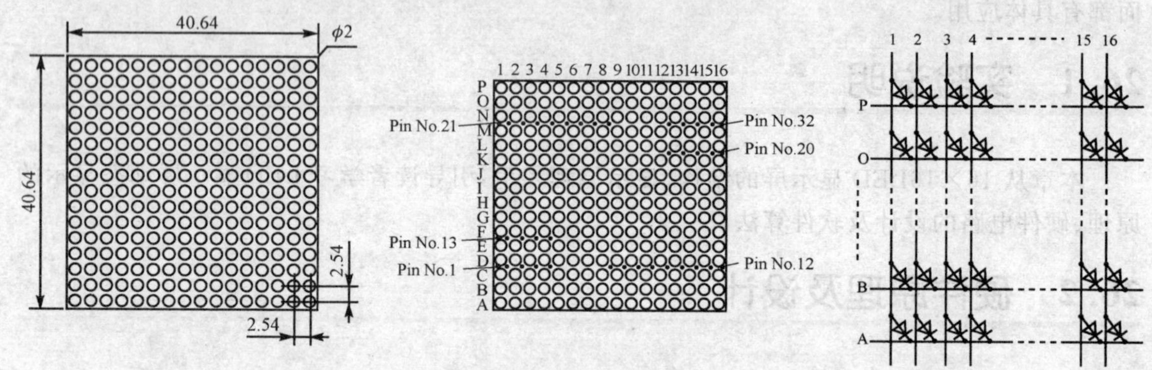

图 26.1　16×16 单色 LED 模块外形规格及内部电路

26.2.2　显示原理

本章 LED 显示屏的显示采用动态扫描的方式工作。这种显示方式巧妙地利用了人眼的视觉暂留特性。将连续的几帧画面高速的循环显示，只要帧速率高于 24 帧/秒，人眼看起来就是一个完整的，相对静止的画面。

本章 LED 点阵显示屏的电路原理图如图 26.2 所示。

图 26.2 中所有的行线分别接所在行每个 LED 的阳极，所有的列线分别接所在列每个 LED 的阴极。单片机 P0 口和 P2 口的输出用于扫描 16 行，P1 口通过与所接的 74HC154 译码后输出显示数据到 16 列。74HC154 为 4 线转 16 线的译码器，单片机使用 4 条数据线和译码器连接，并向译码器发送 BCD 码，共有 16 种码值，每个值对应一个输出接口的电平状态，即 74HC154 只能根据单片机的指令同一时间选通一列。

如果只想让第 1 列的某一个 LED 点亮，单片机首先向 74HC154 发送 0x01，送出后，74HC154 拉低第 1 列的电平，然后赋给 P0 和 P2 相应的值，P0 和 P2 的值决定了第一列中哪一个 LED 点亮，此时其他列都是高电平自然就不会有 LED 亮了。如想让第 3 列点亮，就向 74HC154 发送 0x03，拉低第 3 列即可。也可以快速地在第 1 列和第 3 列之间交替点亮 LED，当交替频率高于 24 次/秒时，由于人眼的视觉暂留特点，就会感觉到第 1 列和第 3 列同时被点亮了。LED 能显示图像就是利用了这个原理。基于这个原理就可以同时点亮全屏中任意部

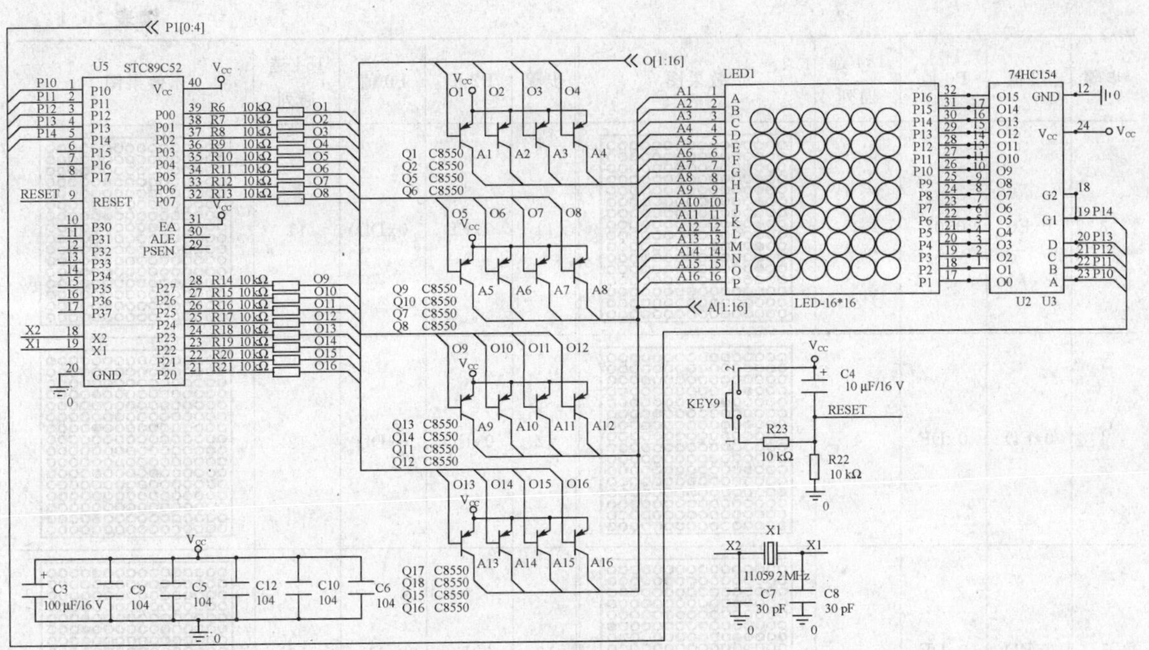

图 26.2 LED 显示屏原理图

分的 LED，这些点亮的 LED 就组成了一幅图像。

对于文字也可以看作是一幅图像，文字的显示也就是图像的显示。因此，无论显示何种字体或图像，都可将文字或图像分解为一个数据点阵，将这些数据通过扫描方式显示在屏幕上即可。下面以一个表格来描述显示字符“电”的过程。其过程如图表 26.1 所示。

表 26.1 汉字“电”的扫描过程表

步骤	P2 值	P0 值	154 选通列	效果图	步骤	P2 值	P0 值	154 选通列	效果图
1	0xFF	0xFF	1	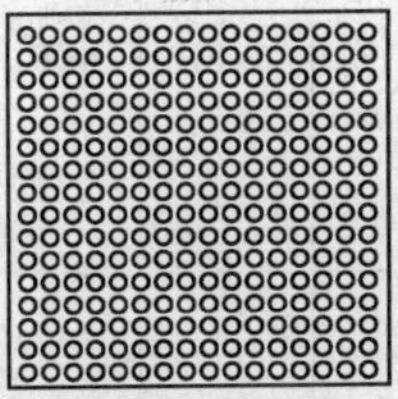	9	0xED	0xDD	9	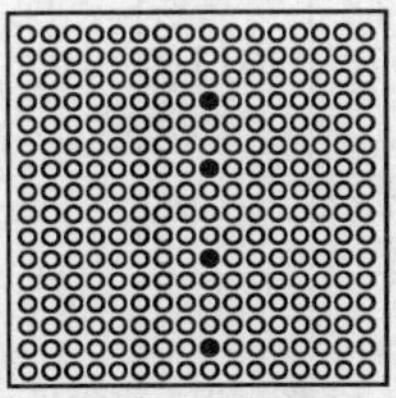
2	0xFF	0xFF	2	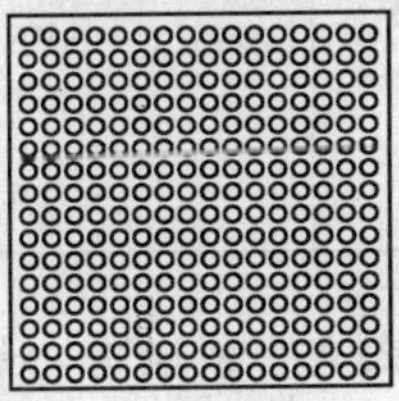	10	0xED	0xDD	10	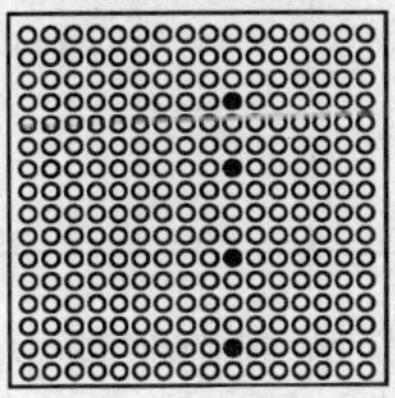

续表 26.1

步骤	P2 值	P0 值	154 选通列	效果图	步骤	P2 值	P0 值	154 选通列	效果图
3	0xE0	0x0F	3		11	0xED	0xDD	11	
4	0xED	0xDF	4		12	0xED	0xDD	12	
5	0xED	0xDF	5		13	0xE0	0x0D	13	
6	0xED	0xDF	6		14	0xFF	0xFD	14	
7	0xED	0xDF	7		15	0xFF	0xF1	15	
8	0x00	0x03	8		16	0xFF	0xFF	16	

在明白了汉字点显示的过程后，需要显示什么文字或图像，只要取得其图像数据即可。但是依靠人工计算方法获取其代码是一件非常繁琐的事情。在实际使用中可使用一些字模软件。如 pctolcd2002 就是一个不错的免费软件，其界面如图 26.3 所示。输入汉字，单击“生成字模”按钮，十六进制数据的汉字代码即可自动生成，把所需要的竖排数据复制到程序中即可。

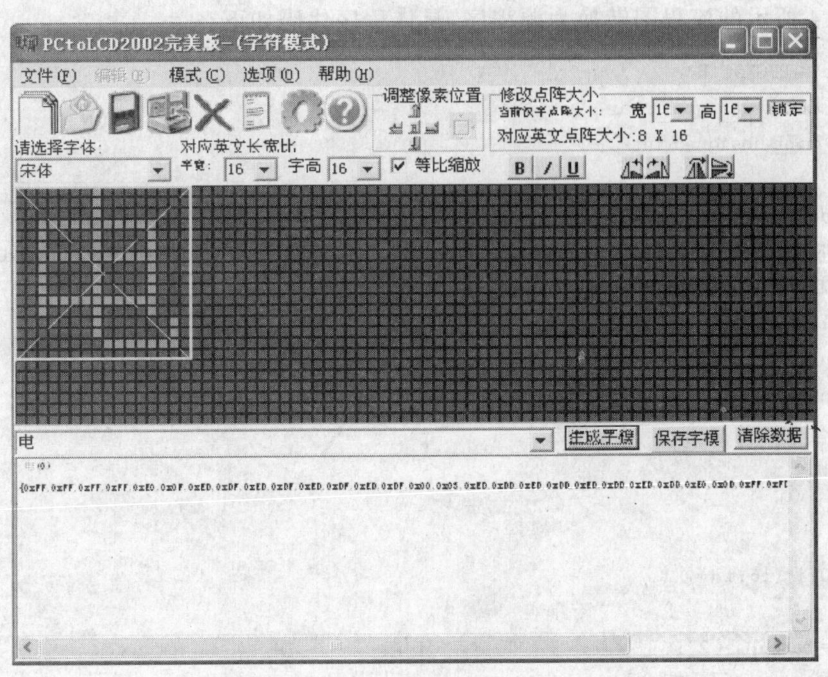

图 26.3 字符取模软件

26.3 16×16 点阵的软件实现

对于 16×16 点阵显示的软件实现，本章将从简到难，逐步进行讲解。

26.3.1 基本点阵的显示

首先要做的就是让 16×16 点阵显示出汉字来，根据前面的电路原理图和显示原理，整理出流程图如图 26.4 所示。

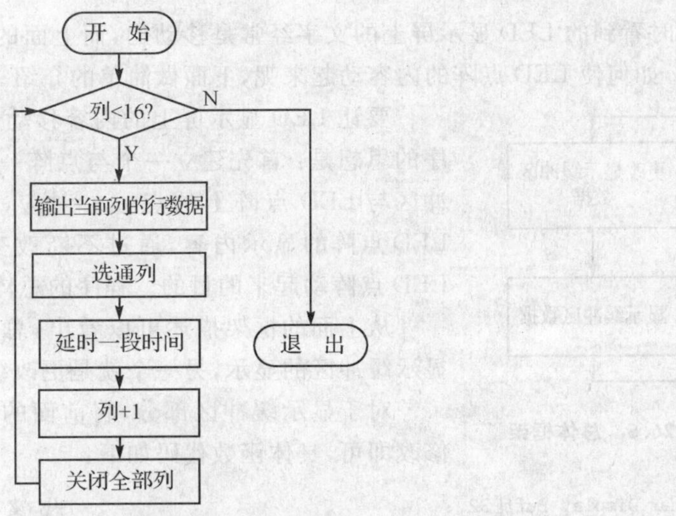

图 26.4 基本汉字显示流程图

将图 26.4 所示的流程图转换为源程序，具体程序代码如下：

```
#include <REGX51.H>
#define uchar unsigned char
#define uint unsigned int
//电(0)
uchar code hanzi[] = {
0xFF,0xFF,0xFF,0xFF,0xE0,0x0F,0xED,0xDF,0xED,0xDF,0xED,0xDF,0xED,0xDF,0x00,0x03,0xED,0xDD,
0xED,0xDD,0xED,0xDD,0xED,0xDD,0xE0,0x0D,0xFF,0xFD,0xFF,0xF1,0xFF,0xFF};/*"电",0*/
void uDelay(uchar DelayTime)                              //延时子程序
{  while(--DelayTime);   }
void main(void)
{
 uchar i;
 while(1)
 {
for (i = 0;i<16;i++)
    {
     P2 = hanzi[i*2];
        P0 = hanzi[i*2+1];
        P1 = i;
        P1_7 = 1;                                         //禁止蜂鸣器工作
        uDelay(220);
        P1 = 0X9F;                                        //黑屏
   }
  }
}
```

将上面代码编译后，下载入单片机即可在点阵上显示“电”字了。

26.3.2　LED 点阵的花样显示

平时看到的 LED 显示屏上的文字经常是移动的，而上面的程序只是让文字显示出来，无法移动，如何使 LED 点阵的内容动起来呢，下面做简单的介绍。

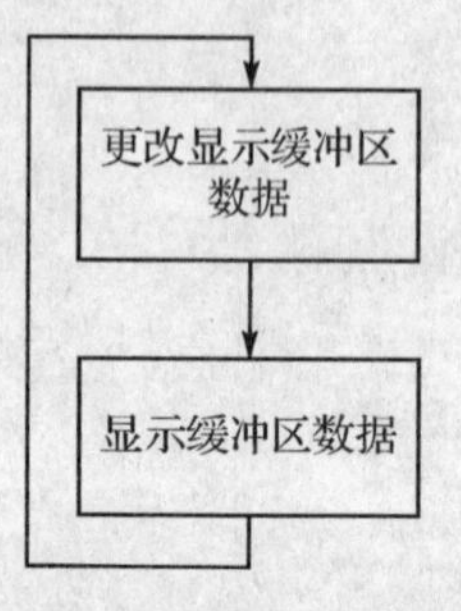

图 26.5　总体框架

要让 LED 显示屏上的内容移动起来，可有不同的方法，本章程序的思想是：首先建立一个与点阵一样大小的显示缓冲区，这个缓冲区与 LED 点阵上的点一一对应，改变缓冲区的内容即可改变 LED 点阵的显示内容，通过不断改变缓冲区的数据，从而达到让 LED 点阵动起来的目的。程序的总体框架如图 26.5 所示。

从上面的框架描述可以看出，总体框架由两部分组成，一个是显示缓冲区的显示，另一个就是更改缓冲区数据。

对于显示缓冲区部分，将前面的 16×16 点阵显示的程序稍作修改即可，具体函数代码如下：

```
uchar Display_Buff[32];                                   //定义显示缓冲区
```

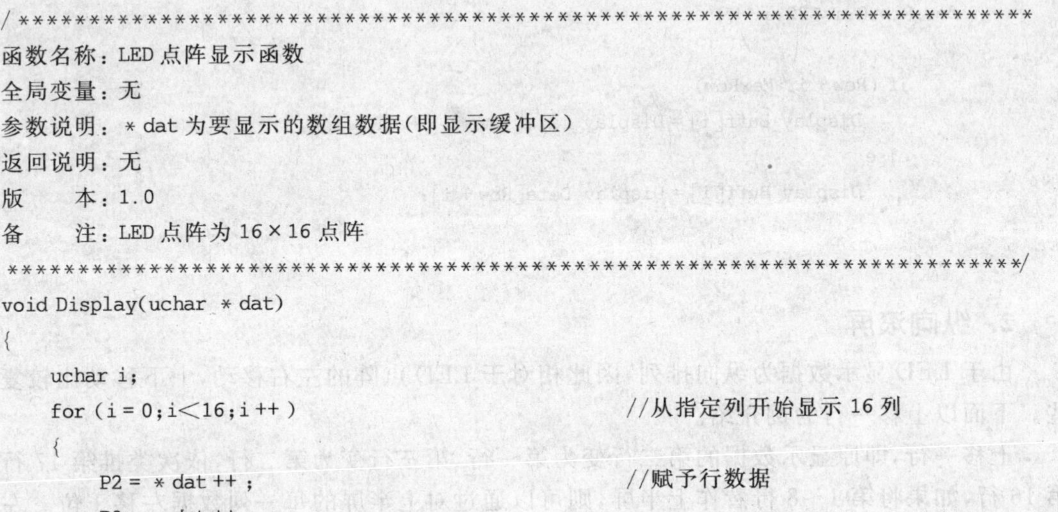

```
…
/**********************************************************************
函数名称：LED 点阵显示函数
全局变量：无
参数说明：* dat 为要显示的数组数据(即显示缓冲区)
返回说明：无
版    本：1.0
备    注：LED 点阵为 16×16 点阵
**********************************************************************/
void Display(uchar * dat)
{
    uchar i;
    for (i = 0;i<16;i ++ )                    //从指定列开始显示 16 列
    {
        P2 = * dat ++ ;                       //赋予行数据
        P0 = * dat ++ ;
        uDelay(3);
        P1 = i;                               //第 N 列显示
        P1_7 = 1;                             //禁止蜂鸣器工作
        uDelay(200);
        P1 = 0X9F;                            //黑屏
    }
}
```

对于如何实现更改显示缓冲区内容，下面以在 16×16 点阵上实现“电子园”3 个字左右移动和上下移动为例分别讲解。

1. 横向滚屏

由显示原理可知，要实现显示内容左移动，首先显示缓冲区为“电”字数据，等待一段时间后，显示缓冲区最左边一列变为“电”字第二列数据，缓冲区第二列变为“电”字第三列数据，以此类推，缓冲区第 15 列变为“电”字第 16 列数据，缓冲区第 16 列为“子”字第一列数据，这样就实现了显示内容左移一列。当数据不断向左移动时，便形成了屏幕向左滚屏的效果。由于 LED 点阵的数据为纵向排列，因此每次取值时将数组的下标增加 2 即为所显示的一列数据。具体的实现函数如下：

```
/**********************************************************************
函数名称：点阵数据横向移位函数
全局变量：Display_Buff：显示缓冲区，Display_Data：显示数据区
参数说明：Row 为从第几列开始移动数据
返回说明：无
版    本：1.0
备    注：
**********************************************************************/
void Scroll_horizontal(uint Row)
{
    uchar i;
```

```
    Row = Row * 2;
    for (i = 0;i<32;i ++ )
    {
        if (Row + i>MaxRow)
            Display_Buff[i] = Display_Data[Row + i - MaxRow];
        else
            Display_Buff[i] = Display_Data[Row + i];
    }
}
```

2. 纵向滚屏

由于 LED 显示数据为纵向排列，因此相对于 LED 点阵的左右移动，上下移动比较复杂一些。下面以上移一行为例介绍。

上移一行，即原显示数据的第二行变为第一行，第三行变为第二行，依次类推第 17 行变为第 16 行，如果将第 1～8 行看作上半屏，则可以通过对上半屏的每一列数据左移 1 位。左移一位后，将对应的下半屏数据的最高位补充到上半屏中每一列数据的最低位，这样即可实现上半屏上移一行。同样下半屏的数据左移一位后，需要将下一屏中上半屏的每一列数据的最高位补充到当前屏下半屏数据的最低位，这样就完成了一整屏上移一行的动作。一行一行不断的上移即可实现向上滚屏的效果。实现纵向滚屏的具体代码如下：

```
/*****************************************************************************
函数名称：点阵向上移位函数
全局变量：无
参数说明：Row 为从第几列开始移动数据，step 为移动步数
返回说明：无
版    本：.0
备    注：
*****************************************************************************/
void Scroll_Up(uint BeginRow)
{
    uchar i,step;
    uint tmp;
    tmp = BeginRow/16;
    step = BeginRow % 16;
    //要考虑 TMP 为单数和双数的情况，也就是上半屏和下半屏
    for (i = 0;i<32;i = i + 2)                          //从指定列开始显示列
    {
        if(step<8)                                      //开始行落在上半屏的部分
        {
            Display_Buff[i]   = (Display_Data[tmp * 32 + i]<<step)  |(Display_Data[tmp * 32
+ i + 1]>>(8 - step));                                  //上半屏
            Display_Buff[i + 1] = (Display_Data[tmp * 32 + i + 1]<<step)|(Display_Data[tmp *
32 + i + 32]>>(8 - step));                              //下半屏
        }
        else                                            //开始行落在下半屏部分
```

```
            {
                Display_Buff[i]   = (Display_Data[tmp * 32 + i + 1]<<(step - 8))   |(Display_Data
[tmp * 32 + i + 32]>>(16 - step));                          //上半屏
                Display_Buff[i + 1] = (Display_Data[(tmp + 1) * 32 + i]<<(step - 8)) |(Display_Da-
ta[(tmp + 1) * 32 + i + 1]>>(16 - step));                   //下半屏
            }
        }
    }
```

实现了横向和纵向滚屏的函数后，下面的演示代码为纵向和横向滚屏的具体演示，其中改变 Speed 值即可变滚屏的速度。具体的演示代码如下：

```
    #include <REGX51.H>
    #define uchar unsigned char
    #define uint unsigned int
    uchar MaxRow = 128;                       //最大列数，中文每个字为列，总列数等于字符数 * 16
    uchar Speed = 8;                          //滚动速度
    //电(0) 子(1) 爱(2) 好(3) 者(4) 的(5) 乐(6) 园(7)
    uchar code Display_Data[] = {
    0xFF,0xFF,0xFF,0xFF,0xE0,0x0F,0xED,0xDF,0xED,0xDF,0xED,0xDF,0xED,0xDF,0x00,0x03,0xED,0xDD,
0xED,0xDD,0xED,0xDD,0xED,0xDD,0xE0,0x0D,0xFF,0xFD,0xFF,0xF1,0xFF,0xFF,/*"电",0*/
    0xFF,0x7F,0xFF,0x7F,0xBF,0x7F,0xBF,0x7F,0xBF,0x7F,0xBF,0x7D,0xBF,0x7E,0xB8,0x01,0xB7,0x7F,
0xAF,0x7F,0x9F,0x7F,0xBF,0x7F,0xFF,0x7F,0xFE,0x7F,0xFF,0x7F,0xFF,0xFF,/*"子",1*/
    0xFF,0xFD,0xFD,0xFB,0xB2,0xFA,0x96,0xF6,0xA6,0xCD,0xB6,0x1D,0x90,0xAB,0xA6,0xAB,0x36,0xB7,
0x76,0xA7,0x66,0x9B,0x16,0xBB,0x76,0xFD,0xF6,0xFC,0xF3,0xFD,0xFF,0xFF,/*"爱",2*/
    0xF7,0xFE,0xF7,0x3D,0xF0,0xBB,0x07,0xD7,0xF7,0xCF,0xF0,0x31,0xFE,0xFB,0xBE,0xFF,0xBE,0xFD,
0xBE,0xFE,0xB0,0x01,0xAE,0xFF,0x9E,0xFF,0xBE,0xFF,0xFE,0xFF,0xFF,0xFF,/*"好",3*/
    0xFF,0xDF,0xFB,0xDF,0xDB,0xDF,0xDB,0xBF,0xDB,0xBF,0xDB,0x00,0xDA,0x6D,0x02,0x6D,0xD9,0x6D,
0xDB,0x6D,0xD3,0x6D,0xEB,0x6D,0x9B,0x00,0xDB,0xFF,0xFB,0xFF,0xFF,0xFF,/*"者",4*/
    0xFF,0xFF,0xE0,0x01,0xCE,0xF7,0x2E,0xF7,0xEE,0xF7,0xE0,0x03,0xFD,0xFF,0xF3,0xFF,0x0E,0xFF,
0xEF,0x3F,0xEF,0x9B,0xEF,0xFD,0xEF,0xFB,0xE0,0x07,0xFF,0xFF,0xFF,0xFF,/*"的",5*/
    0xFF,0xFF,0xFF,0xFB,0xFD,0xE7,0xC0,0xCF,0xDD,0x1F,0xDD,0xB7,0xDD,0xFB,0x9D,0xFD,0xA0,0x03,
0xBD,0xFF,0x3D,0xFF,0x3D,0xBF,0xBD,0xCF,0xFD,0xE3,0xFF,0xF7,0xFF,0xFF,/*"乐",6*/
    0xFF,0xFF,0x80,0x00,0xBF,0xF5,0xBD,0xED,0xAD,0xDD,0xAC,0x3D,0xAD,0xFD,0xAD,0xFD,0xAC,0x1D,
0xAD,0xED,0xA9,0xED,0xBD,0x8D,0xBF,0xFD,0x80,0x00,0xFF,0xFF,0xFF,0xFF/*"园",7*/
    };
    uchar Display_Buff[32];                   //定义显示缓冲区
    void uDelay(uchar DelayTime);             //延时子程序
    void Display(uchar *dat);
    void Scroll_Left(uint Row);
    void Scroll_Up(uint BeginRow);
    void main(void)
    {
        uchar i = 0, j = 0;                   //临时变量
        uchar Row = 0;                        //所显示的列数
        bit Scroll;
```

```
    while(1)
    {
            if (Scroll)
            Scroll_Up(i);
            else
            Scroll_Left(i);
            i ++ ;
            if (i>48)
            {
                i = 0;
                Scroll = ! Scroll;
            }
            for (j = 0;j<Speed;j ++ )
            {
                Display(Display_Buff);
            }
        }
}
```

26.4 实验总结

通过本次实验，加深了读者对动态扫描方法的认识，再次加深了 LED 点阵的驱动方法，了解了 LED 点阵的动态显示方法。

需要注意的是，LED 点阵的花样显示效果除了本章采用的缓冲区方法外，也可采用直接读取数据的方法。各种效果可参考相关的图形处理资料。

另外本章所采用的电路主要用来说明 LED 点阵屏的显示方法，实际显示存在亮度不均匀的问题，具体原因读者可自己分析。

26.5 课后习题

(1) 编写汉字滚动方向为向右滚动的演示程序。

(2) 读取 24C08 中的字库信息并显示出来。

第 27 章

综合实验 9：基于 HT9200A 的 DTMF 信号输出设计实验

DTMF(Double Tone MulitiFrequency，双音多频)作为实现电话号码快速可靠传输的一种技术，具有很强的抗干扰能力和较高的传输速度，因此，可广泛用于电话通信系统中。但绝大部分用作电话的音频拨号。另外，它也可以在数据通信系统中广泛地用来实现各种数据流和语音等信息的远程传输。

27.1 实验说明

利用实验板硬件，外接 HT9200A 芯片及外围电路，通过程序控制 HT9200A 芯片，实现产生 DTMF 信号及输出。

27.2 硬件原理详解

HT9200A 是 Holtek 公司生产的串行式 DTMF 电路芯片，其与单片机连接仅占用 3 个 I/O 口，通过串行数据传送方式，由单片机程序发送指令，控制 HT9200A 芯片产生相应的 DTMF 信号。HT9200A 具有工作电压范围宽、待机电流小、总谐波失真小的特点，被广泛应用在安全系统、通信系统、住宅自动化控制等领域。

27.2.1 硬件原理图

DTMF 硬件原理图如图 27.1 所示。

27.2.2 DTMF 工作原理

DTMF 作为实现电话号码快速可靠传输的一种技术，具有很强的抗干扰能力和较高的传输速度，因此，被广泛用于电话通信系统中。另外，它也可以在数据通信系统中广泛地用来实现各种数据流和语音等信息的远程传输。

DTMF 是用两个特定的单音频组合信号来代表数字信号以实现其功能的一种编码技术。两个单音频的频率不同，代表的数字或实现的功能也不同。

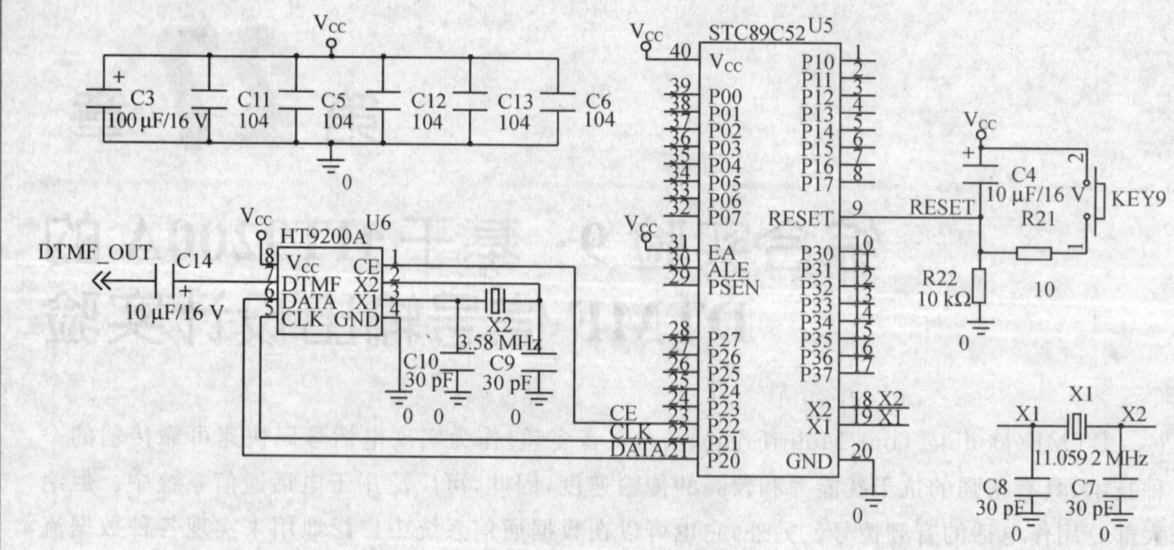

图 27.1 DTMF 硬件原理图

电话机中通常有 16 个按键，其中有 10 个数字键 0～9 和 6 个功能键 *、#、A、B、C、D。按照组合原理，一般应有 8 种不同的单音频信号。因此可采用的频率也有 8 种，故称之为多频，又因它采用从 8 种频率中任意抽出 2 种进行组合来进行编码，所以又称之为“8 中取 2”的编码技术。

根据 CCITT（Commite' Consultatif International de Telegraphique et Telephonique，国际电报电话咨询委员会）的建议，国际上采用的多种频率为 697 Hz、770 Hz、852 Hz、941 Hz、1 209 Hz、1 336 Hz、1 477 Hz 和 1 633 Hz 共 8 种。用这 8 种频率可形成 16 种不同的组合，从而代表 16 种不同的数字或功能键，这 8 种频率中 4 个低于 1 000 Hz 的频率被称为低频组，另外 4 个称为高频组，组合时，分别从高、低频组中各取一个频率进行组合，如表 27.1 所列。

表 27.1 DTMF 信号组合方式

低 频	高 频			
	1 209	1 336	1 477	1 633
697	1	2	3	A
770	4	5	6	B
852	7	8	9	C
941	*	0	#	D

27.2.3 HT9200A 内部结构

图 27.2 是 HT9200A/B 芯片内部结构框图，其中 HT9200A 是串行传送方式，HT9200B 是串/并行传送方式。HT9200 自带 3.58 MHz 振荡电路，用于产生 8 个音频频率，外部控制数据经串行/并行方式送入后，由控制电路根据指令组合成相应的 DTMF 信号输出。

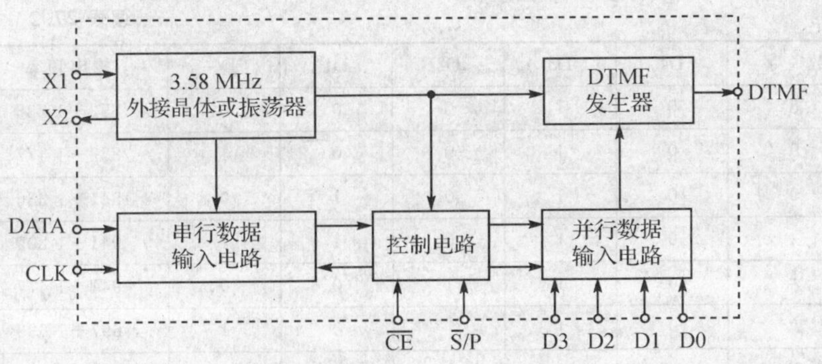

图 27.2 HT9200A/B 内部结构框图

27.2.4 HT9200A 工作时序

图 27.3 是 HT9200A 的工作时序图，每个 DTMF 信号由一个 5 位数进行控制，其具体含义如表 27.2 所列。

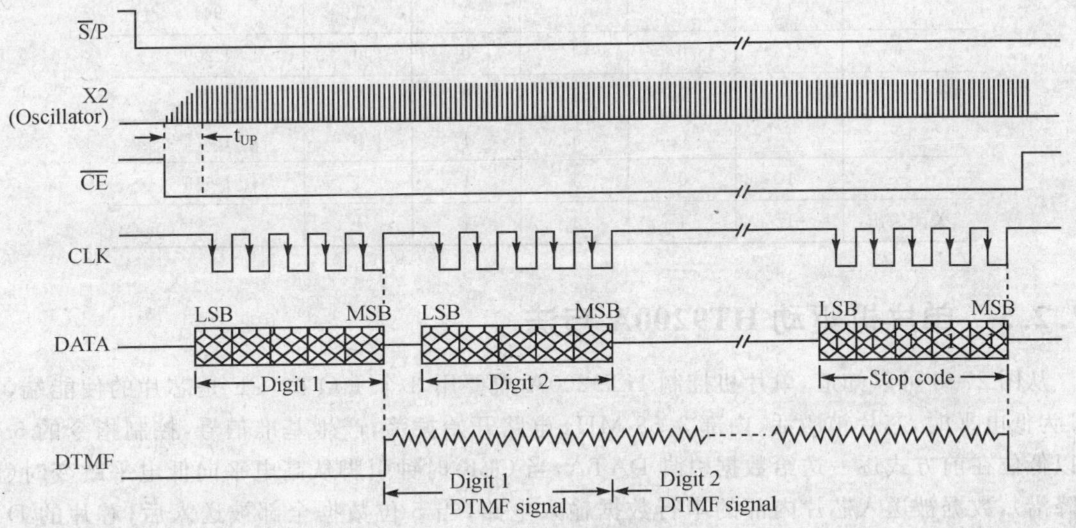

图 27.3 HT9200A 工作时序图

表 27.2 HT9200A 输入数据与输出 DTMF 信号关系表

数 字	D4	D3	D2	D1	D0	输出频率
1	0	0	0	0	1	697+1 209
2	0	0	0	1	0	697+1 336
3	0	0	0	1	1	697+1 477
4	0	0	1	0	0	770+1 209
5	0	0	1	0	1	770+1 336
6	0	0	1	1	0	770+1 477
7	0	0	1	1	1	852+1 209

续表 27.2

数 字	D4	D3	D2	D1	D0	输出频率
8	0	1	0	0	0	852+1 336
9	0	1	0	0	1	852+1 477
0	0	1	0	1	0	941+1 336
*	0	1	0	1	1	941+1 209
#	0	1	1	0	0	941+1 477
A	0	1	1	0	1	697+1 633
B	0	1	1	1	0	770+1 633
C	0	1	1	1	1	852+1 633
D	0	0	0	0	0	941+1 633
—	1	0	0	0	0	697
—	1	0	0	0	1	770
—	1	0	0	1	0	852
—	1	0	0	1	1	941
—	1	0	1	0	0	1 209
—	1	0	1	0	1	1 336
—	1	0	1	1	0	1 477
—	1	0	1	1	1	1 633
关闭输出	1	1	1	1	1	—

27.2.5 单片机驱动 HT9200A 方法

从图 27.3 可以知道，单片机控制 HT9200A 需要用 3 个 I/O 口，CE 是芯片的使能端，当 CE 为低电平时，芯片被激活，内部 3.58 MHz 电路开始振荡，产生基准信号，控制指令的 5 位数以低位在前方式逐一送给数据引脚 DATA，当 CLK 时钟引脚从高电平向低电平跳变时(即下降沿)，数据被送入芯片内部的串行数据输入电路，当 5 位数据全部被送入后，芯片的 DTMF 引脚开始输出相对应的 DTMF 信号，这个信号会一直维持到下一指令数据被完全送入之后或者 CE 使能端被置为高电平。

27.3 DTMF 驱动实验

由于实验板没有带 HT9200A 芯片，因此读者需要利用实验板的 I/O 扩展功能另行外接 HT9200A 芯片。本实验以图 27.1 所示的硬件原理图为例进行讲解。

27.3.1 程序流程

控制 HT9200A 产生 DTMF 信号，发送单个数字指令的流程图如图 27.4 所示。

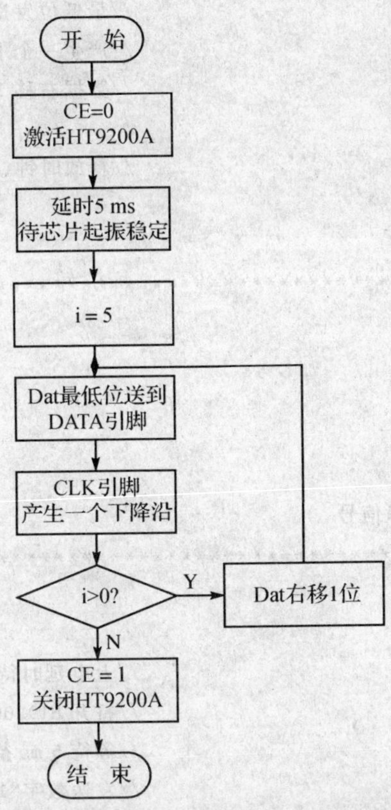

图 27.4　发送单个数字指令流程图

27.3.2　程序说明

下面通过具体程序来说明如何控制 HT9200A 产生 DTMF 信号，图 27.4 是产生发送单个数字指令的流程图，程序中稍加改变，令其发出数字串“10086”，每个号码发音 0.5 s，关闭 0.5 s。程序如下：

```
/***********************************************************************
函数名称：发送数据子函数
全局变量：无
参数说明：无
返回说明：无
版　　本：1.0
说　　明：发送数据指令到 HT9200A
***********************************************************************/
void SendTo9200(uchar Dat)
{
    uchar i;
    for(i = 5;i>0;i -- )                              //循环发送 5 位
        {
        CLK9200 = 1;
```

```
        DAT9200 = Dat&0x01;                         //最低位发送到 DATA 引脚
        CLK9200 = 0;                                //产生一个下降沿
        Dat>> = 1;                                  //数据右移 1 位
        }
    CLK9200 = 1;                                    //释放时钟、数据线
    DAT9200 = 1;
}
/*******************************************************************************
函数名称：主函数
全局变量：无
参数说明：无
返回说明：无
版    本：1.0
说    明：产生"10086"数字串信号
*******************************************************************************/
void main()
{
    mDelay(1000);                                   //上电延时待设备稳定
    CE9200 = 0;                                     //打开 HT9200A 使能
    mDelay(10);                                     //等待 5 ms 待芯片起振稳定
    SendTo9200(1);                                  //发送数字"1"
    mDelay(2000);                                   //延时 0.5 s
    SendTo9200(Stop);                               //发送停止指令
    mDelay(1000);
    SendTo9200(10);                                 //发送数字"0"
    mDelay(2000);
    SendTo9200(Stop);
    mDelay(1000);
    SendTo9200(10);                                 //发送数字"0"
    mDelay(2000);
    SendTo9200(Stop);
    mDelay(1000);
    SendTo9200(8);                                  //发送数字"8"
    mDelay(2000);
    SendTo9200(Stop);
    mDelay(1000);
    SendTo9200(6);                                  //发送数字"6"
    mDelay(2000);
    SendTo9200(Stop);
    mDelay(1000);
    CE9200 = 1;                                     //关闭使能
}
```

27.4　实验总结

通过本章学习，读者对 DTMF 信号产生原理、应用有了初步了解，学习了通过单片机程序控制 HT9200A 芯片产生需要的 DTMF 信号。

27.5　课后习题

结合第 6 章按键扫描实验内容，编写一个由按键控制的可以产生多种不同频率的 DTMF 信号发生器。

参考文献

[1] 李广弟.单片机基础[M].北京：北京航空航天大学出版社,1994.

[2] 徐爱钧,彭秀华.单片机高级语言 C51 应用程序设计[M].北京：电子工业出版社,1998.

[3] 胡伟,季晓衡.单片机 C 程序设计及应用实例[M].北京：人民邮电出版社,2003.

[4] 陈龙三.8051 单片机 C 语言控制与应用[M].北京：清华大学出版社,1999.

[5] 赵亮,侯国锐.单片机 C 语言编程与实例[M].北京：人民邮电出版社,2003.